中国科协学科发展研究系列报告

中国科学技术协会／主编

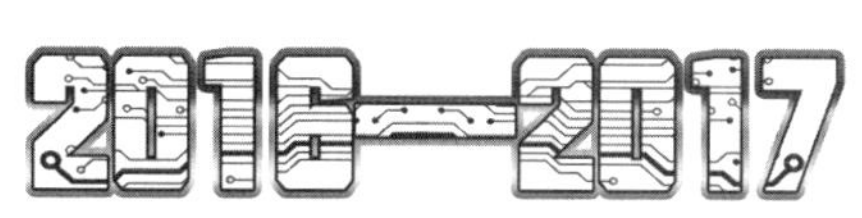

感光影像学学科发展报告

中国感光学会 ｜ 编著

REPORT ON ADVANCES IN PHOTOIMAGING

中国科学技术出版社
·北　京·

图书在版编目（CIP）数据

2016—2017 感光影像学学科发展报告 / 中国科学技术协会主编；中国感光学会编著．—北京：中国科学技术出版社，2018.3

（中国科协学科发展研究系列报告）

ISBN 978-7-5046-7984-0

Ⅰ.①2… Ⅱ.①中… ②中… Ⅲ.①影象—学科发展—研究报告—中国—2016-2017 Ⅳ.①TB81

中国版本图书馆 CIP 数据核字（2018）第 058686 号

策划编辑	吕建华　许　慧
责任编辑	杨　丽
装帧设计	中文天地
责任校对	凌红霞
责任印制	马宇晨

出　　版	中国科学技术出版社
发　　行	中国科学技术出版社发行部
地　　址	北京市海淀区中关村南大街16号
邮　　编	100081
发行电话	010-62173865
传　　真	010-62179148
网　　址	http://www.cspbooks.com.cn

开　　本	787mm×1092mm　1/16
字　　数	486千字
印　　张	21.25
版　　次	2018年3月第1版
印　　次	2018年3月第1次印刷
印　　刷	北京盛通印刷股份有限公司
书　　号	ISBN 978-7-5046-7984-0 / TB · 105
定　　价	98.00元

2016—2017

感光影像学学科发展报告

首席科学家　蒲嘉陵

专　家　组（按姓氏笔画排序）

马礼谦　王　剑　王　莹　王力元　王华英
王洪泽　王露露　文永富　方晓东　只金芳
包芬芬　冯云鹏　朱巧芬　朱永法　刘　晶
刘文清　刘志红　许军毅　杨　彬　杨　斌
杨万泰　杨国强　杨建文　杨洪臣　杨新民
李　智　李玉虎　李延飞　李进来　李海峰
吴太夏　吴冰冰　吴骊珠　邱　勇　佟振合
邹　竞　邹应全　邹晓亮　宋延林　张　雷
张伟民　张丽萍　张含光　张春秀　张复实
张海波　陈　伟　陈　萍　陈　朝　陈广学
邵国安　邵景珍　周秉锋　周树云　周海华
单大国　孟　钢　赵红颖　赵宝群　赵琛琛

党的十八大以来，以习近平同志为核心的党中央把科技创新摆在国家发展全局的核心位置，高度重视科技事业发展，我国科技事业取得举世瞩目的成就，科技创新水平加速迈向国际第一方阵。我国科技创新正在由跟跑为主转向更多领域并跑、领跑，成为全球瞩目的创新创业热土，新时代新征程对科技创新的战略需求前所未有。掌握学科发展态势和规律，明确学科发展的重点领域和方向，进一步优化科技资源分配，培育具有竞争新优势的战略支点和突破口，筹划学科布局，对我国创新体系建设具有重要意义。

2016 年，中国科协组织了化学、昆虫学、心理学等 30 个全国学会，分别就其学科或领域的发展现状、国内外发展趋势、最新动态等进行了系统梳理，编写了 30 卷《学科发展报告（2016—2017）》，以及 1 卷《学科发展报告综合卷（2016—2017）》。从本次出版的学科发展报告可以看出，近两年来我国学科发展取得了长足的进步：我国在量子通信、天文学、超级计算机等领域处于并跑甚至领跑态势，生命科学、脑科学、物理学、数学、先进核能等诸多学科领域研究取得了丰硕成果，面向深海、深地、深空、深蓝领域的重大研究以“顶天立地”之态服务国家重大需求，医学、农业、计算机、电子信息、材料等诸多学科领域也取得长足的进步。

在这些喜人成绩的背后，仍然存在一些制约科技发展的问题，如学科发展前瞻性不强，学科在区域、机构、学科之间发展不平衡，学科平台建设重复、缺少统筹规划与监管，科技创新仍然面临体制机制障碍，学术和人才评价体系不够完善等。因此，迫切需要破除体制机制障碍、突出重大需求和问题导向、完善学科发展布局、加强人才队伍建设，以推动学科持续良性发展。

近年来，中国科协组织所属全国学会发挥各自优势，聚集全国高质量学术资源和优秀人才队伍，持续开展学科发展研究。从2006年开始，通过每两年对不同的学科（领域）分批次地开展学科发展研究，形成了具有重要学术价值和持久学术影响力的《中国科协学科发展研究系列报告》。截至2015年，中国科协已经先后组织110个全国学会，开展了220次学科发展研究，编辑出版系列学科发展报告220卷，有600余位中国科学院和中国工程院院士、约2万位专家学者参与学科发展研讨，8000余位专家执笔撰写学科发展报告，通过对学科整体发展态势、学术影响、国际合作、人才队伍建设、成果与动态等方面最新进展的梳理和分析，以及子学科领域国内外研究进展、子学科发展趋势与展望等的综述，提出了学科发展趋势和发展策略。因涉及学科众多、内容丰富、信息权威，不仅吸引了国内外科学界的广泛关注，更得到了国家有关决策部门的高度重视，为国家规划科技创新战略布局、制定学科发展路线图提供了重要参考。

十余年来，中国科协学科发展研究及发布已形成规模和特色，逐步形成了稳定的研究、编撰和服务管理团队。2016—2017学科发展报告凝聚了2000位专家的潜心研究成果。在此我衷心感谢各相关学会的大力支持！衷心感谢各学科专家的积极参与！衷心感谢编写组、出版社、秘书处等全体人员的努力与付出！同时希望中国科协及其所属全国学会进一步加强学科发展研究，建立我国学科发展研究支撑体系，为我国科技创新提供有效的决策依据与智力支持！

当今全球科技环境正处于发展、变革和调整的关键时期，科学技术事业从来没有像今天这样肩负着如此重大的社会使命，科学家也从来没有像今天这样肩负着如此重大的社会责任。我们要准确把握世界科技发展新趋势，树立创新自信，把握世界新一轮科技革命和产业变革大势，深入实施创新驱动发展战略，不断增强经济创新力和竞争力，加快建设创新型国家，为实现中华民族伟大复兴的中国梦提供强有力的科技支撑，为建成全面小康社会和创新型国家做出更大的贡献，交出一份无愧于新时代新使命、无愧于党和广大科技工作者的合格答卷！

2018年3月

前言

PREFACE

学科发展研究项目是中国科学技术协会自2006年起推出的一个基础学科建设的品牌项目。2016年，中国感光学会接受中国科学技术协会的委托，正式立项开展2016—2017年感光影像学学科发展的研究工作，负责编写《2016—2017感光影像学学科发展报告》。

本报告由一个综合报告和十一个专题报告组成。十一个专题分别是：影像捕获与数字影像处理、颜色跨媒体呈现与管理技术、彩色硬拷贝技术、遥感影像技术、光刻及微纳蚀刻技术、有机发光二极管与新型显示技术、计算机直接制版技术与绿色印刷技术、光催化技术、辐射固化技术、3D打印技术、3D立体影像技术等领域。本报告总结了过去五年感光影像学学科领域的最新研究进展，比较了国内外研究进展，并对学科发展趋势进行了分析预测，提出了本学科领域发展趋势及展望。

本报告由理事长蒲嘉陵教授担任首席科学家，国内有关高等院校、科研院所、企业等单位的一大批专家、学者共同参与了报告的编写工作。正是因为他们在繁忙的本职工作之余辛勤付出，才成就了本报告。在此，特向各位编写专家以及参与研讨和提出意见与建议的专家表示最诚挚的感谢！

感光影像学学科涉及的专业技术领域和范围非常广泛，但限于篇幅，内容不能面面俱到。由于时间和资料的局限，报告中难免存在疏漏和不足，敬请批评指正。

中国感光学会

2017年10月

综合报告

专题报告

ABSTRACTS

Comprehensive Report

Reports on Special Topics

综合报告

感光影像学学科发展报告

1 引言

感光影像学是感光和影像的一个交叉领域，既古老又新兴。说其古老是因为它的起源要追溯到1727年德国解剖学家舒尔茨（J. H. Schulze）发现硝酸银具有感光性，此后一百多年经过不同国家和种族的科学家的不断探求、传承和发展，一直到1839年法国人达盖尔（L. J. M. Daguerre）以溴化银作为感光层，通过相机曝光和水银蒸气显影处理后在一张磨光了的银板上得到了一幅黑银阳图的永久影像，宣告了卤化银照相术的诞生。这是一张真正意义的卤化银照片，因此，达盖尔被冠以银盐照相术发明人的皇冠。在此后的另一个一百多年的漫长发展历程中，银盐照相术创造了一个全球性产业，一直到21世纪初开始受到来自数字相机的冲击，逐渐退出市场。银盐照相术是传统感光影像学的内核，传统感光影像学是传统影像学的主干。不管是感光影像学还是广义的影像学，数字化、网络化是共同的发展方向，按需和跨媒体呈现既是消费者的需求也是发展的必然结果。

说其新兴是因为数字、网络时代赋予了感光影像学新的生命力和发展空间，数字影像学正在潇然兴起。数字影像学的内核是网络化的数字影像或数字内容（也称为数字资源、数字资产，以下简称数字影像资源），而感光影像学则构成了数字影像资源的入口和出口。由于构建在公共网络平台上，数字影像资源在技术上是一个开放的资源平台，根据接入设备和系统的不同，可以外延派生出庞大的产业群和产业链，孕育了很多崭新的商业机会。

本学科发展研究报告给出了感光影像学的定义，并从系统架构、技术内核和开放性等方面对传统感光影像学与数字感光影像学进行了比较，对数字感光影像学未来发展趋势以及重要研究方向和领域进行了梳理。最后，附加了十一个专题报告，对数字感光影像学的主要分支进行了更系统、专业和深入的描述，以便读者对感光影像学的形成、发展以及其学理和关联产业的状况有一个全面的了解和把控。

2 感光影像学发展历程和最新研究进展

感光影像学（photoimaging）是感光和影像的一个交集，感光指由光的照射或吸收引发的物理或化学变化，而影像则指这些物理和化学变化可以被人眼直接（人眼直接可视的变化）或间接（通过适当方法或仪器可以转化为人眼可视的变化）读取。无疑，这里的光并不局限于可见光的范畴，覆盖了电磁波的所有波段，从宇宙射线（γ 射线）、X 射线、紫外线、可见光、红外光一直到微波和射频波。从上面的解释不难看出，光子吸收→物理 / 化学变化→影像是感光影像的一个逻辑关系，这里的影像多数情况下表现为物质的选择存在、形貌的不同、化学组分或内部空间结构的不同，统称为物性载体影像；当然，这里的光子也是空间影像化分布的光子，无疑光子吸收也是影像化的选择吸收。实际上其相反的过程也成立，即影像→物理 / 化学变化→光子发射，所不同的是这里的影像多数情况下为数字影像或定义为以数字影像为起点（物性载体影像可以通过数字化过程转换为数字影像），这里的光子发射实际上也是空间影像化的光子分布，本质是另一种载体的影像，统称为能量载体影像。换言之，感光影像及其逆过程的本质是不同载体的影像通过影像系统发生的物理 / 化学变化转化的结果，即

$$影像/载体_{(1)} \rightleftharpoons 物理/化学变化 \rightleftharpoons 影像/载体_{(2)} \qquad 式1$$

上述关系逻辑可逆，但当载体$_{(1)}$为能量载体、载体$_{(2)}$为物性载体（或能量载体）时，对应的影像系统称为感光影像系统，却鲜有将载体$_{(1)}$为物性载体、载体$_{(2)}$为能量载体的情形称为逆向感光影像系统，而更多称为（影像或发光）显示系统。这里需要说明的是，式 1 中的载体$_{(1)}$和载体$_{(2)}$是指系统发生物理或化学变化的直接结果，而不是多次转换后的结果。例如，静电照相是一个典型的建立在光导基础上的感光影像系统，本质是光电转换，即，光（相当于式 1 中的影像 / 载体$_{(1)}$，显然属于能量载体）被光导体吸收在光照区域产生自由载流子（相当于式 1 中的影像 / 载体$_{(2)}$，显然也属于能量载体），无疑这个过程是能量载体影像（光子）向能量载体影像（载流子）转换的过程；在光导体表面静电荷产生的电场驱使下相反极性的自由载流子（电子或空穴）迁移到光导体表面与静电荷发生中和反应，在光导体表面形成按影像分布的静电荷（称为静电潜影），显然静电潜影依然是能量载体影像，这个过程也是能量载体影像（自由载流子）向能量载体影像（静电潜影）转换的过程；静电潜影通过带相反极性电荷的色粉显影后转换为按影像分布的色粉，即可视的色粉影像，显然这是能量载体影像（静电潜影）向物性载体影像（色粉影像）转换的过程，所得到的色粉影像也是静电照相最终需要得到的结果。实际上经过多次转换后，静电照相才是今天多数人描述的：光子（能量载体影像）→光导效应（典型的物理变化）色粉（物性载体影像）的感光影像系统，但是按照式 1 的原则进行描述，静电照

相是一个经过多次能量载体影像相互转换，最后才实现能量载体影像向物性载体影像转换的感光影像系统。

简而言之，感光影像及其逆系统一定是能量载体影像与物性载体影像之间的相互转换，基础是系统可以发生可以直接或间接引起视觉感知的物理 / 化学变化。

2.1 银盐照相术的诞生和发展

按照上述定义，感光影像学的起源要追溯到基于卤化银感光特性的银盐照相术（silver halide photography）的发明。银盐照相术的发明经历了一个漫长的时间，始于 1727 年德国解剖学家舒尔茨（J. H. Schulze）发现硝酸银具有感光性并利用这个性质记录了影像开始。从 1727—1826 年的 100 年间，不同的科研学家先后发现卤化银的其他家族成员均具有感光性并进行了影像记录的尝试，为银盐照相技术的发展奠定了科学基础。但是这些发现还不能形成永久的影像，因为未曝光的卤化银依然具有感光性，致使曝光形成的影像不可长期保存。定影，顾名思义就是固定曝光形成的影像，是解决这个问题不可或缺的过程和技术。定影的发现和在技术上的完善跨越了 1819—1939 年的另一个 100 年的时间，其间银盐照相术的雏形已经形成而且开始得到应用。

科学界公认的现代银盐照相技术的诞生要归功于法国人达盖尔的发明：1839 年达盖尔将一个磨光的金属银板表面用溴蒸气处理，在其表面形成一层溴化银，然后用相机在其表面曝光并经水银蒸气显影处理后得到永久性阳图影像。这一照相技术被称为达盖尔照相术（Daguerretype photography），达盖尔本人为此申请了专利并成为达盖尔照相术的专利所有人，该技术在当时以及后来的相当时间内在全球范围内获得了巨大的应用和商业成功。

银盐照相术可以概括为一个以卤化银的感光性为基础、以动物明胶为载体（称为乳剂）的一种光敏成像介质，该成像介质的曝光区域和非曝光区域在显影和定影剂中选择性地发生化学反应，最终形成可视且永久影像的一种光化学成像技术。银盐照相的优点是敏感度高（具有高达 10^9 的化学增幅效应）、影像质量高（同时兼具高反差、宽色域和高分辨率的优势），但缺点是多数情况下需湿处理（溶液显影和定影，后处理时间长）、不能及时得到处理结果、涉及废液排放和成本较高（因为使用贵金属银）。由于银盐照相具有的优势，从其诞生到 20 世纪末的近 170 年时间几乎垄断了民用和其他用途的照相领域，实际上成为了传统感光影像技术或模拟影像技术的核心。其成为传统感光影像的核心具体表现为：①在那个时代卤化银记录介质成为民用照相、冲印设备和器材、电影、医用影像、印刷制版、全息成像以及缩微存储、遥测遥感照相等影像应用领域的主流甚至占垄断地位的记录介质；②所有照相机（包括专业、非专业和特种用途照相机）、冲印设备、图像扫描仪（图像的数字化设备）等都是为卤化银记录介质的使用而设计和构建；③其他感光成像材料在某种程度和某些方面都在模仿和试图到达卤化银记录介质的特性或品质，但是都难以全面实现卤化银记录介质的所有特质，通常在材料类别上均冠以“非银盐材料”的名称，既表明“身份”的不同，也从一个侧面反映了处于非主流的状态。但静电照相、喷墨成像等非银盐成像系统却因为其干法处理甚至“立等可取”、通用介质成像、低价格和数字化的特质在办公室自动化、计算机硬拷贝输出终端和数字印刷领域占据了统治地位。

20 世纪末期特别是 21 世纪初，随着数字、网络和平板显示器技术的发展和应用在影像及相关领域引发了一场技术革命，数字影像和即刻、按需获取成为影像应用和消费的主流。银盐照相术逐渐表现出对这种发展趋势的不适应，其弱点不但阻止了该项技术在影像领域的进一步拓展，而且开始导致其从其传统垄断领域全线“崩溃”，让位于以平板显示媒体（特别是便携、移动显示屏，包括目前广泛使用的液晶显示器、有机发光显示器件、电子纸等）、静电照相、喷墨成像、热成像等为基础的数字影像系统。目前，银盐照相在数字冲印、印刷制版、医用 X 片、全息成像和军事领域还有少量使用外，但很快也会从大多数领域中退出，5~10 年以后银盐照相会将成为影像领域的一段过往的历史。

2.2 传统影像的内核与外延

正如上节所述，传统感光影像系统是围绕银盐照相术构建起来的一个影像系统，其核心是卤化银感光材料（图 1）。图 1 中央的左侧是一幅典型的高感度片状卤化银晶粒（也称 T 颗粒）的照片，片状卤化银晶粒的厚度在数十纳米，长度和宽度在微米的尺度范围；右侧是一幅典型的彩色负片的银盐胶片截面结构的显微照片，最下面的一层是胶片底基，最上面的是表面层，两者之间（从上到下）分别为感蓝层、黄色滤色层、感绿层和感红层，最下面的是底层。三层感光层又细分为高感、中感和低感三层。每一感色层中的短横线实为片状卤化银晶粒沿片基平面平躺时的截面影像，其长短与晶粒的长度 / 宽度尺寸对应，是晶粒大小的度量。晶粒尺寸越大或图中短横线越长，卤化银晶粒的感光度越高。包括表层和底层，一共有 12 层，总厚度不到 20 μm，平均每层的厚度不超过 1.7 μm。在这样一个微小的多层空间中包含了超过 100 种不同的有

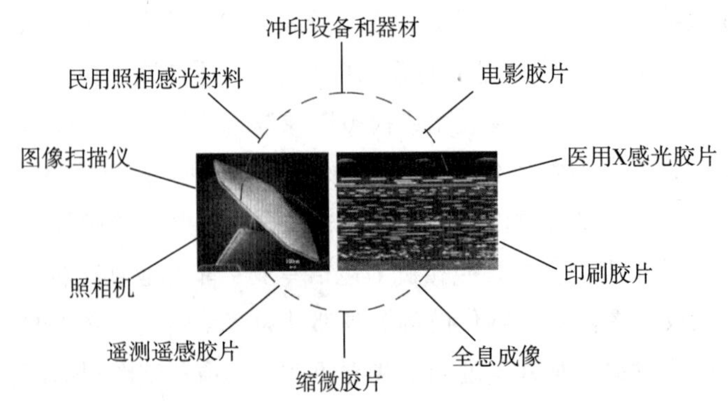

图 1 传统影像系统的内核与外延：银盐感光材料的核心地位和作用

机化合物，满足影像捕获、各感色层之间敏感度匹配、分色记录、颜色生成和色彩管理的五大基本功能，而且是一次涂布完成（挤压法多层一次涂布技术）。

能够将一个简单化学反应：$AgNO_3$（溶液）+KX（溶液）→ AgX（沉淀）+KNO_3（溶液）生成的卤化银（AgX）做成需要的晶形和晶粒形状并一次将 12 层厚度不超过 1.7 μm 的功能层均匀涂布在一张大面积的塑料底基上，实现影像捕获、各感色层之间敏感度匹配、分色记录、颜色生成和色彩管理的五大基本功能的内置是一件极其困难的事情，堪称工程技术领域的一个“奇迹”。也是因为这个原因，世界上只有少数几个国家和厂商掌握了这些核心工程技术，如美国的柯达公司，日本的富士胶片公司、柯尼卡公司，德国的阿克发公司和我国的乐凯胶片公司，但对全球银盐感光记录材料市场形成垄断的实际上只有柯达公司和富士胶片公司两家。乐凯胶片在进入 21 世纪后的头几年，其彩色胶卷在中国市场的占有率一度达到约 1/3 的比例，其余的市场基本被柯达和富士胶片两家的产品垄断。

我国银盐感光材料的起步与共和国建立基本同步，1949 年新中国成立以后在天津、厦门和汕头等地就已经有了作坊式的工厂生产银盐黑白相纸和感光干版，但现代化的银盐感光材料产业的建立以 1958 年创建的化工部第一胶片厂（乐凯胶片的前身）为标志，同时天津、上海、厦门、汕头四厂也开始了技术改造和扩大。60 年代后期又在南阳、无锡、青岛等建立了一些感光材料生产厂，我国基本形成了电影胶片、民用摄影胶卷和相纸、医用 X 射线胶片可以自行生产的银盐感光材料工业体系，但基本上都是黑白产品。

国产彩色银盐感光材料起步较晚，1975 年乐凯油溶性彩色电影正片投入生产，80 年代初期乐凯胶片开始了彩色反转片的生产，1988 年乐凯引进的彩色胶卷涂布生产线正式投产，同年乐凯日光型 100 彩色胶卷（Ⅱ型）获当年国家科技进步奖一等奖，同时彩色相纸和加工套药通过部级鉴定。这些对我国彩色银盐感光材料产业都是具有里程碑意义的标志性成果，表明从 80 年代末期开始我国已经建立了民用彩色照相的产业体系。从此，乐凯品牌的银盐感光材料开始出现在市场上，与柯达和富士胶片品牌同台竞技。进入 90 年代乐凯彩色胶卷曾占有国内彩色胶卷市场份额的 1/3。

民用彩色银盐感光材料（特别是感光胶卷）从 20 世纪 80 年代初期开始就已经进入我国市场，无疑都是柯达、富士胶片和其他洋品牌，但是大规模的使用到 80 年代中期才真正开始。尽管当时彩色照相（彩卷和彩扩冲洗）在国内仍然还属于高消费的领域，但胶卷购买和彩扩冲洗已经比较方便，彩色照相（彩卷和彩扩冲洗）已经发展到一般民众可以接受和消费的水平。随着 80 年代后期价格相对低廉的乐凯彩色感光材料（彩卷、相纸和配套器材）开始进入国内市场，一直到整个 90 年代，彩色照相在我国进入了高速发展和增长的黄金期。例如，当时国内彩卷的年增长速度分别是美国的 4 倍、日本的 5 倍，但年人均消费彩卷仅为 0.1 个，分别为美国的 1/37 和日本的 1/31。这一事实既展现了彩色照相在我国高速发展的态势，同时又揭示了彩色照相在中国具有广阔的发展前景和潜在的庞大市场规模。

为了拥有更大份额，拥有更大的份额，柯达公司和富士胶片公司在中国银盐感光材料市场展开了激烈的竞争，生产和服务的本土化成为竞争的焦点。但是这场竞争以 1998 年柯达公司与中国政府达成合作期为 3 年的协议：柯达公司投入超过十亿美元的巨额资金与除乐凯胶片以外的中国本土 6 家银盐感光材料企业进行合资，在 2001 年年底协议到期之前中国政府不再批准任何外资企业进入中国银盐感光材料行业而告终，富士胶片公司失去了进入中国银盐感光材料行业的机会。

这个时期正好是数字相机走过 90 年代初期技术验证和探索发展阶段开始进入技术逐渐成熟的高速发展阶段，感光板像素也开始进入数百万的水平，到 2004 年以后市场已经出现上千万像素的数字相机，数字相机拍摄的影像质量步入高品质时代。非常有意思的是，富士胶片公司和柯达公司都是数字相机研发和生产的先驱者，看似有要挑战甚至终结自己在银盐照相领域垄断王座之势。例如，世界上第一台使用闪存存储媒介的数字相机就是富士公司于 1989 年推出的 DS–1P，世界上第一款成熟的商业化小型数字相机是柯达公司于 1994 年推出的 DC40。从另一个角度看，这一事实反映了这两家跨国公司对数字相机可能引发影像领域发生革命性变革的战略眼光。但令人费解的是，在这种形势下这两家公司在柯达公司与中国政府签订协议到期之后，又开始了另一轮争夺再次进入中国银盐感光材料行业的“争夺战”。或许是这两家银盐感光材料世界巨头都估计中国这样一个拥有庞大农村人口的世界最大的发展国家的影像市场不会很快受到数字相机的冲击，对银盐感光材料的需求潜力和市场远远没有展现出来，依然存在巨大的发展空间，完全可以维系它们拥有的巨额银盐感光材料生产资产继续满负荷运行。这一轮的争夺最终又以 2003 年 10 月柯达公司以约 1 亿美元现金另加其他资产，收购乐凯股份有限公司 20% 的股份，与乐凯胶片集团公司签署了一份长达 20 年的合作合同而告终。富士胶片公司再次被挡在中国银盐感光材料行业的门外。但完全超出这两家企业期待的是，这个时期数字照相机在中国市场的发展速度大大超出它们的估计，在 2007—2008 年短短的两年间中国人的照相姿势开始从眼睛紧贴相机取景器（使用银盐胶片的传统相机照相的“标准”姿势）全面转向在最舒适的距离观看相机液晶显示屏（搭载电子感光板的数字相机拍摄的“标准”姿势）。这一严峻事实使柯达公司在与乐凯集团签订合作协议的 4 年之后的 2007 年以大幅度低于当时购买价将其拥有乐凯股份有限公司 20% 的股权转让给了广州诚信创业投资有限公司，同时与乐凯胶片集团公司达成了提前终止 2003 年签署的合作协议的决定，退出了中国银盐感光材料行业。

实际上柯达与乐凯的这段姻缘的缔结和提前结束是影像技术时代从传统的模拟影像向数字影像转变的必然结果，提前结束看似落败，实质对两家企业都是一种解脱，能全身心地迎接并融入到数字影像时代。从结果看，富士胶片公司在后一轮争夺进入中国银盐感光材料行业的败北实际上为其转型发展赢得了更多的时间，在今天看来有一点“虽败犹荣”的感觉。

2.3 数字影像的内核与外延

用 0 和 1 的排列组合描述的数字影像资源，广义称为数字内容（digital contents）或数字资产（digital assets），是数字影像系统的内核。当然，数字内容是更宽泛的一个概念，已经不再限于影像的范畴，包括文字、图形、符号、音频、视频等，实际上只要可以数字化的东西最终都可以成为数字内容。因此，我们说数字内容是今天基于物联网、也是覆盖全球的“云”的重要组成部分和内容。之所以称之为数字资产，是因为管理和利用好这样一个网络化的数字内容可以营造出商业机会，产生经济回报。

图 2 概念性地描绘了数字影像系统的基本架构，所有与影像关联的应用或系统都以典型设备的方式与处于核心的数字内容关联。这个“地球”的北半球基本上都是数字影像捕获和输入设备，从大家熟悉的数字照相机开始顺时针旋转，有智能手机和平板电脑等为代表的数字移动终端（基本上都内置了照相 / 摄像功能）、以 X 光机为代表的医用影像、以遥感卫星为代表的遥测遥感影像、以平台和滚筒扫描仪为代表的数字化扫描设备等；南半球主要是影像的处理和输出设备，也从大家熟悉的计算机开始，顺时针旋转可以看到以印前处理系统为代表的图像设计和处理、以喷墨打样机为代表的数字彩色硬拷贝打样系统、以发光显示为基础的平板显示器（包括液晶、OLED、等离子等不同的显示器，也包括基于专业显示屏的彩色软打样系统等）、以反射阅读为基础的电子纸显示系统、印刷直接制版、直接成像印刷机、数字印刷机、数字冲印设备等。实际上还有很多影像输出难以用图标的方式表示出来，因此在图 2 中并没有出现，例如，光刻（特别是无掩模激光束、电子束和离子束直描蚀刻）、辐射固化、激光束 3D 打印等。这些系统基本上都属于以光化学反应为基础的能量载体影像转换为物性载体影像的感光影像系统。3D 打印相对特殊，既有基于光化学反应的系统，但基于光物理变化（光之热熔、烧结等）的居多。因此，图 2 既不是数字影像系统家族组成的完整版本，更不是最终版本。随着时间的推移，还会出现新的成员 / 应用。而且这里还只涉及直接与数字内容链接的那一层，如果再向外围扩展还会关联更多的设备和系统，甚至是一个行业或一个领域。例如，图中简单的一个数字移动终端（手机、平板电脑），既可以作为数字影像的输入系统，也可以在上面观看、阅读和欣赏数字影像以及其他数字内容，这是移动出版的一种重要商业模式，其后台与出版社、广告商和平台运营商链接，是一个庞大的产业链。按国家新闻出版广电总局发布的数据，2015 年我国移动出版销售总额达到 1057 亿元（占整个数字出版产业 24% 的份额）并呈高两位数年增长速度，超过了当年印刷图书和期刊杂志的销售总额（1024 亿元，年增长速度 < 4%）。再如，简单的一个印刷直接制版，与其链接的还有印刷设备和印后加工以及印刷品配送系统，当然还链接了直接制版机和版材制造商，实际上就是一个完整的印刷产业链。按国家新闻出版广电总局发布的数据，2015 年我国印刷业销售收入超过 1.2 万亿（占当年全国 GDP 的 1.8%），企业总数超过 10 万家，从业人口超过 300 万，是一个庞大的产业。

图 2　数字影像系统的内核和外延：数字内容是核心

如上一节所述，传统影像系统的内核是银盐感光材料，其潜质几乎被开发到了极致。因此，我们说银盐感光材料是工程技术的一个奇迹，其关键技术几乎被柯达和富士胶片两家公司垄断，实质上成为一种排他性的技术壁垒。结果导致传统影像系统的内核几乎是一个封闭的系统，其他厂商被限制在银盐感光材料的外围、配套或延伸领域。与此形成鲜明对比，数字影像系统的内核完全是一个开放平台和纽带，绝大多数情况下属于商业化的公共平台，任何系统都可以接入并共享其中的数字资源，其核心技术分散在影像捕获 / 产生、处理、存储、传送、管理和呈现的各个环节。只要在某一环节甚至子环节掌握了具有竞争力的关键技术，企业无论规模和地域都可以在今天的数字影像领域中享有自己的空间和份额，协作共赢是发展的必然和不二的选择。因此，数字影像时代再出现像传统影像时代那样一统天下的可能性非常渺茫，取而代之的是掌握核心技术、具有核心竞争力的高科技企业。就拿数字印刷机作为一个简单的例子。在这个领域中目前最成功、占有绝对市场份额的主要有基于喷墨成像和基于静电照相的数字印刷机两种不同的类型，前者的核心可能在喷头、油墨和驱动控制系统，后者在光导成像组件（特别是光导体）、色粉以及显影系统和驱动控制系统。所有这些关键技术都不太可能被一家企业垄断，更多情况是由不同供应商所掌握，数字印刷机品牌拥有企业可能并不掌握或不完全掌握这些核心技术，它们的核心技术可能在整体设计、装配控制、调试合评价，价值体现在系统集成。这种开放和协作共赢的时代特征为很多新兴企业和国家提供了进入数字影像领域的机会。对我们国家而言，我们既不掌握喷墨和静电照相的关键技术也没有相应的产业基础和积累，从头开始研发如喷头或光导成像组件然后在进入数字印刷系统而且形成具有竞争力的数字印刷机品牌，或许在时间上不可等待，或许研发出来的系统缺乏商业竞争力，或许受到专利的限制而做不成商业产品，发挥中国人的聪明才智选择系统集成或是形成自主数字印刷机品牌的一条可行的路径，由此还可以带动并形成喷墨油墨和静电色粉等领域民族品牌制造业的兴起，让高价的洋设备和洋面包都转化为性价比更高的中国设计和制造，促进个性化印刷 / 出版、包装、标签等新型印刷生产和服务在国内的发展。

实际上，我国已经在智能手机和平板电脑等数字移动终端、遥测遥感、个人电脑、印前处理系统（特别是汉字处理、驱动和工作流程控制等软件系统）、通用液晶和 OLED 显示屏、直接制版机和直接版材、喷墨数字印刷机等领域持续发力而且取得了一些重大进展和突破，当然如何从简单的中国制造转向中国设计和制造，进而掌握核心关键技术和进一步拓展覆盖领域依然是一个艰苦和漫长的道路。

2.4 感光影像在数字影像中的地位和作用

从图 2 可以看出，在数字影像系统整个北半球的数字影像捕获、输入系统中，感光影像起将能量载体影像或物性载体影像转换为数字影像的作用，在影像的捕获和输入过程中已经完成了影像的捕获、分色、模数转换、属性描述和存储等操作。在诸多关键技术中，传感器是核心。影像捕获和输入系统的传感器多数可以归结到式 1 描述的感光影像系统的范畴，系统内部发生的变化绝大多数属于物理变化的范畴，如，光导、光电子等。例如，数字相机的传感器主要采用面阵列的 CCD 或 CMOS 器件，其作用就是将进入照相机到达感光板的光子（能量载体影像）转换为电子（能量载体影像）。毫无疑问选用什么样的半导体材料非常重要，但是器件的设计和制造同等重要，因为器件的集成度以及敏感单元的形状和空间配列方式决定了影像捕获的空间分辨率，光电转换效率决定了器件的敏感度，光谱响应范围是器件实现分色的基础和前提，器件对光电子的容纳量决定了每一个敏感单元的动态 / 密度响应范围，也称为像素深度。

在数字影像系统整个南半球的影像输出设备 / 系统中，以发光显示为基础的平板显示器属于数字影像转换为能量载体影像（发光）的影像系统，但以反射阅读为基础的电子纸则是典型的数字影像（多数以显示屏的像素是否施加工作电压或电压在显示屏平面的影像化分布的方式出现，显然属于能量载体影像）转换为物性载体影像的典型系统。目前比较成功的 E-Ink 电泳显示系统靠布满显示屏平面的每一个微胶囊中的白色微粒和黑色微粒面向或反向观察者的移动、Gyricon 旋转球显示系统靠布满显示屏平面的微球的白色半球和黑色半球面向或反向观察者的取向、Philips 公司推出的电润湿显示系统则靠显示屏平面每一个显示槽（像素）的底基在电场作用下发生亲和性变化导致显示槽中的油性染料溶液要不扩展开 / 有色状态要不收缩 / 无色状态实现影像在显示屏平面的呈现，这些系统难以划到感光影像的范畴，因为其中涉及的能量载体是电压，而不是光或电磁波。不管是哪种显示方式或工作原理，本质都属于可逆的物理变化，以便实现信息的多次写入和擦除。实际上，在设定的阈限范围内（如一定的亮度或密度反差值范围内），可重复写入和擦除的次数是所有显示系统的重要技术指标。而其他设备或（和）系统，包括没有表示出来的光刻（特别是无掩模激光束、电子束和离子束直描蚀刻）、辐射固化、激光束 3D 打印等均属于数字影像（以光、电、热、力未能载体的数字影像）转换为物性载体影像的感光影像系统。例如，目前广泛使用的热敏直接制版系统是通过热激光在直接版材表面的扫描（相当于能量载体影像）导致直接版材发生热熔（物理变化），或烧蚀（物理和化学混杂的变化），或敏感分子或基团发生化学反应（如网状高分子的解交联），得到物性载体影像（感光图层在印刷区域和非印刷区域的亲和性发生变化或选择性存在或溶解性发生变化），实现最终的制版目的；光敏直接制版系统主要借助（如）光聚合、光生酸引发聚合物分解、敏感基团的光分解等光化学反应导致感光图层的溶解性或亲和性发生变化，最终得到与热敏直接制版相似的结果；辐射固化从名称上就可以知道一定属于能量载体影像（多数情况下是辐射源的无差别照射，可以认为是亮度在空间均一分布的影像）转换为物性载体影像（网状交联程度在空间均一分布的影像）的感光影像系统，主要依靠的是光交联反应（化学变化）。

从上面的论述不难看出，感光影像是数字影像系统输入和输出的基础和主要利用的方法，是网络化数字内容 / 资源入口和出口的关键。

3 感光影像学研究状况和未来发展趋势

3.1 传统影像时代感光影像学的研究

传统感光影像学的研究主要集中在核心光敏材料、成像方法和配套技术、外围设备和系统等方面，相对集中和聚焦，研究开发平台和资源以及配套的教育和人才培养的集中度也比较高。

20 世纪 80 年代至 21 世纪初期是我国银盐感光材料发展的鼎盛时代，形成了以研究开发卤化银感光材料为主要任务和特色的中国科学院感光研究所为国家级研究单位，以 1981 年成立、秘书处挂靠在中科院感光研究所的中国感光学会为银盐感光材料以及银盐照相的学术社团，以化工部第一胶片厂和后来的乐凯胶片集团公司以及散布在全国各地的 7~8 个银盐感光材料生产企业为主要的技术开发和生产单位的产业体系，在 20 世纪 80 年代中后期至 90 年代中后期的十多年间，单乐凯胶片集团公司推出的多款彩色银盐胶卷和相纸就获得了多项（原）化工部和国家科技进步奖一等奖和二等奖，20 世纪初乐凯瞄准数字冲印的彩色相纸研发项目又获得了国家“863”计划的支持，负责建设的国家感光材料工程技术研究中心也通过科技部和国家工程研究中心的验收。这是 20 世纪 90 年代国产乐凯品牌的银盐感光材料在国内市场占居 1/3 天下，可以与柯达和富士等国际知名品牌竞争的实力和基础所在。

当时日本的银盐感光材料产业体系也与我们很相仿，但更加完善、分工更加专业。例如，富士胶片公司内部设有体系更加完善的中央研究所，承担该公司银盐乳剂以及配套材料和生产技术的研发工作。此外，还有更加细分从事银盐感光材料的独立研究机构，如专门从事银盐增感染料研究的日本感光色素研究所。作为学术社团组织，有专门针对银盐照相的日本写真学会、针对静电照相的日本电子写真学会、针对印刷的日本印刷学会（和针对中小印刷企业的日本印刷技术协会、针对印刷上游设备和器材供应商及其关联企业、专业化组织的日本印刷联合会等），日本是世界上影像、印刷等关联社团最为细分和复杂的国家。大学研究和人才培养也相对集中。当时设在千叶大学的工学部的写真工学科（后来更名为画像工学科，相当于中国高校系的建制）就是专门从事银盐感光材料、成像系统和品质评价研究开发和本科及以上高层次人才培养高等教育机构。而且在东京工业大学、东海大学、东京工艺大学等高校也有专门的研究所或（和）研究室从事有关感光材料、光学成像系统、图像处理、视觉与色彩学以及关联学科领域（如印刷）的研究和人才培养，例如，东京工业大学的印写工学研究设施（后更名为画像工学研究所）就是一个典型的例子。在感光影像全领域相对集中和完善的产－学－研体系使日本拥有了可以纵横全球的银盐感光材料、照相机和配套器材产业。美国的情况也相仿，地处纽约州罗切斯特市（一座因柯达繁荣而繁荣的小镇）的柯达公司自己就拥有世界级的银盐感光材料的研发和生产设施，其主要扶持和资助的罗切斯特理工学院（RIT）具有非常强的银盐感光材料、图像、色彩和印刷的研究和教育实力，在国际上也有比较高的声誉。（美国）影像科学与技术学会（IS&T）在 1947 年成立之初就叫（美国）照相工程学会（SPE）、1957 年更名为（美国）照相科学家与工程师学会（SPSE），这个名称一直使用到 1992 年更名为现在的名称，即 IS&T。柯达公司从该学会成立之初就是其团体会员，一直到现在。简单的回顾得到的启示是，一个产业的庞大和强壮与否在很大程度上取决于是否具有关联的产－学－研生态环境。

3.2 数字影像时代感光影像学的研究

数字影像时代感光影像学的研究更多表现为专业化的细分和协作，倾向于分散在不同的专业领域，研究平台和资源不再像传统影像时代那样高度聚焦和集中。从另一个角度看，数字影像时代的感光影像学具有学科分支多和高度交叉的特点，每一个分支都可能隶属或对应不同的产业。这种对应行业的发散性和多学科交叉的属性是数字影像时代感光影像学的一个特点。

例如，CCD 和 CMOS 都属于半导体领域，但是当把它们用作数字相机的感光板时，就成为了数字感光影像的关键元素；同理，闪盘就是一种泛用的移动存储媒介，但是一旦将其与数字相机关联，它也就成了数字感光影像系统不可或缺的组件；光导体、色粉本身属于材料领域，与感光影像也没有直接关系，但是一旦将它们融入到静电照相系统中，它们就成了今天复印机、激光印字机和数字印刷机等感光影像系统的重要的成像材料；互联网、物联网都属于 IT 领域，但是一旦与数字影像关联，它就成为今天数字内容与系统、设备连接的纽带和数字内容传送的通道，也就是今天数字感光影像系统的基础架构。这样的例子太多，不胜枚举。看似与感光影像毫不相关的东西，当按照感光影像的要求进行设计和制造后，就可能是感光影像不可或缺的器件或系统。因此从研究角度看，数字影像时代感光影像学的研究一定是以感光影像为总体目标，在整体设计下瞄准其某一分支或系统或组件或单元或材料或更加细分的专业化研究。换言之，整体设计下的专业分工和协作成为关键。

尽管如此，关键或核心领域的突破依然是决定成败的主要因素。例如，常规阳图 PS 版的感色范围限制在波长 460 nm 以短的紫外光谱区，最低成像曝光量多在 50 mJ/cm^2 以上，属于低感度的感光影像材料，但其综合性能优秀、技术成熟，是一种得到广泛使用的传统印刷版材。半导体紫激光器（UV–LD）的发光波长在 399~410 nm 的范围，与这种 PS 的敏感光谱范围完全吻合。但是在这种激光器出现之初的 20 世纪 90 年代末期和 21 世纪初，其功率非常低，一般在数十毫瓦及以下，因此 PS 版不能在搭载这种激光器的直接制版机上使用，必须开发敏感度更高的直接版材。在化学家的不懈努力下，基于银盐感光材料和光聚合性高分子的高感度直接版材应运而生，但是面临价高和必须在安全光源或暗室操作的困扰。但是到了 2006 年以后，在科研人员和工程技术人员的努力下,UV–LD 的功率、稳定性和寿命得到同步提高，这种激光器的功率已经到达数百毫瓦甚至瓦的水平，完全可以满足 PS 版的高速扫描成像。在这种条件下，PS 版与 UV–LD 的搭配就有可能成为一个高性能的直接制版系统。再如，在数字相机出现之初 80 年代末期至 90 年代初期，感光板的集成度还非常低，只有数十万像素，数字照相机基本上就被看成为一个高科技玩具，对以银盐照相为基础的传统感光影像系统不构成任何威胁。但是到了 90 年代中后期，数字照相机感光板的集成度已经达到数百万像素，到 2000 年初开始出现 1000 万以上像素的感光板，数字相机拍摄的影像进入了高品质时代。从那个时候开始，数字相机的发展突飞猛进，最终成为了传统照相机和银盐彩色胶卷的终结者，在很大程度上促进了数字影像时代的到来。

数字影像时代感光影像学学科分支多、高度交叉和对应行业分散的特点给人才培养带来了新的挑战。确立数字感光影像学的知识体系，找出其内核知识和关联知识，构建与这种学科特点、知识体系和产业形态相适应的人才培养模式是关键和挑战所在，也是最需要集思广益和智慧的地方。如果包罗万象，组合成一个大杂烩的知识体系，结果一定是蜻蜓点水，不成体系，重点和核心不突出，给学生留下一个万精油式的知识结构；如果过分聚焦在某一分支或学科领域，结果可能偏离数字感光影像学的核心，丧失必要的学科交叉性。这或是在培养数字感光影像人才方面最容易犯的两个极端错误。

3.3 感光影像学未来发展趋势

按照图 2 所示的结构，数字感光影像体系的内核是搭建在互联网平台上的数字影像资源或数字内容，将在国家“互联网 +”“中国制造 2025”和媒体融合发展的战略带动下得到不断发展和延伸。更宽的网络覆盖、更快的网速、更安全的缓落环境以及更多的设备、系统和资源之间的互联互通既是发展的方向，也是可以期待的目标。从狭义的数字感光影像体系的角度看，图 2 所示的外延设备、系统、应用和产业的发展是重点。可以预测，数字感光影像未来覆盖的领域会越来越多、越来越宽。以下是可能的重点发展方向和领域。

（1）设备和系统的数字化、自动化、智能化和绿色环保是总体的发展方向。

（2）基于可逆物理变化的影像捕获或传感器是一个发展的重要领域，在现有光电传感器（如 CCD、CMOS 等）集成度、动态响应范围、敏感度和稳定性不断提高的同时，对紫外、红外、微波甚至射频敏感的传感器的开发将提供在可见光波段下看不到的信息，在医用影像领域、地理资源调查等领域具有重要意义。

（3）移动阅读或移动出版将成为出版的主流形态，是一个继续保持高位增长的领域。这种出版形态在技术上主要取决于：①网络的覆盖范围、带宽和速度；②移动显示终端的显示质量（分辨率、反差和色域）和阅读舒适度，柔性显示器（如 OLED、电子纸等）和反射阅读显示器（如电子纸）是重要的发展方向。在管理上：①依赖于国家对出版物相关管理法规和制度的适应性调整；②对作者或出版者版权的保护和对包括平台运营商在内的参与各方收益的保障；③针对碎片化阅读对出版物的重构和编辑处理也非常关键和重要。

（4）与跨媒体呈现相关的技术和产品，如对环境光 / 照明特性的自适应调整以及跨媒体色彩管理技术是实现在不同媒介上（包括不同厂家和品牌的液晶显示屏、电子纸阅读器、不同厂家和品牌的印刷设备、不同纸张等）呈现相同效果的数字图像或数字内容的关键，也是使读者或消费者可以随时随地阅读或获取相同效果的数字产品的关键，对移动阅读和跨地域生产服务具有重要意义。

（5）印刷直接制版将向更加环保的免化学处理和免处理直接制版的方向发展，相应的版材技术是关键，光敏和热敏成像依然是主流。目前我国直接版材生产能力已经超过国内市场需求，因此，提升产品稳定性和档次（第三代的免化学处理版材和第四代的免处理版材）既是国内印刷市场发展的需要，也是产品外销的关键。

（6）数字印刷将成为印刷的一种主要方法，由此派生来的个性印刷、个性出版（也称按需出版）、个性标签、个性包装、电子监管码和附加信息越来越受到消费者的青睐和市场的推崇，加快数字印刷系统（包括数字印刷机和配套油墨）的国产化是发展方向。喷墨数字印刷系统是可能的突破口，引进关键部件和技术（如喷头），实现整机设计制造（包括配套油墨）是可行的途径，鼓励集成创新。

（7）目前高档的医疗光成像检测设备，如 X 光机、CT 等主要还依赖进口，价格高是一个难以回避的问题，在一定程度上增加了患者的经济负担。通过技术引进、吸收、消化和创新的“8”字循环，形成有竞争力的民族产业，而不是简单购买设备或许是实现国产的一条有效途径。国家在这方面，应该有配套的政策和资金支持。

4　专题报告概述

根据对感光影像学的理解和认识，结合本学会的学科分布和对行业领域的覆盖，本研究报告在综述统揽和概述的基础上，又组合了十一个专题报告，分别简述如下。

专题一是影像捕获与数字影像处理研究进展。该专题将重点放在近些年来兴起的新型数字影像获取技术和处理方法，主要内容从两个方面展开，即通用数字图像处理技术和新型成像技术及其处理方法。其中，新型成像技术包括：①光场三维成像技术及光场相机；②偏振光学成像技术；③数字全息成像技术及其核心位相解包裹算法等。本专题在介绍各种成像技术和处理方法的同时，还涉及了技术的产业化应用现状和未来发展趋势。在相关的技术领域，国内研究单位特别是高校做出了可圈可点的成绩，对这些高校以及它们的贡献也将在这个专题中涉及到。

专题二是颜色跨媒体呈现与管理技术研究进展。颜色跨媒体呈现是整个色彩科学和管理技术的核心问题。信息跨媒体化和彩色化的发展，促使各个学科充分利用空间物体本身的光谱（色彩）特性来更精确、更快速地进行目标的表达、呈现、识别和分类，以获得对空间物体更全面的理解、控制与应用。本专题报告从以下几个方面阐述该领域的技术研究进展和趋势：首先概述技术原理及过程，其次论述技术现状、发展趋势以及关联产业状况，最后给出该技术领域的发展对策建议。专题中充分阐述了面向跨媒体应用的多种数字化色彩描述方法，研究其涉及的色彩管理技术的创新理论与创新实践。本文还指出了颜色跨媒体呈现技术发展的重要研究方向，其研究成果必将成为颜色跨媒体呈现领域创新工艺、创新生产模式以及创新应用的坚实理论支撑和关键技术保障。

专题三是彩色硬拷贝技术研究进展。自东汉蔡伦改良造纸术并向黄帝献纸以来，纸的制造和使用逐渐风靡全球。纸作为人类记载事物的主要媒介，对人类文明传播起到不可估量的作用。本文介绍了以纸为主要记录媒介的硬拷贝技术，及其在数字印刷和数字冲印领域的应用。其中，数字印刷包括静电数字印刷和喷墨数字印刷。本文详细介绍了两种技术原理、发展历史、应用情况、未来发展趋势等。还介绍了数字冲印的过程、冲印设备情况和冲印相纸的发展情况。希望通过对几种典型硬拷贝技术的介绍，为投资商对该领域进行投资时提供一定的决策参考，为政府部门对该领域制定积极的政策引导提供必要的理论依据。

专题四是遥感影像技术研究进展。经过几十年的快速发展，遥感已经成为一门跨学科的对地观测综合性技术，遥感影像在农业、林业、国土、测绘、气象、海洋、环境、考古、城市规划、国家安全等多个领域有着广泛的应用。本专题报告主要从以下几个方面介绍国内外遥感影像技术研究的最新进展：①以航空、航天遥感为代表的可见光遥感影像技术；②合成孔径雷达系统及其数据处理技术；③红外与高光谱遥感影像技术；④遥感影像技术在各行业中的应用。另外，报告对国内外遥感影像技术装备、学术研究及产业化应用等方面进行了对比，并介绍了遥感影像技术的未来发展趋势。

专题五是光刻及微纳蚀刻技术研究进展。光刻及微纳蚀刻技术的出现使人类的加工尺度进入亚微米甚至纳米的世界，高规模集成电路芯片、高清数码相机、超高清显示等科技产品得以实现。同时，现代科技的发展也对微纳蚀刻技术提出了更高要求。本专题从集成电路光刻出发，回顾了光刻技术中核心的光刻光源和光刻胶材料的发展历程，分析了国内外发展现状及今后趋势。另外，鉴于“广义的光刻”——微纳蚀刻技术在智能手机、柔性显示、可穿戴芯片等新兴产业及基础前沿研究的推动力越来越大，本专题也对多种新型的纳米蚀刻技术及其应用背景做了概述。集成电路光刻及新型纳米蚀刻技术代表了当今最高精度的加工水平，抓住微纳蚀刻的发展新方向，提前布局，对加快我国光电产业的跨越式发展有重要意义。

专题六是有机发光二极管与新型显示技术研究进展。有机发光二极管（OLED）自1987年由邓青云博士首次发明以来，一直是学界和业界的热点，已经在显示和照明领域都取得了前所未有的进步。国内OLED主要研究单位包括清华大学、北京大学、华南理工大学、苏州大学、南京工业大学、南京邮电大学、吉林大学、上海大学、中科院化学所和理化所等。本专题报告将从以下几个方面介绍OLED与其他新型显示技术研究的最新进展：①新型阴、阳极材料及新型空穴、电子的注入、传输材料；②以热活化延迟荧光材料为代表的新型突破自旋统计的荧光材料；③以阴阳离子型配合物为代表的新型磷光材料；④新型高效白光OLED器件——全荧光、全磷光、杂化白光和叠层白光器件；⑤调控荧光、磷光分子取向提高光取出效率；⑥印刷及柔性OLED器件。最后对OLED产业现状及其未来技术发展方向进行了展望。除OLED外，以量子点、钙钛矿和电子纸技术为代表的其他新型显示技术也受到了广泛关注，本文也对这些技术进行了简要介绍。

专题七是计算机直接制版技术与绿色印刷技术研究进展。计算机直接制版技术（computer to plate，CTP）已成为印刷业不可或缺的关键技术。与传统印刷技术相比，CTP技术省去了输出胶片的过程，实现了高速度、高质量、低成本的信息传输和印前全过程数字化。CTP技术的发展经历了银盐CTP技术、热敏CTP及其他类型的CTP几个阶段，相关材料如设备、版材、光源随之发生改变。CTP技术推动了印刷业的发展。印刷业作为支柱产业之一，在世界各国经济文化发展中占有重要的地位。随着人们对生存环境的重视，如何推动印刷业向绿色环保发展成为全球性课题。确定绿色印刷技术的重要环节、突破绿色化的关键技术、制定相应的政策法规以保证绿色印刷技术的推广实施已成为世界各国印刷绿色化的手段。未来的绿色印刷技术将集中于环保材料的制备、节能、减排、增效等方面，并将成为全球印刷产业的发展趋势和方向。

专题八是光催化技术研究进展。光催化剂是指在光的辐照下，自身不发生变化，却可以促进化学反应的物质。促进化合物的合成或使化合物降解的过程称为光催化反应。光催化剂可催化光解附着于其表面的各种有机物及部分无机物，特别适用于除去空气及水中的污染物质、微生物，使各种制品表面产生杀菌、消臭、自洁及超亲水等功能，因此光催化技术广泛应用于交通、建筑以及环保等领域。我国在光催化基础研究领域一直处于世界的先进行列，且由于其绿色及可利用太阳能等优势，光催化净化技术目前已在局部领域和地区得到实际应用，其适用范围还在不断拓展。本专题报告将从以下几个方面介绍光催化技术的最新进展：①光催化技术简介；②空气污染的光催化净化技术；③光催化自清洁性能研究进展；④光催化技术展望。

专题九是辐射固化技术研究进展。辐射固化亦称 UV/EB 固化，是指以紫外光或电子束为能量源，辐照高分子或低聚物使其快速发生化学交联固化的技术，分别称为光固化和电子束固化。前者作为工业技术发端于 20 世纪 60 年代德国，后者发端于欧美 50 年代的高能电子束加工技术，并逐渐演化为适用于薄层有机材料的低能电子束固化技术。辐射固化因其交联速率快、节能、环保、加工结果高性能等综合优势而在诸多工业领域广泛应用，产品主要包括辐射固化涂料、油墨、胶黏剂、聚合物复合材料、高分子膜材等，已形成较大产业规模。我国在该领域从事基础及技术研究的机构主要包括清华大学、中国科学技术大学、北京师范大学、中山大学、四川大学、北京化工大学、江南大学、同济大学、广东工业大学、武汉大学等。至 2016 年，我国辐射固化产业市场已达 149 亿元人民币，全球辐射固化市场产值超过 240 亿美元，并以接近 10% 复合年增长率增长。辐射固化已成为全球薄层高分子材料固化加工的主流趋势。

专题十是 3D 打印技术研究进展。3D 打印技术以增材制造 + 数字制造的特质改变着制造行业，并且迅速影响着人们的生产和生活方式。本文围绕 3D 打印的工艺原理、核心技术以及产业化进程等方面进行了系统阐述。重点介绍了我国 3D 打印的发展历程，以及 3D 打印核心技术包括材料、设备及其应用技术的研究进展情况，分析了我国 3D 打印市场规模趋势、专利申请分布以及具有代表性的 3D 打印企业概况。研究表明，我国在 3D 打印研究领域尽管起步较晚，但目前研发和应用较为活跃，发展进步很快。最后，分析讨论了发展我国 3D 打印产业的战略意义以及我国 3D 打印产业发展中存在的问题，提出了支持我国 3D 打印产业发展的政策建议。

专题十一是 3D 立体影像技术研究进展。本专题介绍了 3D 立体影像的起源、分类及 3D 立体影像技术最新进展；并介绍了我国 3D 立体影像的相关学会团体、产业概述。分析了国内外 3D 立体影像相关专利分布情况，分析了 3D 立体影像产业的未来发展趋势，对我国 3D 立体影像产业发展提出对策与建议。

撰稿人：蒲嘉陵

专题报告

影像捕获与数字影像处理研究进展

随着科技的进步，计算机科技的突飞猛进和CCD的发明促使数字成像技术高速发展，也加剧了传统的感光化学工业的没落。已经走向没落的胶片相机被更加便利的数码相机取代，代表着人类在获取影像的手段不断进步。科技工作者仍然在为人类丰富而多彩的生活和工作需要而努力，从胶片成像到CCD数字成像，从可见光成像到X光成像，从医学图像到遥感光谱，从二维图像到三维虚拟现实/增强现实。由于传统的胶片已经在逐渐地淡出人们的视野，而数字图像方兴未艾，我们也得不把注意力放在当今各种新的影像获取和处理技术。

数字图像处理技术在天文探索和医学图像上的成功，促进了其在不同领域的应用和进步，它必然将向着高速、高分辨率、立体化、多媒体、智能化和标准化的方向发展，在宇航、军事、医疗、社会服务、工业生产等方面为人类服务。

另外，技术的进步催生了新的图像获取方式和处理手段。光场三维成像技术通过记录光辐射在传播过程中的四维位置和方向的信息，相比只记录二维的传统成像方式多出2个自由度，因而在图像重建过程中，能够获得更加丰富的图像信息。偏振光学成像则关注大气及地物光谱辐射的偏振敏感性，以及不同目标表面状态和固有属性对其偏振特性的影响，实时获取目标的偏振信息进行目标重构增强，能够提供多维度的目标信息，特别适用于隐身、伪装、虚假目标的探测识别，在雾霾、烟尘等恶劣环境下能提高光电探测器的目标探测能力。数字全息是随着现代计算机和CCD技术发展而产生的一种新的全息成像技术，可定量地得到被记录物体再现像的振幅和位相信息，经数值重建后包含物光波的振幅和相位信息，可以获得物体的三维形貌，具有快速、非破坏性、非侵入性、全场、高分辨率定量等特点，在微观形貌测量、生物相衬成像等领域具有重要应用价值。

1 数字成像处理技术

数字图像处理技术起源于 20 世纪 20 年代的 Bart lane 电缆图片传输系统，利用电报打印机实现数据编码与重构，使横跨大西洋传送一幅图片所需的时间从一个多星期减少到 3 个小时。从 20 世纪 60 年代开始，人们将数字图像处理视作一门正式的科学进行系统研究。早期的处理技术以改善图像质量为目的，1964 年美国喷气推进实验室对航天探测器“徘徊者 7 号”获取的照片进行计算机处理后，得到了清晰的月面图像，为人类实现登月计划奠定了基础。此后，数字图像处理技术逐渐在医疗诊断、地理信息勘测等领域发挥作用，体现出卓越的学科潜力与应用价值。

1986 年，S. Mallat 与 Y. Meyer 从空间的概念上说明了小波的多分辨率特性，随着尺度由大到小变化，在各尺度上可以由粗到细地观察图像的不同特征，并于 1988 年有效地将小波分析应用于图像分解和重构，克服了傅里叶分析不能用于局部等方面的不足，被认为是信号与图像分析在数学方法上的重大突破。此后，数字图像处理技术迅猛发展。

数字图像处理技术依据功能的不同，可分为图像压缩技术、边缘检测技术、图像分割技术、图像增强与复原技术等，在研究领域上一般包括以下几方面内容：图像信息的时频域转换、动图与高分辨率图像的压缩编码、局部信息的识别提取，以及图像分割、重建等。数字图像处理技术在发展过程中也受到了一些客观因素的制约，如大信息量对算法设计与计算机性能的挑战，宽频带处理过程中成像、传输、处理等环节的实现，以及信息压缩技术等。此外，由于处理结果的主观评价体系尚不完善，处理过程与质量也会受到人的因素影响。

1.1 主要研究方向

数字图像处理技术的研究目的包括：恢复图像真实信息，改善视觉效果，突出目标特征，提取目标的特征参数等。作为一门学科而言，该技术的研究内容主要包括图像数字化、图像压缩、图像增强与复原、目标识别等。

1.1.1 图像数字化

图像数字化即将图像信息转化为数字信息的过程，分为采样和量化两个步骤，是图像计算机处理的第一步。提取图像在空间上的离散化状态称为采样，其方法为，标定空间中部分点的位置，并用灰度值来表示该位置点的光信息，进而表示整体的图像信息。图像采样过程的精细程度用图像分辨率来表示。图像分辨率体现了图像的清晰程度，使用更多的采样点来对图像进行描述，可以使图像的分辨率更高，也就提高了采样的质量。采样方法分为点阵采样和正交系数采样两种。图像的量化是对图像采样点赋值的过程，采样点的量化数值范围决定了图像上所能使用的颜色数。因此，量化位数决定了图像数字化效果的精细程度。

1.1.2 图像压缩

对数字图像进行压缩通常利用数字图像的相关性与人的视觉心理特征。数字图像的相关性特指相邻像素以及相邻帧对应像素之间的数值关系，通过去除或减少这些相关性，可以减少图像信息的冗余程度，也就减少了数字图像中不必要的信息量。而人的视觉心理特性主要表现为视觉掩盖效应与颜色分辨能力等，利用人眼对光信号捕捉的这些特征，可以在非关键位置适当降低编码的精度，却能够同时保证人的视觉观感无法感觉到图像质量的下降，这也同样实现了数字图像压缩的目的。图像压缩包括编码和解码两个过程。又根据解码后所得数据与原始数据是否一致，分为无损压缩和有损压缩两大类。

1.1.3 图像增强和复原

图像增强是图像处理的基本内容之一，利用数学方法提高图像的对比度和清晰度，使处理后的图像更适应于人的视觉特性或机器的识别系统。

图像增强作为图像处理领域核心关键技术，包括了图像去噪、图像二值化、图像结构增强等处理方法。图像去噪的方法从处理域上来分，通常可以分为空间域和频域。其中空间域增强方法主要用于去除或减弱图像噪声，例如局部均值法和中值滤波法等。而频域增强则是将图像视为一种二维信号，首先对其进行傅里叶变换，再通过频域方式对信号进行增强。例如，低通滤波可用于去除图像中的高频噪声，而高通滤波则能够增强图像边缘等高频信号，提高图像的清晰程度。灰度等级直方图处理、边缘锐化、干扰抵制、伪彩色处理等都是较为常用的图像增强方法。

图像结构增强是图像处理的一个重要方向。在许多应用领域中，需要把图像局部感兴趣区域的结构纹理加强以得到实际应用。在医学图像处理中，由于成像技术的限制和成像环境的影响，在临床或者医学研究中得到的医学图像往往是噪声很大或者比较模糊的图像，使得医学图像中包含的一些重要的病理信息不能被医生和研究者所察觉，影响到临床诊断。因此，对于医学图像增强的研究在临床上非常重要，对于医学技术的发展也有重要意义。

在图像获取的过程中，由于光学系统焦距、设计缺陷、误差、畸变等因素的影响，真实的图像信息不可避免地会产生遗失和退化。因此，图像复原成为数字图像处理过程中的重要环节。图像复原的原理是通过建立导致图像质量下降的退化模型，然后运用反卷积等数学方法来恢复原始图像，并通过公允的标准来评价图像的恢复效果。

1.1.4 图像分割

在计算机视觉理论中，图像分割、特征提取与目标识别构成了由低层到高层的三大任务。目标识别与特征提取都以图像分割作为基础，图像分割结果的好坏将直接影响到后续的特征提取与目标识别。图像分割即将图像分为若干个特定的、具有独特性质的区域，其中每个区域都是像素的连续集。

常用的分割方法主要包括基于阈值、区域、边缘的分割方法。近年来，随着交叉学科发展和原有技术的改进，新的图像分割方法也不断被提出，如：基于聚类分析的图像分割方法、基于小波变换的分割方法、基于模糊集理论的分割方法、基于神经网络的分割方法、基于特定理论的分割方法等。图像分割方法至今还没有形成通用的理论体系，因此其算法也是以解决具体的实际问题为核心。在分割算法的应用过程中，通常将多种算法结合在一起使用，从而保证分割效果的最大化。

1.1.5 图像识别

图像识别的任务即是对目标图像的确认和搜寻。通过对图像进行必要的预处理、图像分割和特征提取，进而实现对特征目标进行判别和分类的作用。经典的模式识别方法包括统计模式分类和句法模式分类，常被应用于图像分类的过程。近年来，模糊识别和神经网络模式分类是两种较为新颖的图像识别方法，越来越多地受到科研工作者的重视。

1.2 数字图像处理技术的应用

随着信息技术的不断发展，图像处理技术的应用领域也越来越广泛，在诸多与人类生活密切相关的具体情境中发挥着巨大的价值。

1.2.1 航空航天方面

数字图像处理不仅应用在航天和航空技术方面，还应用在飞机遥感和卫星遥感技术中。1964 年，航天探测器“徘徊者 7 号”向地球传回了 4300 多张月球照片，美国喷气式推进实验室通过对这些照片进行几何校正、去噪等相关处理后，整理出大量宝贵的月面影像资料，并绘制出了月球表面的地图，这是人类对宇宙探索的一座里程碑。2007 年 11 月 26 日，“嫦娥一号”卫星为我国获取了月球表面的三维立体影像。此外，世界各国现在都在利用陆地卫星所获取的图像进行资源调查（如森林调查、海洋泥沙和渔业调查、水资源调查等），灾害检测（如病虫害检测、水火检测、环境污染检测等），资源勘察（如石油勘查、矿产量探测、大型工程地理位置勘探分析等），农业规划（如土壤营养、水分和农作物生长、产量的估算等），城市规划（如地质结构、水源及环境分析等）。在气象预报和对太空星球研究方面，数字图像处理也发挥了相当大的作用。

1.2.2 生物医学工程方面

1972 年，英国 EMI 公司工程师 Hounsfield 发明了用于头颅诊断的 X 射线计算机断层成像装置，这正是现今医疗诊断过程中常用的 CT 技术。1975 年 EMI 公司又成功研制出全身 CT 诊断装置，获得了人体各部位鲜明清晰的断层图像，1979 年该技术获得了诺贝尔奖。除 CT 技术外，还有对医用显微图像的处理分析，如红细胞与白细胞的分类、染色体分析、癌细胞识别等方面，也需要应用数字图像处理技术获得能够实现诊断功能的高清图像。除此之外，在 X 光肺部图像增强、超声波图像处理、心电图分析、立体定向放射治疗等方面，数字图像处理技术都具有广泛应用。

1.2.3 通信工程方面

当前的通信领域以多媒体通信为主要的发展方向，这其中，图像通信因数据量庞大的问题成为了技术革新过程中最为复杂和困难的一环。例如，数字电视信号的传送速率达到了 100 Mbit/s 以上，为了实现如此高速率的实时数据传输，就需要采用编码技术对信息容量进行压缩。在这一方面，除了已具有广泛应用的熵编码、DPCM 编码、变换编码等技术之外，目前国内外还正在大力开发研究新的编码方法，如分析编码、自适应网络编码、小波变换图像压缩编码等。

1.2.4 军事及公安方面

数字图像处理技术在军事领域的应用主要体现在战时导弹的精确追踪与打击、对侦查图像的判读、战术定位、自动化指挥系统的建立，以及非战时的飞机、坦克和军舰模拟训练等。在公安方面，对公安业务图片的有效信息提取、指纹及人脸识别、破损图片复原、交通监控和事故分析等方面都对数字处理技术有较高的需求。现如今，在交通违规、事故调查与自动收费系统中的车辆和车牌自动识别，特殊气候条件下的路况监测等方面，数字图像处理技术都已有了较为成熟的应用。

1.2.5 其他方面

数字图像处理的应用不仅在以上所述方面给人类带来帮助，在其他方面的应用也同样瞩目。如电影与动画制作过程中的动作追踪、人物表情模仿，电子游戏的引擎搭建，运动员动作分析、评审和技术回放以及广告设计、网页制作、文物资料照片的复制和修复、纺织工艺品设计、金融银行、建筑设计等。

1.3 数字图像处理技术发展趋势

数字图像处理技术经过近 90 年的发展，在技术革新与应用方面取得了很大进展，但即便如此，这一技术领域也依然存在着一些亟待解决的问题，如：更高的处理精度与图像质量意味着更大的数据量，这对算法设计、计算机信息处理速度与数据传输速度都提出了挑战；现如今最为通用的主观评价体系缺乏统一的评价标准，对模型的比较过程很容易受到人的因素干扰而产生不确定性；研究领域缺少具备参考价值的图像信息库；等等。

在可预见的未来，数字图像处理技术将向着高速、高分辨率、立体化、多媒体、智能化和标准化的方向发展。例如在具体的应用领域中，由计算机技术衍生的机器人视觉与虚拟现实领域的研究，将推动人工智能的快速发展。此外，三维重建技术通过将二维图像重构成三维，可以让人类更好地认识图像信息，完成遥控操作。而新的图像压缩、分割、识别算法的开发，也将对提升图像处理程序的性能提供帮助。以上这些领域的深入研究，都将为人类带来航天、军事、医疗、社会服务、工业生产等方面的长足进步。

2 新型成像技术

传统的成像技术只能获取光辐射的振幅信息，即得到物体的二维强度图像。而目前研究的新型成像技术则关注了除振幅外的其他信息，如光场三维成像技术记录了光辐射传播过程中的四维位置和方向信息；偏振成像技术记录了目标物体的偏振特性；数字全息成像技术则另外记录了物体的位相信息。根据记录的多维信息可以获得更加丰富的图像信息，为进一步的探测识别和测量奠定技术基础。本节关注了新型的光场三维成像技术、偏振成像技术以及数字全息成像技术。

2.1 光场三维成像技术

2.1.1 光场的概念

随着光场成像技术（light field imaging）的出现和完善，其体现出的优势在于：①任一深度位置的图像都可以通过对光场的积分来获得，因而无需机械调焦，同时也解决了景深受孔径尺寸的限制；②单光路相机已经可以描述物点各个方向的光线在相机内部传播的方向信息，这种特性使单影像即可获取物体三维信息成为可能，为测绘领域获取遥感三维信息提供新的方向。

根据 Levoy 的光场渲染理论，空间中携带强度和方向信息的任意光线，都可以用 2 个平行的平面——“双平面”模型（two planes model）来进行参数化表示，光线与这 2 个平面交于 2 点，形成一个四维光场函数。其中影像平面也称之为空间维度平面，相机主点所在平面也称之为角度维度平面。光场是表示光辐射分布的函数，反映了光波动强度与光波分布位置和传播方向之间的映射关系。在几何光学中，光场指的是光线强度在空间中的位置和方向分布，用光线和空间维度平面、角度维度平面的两个交点坐标表征。采用双平面参数来表征光场的合理性和实用性在于，现实中的大部分成像系统中都可以简化为相互平行的两个平面，比如传统成像系统中的镜头光瞳面和探测器像面。

2.1.2 光场技术应用

光场成像技术起源于 1938 年 Gershun 对“light field”这一概念的提出，但是受到当时硬件条件的限制，使得这一想法仅仅停留在概念层面。随着技术的发展，在 20 世纪 90 年代，MIT 的教授 Edward H. Adelson 提出了全光函数（plenoptic function）的概念，将光场信息解析成包含光线的两个角度信息，一个光谱信息，一个时间信息以及观测光线的三个位置信息共计 9 个参量的函数 $P(\theta, \varphi, \lambda, t, V_x, V_y, V_z)$，根据不同的硬件构造与应用场景，该函数的参量可以进行相关的简化。

目前光场成像技术实现方式主要有两种：阵列型光场相机和微透镜阵列结构光场相机。

2.1.2.1　阵列型光场相机应用

斯坦福大学的研究人员在大型相机阵列的光场捕获与处理中开展了比较系统的研究。针对不同类型的成像应用，B. Wilburn 等人设计了几种不同配置的摄像机阵列，通过严格控制各相机的时间同步精度和相对位置精度，能够更精确地从时间和空间上对光场进行处理，获得高质量的合成图像。

将相机阵列等效为一个孔径大小相当于阵列尺寸的虚拟相机，能够合成具有非常浅的景深图像，称之为合成孔径成像。若被拍摄目标隐藏于树丛、人群等遮挡物后面，将虚拟相机对焦到目标时，前景的离焦遮挡物将被严重虚化，而被隐藏目标显露出来。相机阵列增加了成像系统的视角信息和视场范围，基于这种光场采集方式的合成孔径成像技术在焦点选择和景深调节上具有更高的自由度和灵活性，非常适用于多层次景物的识别和分类，已成为隐藏目标动态监测与跟踪的重要手段。

2.1.2.2　微透镜阵列结构光场相机应用

基于微透镜阵列结构的光场技术，M. Levoy 等人将其应用到显微成像中，设计了一种光场显微镜，通过在传统显微镜的像面之前加入微透镜阵列进行光场获取。常规显微成像系统的景深一般都非常浅，限制了显微观测的深度，这一缺陷恰好可利用光场成像的大景深特点来弥补。通过对光场显微图像的处理，能够实时变换观测样本的视角和深度。R. Ng 等人提出了一种利用采集到的光场进行像差数字校正的应用。成像镜头的几何像差是由于光线经过非理想镜头折射后无法汇聚到同一点所造成的，即光场的传输方向发生了偏离。在光场成像中，由于光线的方向已经被记录下来，因此可通过特定的算法对偏离理想方向的光线进行纠正，再对其积分成像，得到像差校正后的图像。还依据这种原理设计了一种利用人眼视力检测的装置，可快速便捷地计算出人眼成像系统的几何像差。J. P. Luke 等人利用光场相机的原理设计了 CAFADIS 三维摄像机，能够对目标场景的三维深度信息实时获取、处理和显示。他们将四维光场的成像积分变换近似为焦面堆叠变换，避免了数据处理过程中耗时的插值计算，从而获取实时的三维图像。北京航空航天大学的 Lijuan Su 等人，在传统微透镜光场相机的基础上，通过在光阑处增加线性渐变滤光片，研制出了一次成像光谱相机。

然而，光场最重要的应用之一是获取三维信息，下面将针对这两种光场相机各自的相机结构，分别介绍光场在恢复景物三维信息时的数据处理的关键技术。

2.1.3　光场成像关键技术研究

光场成像的过程包括光场的采集以及相应的光场数据处理。阵列型光场相机采用多个相机组成阵列，对同一目标进行成像，每个相机分别位于不同的视角方向，对应光场的一个方向采样；相机中的探测器像元经过镜头投影到外部空间后对应光场的位置采样。微透镜阵列光场相机是在单个相机中引入微透镜阵列结构，改变其成像结构，从而将相机内部的四维光场重新分布到一个二维的探测器平面上。

2.1.3.1　阵列型光场相机

阵列型光场相机采集通过多相机的分布来获取目标不同视点位置的图像。

（1）相机设计：对于阵列光场相机系统设计有两种方案，主要区别在于输出到用户端视点图像的数量不同。第一种是直接输出所有视角图像到用户端，称为“全视点”（all-viewpoints）系统，主要特点是高带宽和低扩展性。在这个系统设计下，相机阵列所有设备的视频流都会传输到显示设备上，任何虚拟的视角图像，都可由这些数据合成在显示设备上。每个相机数据经过单独的压缩处理后，全部传送到显示处理端。它的优点是可以获得所有光场数据，计算合成不同虚拟视角的图像，供不同的用户使用。主要的缺点是，需要很大的数据带宽，相机个数的增加会遇到很大的问题。另一种设计方案，被称为“有限视点”系统。显示用户先选择需要的虚拟视角需求，并传送给合成器，合成器将该需求传输到相机设备，每个相机在独立视频缓冲区内处理计算要传输的子像素集，再经过合成器的合成，向显示端传递符合需求的视频流。该方法的优点是带宽小，可扩展性高，因为数据传输量和相机个数无关，所以增加相机个数对数据传输不会造成影响。缺点是，无法得到所有光场数据，而且不能一次获得所有虚拟视角图像。然而，多相机构成的光场相机，一次成像获取的数据量大，因此关键的设计标准是总体数据的带宽（即在给定时间内数据传输的总量）要降到最低，所以通常选择“有限视点”设计系统。

（2）数据处理：阵列光场成像与传统相机成像具有较大区别，空间点不同角度光线首先由不同角度的相机记录，然后通过光场计算过程将光线数字化聚焦形成图像。相机阵列系统中，每个相机的空间位置（光心位置）与图像平面位置可以通过精确标定获得，相机阵列中各相机光心所在平面与传感器所在平面分别对应着“双平面”模型中的空间维度平面和角度维度平面。若要对相机阵列前方某一点成像，首先需要索引由发出穿过双平面的所有光线，再将光线累加得到成像结果。由于索引和累加过程均为计算过程，因而光场聚焦并不同于传统透镜折射汇聚，而是在获取光场数据后，能够随意进行聚焦面调整，即数字重聚焦。

相机阵列光场成像能够虚拟一个具有较大孔径的传统相机的成像效果，因此 Vaish 等也称之为虚拟孔径成像。与真实孔径成像系统类似，相机阵列光场成像同样存在景深现象，即当目标物位于聚焦平面景深范围内时能够清晰成像，而在景深范围以外则成像变得模糊。这是由于当传感器平面偏离透镜聚焦的理想像面时，像点在传感器平面会形成一个扩散区域，如果该区域大于 1 个传感器单元尺寸，不同像点间将发生成像互相干扰，最终造成图像模糊。因此，成像景深与孔径大小、像面距离、传感器位置、传感器单元大小相关。相机阵列系统由于等效孔径较大导致景深变小，因此具有明显的聚焦与散焦效果。

1）预处理过程：在上述光场模型中，假设光心平面与图像平面均为理想情况。然而，真实相机阵列中不同相机的光心并不满足严格的平面分布特性，其各自的图像平面也存在差异，因此实际成像过程仍需进一步考虑相机间的位置关系和相机的畸变影响。通常采用张正友定标技术求出相机的内外参数，并利用定标后的结果对图像进行校正。

2）光场三维重建技术：成像时深度信息丢失，是恢复景物对象三维信息的主要障碍，所以光场三维重建的关键步骤是恢复景物深度信息。根据计算机视觉技术原理，深度信息，其中为基线长度，是焦距，为视差。所以，将深度信息恢复问题转化为视差提取。在基于阵列的光场三维重建技术，通常应用计算机视觉中成熟的立体匹配算法提取视差，得到深度信息，进而完成光场三维任务。

2.1.3.2　微透镜阵列结构光场相机

相机阵列的规模和尺寸决定了其只限于特定场合的使用，另一种基于微透镜阵列结构的光场相机的研发和应用则更具有现实的应用意义。

（1）相机设计：光场成像技术使用的是微透镜阵列对主透镜获取的会聚光线进行分光，从而获取同一像点的不同角度信息，而基于这一特性可以将原始数据分解成与相机阵列构成的光场相机一致的多角度影像集。

主镜头出射的光线经过每个微透镜后投影到该透镜后面所对应的若干像元上，这些像元共同组成一个“宏像元”（macropixel）。每个宏像元的坐标对应目标像点的几何位置，而宏像元中所覆盖的每个探测器像元则代表目标的不同视角信息。

（2）数据处理：

1）预处理过程：光场相机需要通过辐射定标对其光谱特性进行矫正。实际构建相机时探测器阵列是正交排列，而微透镜阵列的行列与探测器的行列存在错位的情况，因此需要对影像进行纠正，使之与光场符合正交排列的图像以便后续的处理。无论是 CCD 探测器或者是 CMOS 探测器，其记录的影像信息均为反映目标物体的反射率信息或者发射率信息（在可见近红外波段为反射率）。然而，由于探测器的探元对光的敏感程度不一致，而且不同波段的光谱响应也不同。因此，如果不经过校正将会导致获取的影像数据不能真实地反映目标物体。

对光场相机定标与传统相机辐射定标过程类似，均为对准标准白光光源进行成像，确定各个波段的辐射亮度为：R_{red}，R_{blue}，R_{green}（针对 RGB 三色相机）。而相机接收到的亮度一般通过电学装置会转换为 DN 值，其大小为：$DN_{Calib,red}$，$DN_{Calib,blue}$，$DN_{Calib,green}$。对于白光光源，其各个分量的大小相等均为 255（8 位探测单元），因此对于不同的 DN 值响应会形成校正系数，

$$\begin{cases} C_{red} = \dfrac{DN_{Calib,red}}{255} \\ C_{blue} = \dfrac{DN_{Calib,blue}}{255} \\ C_{green} = \dfrac{DN_{Calib,green}}{255} \end{cases} \tag{1}$$

校正完之后的探测器的各通道的 DN 值数据数据为：$DN_{red} = C_{red} \times DN_{Calib,\ red}$，$DN_{blue} = C_{blue} \times DN_{Calib,\ blue}$，$DN_{green} = C_{green} \times DN_{Calib,\ green}$。此外，通过探测器单元系数校正，还可以减小光场相机成像时的渐晕（光学系统轴外点像面辐照度小于轴上点辐照度）。

经过辐射校准之后的光场数据可以真实地反映地物的各个光谱通道的信息。然而，由于光场相机的光学结构，其探测器阵列与微透镜阵列在装配过程中探测器阵列的行与微透镜阵列的行之间并不对齐，因此需要对其进行校正。

然而无论微透镜影像阵列对齐与否，其微透镜的排列顺序依旧成周期性质分布。而将微透镜阵列影像与探测器进行对齐的主要目标在于求解出微透镜阵列相对于影像的旋转角度。因此，本文拟通过两种手段进行角度的计算：①通过对白光影像进行傅里叶变换，计算出最小空间周期对应的旋转角度；②进行透镜阵列行影像的拟合，通过计算拟合后的直线斜率得到透镜的旋转角度。但无论是①还是②，其对应的微透镜阵列旋转角度均比较小，一般不会超过 1°，这也满足现在工艺的精度要求。

由于微透镜可以对主透镜成像进行分光，从而构成多视角影像，而微透镜一般在此过程中视为小孔成像模型，因此透镜光学中心点的提取尤为重要。光场成像的微透镜阵列影像其透镜的行列与探测器的采样行列已经平行。而微透镜影像满足正六边形排列，因此透镜的中心点也假定为正六边形排列，因此在微透镜阵列位置检测中关键为找出模拟的正六边形排列微透镜中心点与真实微透镜中心点的偏移量（*offsetx, offsety*）。在偏移计算之前，首先需要模拟正六边形排列，因此实验将通过提取透镜阵列影像的亮度中心作为初始中心点，而对于一般微透镜影像其中心点亮度可以拟合成二次曲线分布。

一般通过拟合二次曲线进行微透镜中心点提取，但是这种方法往往只能寻找到比较粗糙的中心点，因此这里提取的中心点将用于计算透镜的直径。这里的直径经过大量的中心点估计被认定为准确值，以直径作为参数进行正三角形 Delaunay 三角网格构建。然后在三角网格内收索最近邻初步提取的微透镜中心点进行偏移量的计算。最终利用构建的 Delaunary 三角形，在偏移（*offsetx, offsety*）之后，确定微透镜的中心位置。

2）三维重建技术：利用几何光学原理在可见光波段提取目标景物的三维信息，传统方法为多视角三维成像，需要通过特征点匹配进行相机的外参数计算（structure from motion，SFM），在获取相机的外参数之后进行像点核线搜索开展密集匹配，最终获取密集的三维信息。与传统方法所不同的是，光场成像技术可以直接获取目标物体距离相机的远近，即高程信息。因为光场数据可得到多角度的影像，其相机相对姿态固定，且成正交排列，因此可以直接利用核线影像进行高程计算。

针对微透镜阵列光场相机，通过成像平面与微透镜之间的几何关系，可以确定物点发射或者反射的光线在相机内部的传播方向。一般而言，景深范围内的一个物点在成像平面上至少会有两个像点，因此通过光线的追迹必然能够推算出物点相对相机的位置。依据光线可逆性质进行光场影像的高程计算，可以直接利用原始的微透镜阵列影像，避免影像的多角度分解。

2.1.4 光场三维成像技术发展

总结光场成像技术的发展历史和现状，其发展趋势可从理论、技术和应用三个方法进行展开。

首先，几何光场推广到波动光场，并加入光谱、偏振和时间等变量的影响，从光辐射传播的物理理论上进一步探索光场调制和解调机理，分析各种成像参数之间的理论极限。

实现技术上，可结合新的制造工艺（如微纳加工）、光学调制器件、新型传感技术（如压缩感知），设计新的光场获取结构和数据处理方法。

从应用角度来看，光场成像技术的信息获取特点尤其适合于目标的多维特性探测以及基于多维信息的特征识别。这种探测技术的一体化和灵活性优势使得光场成像技术在科学研究、工业检测、农业生产、医疗影像、环境监测和军事侦察等领域具有广阔的应用前景。

尤其是将光场一次成像获取物体三维结构的特点，应用在无人机三维重建领域，可以大幅度提高其重建效率。当下，无人机三维重建的主要技术是，利用高度重叠的航飞数据集，构建共线方程，求解内外参数及景物三维空间坐标，数据冗余，且模型解算过程复杂。利用光场技术实现无人机三维重建，理论上数据可以零重叠度，而且借助于光场相机自身结构，解算目标点模型相对简单，所以提高了三维重建的效率。然而，光场相机的成像距离短是制约其应用范围的主要问题，以 Lytro 光场相机为例，百米的拍摄距离得到的数据，三维重建的误差在 10% 左右，精度不能满足用户需求。所以，未来光场成像距离问题将是光场领域研究的热点问题之一。

2.2 偏振光学成像

偏振是地表反射信号中的重要组成部分，但偏振信息在目前遥感光学成像中并未得到应有的重视。目前，法国已经在使用偏振遥感探测器，美国 NASA 已经认识到偏振遥感的意义，并将研制新型偏振传感器列入上天计划，我国也已经在高分辨率遥感等重大专项中部署偏振遥感探测器。偏振光学成像已经融入国际重大科学问题解决的重要突破手段探索中。包括：恒星、行星天文偏振观测，全天空偏振矢量场与重力场、地磁场的全域性比较，全球植被生物量与 C、N 含量正 – 负相关国际争论的甄别等问题。偏振光学成像在方兴未艾的遥感学科中必然会发挥巨大作用。

2.2.1 偏振光学成像理论

近年来遥感科学与技术的发展，进入一个新的发展时期，从理论发展上说，正在从定性向定量迈进，从简单解释辐射测量值与地表现象间的关系到用辐射传输模型定量描述它们之间二向性反射与辐射的关系；从正向辐射传输模型，发展到对辐射传输模型的定量反演；从分散（如局限于光学或热红外或微波）发展到集成多个波谱区间。从技术发展上来讲，从单一波段发展到多波段、多角度、多极化（偏振）、多时相、多模式，从单一遥感器到多遥感器的结合偏振遥感也正是在这个大背景下发展起来的，是一个相对新的和待发展的遥感领域。偏振光学成像理论主要分地物偏振光学成像理论与大气偏振光学成像理论。

2.2.1.1　地物偏振成像理论

地表最典型的地物为水、土、岩和植被，这也是我们研究地物偏振特性的最主要的四大对象。通过对这四大对象的研究，可以获得地物偏振遥感的五个特征，即多角度物理特征、多光谱化学特征、粗糙度和密度结构特征，高信号背景比滤波特征以及辐射传输能量特征。

（1）地物偏振反射的多角度物理特征包括：①偏振物理探测几何及与多角度偏振反射的物理基础，以保障地物偏振遥感的定量化研究；②多角度偏振反射分析仪器与测量方法，以实现偏振遥感地物样本分析；③入射角与地物样本多角度反射光规律及机理，以探究自然光源对地物偏振反射的根源影响；④多角度无偏光谱及偏振度特征及规律分析，以探究地表偏振反射的多角度物理特征本质。

由于在反射、散射、透射电磁辐射的过程中，会产生由地物自身性质决定的多角度光谱特征和偏振光谱特征。研究不同地物的多角度光谱特征和偏振反射特性，寻求出它们在2π空间内多角度反射光谱规律以及偏振反射规律。这些潜在的规律以及丰富的角度、偏振特征信息差异都为遥感的应用和研究带来了新的方法和途径。

（2）地物偏振反射的多光谱化学特征包括：①偏振度与无偏光谱的规律关系；②岩石表面在2π空间内的反射光谱模型；③岩石参数光谱反演；④岩石组成成分与偏振度的关系。

自然光照射到电介质表面，被物体表面反射及折射，一般变成了部分偏振光。由于完全偏振光随波长不同、测量角度不同均在变化，偏振片的吸收、反射、折射等对光有损失，因此其波谱表现的反比关系并不恒定，即不存在恒定的反比系数。只是在波谱上表现为有峰谷对应相反的定性关系。

（3）地物偏振反射的粗糙度与密度结构特征（以岩石为对象）包括：①岩石表面粗糙度与多角度偏振度波谱关系；②地表粗糙度影响或决定偏振散射角、进而决定偏振度的机理根源；③地物反射比与地物密度关系理论。

物体的表面粗糙度、结构纹理、化学成分、含水量、光入射角度的不同，都会影响反射光波的偏振特征。因此可以利用偏振反射光谱来分析地物表面的物理性质和化学性质，地物表面密度就可以通过地物的偏振反射光谱计算得出。

我们可以探讨高光谱的偏振反射光谱特性，这样通过偏振反射光谱，就能得到物质的折射率随波长的变化，然后深入细致地揭示地物的组成。

（4）地物偏振反射的高信号背景比滤波特征包括：①暗背景下水体信息的偏振反射滤波特性（“弱光强化”）；②强水体耀斑的偏振剥离（“强光弱化”）及水体密度测算；

③土壤的偏振反射滤波特性；④土壤含水量与偏振之间的高信背比滤波关系。

（5）地物偏振反射的辐射传输能量特征包括：①植物冠层的偏振反射特性，以证明辐射传输能量特征；②植被冠层的反射光偏振度模型，以得到偏振辐射传输规律刻画；③植被单叶与偏振之间关系，以建立偏振刻画植被单叶的方法；④几种农作物冠层对偏振反射的影响，以得到偏振刻画植被冠层结构的有效性证明。

辐射学和光度学的遥感已经开展多年，偏振遥感的产生是空间遥感技术发展的新方向。偏振遥感与传统遥感相比有其独特之处，它可以解决普通光度学遥感无法解决的一些问题。如云和气溶胶的粒径分布问题；目标的偏振测量精度无需准确的辐射量校准就可达到相当高的精度；在取得偏振测量结果的同时，还能够提供辐射量的测量数据。因此，偏振遥感受到极大的关注。

2.2.1.2　大气偏振光学成像理论

偏振遥感技术将偏振引入大气窗口研究，从光波的偏振重要属性入手，即补充光与大气、地物作用的本质，以完善大气窗口，使大气窗口理论研究重大进步。

光与地物、大气作用表现出的偏振特性研究，分析发现具有天空偏振模式规律，在引入偏振克服大气衰减瓶颈问题的同时，完善天空偏振模式图和大气偏振中性点理论，进一步研究与应用，对偶观测剖析气溶胶、大气污染粒子等物理特性、实现地－气分离及在天空偏振模式图矢量场的基础上实现仿生导航。

2.2.2　国内外技术现状及发展趋势

对自然物体表面的偏振反射测量始于 1964 年。从那以后，很多学者对地物的偏振反射特性进行了研究，开辟了一个新的遥感研究领域。1996 年，法国研制的 POLDER（POLarization and Directionality of the Earth's Reflectances）传感器搭载在日本的 ADEOS 卫星上发射升空，标志着偏振遥感进入了一个新时代。正在运行的 POLDER-3 是目前唯一在轨的偏振光遥感传感器。国际光学工程学会（The International Society for Optical Engineering，SPIE）不定期举办关于偏振测量、分析及遥感的专门学术会议，至今已出版了 19 本会议论文集。总体来说，偏振遥感目前正从定性研究向定量研究转变及深入。偏振探测从单角度向多角度、从单波段到全光谱、从测量线偏振到全偏振态探测、从单一参数到多参数，从实验室内测量到野外现场测量、从地面测量到高空至卫星平台探测，呈现出各项研究增长点全面开花的研究态势。这之间仪器的定标是基础和重要的一环，以保障数据的连续性、稳定性、可靠性，提高偏振遥感的精度及应用水平。

国内对于偏振特性的遥感研究起步较晚，始于 20 世纪 90 年代中期。中科院长春光学精密机械研究所、上海技术物理研究所、安徽光学精密机械研究所从相应的需求出发研制了相关的偏振探测仪器；东北师范大学、北京大学、北京师范大学等对地物的偏振特性进行了探测。近年来国内偏振遥感研究发展很快，许多研究者进入该领域。北京大学、中科院遥感与数字地球研究所、中科院云南天文台等在天空偏振探测尤其在大气偏振探测方面展开了探测。地表、天空（或大气）作为两个并行的偏振观测方面，为遥感地物反演目标服务并取得进展；不同的是，天空偏振观测基于大气领域的应用引入遥感领域，地表偏振观测是遥感领域的新开拓。在偏振测量仪器平台方面，已研制出偏振 BRDF 测量仪、航空偏振成像仪、全偏振测量仪等高精度仪器，偏振的定标工作也已提上日程。在偏振地物特性方面，对土壤、岩石、水体、植物叶片等常见地物进行了偏振反射光谱测量及特征分析，定量模型研究也已起步。研究大气的偏振中性点问题，为实现航空及航天平台对地偏振遥感奠定初步基础。对偏振导航的研究，描绘了仿生偏振导航的应用远景。随着偏振探测仪器能力的提高、偏振遥感定量模型的发展，偏振遥感正在进入一个蓬勃发展的时代。

2.2.3 关联产业的现状

2.2.3.1 偏振光学成像理论瓶颈

常规遥感以被动为主，即被动接受地表反射的太阳光辐射，虽然太阳辐射覆盖的波段很多，而可见光和近红外只占整个电磁波谱的极少一部分，但是却包含了整个太阳光谱 80% 的能量，因此，大部分遥感传感器的工作谱段都集中在这个区域。但是，可见光近红外波段的辐射从太阳到地表，经地表反射后再到传感器的过程中，不可避免的需要和大气相互作用，因而遥感领域存在两大瓶颈问题，即大气衰减效应和光学弱化效应。

（1）瓶颈一：光学弱化效应。高分辨率遥感包括辐射、空间、光谱、时间四大分辨率。其中辐射分辨率代表遥感器接收电磁波强度，足够的能量保障了对地物的敏感能力，也直接影响高光谱各波段敏感强度及高空间分辨率像元敏感水平。目前情况是，常规遥感只能在 1/3 光线适中的情况下获取优良影像，其余过亮（如太阳磁暴、恒星天体或水体耀斑）、过暗（如重大自然灾害或远端极弱光行星体探测）难以获取，这成为先进空间探测和地表重大地质灾害等遥感观测的瓶颈。偏振依据观测物不同物理化学性状具有强烈的反差比，即“强光弱化”“弱光强化”的物理机理，为破解这一难题提供新的可能。通过长达 30 多年，主要在国家自然科学基金自由申请项目的支持下，获取超过 30 多万组的野外实验和 10 万余组的航飞实验数据，经分析研究与十余年理论研究构建，证明了偏振“强光弱化，弱光强化”特性的物理本质，初步建立了地表偏振的多角度物理特征、多光谱化学特征、粗糙度与密度结构特征、高信号背景比滤波特征和辐射传输能量特征以及偏振与表面密度的关系模型，为地球观测系统动态敏感范围亮 – 暗两端极大扩展、实现遥感地物偏振反演提供物理探索方法，并逐步进入到偏振遥感应用的国际前沿。

（2）瓶颈二：大气衰减效应。大气衰减效应是遥感观测的最大误差源，往往通过实验方法测得，但其精确刻画缺乏理论方法。利用偏振作为大气观测手段，探索大气偏振遥感的理论，并为完善建立新的大气窗口理论奠定基础。偏振遥感技术的提出，通过将偏振引入大气窗口研究，从光波的偏振重要属性入手，即补充光与大气、地物作用的本质，以完善大气窗口，使大气窗口理论研究重大进步。分析发现光与地物、大气作用表现出的偏振特性，具有天空偏振模式规律，在引入偏振克服大气衰减瓶颈问题的同时，完善天空偏振模式图和大气偏振中性点理论，进一步研究提炼偏振遥感重要内涵，即全天空偏振模式图规律及物理特性、大气偏振中性点区域规律、全天空偏振矢量场规律下的大气粒子多角度观测立体层析、地 – 气参量分离与仿生偏振导航。

2.2.3.2 偏振遥感技术平台偏少导致的应用验证手段的相对单薄

截至目前，星载的偏振遥感器发展时间不足 20 年，目前偏振遥感的星载传感器除了美国的 APS 在轨运行外，暂时还没有其他可用的偏振遥感的卫星遥感数据源，且该遥感器的设计目的受众较小，主要是进行大气偏振观测，因此无论是从科学研究还是从大众认知的角度，目前偏振遥感的技术普及程度还远不够。预计高分计划、空间基础设施、天宫均将搭载自主研发的光学偏振相机，偏振遥感将进入一个蓬勃发展的新时期。

2.2.3.3 偏振遥感的定量化水平还有待加强

目前偏振遥感的定量化工作主要集中在地面偏振测量与大气偏振测量，经过多年的发展，大气偏振测量定量化水平有所提升。但地面偏振测量的结果由于缺乏相应的星载偏振遥感器以及相应的定标工作，因此无法与卫星数据进行星 – 地验证工作，因此偏振遥感特别是对地表目标观测的定量化水平还显得不够，相信随着国产遥感器的上天运行，这一局限也会随之破解。

2.2.3.4 国际重大科学问题亟待突破的方面

（1）与恒星、行星天文偏振观测的客观性手段结合，以实现天文领域与遥感领域偏振观测手段的互补、转换和技术贯通。

（2）基于偏振观测手段证明遥感辐亮度月球基准的不可替代性，以工程上实现偏振“强光弱化”滤除月光饱和、“弱光强化”凸现月光辐亮度极微小波动。

（3）全球植被生物量与 C、N 含量正 – 负相关的国际争论与偏振遥感独特性甄别启示，以补充或更新遥感地物反演基础理论的不足和全球变化、温室效应分析。

（4）全天空偏振场生物导航客观性及与重力、地磁场全域性比较，可确定偏振作为地球第三个全域场可能对大气、湍流、磁暴、台风等不同天象问题关联性机理性突破，可以实现仿生偏振与地磁、重力、地形四位一体自主导航应用。

（5）基于微波段极化（polarized）与偏振（polarization）光学遥感（太阳电磁波主要能量段）相同物理本质，借鉴、移植微波遥感成熟技术到光学波段，打通偏振光遥感技术与认识禁区，实现偏振光遥感理论、技术的全面突破。

（6）基于太阳电磁波强度、频率、相位、偏振等要素和光学遥感（采用太阳光前三个要素而把偏振作为干扰因素力求滤除）形成辐射、几何、光谱、时间四大分辨率影像优势和不足，发挥全偏振遥感九分量的“一景九像”信息丰富特色手段，确立偏振遥感的光学遥感第五维变量的技术地位及其全面应用。

2.2.4 我国发展趋势及对策与建议

我国中长期规划重大专项“高分辨率对地观测系统”等投入近千亿，至 2020 年卫星将达百颗；中国 2/3 起伏山地和山脊东西走向决定航空遥感需求更大。

（1）面临共同瓶颈：①光学遥感仅在约 1/4 亮暗适中条件下获得高清影像，对其他情形如重大灾害（暗如地震，亮如磁暴）等探测能力弱，极大约束其对资源环境生态监测能力；②大气衰减成为接收地面探测信息过程的最大误差源，淹没了高分辨探测效能发挥；③光学遥感影像的几何、光谱、辐射、时间四大参量，其高分辨率指标实现首先依赖辐亮度基准计量，目前人工基准光源仅有 10^{-3} 稳定度，建立验证 10^{-6} 基准源成为世界难题。偏振遥感成为中国独创的破解方法。

（2）重要科学应用价值：①扩大遥感适用范围，为突破常规遥感受电磁反射波谱强度（不可太强或太弱）限制提供手段；②打破大气窗口限制，实现地物波谱信息和大气衰减效应的分离；③为星月远端观测提供突破口；④探索高分辨率遥感仪器偏振效应、大气效应剔除方法，以及卫星遥感辐射定标基准源的建立。

（3）社会效益：①我国自然灾害每年损失几千亿元，若监测手段可测至少降低 20% 损失，伤亡直线下降；②天空偏振模式图可对大气、湍流、磁暴等观测分析；③地物偏振可对水土污染、湖泊富营养化监测，为自然灾害治理提供依据；④偏振遥感携偏振光自主导航，无漂移发散；⑤可发现阳光背景、大气波动、地表伪装下特殊目标，提前预警，保障社会安全；⑥可对大气污染、$PM_{2.5}$ 粒子分布变化趋势进行立体层析，追溯其源和汇，并实施治理。

2.3 数字全息成像技术

2.3.1 数字全息成像的特点及基本原理

早在 1948 年，英籍匈牙利科学家 Dennis Gabor 提出了一种利用物体衍射的电子波记录物体振幅和相位的方法来提高电子显微镜的分辨率。这种新的成像原理被称为全息术（holography）。在传统光学全息中，通常采用银盐干板、光导热塑片和光致聚合物等光敏材料记录光学全息图，而要对光敏材料进行复杂的化学处理，才能实现光学再现。针对不同波长的记录光源需采用不同光谱响应范围的记录介质。此外，早期的光学全息使用汞灯照明，采用同轴记录的方式，光源相干性低、再现时原始像和共轭像不可分离这两大难题严重地制约了光学全息技术的发展及应用。直到 1960 年第一台激光器的发明，解决了产生高质量的全息图需要的相干光源的问题，从此光学全息技术进入了快速发展时期。1967 年，美国科学家 J. W. Goodman 和 R. W. Lawrence 提出用摄像机记录全息干板上的一部分同轴全息图，并采用快速傅里叶算法完成了全息图的数值再现，这奠定了数字全息的理论基础。随着计算机和电子图像传感器件性能的逐步提高，数字全息技术得到了较大的发展。1992 年，美国学者 W. S. Haddad 等利用微小液滴作为微透镜产生离物体很近的点参考光源，首次采用 CCD 记录蛔虫幼虫细胞的数字全息图，并数值再现得到了全息像。整个全息过程的记录与再现完全数字化，真正意义上的数字全息第一次得以实现。

数字全息技术是在传统光学全息的基础上发展而来，两者基本原理相同。但是相对于光学全息来说，数字全息采用光电耦合器件 CCD 或者互补金属氧化物半导体 CMOS 对光学全息图进行离散化数字记录。全息图的记录光路有多种，但记录的均是物光波与参考光波形成的干涉场的强度信息。目前主要有三种算法模拟光学衍射传播过程，分别是菲涅耳衍射积分算法、卷积算法和角谱法。图 1 给出了数字全息图的数字记录和再现过程的基本流程。

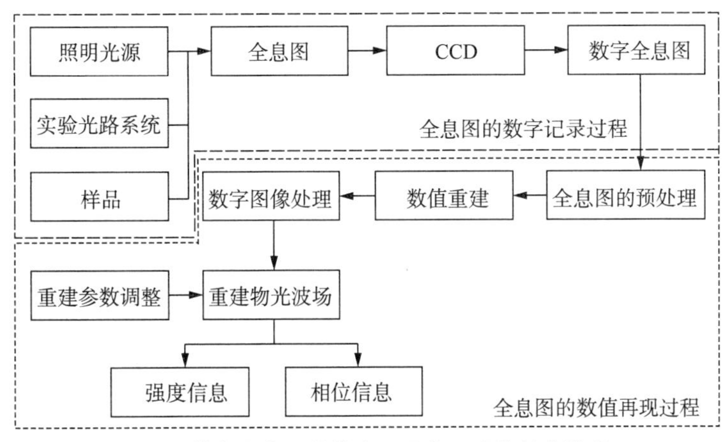

图 1　数字全息图的数字记录和再现的基本流程

2.3.2　数字全息成像技术发展现状

一方面为了提高数字全息技术的性能，另一方面为了扩展它的应用范围，人们在原理研究、算法研究和应用探索等方面，提出了各种各样的解决方案和技术。

1999 年，瑞士联邦理工学院 E. Cuche 等人为获得更高系统分辨能力，首次在数字全息光路中引入显微物镜，在只记录一张全息图的情况下，通过手动调节重构参数，同时获得了微小物体的强度和位相信息，横向和轴向分辨率分别达到了微米和 10 nm 量级，展示了数字全息显微技术在三维形貌测量中的能力。与光学显微相比，数字全息显微技术实现了显微测量的数字化，数据处理、存储及传输更方便；且能记录和再现微小物体的三维信息，分辨率可达到微纳米量级，且它采用非接触式测量、记录样本，无需对样本采取任何物理化学处理，对样本的损害非常小，特别适合对活体生物细胞、微纳结构表面的三维成像。随后，该课题组基于上述理论研制了一台透射式数字全息显微测量原型机。数字全息显微系统中，为提高系统的横向分辨率而引入显微物镜，同时也造成再现像的像场弯曲，影响再现像的相位分布。2006 年，T. Colomb 和 E. Cuche 等人提出了一种自动位相补偿重建法，该算法采用了一个待定系数的二次函数来拟合数字全息重建过程中的相位畸变，可以通过调节参量得到准确的三维物场。由于其拟合过程需要采集连续位相分布的系列点，该算法要求数字全息图具有较高的信噪比。目前，已有几十个国家和地区的科研单位投入到数字全息显微术的研究领域中。

德国明斯特大学 B. Kemper 课题组采用离轴预放大数字全息系统，建立了自干涉数字全息显微术装置，并使用空间域重构算法，对活的人体肝癌细胞、胰腺癌细胞和血红细胞进行了定量观测，用于研究癌细胞的侵袭机制及抗癌药的作用机理，得到了 0.85 μm 的横向分辨率和 30 nm 的轴向分辨率，并观察到人脑微脉管内皮细胞的动态分裂过程。此外，该研究组在活体细胞的折射率测量、自动聚焦算法、三维追踪、多波长技术及彩色数字全息等方面也进行了较为深入的研究。

美国南佛罗里达大学的 M. K. Kim 课题组在数字全息显微成像领域进行了大量的理论和应用研究。该课题组在马赫 – 曾德干涉光路的基础上，通过在参考光路放置与物光路一致的显微物镜（N.A=0.65）对物体进行预放大数字全息显微测量，并结合角谱重构算法完成了卵巢癌细胞、血红细胞和人脸表皮细胞的定量相位测量，再现像的横向分辨率为 0.5 μm，轴向分辨率达到 30 nm。L. Yu 和 M. K. Kim 等人采用纳秒级激光器（20 kHz，12 ns，Coherent Inc，USA）对不同生物细胞进行了激光手术实验，实验过程中通过采用数字全息显微测量系统定量地观测手术过程中细胞的动态变化。

随着光电子器件的技术发展，CCD 分辨率不断提高，分辨能力已经可以达到 2.2 μm 甚至以下，一定程度上弥补了 CCD 远比传统记录干板分辨率低的缺陷。以 A. Asundi 为代表的新加坡研究小组研制了一款紧凑的反射式光路测量系统，系统仅需要在分光棱镜的四周分别设置点光源、反射镜、样品和 CCD 即可，有效简化了数字全息显微光路结构。系统可以通过调整反射镜和样品与分光棱镜的距离来调整再现像的放大率，通过改变反射镜的角度来调整物参光夹角。该课题组还对 MEMS 隔膜的动态特性和微透镜阵列三维形貌进行了检测分析。此外，针对测量光路中存在的相位误差问题，提出了基于物理补偿球面波位相因子的方案；为扩大数字全息显微测量区域，该课题组采用了子孔径相位拼接技术对微结构表面进行了三维检测，获得了很好的效果。

高分辨率一直是成像系统追求的永恒目标，数字全息系统作为一个特殊的相干光学成像系统，再现像的分辨率由记录系统的数值孔径和记录波长共同决定。在波长确定的情况下，系统的数值孔径越大，再现像的分辨率也就越高。在记录介质尺寸和记录距离一定的情况下，研究者们提出了合成孔径技术，通过移动面阵 CCD 位置来记录多幅子全息图，并借助拼接算法获得大幅面数字全息图，从而扩大 CCD 的记录面积以提高再现像的分辨率。此外，采用波长、角度和偏振复用技术，通过记录物体更多的空间频率信息以提高再现像分辨率。V. Micó 等人采用角度和时间复用技术用于改善无透镜数字全息显微成像的分辨率。

美国加州大学洛杉矶分校的 A. Ozcan 课题组用高分辨率 CCD 直接对微小物体进行了无透镜数字全息显微成像研究。目前该课题组基于该技术研制了多款不同类型的成像设备，该装置将 23 个 LED 光源阵列输出的光耦合进 23 根多模光纤阵列里，通过微控制器来控制 LED 光源的亮灭从而实现多角度照明，进而得到 23 幅不同角度照明下的全息图，最后经数值计算实现红细胞的超分辨数字全息成像。

为了提高数字全息显微技术的纵向测量范围和应用领域，2006 年，日本德岛大学的 Yoshio Hayasaki 等人搭建了同轴相移双波长数字全息系统，并对系统特性进行了分析。2007 年，美国南佛罗里达大学的 M. K. Kim 等人基于部分相干光 LED，开展了双波长数字全息显微的研究，为抑制噪音在相位展开过程中的影响，提出了一种高精度的双波长相位展开方法，并搭建了一套双波长预放大数字全息系统成功对癌细胞进行了三维成像。瑞士联邦理工学院的 J. Kuhn 等人用波长为 679.57 nm 和 759.91 nm 的两个半导体激光器搭建了可实时成像的双波长数字全息系统，并对运动中的 MEMS 器件（高度 1.2 μm）进行了实时三维监测，系统的帧速达到 25 frames/s。

随着数字全息技术的迅速发展，国内对于数字全息技术的研究也取得了快速的发展，已有几十所科研单位及院校从事相关的理论和实验研究。昆明理工大学的李俊昌课题组针对当前实时彩色数字全息图中存在颜色串扰的问题，分析了 Foveon CCD 的工作原理与控制模式，提出通过改变 CCD 的颜色变换矩阵的方法降低颜色串扰的问题，并基于取样定理及衍射的角谱理论对超分辨率离轴数字全息记录系统的优化设计进行了研究。天津大学的张以谟等人在数字全息的理论研究、同轴数字全息、动态喷雾粒子场的三维检测等方面做了许多工作。西北工业大学赵建林教授课题组开展了数字全息图记录系统、数值重建方法、分辨率改善、显微测量以及彩色数字全息术等方面的研究，并对生物组织、MEMS、粒子场和温度场等进行了数字全息三维形貌测量。

北京航空航天大学肖文教授课题组提出一种长工作距离下显微成像的数字全息合成孔径方法，通过在不同斜入射照明条件下记录多幅包含不同物光频谱范围的数字全息图，最后通过非相干叠加得到分辨力提高且散斑噪音减小的合成物体强度像；最近，该课题组针对球形光学元件的表面质量检测，以 Mach-Zehnder 干涉仪为基础，搭建了一套离轴数字全息光路，并在数字全息再现过程中应用倾斜相差补偿技术去除了由于离轴检测引入的倾斜相位畸变，并成功对一块口径约 5 mm，加工目标曲率半径为 8 m 的激光器谐振腔反射镜表面进行检测，得到其粗糙度值和峰谷值。南开大学翟宏琛课题组采用短相干光数字全息术实现了反射型微小物体的三维形貌测量，基于双波长数字全息术提出了一种测量微光学元件的折射率分布及面形的方法。河北工程大学王华英教授课题组采用计算机模拟与实验验证相结合的方法，对基于同态信号处理的广义线性重建算法（GL-HSP）在球面参考光预放大数字全息显微系统中的应用进行了研究。

北京工业大学王大勇教授课题组在数字全息领域开展了较为深入的研究，对数值重建算法、成像分辨率、表面粗糙度测量以及生物细胞的数字全息显微成像等方面做了大量工作。2014 年，该课题组报道了一种多角度无透镜傅里叶变换数字全息，通过调节二维平移台使光纤在透镜的物方焦平面上进行二维扫描，从而可以获得不同照明方向下的多幅数字全息图，利用单次快速傅里叶逆变换实现数值再现，对多幅再现像的强度像求平均，从而降低散斑噪音的影响。

为避免典型预放大数字全息显微全息光路中存在的二次相位误差，上海大学于瀛洁课题组设计了基于全息图放大的数字全息显微光路，并成功对一位相光栅（30 lp/mm，槽深约 0.3 μm）进行了三维形貌测量。西安工业大学的田爱玲等人利用无透镜数字全息技术对微透镜阵列以及 MEMS 器件等微纳结构进行了三维形貌测量方面的研究。山东师范大学国承山课题组针对无透镜数字全息的成像方法和像质改善问题，提出了一种消除零级噪声和共轭像影响的盲相移数字全息重现算法。山东大学蔡履中等人对相移全息的波前再现误差进行了分析和校正。

西安光机所姚保利课题组报道了一种适合动态测量的双波长离轴数字全息显微镜，系统采用彩色 CCD 来记录全息图，通过从彩色全息图中分离出各波长对应的全息图，以此实现双波长的同步测量。袁操今等人通过分析脉冲激光的特点，采用多角度照明物体的方式来提高全息再现像的分辨率，实验过程需要精确控制脉冲激光子脉冲之间的时间间隔，以保证所有子全息图互不相干。刘诚等基于合成孔径数字全息术理论，通过在物光光路中加入正弦光栅以压缩物体的空间频率，从而使 CCD 能够记录更多的物体高频信息，以提高成像分辨率。此外，暨南大学钟金钢教授课题组和浙江师范大学王辉教授等课题组也相继开展了数字全息成像技术的研究。

2.3.3 位相解包裹算法研究

位相解包裹是基于干涉的位相测量技术中的重要环节，如合成孔径雷达干涉、光学干涉测量技术、医学成像技术、数字全息三维成像、相干衍射成像等技术中都涉及位相解包裹。位相解包裹也称为位相展开、位相解截断、位相解缠绕等。与之相反的过程谓之包裹位相、截断位相、缠绕位相等。近年来，随着数字全息术和其他三维成像技术的发展，位相解包裹也得到了很快的发展，研究者提出了很多算法。虽然所提出的算法针对的具体领域不同，但由于解决的问题本质相同，位相解包裹算法具有通用性。

2.3.3.1 位相解包裹算法研究汇总分类

近年来，国外对于位相解包裹算法的研究很多，基本理论日趋成熟。表 1 和表 2 对目前国际及国内出现的位相解包裹算法研究进行了初步的总结。

表 1 国外位相解包裹算法研究汇总

序号	作者	方法	积分路径	优点	缺点
1	Jonahan M. Huntley	枝切法	PF	使用奇异点环，抗噪能力强	枝切线容易设置不当
2	Antonio Baldi	四叉树	NPF	分块再合并，速度较快	噪声厉害区域效果不好
3	Curtis W. Chen	统计模型解费用函数	NPF	抗噪能力强	需要先验图，费时

续表

序号	作者	方法	积分路径	优点	缺点
4	Curtis W. Chen	统计费用网络流法	NPF	图像分割合并算法，效果较好	需先验知识
5	Mark Jenkinson	网络流法	NPF	每一维分别操作，省时，准确	较适合于处理 MRI 数据
6	Vyacheslav V. Volkov	2 次 FFT 方法	NPF	只需要三次 FFT 变换，省时	欠采样厉害的区域出错
7	Marvin A. Schofield	4 次 FFT	NPF	编程简单，易于实现	需要对图像进行镜像操作，费时
8	René Schóne	加窗技术和最小费用匹配	NPF	抗噪能力强	运行速度比较慢
9	Mariano Rivera	半正定费用函数，正规化法	NPF	抗噪声能力强	位相出现不连续现象
10	Y. Saika	统计力学方法，Q-Ising 模型	NPF	适合处理含有欠采样图像	运行速度比较慢
11	Myung K. Kim	双波长光学法	NPF	解包裹易实现	会存在“拉线”现象
12	Lei Ying	马尔科夫随机场模型	NPF	对噪声、位相跳变区域处理效果好	运行速度比较慢
13	Wang Huifang	蒙特卡罗算法	PF	抗噪能力比较强	易产生“拉线”现象
14	S Karont	奇异点 - 矢量图作为质量图	PF	比其他质量图好	产生“孤岛区域”
15	José M. Bioucas-Duas	最大流最小截算法	PF	适合处理含有欠采样的图像	运行速度比较慢
16	Sheng Liu	基于条纹估计和图像分割的区域算法	NPF	精度较高	运行速度比较慢
17	Juan J. Martines-Espla	基于网络滤波器和枝切法	PF	抗噪能力强	滤波会丢失信息，存在“孤岛区域”
18	Juan J. Martines-Espla	粒子滤波和 Itoh's 算法	PF	抗噪能力强	滤波会丢失高频信息，会产生“拉线”现象
19	Hansford C. Hendargo	合成波长技术	NPF	精度较高	只适用于光学干涉领域
20	Goncalo Valadao	贝叶斯方法	NPF	适合处理含有阴影、高斯噪声数据	需要后验概率
21	Miguel Arevalillo	质量导向、区域增长和枝切	PF	精度较高	运行速度比较慢
22	Ricardo Legarda Saenz	时间位相解包裹算法、傅里叶的正定变换	NPF	算法简单，速度较快	只适合于跟时间有关系的数据

续表

序号	作者	方法	积分路径	优点	缺点
23	A. Plyush Shanker	改进的最小费用流法	NPF	用边代替闭合路径，可用于多维数据	较适用于处理 INSAR 时间序列
24	A. Khmaladze	改变再现距离	NPF	消噪效果较好	不适合于处理含有欠采样的数据
25	Jesús Muňoz Maciel	傅里叶方法	NPF	运行速度较快	干涉图须含有封闭条纹
26	Satoshi Tomioka	旋转补偿器、不约束的奇异点定位和虚拟奇异点	PF	抗噪能力强	运行速度比较慢
27	Sai Siva Gorthi	立方位相方程	NPF	位相跳变厉害的区域效果也好	适合于光学干涉
28	黄源浩	傅里叶位相滤波和栅格位相解包裹	PF	抗噪能力强，适合于动态物体	易产生“拉线”现象和“孤岛区域”
29	Batuhan Osmanoglu	FD 路径	PF	比其他路径好	易产生“拉线”现象和“孤岛区域”
30	丁毅	利用两幅干涉图恢复位相	NPF	算法简单运行时间短	需选定两幅图像干涉的频率

注：LS：最小二乘；FFT：快速傅里叶变换；DCT：离散傅里叶变换；PF：路径跟踪；NPF：非路径跟踪；FD：Fisher 距离；Itoh’s 算法：行列逐点位相解包裹算法。

表 2　国内位相解包裹算法研究汇总

序号	作者	方法	积分路径	优点	缺点
1	苏显渝等	条纹分析	PF	误差传递小	易产生“拉线”和“孤岛区域”
2	钱克茂等	调制度加权最小二乘法	NPF	算法较稳健	对条纹清晰度要求高
3	Chi Fung Lo 等	分块和质量导向	PF	抗噪能力强	合并时可能导致连续性差
4	康新等	最小截面差	NPF	算法简单，速度较快，可靠性较高	不适用于处理欠采样数据
5	吴禄慎等	新的区域增长算法	PF	抗噪能力强	易产生“拉线”现象
6	惠梅等	DCT	NPF	速度快，不存在“拉线”现象	具有平滑作用，产生误差
7	彭震君等	模拟退火	NPF	抗噪能力强，易于解决欠采样问题	运行速度较慢
8	彭震君等	位相跳变区域划分	PF	抗噪能力强	易不连续
9	苏显渝等	参数导向	PF	抗噪能力强	易产生“孤岛区域”

续表

序号	作者	方法	积分路径	优点	缺点
10	郑刚等	可靠性的方法 & 队列算法	PF	易处理含有噪声、阴影和空洞的数据	易产生“拉线”现象
11	王薇等	相邻区域算法（菱形算法）	PF	算法简单，可消除“拉线”	不适用于处理欠采样数据
12	杨亚良等	确定性的 FFT 算法	NPF	速度较快，精度较高	需要对图像进行镜像操作
13	陈家凤等	改进的最近相邻点连接法	PF	抗噪能力强，速度较快	易产生“孤岛区域”
14	路元刚等	质量相关图的 WLS	NPF	抗噪能力强，速度较快	不适合用于处理欠采样数据
15	朱勇建等	局部质量导向和假设相邻像素在一平面上	PF	抗噪能力强	对质量图要求高
16	杨锋涛等	基于二阶差分的加权最小费用流法	NPF	精度较高	需权重，运行较慢
17	杨锋涛等	模拟退火	NPF	抗噪能力强，适合于处理含有欠采样的数据	运行速度比较慢
18	王军等	八角模型消除不连续点和多方向去包裹	NPF	抗噪能力强	运行速度比较慢
19	魏志强等	蚁群算法	NPF	抗噪能力强	运行速度比较慢
20	陈家凤等	小波变换	NPF	速度较快，精度较高	不适合用于处理欠采样数据
21	武楠等	枝切法和有限元法	PF+NPF	精度较高	区域合并影响连续性
22	张婷等	边缘检测和 flynn 算法	PF	抗噪能力强	运行速度比较慢
23	朱勇建等	4 次 DCT	NPF	速度较快，精度较高	不适合用于处理欠采样数据
24	钱克茂等	加窗傅里叶滤波和质量导向	PF	对噪声、奇异点处处理效果好	滤波会丢失一些信息
25	熊六东等	希尔伯特变换	NPF	速度较快	易产生“拉线”现象
26	钱晓凡等	基于掩膜和 LS 迭代法	NPF	易处理含有“空洞”的数据	多次迭代，费时
27	张志斌等	枝切法和有限元法	PF	精度较高	区域合并时会影响连续性
28	钱晓凡等	基于横向剪切干涉的 LS 法	NPF	精度较高，速度较快，适合于解决欠采样问题	限于光场再现的应用领域
29	张会站等	改进的 Goldstein 算法和 Pritt 算法	PF	精度较高	运行速度比较慢
30	万文博等	菱形算法	PF	算法简单可消除“拉线”现象	不适合用于处理欠采样数据

续表

序号	作者	方法	积分路径	优点	缺点
31	范琦等	傅里叶变换和横向剪切干涉	NPF	适用于处理欠采样数据	抗噪能力较弱
32	谢光明等	不敏粒子滤波	NPF	精度较高，效率较高	存在一定的误差

注：LS：最小二乘；WLS：加权最小二乘；FFT：快速傅里叶变换；DCT：离散傅里叶变换；PF：路径跟踪；NPF：非路径跟踪。

通过比较表 1 和表 2，不难发现，国内对于位相解包裹算法大多都是在国外基础上进行改进得到的，因此，国内在这方面的研究和国外还有很大的差距。通过观察表 1 和表 2 中各种算法的优缺点，可以发现：①各类位相解包裹算法都存在一定的优势，也存在一些不足。到目前为止，还没有发现一种能解决所有问题的算法；②噪声、欠采样问题是位相解包裹算法面临的两个主要困难，解决好这两个主要困难，可以提高位相解包裹精度，获得更准确的三维形貌信息。

2.3.3.2　常用算法基本思想

（1）路径跟踪算法：路径跟踪算法是依赖路径的局部算法，通过选择合适的积分路径，绕过噪声区，阻止误差的全程传递，采用逐点比较的方法，计算量小，效率较高，但处理噪声、误差严重的位相图效果较差。该类算法主要包括六种：①行列逐点解包裹算法，该算法是路径跟踪算法中最基本的算法，具有简单易行、耗时少、效率高、理想情况下位相解包裹精度高等优点，但噪声严重时，出现“拉线”现象，使解包裹结果出现严重的错误；②枝切法（branch cut，BC），是最经典的路径跟踪算法，1986 年由美国 JPL 实验室 Goldstein 等人提出。该算法通过识别正负残差点，然后连接邻近的残差点对，使残差点的“极性”达到平衡，形成最优枝切线，确定不经过枝切线的积分路径，防止误差传递，但若该算法速度快、效率高，枝切位置放置不当，会形成“孤岛区域”，从而导致严重错误；③质量图导向路径跟踪算法（quality guide，QG），是利用质量图指导积分路径的生成，使积分路径开始于高质量的像素，避开低质量的像素，最大限度地阻止误差传播。该算法最初由 Bone 于 1991 年提出，利用位相的二次偏导数作为质量图来指导位相解包裹。1995 年，Qurioga 等提出了自适应的阈值，改进了 Bone 的方法。然后，Xu 和 Cumrning 首次将相干系数图作为质量图对像素进行排序，实现位相解包裹。这种算法不需要识别出残差点，准确性比枝切法要好，但速度比枝切法慢，而且需要高质量的质量图作为保证，若质量图选取的不好，在噪声过多的区域，会产生不能解调的“孤岛区域”；④掩模 – 切割法（mask-cut），该算法是枝切法与质量图导向路径跟踪算法的结合，它首先识别残差点，并用枝切线将残差点连接起来，与 Goldstein 枝切法不同的是，它利用位相质量图指导枝切线的设置，从这一点上来说它又与质量图导向的路径跟踪法相似。该算法准确性较高，但速度比枝切法慢，且需要高质量的质量图作为保证。在噪声过多的区域，会形成

“孤岛”现象；⑤区域生长算法（region grow），区域生长法从高质量的像素出发，根据已经解包裹的像元和质量图来决定下一个解包裹方向（从相邻的八个方向中选），同时通过设定阈值来评定相邻八个方向的平均偏差，优先选取平均偏差最小的方向进行解包裹。该算法可以实现同步位相解包裹，运算速度快、抗噪能力强，精度较高，但可能会形成“孤岛区域”；⑥菱形算法（rhombus alogrithm，RA），该算法是通过识别 1 个种子点，然后依次向相邻 4 点扩展，再把这 4 个点作为第二批种子点，依次向各自的 4 点邻域扩展，以菱形轨迹遍历所有的有效信息点，以到达整幅图像位相解包裹的目的。算法速度较快，但在噪声较多的区域，容易出现“拉线”现象。

（2）最小范数法：最小范数法是求出展开位相的相邻像素位相差和包裹位相的相邻像素位相差最小 L^p 范数意义上的解，它是一种路径独立的全局算法，不需要识别残差点。该算法计算量大，但是对误差点的控制很好。

最小范数法从原理上来说就是进行曲面拟合，其关键就是范数的选取问题。当 $p>2$ 时，解包裹位相的曲面过于平滑，与真实位相梯度误差较大；当 $p<2$ 时，解包裹的结果与局部位相梯度较匹配，而对权重的要求就很高，确定噪声比较严重的区域权重是一个很困难的问题；当 $p=2$ 时，成为目前研究最多的最小范数法，即最小二乘位相解包裹方法，因为该类算法可尽量保证解包裹梯度和真实梯度一致，并且这时的位相解包裹问题可以转化为求解离散泊松方程的问题，求解该方程的方法有很多，扩展了位相解包裹的思路。

最小二乘法中有一种特殊情况，即无权最小二乘位相解包裹算法。求解此种情况下的离散泊松方程的方法有：①基本迭代法，它包括 ω-Jacobi 迭代法、高斯-赛德尔（Gauss-Seidel）迭代法、超松弛（SOR）迭代法，迭代法收敛速度比较慢，因而目前应用较少；②基于快速傅里叶变换的最小二乘法（简称 FFT-LS），该算法需要对包裹位相图进行“镜像”操作，也即对包裹位相进行周期偶延拓，从而使泊松方程满足周期性，适合用 FFT 算法进行求解。由于采用的是 FFT 变换，该算法速度较快，抗噪能力强，不会出现“拉线”现象，但需要进行周期延拓会影响计算时间，而且由于采用 FFT 变换，所以要求图像满足（2^m+1）×（2^n+1）大小，有局限性；③基于离散余弦变换的最小二乘法（DCT-LS），该算法的原理和基于 FFT 的算法原理相同，它的优点是不需要进行周期延拓，但是它需要有纽曼边界条件进行约束，因而速度比 FFT 算法快，抗噪能力也比较强，不会出现“拉线”现象，由于该算法具有平滑作用，会导致误差传递；④多级格网法（multi-grid），该算法是对 Gauss-Seidel 迭代法进行改进得到的，目的是为了加快其收敛速度，结果基本上与 Gauss-Seidel 迭代法一致；⑤基于横向剪切干涉的最小二乘法（LS-LS），横向剪切干涉是指被测光场与其平移后的光场相干涉而形成的光场。对于数字全息来说，由于具有数字化优点，可以通过将数字全息重构光场做横向和纵向平移即可实现剪切干涉，得到几乎没有包裹的剪切位相分布，大幅度降低了位相解包裹的难度。

在实际应用中，常常会出现位相跳变厉害、调制度低以及欠采样的问题，使位相解包裹面临着比较大的困难。为了解决欠采样的问题，2011 年，昆明理工大学钱晓凡老师等提出了一种基于横向剪切干涉的最小二乘位相解包裹算法。该算法的思路为：对重构光场的复振幅分布沿 X（Y）方向上平移 s 个像素（通常取 s=1），得到光场复振幅的新分布；由于平移量极小，可忽略原光场在（m，n）与（m+s，n）点处的差异，两光场相除可得到它们在（m，n）点处的位相差值，然后利用基于离散余弦变换的最小二乘法解包裹，即可获得光场的展开位相分布。该算法优点：速度快，抗噪能力强，精度更高，适合解决还有欠采样的图像。算法缺点：由于使用基于 DCT 的最小二乘法进行解包裹运算，所以会造成误差传递。

无权最小二乘位相解包裹算法没有考虑残差点的影响，因此会造成误差传递，这种误差可以通过加权来弥补。比较经典的加权最小二乘法主要有：演化的 Gauss–Seidel 迭代法、Picard 法和预条件共轭梯度法（PCG）。对于加权最小二乘法，由于引入了迭代运算，运算时间比较长，且需要高质量的质量图作保证，实际应用价值不大。然而，由于引入权重，所以抗噪能力较强。

综上所述，最小二乘位相解包裹算法是最小范数算法中最常用的算法。由于加权算法引入了权重，可以减弱噪声对位相解包裹的影响，因此从解包裹精度上来说，加权最小二乘法要比无权最小二乘法精度高，但是加权算法的运行速度比无权算法的慢。

（3）基于最优估计的位相解包裹算法：最经典的基于最优估计的位相解包裹算法就是 1996 年 Costatini 提出的基于网络规划的最小费用流算法（minmum cost flow，MCF），这种算法的基本思想是最小化解包裹位相导数和包裹位相导数的差异。该算法比较费时，而且随着数据块的增多，运行时间急剧增加。郭春生博士提出了改进算法，将数据分块操作，然后再将解包裹后的位相合并起来。虽然可以提高速度，但是合并时的连续性受到了影响。为了提高位相解包裹的精度，王超等提出了一种基于不规则网络下的网络规划算法，但是该算法增加了生成 Delaunay 三角网的时间开销，使得运行速度更慢。后来提出的基于最优估计的算法有：遗传算法、模拟退火算法等，这些算法也同样存在运行速度慢的问题，不适合实时处理和动态监测领域，也不适合处理大面积的包裹位相图。

（4）基于特征提取的位相解包裹算法：基于特征提取的位相解包裹方法是直接从位相图干涉条纹入手，首先识别出位相条纹；然后根据条纹之间的相互关系，积分时每通过一个干涉条纹就加上或减去 2π，最终实现整幅图的位相解包裹。条纹识别的常见方法有两种：①通过干涉图的特征提取位相条纹，可以通过各种算子进行特征提取，如罗伯斯（Roberts）算子、索贝尔（Sobel）算子、拉普拉斯（Laplacian）算子等；②也可以通过区域分割，即通过相邻像素位相差来获取，条纹之间的相互关系在区域分割过程中就可以获取。该算法不需要判断误差点，也不对误差点进行任何处理，因而简单快捷，但对条纹图要求较高，需要有连续的、明显的干涉条纹，条纹不连续的区域需要进行人工干预，必然会引入误差，实际应用严重受限。

（5）基于傅里叶变换的位相解包裹算法：该类算法运算速度比较快，这是 FFT 自身的特点所决定的，特别是当图像的大小是 2 的偶数次幂时，运算速度会更快。此外，由于在频域中对数据进行操作不是点点一一对应的，能够圆满解决空域中的噪声等问题。

基于傅里叶变换的经典算法有四种：基于四次傅里叶变换的算法（四次 FFT）、基于二次傅里叶变换的算法（二次 FFT）、基于四次离散余弦变换的算法（四次 DCT）和基于横向剪切干涉与傅里叶变换相结合的算法（LS–FFT）等。基于横向剪切干涉与傅里叶变换相结合的算法比较适合解决欠采样的问题，基于四次和二次傅里叶变换的算法比较适合处理强噪声的情况，由此可见，将傅里叶变换引入到位相解包裹算法中来是很有发展前景的。

该类算法并不是无权最小二乘算法中的基于傅里叶变换的位相解包裹算法，不过也可以把基于傅里叶变换的最小二乘解包裹算法归为这类算法中来。

2.3.3.3　位相解包裹算法的分类比较

每类算法各有优缺点，它们的具体情况列于表 3。

表 3　位相解包裹算法比较

算法分类	算法原理	优点	缺点	前景
路径跟踪算法	通过识别残差点或者依靠质量图寻找最佳积分路径来实现位相解包裹	对于噪声少的情况，可以得到比较满意的结果	噪声比较强，就会出现“拉线”和“孤岛”区域	对于处理一些噪声弱的图像是不错的选择
最小 L^p 范数法	即求出解包裹位相的相邻像素位相差和包裹位相的相邻像素位相差最小 L^p 范数意义上的解	运算稳定性好，速度较快，不需要识别误差点，抗噪能力强	误差严重的区域，容易造成误差传递，导致精度降低	最小二乘算法是目前比较常用的算法，有待进一步发展
基于最优估计算法	即最小化解包裹位相导数和包裹位相导数的差异	能有效抑制误差点导致的位相误差传播，且不需要识别误差点，效果较好	由于计算量非常大，运行速度非常慢，不适合做大面积处理	理论复杂，研究进展较慢，不适合于实时动态监测
基于特征提取算法	识别出位相条纹，积分时每通过一个干涉条纹就加上或减去 2π，最终实现整幅图的解包裹	不需要识别误差点	条纹必须清楚，条纹不连续区域需要进行人工干预，会引入误差	限制太大，实际应用性不强
基于傅里叶变换的算法	将傅里叶变换引入位相解包裹算法中，即将空域引入到频域中来，有其独特的优势	处理速度非常快，尤其是处理 2 的偶数次幂的图像，解包裹精度较高	有些相关算法不适合于解决欠采样问题	速度较快，该类算法是比较有发展前景的一类算法

通过表 3 可知，目前各类算法都有自己的优缺点，因此，相互借鉴、相互组合优化，寻找合适的适用范围是以后的必然趋势。

2.3.4　产业化应用

国内外在数字全息显微技术上已进行了广泛研究和大量实际应用，总体而言，针对不同的应用环境、检测对象和研究目标，不同的高校和研究机构对数字全息显微技术的研究侧重点也有所不同，其光路结构和重构算法也会存在部分差异。在商业应用方面，瑞士、德国、新加坡和美国等已经有商品化的数字全息显微产品投放市场，其中瑞士的研究开发水平居国际领先地位。2006 年，瑞士的 Lynceetec 公司推出了世界上第一款基于数字全息显微技术的商业化产品——DHM1000 系列数字全息显微镜，轴向分辨率为 0.6 nm，横向分辨率 300nm（取决于物镜数值孔径），视场范围 4 mm（1.25 倍物镜），测量速度达 15 帧 / 秒。该系列产品已成功实现对生物细胞、薄膜、MEMS 等的高精度三维动态定量测量。

瑞士的相位全息成像公司（Phase Holographic Imaging AB）也先推出了一款透射式的数字全息显微产品——HoloMonitor M4，其主要应用于生物细胞的分析与跟踪领域。由于上述两家公司的产品都集成了显微物镜，因此比较适合用于中高倍放大倍率成像领域。

针对于低放大倍率的应用领域，新加坡 d'Optron 公司研发了一种便携式无透镜数字全息显微成像设备，该产品可用于 MEMS、晶圆等表面的精密检测，其成像横向分辨率在 6~10 μm，检测范围在 2~4 mm。从仪器发展角度来看，数字全息显微成像设备已逐渐向高分辨率、小型化、大检测范围等方向发展。

2.3.5　总结与展望

数字全息显微成像技术可以实现快速、非破坏性、非侵入性、全场、高分辨率定量振幅及相位显微测量分析，其所记录的全息图经数值重建后包含物光波的振幅和相位信息，可以获得物体的三维形貌。该技术可以实现透明样品折射率变化或厚度变化的测量，可以实现反射式样品表面形貌的测量。

该技术的发展趋势，从使用的照明光源的波长数目看，数字全息显微已经从单一波长发展到了双波长、三波长等多波长数字全息显微。多波长数字全息显微成像可以扩展位相测量中无包裹相位的深度，一方面可以提高测量范围，另一方面避免了使用传统的相位解包裹算法带来的麻烦。从使用的光源波长范围看，为了提高数字全息显微的横向分辨率，数字全息显微已经从可见光范围扩展到了深紫外的显微成像。从使用的光源的相干性看，已经从最初的相干激光光源发展到了采用低相干性光源，如飞秒激光光源、LED 光源等，以减小激光的相干噪声，这些光源的相干长度在 10 μm 量级甚至更低。从成像分辨能力来看，大视场、高分辨率依旧是数字全息成像的优先发展方向。从产业化角度观察，经过多年理论研究与探索，数字全息显微技术已经从实验室走向了市场，在微观形貌测量、生物相衬成像等领域大显身手，其设备研发已向超高精度、小型化方向发展。

参考文献

[1] 雷蒙，郭小丹. 图像压缩技术概述. 中国科技博览，2014（45）：358.

[2] 魏全全，李岚涛，任涛，等. 基于数字图像技术的冬油菜氮素营养诊断. 中国农业科学，2015（19）：3877–3886.

[3] 陈汗青，万艳玲，王国刚. 数字图像处理技术研究进展. 工业控制计算机，2013（1）：72–74.

[4] 张军，成礼智，杨海滨，等. 基于纹理的自适应提升小波变换图像压缩. 计算机学报，2010（1）：184–192.

[5] Hua Wei Huang, Yang Zhang. Analysis of the ignition process using a digital image and color processing technique . Measurement Science and Technology, 2011, 22（7）.

[6] J. Belton. Psychology of the photographic, cinematic, televisual, and digital image. New Review of Film and Television Studies, 2014, 12（3）.

[7] P. C. Oliveira. A non–destructive method based on digital image processing for calculate the vigor and the vegetative expression of vines. Computers and Electronics in Agriculture，2016，4（20）.

[8] Ya Dong Zhang, Shun Min Zhu, Li Li. Development of Digital Image Processing System Based on MATLAB. Advanced Materials Research, 2014, 3255（971）.

[9] 丁畅，尹清波，鲁明羽. 数字图像处理中的偏微分方程方法综述. 计算机科学，2013（S2）：341–346.

[10] G. Hor, Y. Gavet, A. Bernard, et al. Digitalization of a wide field contact specular microscope. IRBM, 2016.

[11] M. Murphy, J. Hides, Trevor Russell. A digital photographic technique for knee range of motion measurement: performance in a total knee arthroplasty clinical population. Open Journal of Orthopedics, 2013, 03（01）.

[12] Zhi Qiang Ma, Shi Yu Sun, Yuan Zeng Cheng, et al. Measurement technology research on target and projectiles' miss distance based on digital image processing. Advanced Materials Research, 2012, 1518（383）.

[13] Lu Xiao, Lu Zhang, Hong Zhao, et al. Hydraulic focusing stability detection method study based on digital image processing technology. Advanced Materials Research, 2012, 2076（591）.

[14] Jing Bo Guo, Li Bin Zhang, Jin Zhi Liu, et al. The research on the measure system of the shield tail clearance based on digital image processing technique. Advanced Materials Research, 2013, 2428（706）.

[15] Jing Zhao, Xiu Juan Fan, Qin Xu. Research on the simulation of textile fabric pattern designs based on digital image processing technology. Applied Mechanics and Materials, 2014, 3334（610）.

[16] L. Granero, C. Ferreira, Z. Zalevsky, et al. Single–exposure super–resolved interferometric microscopy by RGB multiplexing in lens less configuration. Optics and Lasers in Engineering, 2016.

[17] R. Castañeda, D. Hincapie, J. Garcia–Sucerquia. Experimental study of the effects of the ratio of intensities of the reference and object waves on the performance of off–axis digital holography. Optic–International Journal for Light and Electron Optics, 2016.

[18] 韩龙飞，李婉，曾曙光，等. 基于数字图像处理的银行卡号智能识别技术. 图像与信号处理，2016，5（3）.

[19] N. Rajeswaran, S. Karpagaabirami, C. Gokilavani, et al. FPGA based denoising method with T–model mask architecture design for removal of noises in images. Procedia Computer Science, 2016（85）.

[20] T. Huynh–The, O. Banos, S. Lee, et al. Improving digital image watermarking by means of optimal channel selection. Expert Systems With Applications, 2016.

[21] K. Szabó, G. Jordan, A. Petrik, et al. Spatial analysis of ambient gamma dose equivalent rate data by means of digital image processing techniques. Journal of Environmental Radioactivity, 2016.

[22] J. M. González–Esquiva, G. García–Mateos, J. L. Hernández–Hernández, et al. Web application for analysis of digital photography in the estimation of irrigation requirements for lettuce crops. Agricultural Water Management, 2016.
[23] Jiannan Yao, Xingming Xiao, Yao Liu. Camera–based measurement for transverse vibrations of moving catenaries in mine hoists using digital image processing techniques. Measurement Science and Technology, 2016, 27（3）.
[24] I. P. Skirnevskiy, A. V. Pustovit, M. O. Abdrashitova. Digital image processing using parallel computing based on CUDA technology. Journal of Physics：Conference Series, 2017, 803（1）.
[25] 贺东霞，李竹林，王静. 浅谈数字图像处理的应用与发展趋势. 延安大学学报（自然科学版），2013（4）：18–21.
[26] 刘中合，王瑞雪，王锋德，等. 数字图像处理技术现状与展望. 计算机时代，2005（9）：6–8.
[27] 朱莉玲. 数字图像处理技术与应用研究. 信息系统工程，2016（4）：84.
[28] 安源. 遥感数字图像处理技术在地质填图中的应用研究 . 东北师范大学，2013.
[29] 袁长斌. 数字图像处理技术的发展现状与发展趋势探析. 电子技术与软件工程，2016（2）：101–102.
[30] 宋永朝，闫功喜，隋永芹，等. 基于数字图像处理技术的沥青路面表面纹理构造分布. 中南大学学报（自然科学版），2014（11）：4075–4080.
[31] 李辉 . 数字图像处理技术在玻璃瓶裂纹检测系统中的研究和应用 . 天津工业大学，2003.
[32] D. Prkel. The visual dictionary of photograph, 2009.
[33] 王明志. 光学遥感辐射定标模型的系统参量分解与成像控制. 北京大学，2014.
[34] H. Y. Lin, K. D. Gu, C. H. Chang. Photo–consistent synthesis of motion blur and depth–of–field effects with a real camera model. Image & Vision Computing 2012（30）：605–618.
[35] R. G. Driggers, P. G. Cox. National imagery interpretation rating system（NIIRS）and the probabilities of detection, recognition, and identification// Proceedings of SPIE–The International Society for Optical Engineering，1996（31）：349–360.
[36] A. G. Lareau, G. W. Willey, R. A. Bennett, et al. Method and camera system for step frame reconnaissance with motion compensation, US, 1997.
[37] A. P. Pentland. A new sense for depth of field. IEEE Transactions on Pattern Analysis & Machine Intelligence PAMI，1987（9）：523–531.
[38] 马颂德，张正友. 计算机视觉：计算理论与算法基础. 科学出版社，1998.
[39] 孙华波. 基于 3–3–2 遥感信息处理模式的仿生复眼运动目标检测. 北京大学，2012.
[40] 罗博仁. 基于仿生复眼的目标视场三维重建. 北京大学，2014.
[41] R. Ng. Fourier slice photography// ACM Transactions on Graphics（TOG）. ACM，2005：735–744.
[42] R. Ng, M. Levoy, M. Brédif, et al. Light field photography with a hand–held plenoptic camera. Computer Science Technical Report，2005（2）：1–11.
[43] E. H. Adelson, J. R. Bergen, The plenoptic function and the elements of early vision. Vision and Modeling Group, Media Laboratory, Massachusetts Institute of Technology, 1991.
[44] R. Szeliski. Computer vision：algorithms and applications. Springer Science & Business Media, 2010.
[45] Y. Furukawa, J. Ponce. Accurate, dense, and Robust Multiview Stereopsis. IEEE Transactions on Pattern Analysis & Machine Intelligence，2010（32）：1362–1376.
[46] Y. Furukawa, J. Ponce. Accurate, Dense, and robust multi–view stereopsis// IEEE Conference on Computer Vision and Pattern Recognition，2007：1–8.
[47] B. Triggs, P. F. Mclauchlan, R. I. Hartley, et al. Bundle adjustment — a Modern synthesis. Lecture Notes in Computer Science，1999（1883）：298–372.
[48] Z. Zhang. Flexible camera calibration by viewing a plane from unknown orientations// The Proceedings of the Seventh IEEE International Conference on Computer Vision，1999（661）：666–673.

[49] Z. Zhang. A flexible new technique for camera calibration. IEEE Transactions on Pattern Analysis & Machine Intelligence，2000（22）：1330–1334.

[50] J. Heikkilä. Geometric Camera Calibration Using Circular Control Points. IEEE Transactions on Pattern Analysis & Machine Intelligence，2000（22）：1066–1077.

[51] M. I. A. Lourakis, A. A. Argyros. SBA：A software package for generic sparse bundle adjustment. Acm Transactions on Mathematical Software，2009.

[52] R. Tsai. A versatile camera calibration technique for high–accuracy 3D machine vision metrology using off–the–shelf TV cameras and lenses. IEEE Journal on Robotics & Automation，1987（3）：323–344.

[53] Z. Zhengyou. Flexible camera calibration by viewing a plane from unknown orientations// Computer Vision, 1999. The Proceedings of the Seventh IEEE International Conference，1999（661）：666–673.

[54] B. C. G. Harris, M. J. Stephens. A combined corner and edge detector// Proc. of International Joint Conference on Artificial Intelligence，2010.

[55] D. G. Lowe. Object recognition from local scale–invariant features// Computer Vision, 1999. The Proceedings of the Seventh IEEE International Conference，1999（1152）：1150–1157.

[56] H. Bay, T. Tuytelaars, L. V. Gool. SURF：Speeded Up Robust Features. Computer Vision & Image Understanding，2006（110）：404–417.

[57] 王之卓．摄影测量原理．测绘通报，1979（50）．

[58] 张剑清．数字摄影测量．城市勘测，1996（29–33）．

[59] 张祖勋．数字摄影测量与计算机视觉．武汉大学学报信息科学版，2004（29）：1035–1039.

[60] H. Hirschmuller, Accurate and efficient stereo processing by semi–global matching and mutual information// CVPR，2005：807–814.

[61] P. F. Felzenszwalb, D. P. Huttenlocher. Efficient belief propagation for early vision. International Journal of Computer Vision，2006（70）：41–54.

[62] J. Sun, N. N. Zheng, H. Y. Shum. Stereo matching using belief propagation. IEEE Transactions on Pattern Analysis & Machine Intelligence，2002（25）：787–800.

[63] V. Kolmogorov, R. Zabih. Multi–camera scene reconstruction via graph cuts// Computer Vision—ECCV 2002. Springer, 2002：82–96.

[64] Y. Boykov, V. Kolmogorov. An experimental comparison of min–cut/max–flow algorithms for energy minimization in vision// International Workshop on Energy Minimization Methods in Computer Vision and Pattern Recognition，2001：359–374.

[65] Y. Boykov, V. Kolmogorov. An experimental comparison of min–cut/max–flow algorithms for energy minimization in vision. IEEE Transactions on Pattern Analysis & Machine Intelligence, 2004（26）：1124–1137.

[66] V. Kolmogorov, R. Zabih. What energy functions can be minimized via graph cuts?// Computer Vision–ECCV 2002, European Conference on Computer Vision, Copenhagen, Denmark, 2002：65–81.

[67] E. Cuche, F. Bevilacqua, C. Depeursinge. Digital holography for quantitative phase–contrast imaging. Optics Letters，1999（24）：291–293.

[68] T. S. Huang. Digital holography// Proceedings of the IEEE，1971（159）：1335–1346.

[69] P. Kühmstedt, C. Munckelt, C. Bräuerburchardt, et al. 3D shape measurement with phase correlation based fringe projection// Proc. SPIE，2007：6616.

[70] C. Reich, R. Ritter, J. Thesing. 3–D shape measurement of complex objects by combining photogrammetry and fringe projection. Optical Engineering，2000（39）：224–231.

[71] C. Dorrer, J. D. Zuegel. Optical testing using the transport–of–intensity equation. Optics express, 2007，15（2）：7165–7175.

[72] T. E. Gureyev, A. Roberts, K. A. Nugent. Partially coherent fields, the transport–of–intensity equation, and phase uniqueness. Journal of the Optical Society of America A，1995（12）：1942–1946.

[73] T. E. Gureyev, A. Roberts, K. A. Nugent. Phase retrieval with the transport–of–intensity equation：matrix solution with use of Zernike polynomials. Journal of the Optical Society of America A，1995（12）：1932–1942.

[74] P. Yang, Z. Wang, Y. Yan, et al. Close–range photogrammetry with light field camera：from disparity map to absolute distance. Appl. Opt，2016（55）：7477–7486.

[75] H. Sun, Z. Zhao, X. Jin, et al. Depth from defocus and blur for single image// Visual Communications and Image Processing，2013：1–5.

[76] P. P. K. Chan, B. Jing, W. W. Y. Ng, et al. Depth estimation from a single image using defocus cues// International Conference on Machine Learning and Cybernetics, Guilin, China, Proceedings，2011：1732–1738.

[77] G. Surya, M. Subbarao. Depth from defocus by changing camera aperture：a spatial domain approach// IEEE Computer Society Conference on Computer Vision & Pattern Recognition, Cvpr，1999：61–67.

[78] S. Chaudhuri, A. N. Rajagopalan. Depth from Defocus, 1999.

[79] W. E. Crofts. The Generation of Depth Maps via Depth–from–Defocus，2007.

[80] A. Levin. Analyzing Depth from Coded Aperture Sets// European Conference on Computer Vision，2010：214–227.

[81] A. Levin, R. Fergus, F. Durand, et al. Image and depth from a conventional camera with a coded aperture. Acm Transactions on Graphics，2007（26）：70.

[82] P. J. Kane, S. Wang. Coded aperture camera with adaptive image processing. US, 2013.

[83] A. Gershun. The Light Field. Studies in Applied Mathematics，1939（18）：15–151.

[84] E. H. Adelson, J. Y. A. Wang. Single lens stereo with plenoptic camera. IEEE Transactions on Pattern Analysis & Machine Intelligence，1992（14）：99–106.

[85] E. H. Adelson, J. Y. A. Wang. A stereoscopic camera employing a single main lens, 1991：619–624.

[86] H. Nagahara, C. Zhou, T. Watanabe, et al. Programmable Aperture Camera Using LCoS// ECCV，2010：337–350.

[87] C. Zuo, J. Sun, S. Feng, et al. Programmable aperture microscopy：A computational method for multi–modal phase contrast and light field imaging. Optics & Lasers in Engineering，2016（80）：24–31.

[88] B. Wilburn, N. Joshi, V. Vaish, et al. High speed video using a dense camera array，2004（5）：1583–1595.

[89] B. Wilburn, N. Joshi, V. Vaish, et al. High performance imaging using large camera arrays. Acm Transactions on Graphics，2005（24）：765–776.

[90] H. Baker, S. Wanner, C. Papadas, et al. Building camera arrays for light–field capture, display, and analysis// 3dtv–Conference：the True Vision–Capture. Transmission and Display of 3d Video，2014：1–4.

[91] X. Lin, J. Wu, G. Zheng, et al. Camera array based light field microscopy. Biomedical Optics Express，2015（6）.

[92] R. Ng. Digital light field photography. Stanford University, 2006.

[93] Lytro, The lytro camera, https://www.lytro.com.

[94] T. Georgiev, A. Lumsdaine. Focused plenoptic camera and rendering. Journal of Electronic Imaging, 2010（19）：021106–021111.

[95] A. Lumsdaine, T. Georgiev. The focused plenoptic camera// Computational Photography（ICCP）// 2009 IEEE International Conference，2009：1–8.

[96] T. G. Georgiev, A. Lumsdaine. Superresolution with plenoptic 2.0 cameras// Signal recovery and synthesis（Optical Society of America，2009：STuA6.

[97] C. Perwass, L. Wietzke. Single lens 3D–camera with extended depth–of–field// IS&T/SPIE Electronic Imaging（International Society for Optics and Photonics，2012：829108–829115.

[98] Raytrix, The raytrix camera, https://www.raytrix.de.

[99] H. G. Jeon, J. Park, G. Choe, et al. Accurate depth map estimation from a lenslet light field camera// Computer Vision

and Pattern Recognition (CVPR), 2015 IEEE Conference, 2015: 1547–1555.

[100] L. Su, Q. Yan, Y. Yuan, et al. Image formation model of a light field imaging spectrometer// Fourier Transform Spectroscopy, 2016: JW4A.34.

[101] L. Su, Z. Zhou, Y. Yuan, et al. A snapshot light field imaging spectrometer. Optik–International Journal for Light and Electron Optics, 2015 (126): 877–881.

[102] A. Criminisi, S. B. Kang, R. Swaminathan, et al. Extracting layers and analyzing their specular properties using epipolar–plane–image analysis. Computer vision and image understanding, 2005 (97): 51–85.

[103] M. Matoušek, T. Werner, V. Hlavác. Accurate correspondences from epipolar plane images// Proc. Computer Vision Winter Workshop (Citeseer), 2001: 181–189.

[104] R. C. Bolles, H. H. Baker, D. H. Marimont. Epipolar–plane image analysis: An approach to determining structure from motion. International Journal of Computer Vision, 1987 (1): 7–55.

[105] D. Dansereau, L. Bruton. Gradient–based depth estimation from 4d light fields// Circuits and Systems, 2004. ISCAS'04. Proceedings of the 2004 International Symposium on IEEE, 2004 (543): Ⅲ –549–552.

[106] S. Wanner, B. Goldluecke. Variational Light Field Analysis for Disparity Estimation and Super–Resolution. IEEE Transactions on Pattern Analysis & Machine Intelligence, 2013 (36): 606–619.

[107] B. Goldluecke. Globally Consistent Depth Labeling of 4D Light Fields// Computer Vision and Pattern Recognition, 2012: 41–48.

[108] S. Wanner. Orientation Analysis in 4D Light Fields, 2014.

[109] M. Tao, S. Hadap, J. Malik, et al. Depth from combining defocus and correspondence using light–field cameras// Proceedings of the IEEE International Conference on Computer Vision, 2013: 673–680.

[110] S. Zhang, H. Sheng, C. Li, et al. Robust depth estimation for light field via spinning parallelogram operator. Computer Vision and Image Understanding, 2016 (145): 148–159.

[111] T. Tomioka, K. Mishiba, Y. Oyamada, et al. Depth map estimation using census transform for light field cameras// 2016 IEEE International Conference on Acoustics, Speech and Signal Processing (ICASSP), 2016: 1641–1645.

[112] T. E. Bishop, P. Favaro. Plenoptic depth estimation from multiple aliased views// Computer Vision Workshops(ICCV Workshops), 2009 IEEE 12th International Conference, 2009: 1622–1629.

[113] T. E. Bishop, P. Favaro. Full–resolution depth map estimation from an aliased plenoptic light field// Computer Vision–ACCV 2010. Springer, 2010: 186–200.

[114] T. E. Bishop, P. Favaro. The light field camera: Extended depth of field, aliasing, and superresolution// IEEE Transactions on Pattern Analysis and Machine Intelligence, 2012 (34): 972–986.

[115] Z. Yu, X. Guo, H. Lin, et al. Line assisted light field triangulation and stereo matching// Proceedings of the IEEE International Conference on Computer Vision, 2013: 2792–2799.

[116] C. Yang, K. Rang, J. Zhang, et al. Fast response aggregation for depth estimation using light field camera// 2016 IEEE International Conference on Acoustics, Speech and Signal Processing (ICASSP), 2016: 1636–1640.

[117] X. Huang, Z. Huang, M. Lu, et al. A semi–global matching method for large–scale light field images// 2016 IEEE International Conference on Acoustics, Speech and Signal Processing (ICASSP), 2016: 1646–1650.

[118] D. Dansereau, O. Pizarro, S. Williams. Decoding, calibration and rectification for lenselet–based plenoptic cameras// Proceedings of the IEEE Conference on Computer Vision and Pattern Recognition, 2013: 1027–1034.

[119] O. Johannsen, C. Heinze, B. Goldluecke, et al. On the calibration of focused plenoptic cameras. Springer Berlin Heidelberg, 2013.

[120] N. Zeller, F. Quint, U. Stilla. Depth estimation and camera calibration of a focused plenoptic camera for visual odometry. ISPRS Journal of Photogrammetry and Remote Sensing, 2016 (118): 83–100.

[121] J. Konz, N. Zeller, F. Quint, et al. Depth Estimation from Micro Images of a Plenoptic Camera, BW–CARI SINCOM,

2016, 17.

[122] Y. Bok, H. G. Jeon, I. S.Weon. Geometric calibration of micro–lens–based light–field cameras using line features// Computer Vision–ECCV 2014. Springer, 2014: 47–61.

[123] C. Zhang, Z. Ji, Q. Wang. Decoding and calibration method on focused plenoptic camera. Computational Visual Media, 2016 (2) : 57–69.

[124] C. Zhang, Z. Ji, Q. Wang. Unconstrained two–parallel–plane model for focused plenoptic cameras calibration, 2016.

[125] N. Zeller, F. Quint, U. Stilla. Calibration and accuracy analysis of a focused plenoptic camera. ISPRS Annals of the Photogrammetry, Remote Sensing and Spatial Information Sciences, 2014 (2) : 205.

[126] O. Johannsen, C. Heinze, B. Goldluecke, et al. On the calibration of focused plenoptic cameras, in Time–of–Flight and Depth Imaging. Sensors, Algorithms, and Applications, Springer, 2013: 302–317.

[127] K. H. Strobl, M. Lingenauber. Stepwise calibration of focused plenoptic cameras. Computer Vision and Image Understanding, 2016 (145) : 140–147.

[128] T. Georgiev, A. Lumsdaine. Depth of field in plenoptic cameras// Proc. Eurographics, 2009.

[129] H. Sardemann, H. G. Maas. On the accuracy potential of focused plenoptic camera range determination in long distance operation. ISPRS Journal of Photogrammetry and Remote Sensing, 2016 (114) : 1–9.

[130] F. Wang, H. He, H. Zhuang, et al. Controlled light field concentration through turbid biological membrane for phototherapy. Biomedical optics express, 2015 (6) : 2237–2245.

[131] A. Sepas–Moghaddam, P. L. Correia, F. Pereira. Light field denoising: exploiting the redundancy of an epipolar sequence representation// 2016 3DTV–Conference: The True Vision–Capture, Transmission and Display of 3D Video (3DTV–CON), 2016: 1–4.

[132] L. Tian. Phase–space representation of digital holographic and light field imaging with application to two–phase flows. Massachusetts Institute of Technology, 2010.

[133] Z. Zhang, M. Levoy. Wigner distributions and how they relate to the light field// Computational Photography(ICCP), 2009 IEEE International Conference, 2009: 1–10.

[134] D. Cho, M. Lee, S. Kim, Y. W. Tai. Modeling the calibration pipeline of the lytro camera for high quality light–field image reconstruction// Proceedings of the IEEE International Conference on Computer Vision, 2013: 3280–3287.

[135] J. J. Koenderink, A. J. V. Doorn, Affine structure from motion. Journal of the Optical Society of America A Optics & Image Science, 1991 (8) : 377–385.

[136] Y. Boykov, O. Veksler, R. Zabih, et al. Fast approximate energy minimization via graph cuts. IEEE Transactions on Pattern Analysis & Machine Intelligence, 2001 (20) : 1222–1239.

[137] S. Alali, A. Gribble. I.V. Alex. Rapid wide–field Mueller matrix polarimetry imaging based on four photoelastic modulators with no moving parts. Optics Letters, 2016, 41 (5) : 1038.

[138] R. M. Azzam. Stokes–vector and Mueller–matrix polarimetry [Invited] . Journal of the Optical Society of America A Optics Image Science & Vision, 2016, 33 (7) : 1396.

[139] Bailey J, Cotton DV, Kedziorachudczer L. A high–precision polarimeter for small telescopes. Monthly Notices of the Royal Astronomical Society, 2016 (465) .

[140] Berry MV, Dennis MR, Lee RL. Polarization singularities in the clear sky. New J Phys, 2004 (6) : 14.

[141] Boesche E, Stammes P, Ruhtz T, et al. Effect of aerosol microphysical properties on polarization of skylight: sensitivity study and measurements. Appl Optics, 2006, 45 (34) : 8790–8805.

[142] Bréon FM, Tanre D, Lecomte P, et al. Polarized reflectance of bare soils and vegetation–measurements and models. IEEE Trans Geosci Remote Sensing, 1995 (33) : 487–499.

[143] Breon FM, Tanre D, Generoso S. Aerosol effect on cloud droplet size monitored from satellite. Science, 295: 834–838.

［144］陈伟，晏磊，杨尚强．海洋气溶胶多角度偏振辐射特性研究．光谱学与光谱分析，2013（3）：600–607.

［145］Chen X, Wang J, Liu Y, et al. Angular dependence of aerosol information content in CAPI/TanSat observation over land：Effect of polarization and synergy with A–train satellites．Remote Sensing of Environment, 2017（196）：163–177.

［146］Cheng T, Gu X, Xie D, et al. Aerosol optical depth and fine–mode fraction retrieval over East Asia using multi–angular total and polarized remote sensing．Atmos Meas Tech，2012, 5（3）：501–516.

［147］Cheng TH, Gu XF, Xie DH, et al. Simultaneous retrieval of aerosol optical properties over the Pearl River Delta, China using multi–angular, multi–spectral, and polarized measurements. Remote Sens Environ. 2011（115）：1643–1652.

［148］Chou CK, Guy AW, Galambos R.Characteristics of microwave–induced cochlear microphonics. Radio Science, 2016, 12（6S）：221–227.

［149］Costa P, Zolfagharnasab H, Monteiro JP, et al. 3D Reconstruction of Body Parts Using RGB–D Sensors：Challenges from a Biomedical Perspective．3d Body Scanning Technologies, 2014.

［150］Cramer, et al. Precise Measurement of Lunar Spectral Irradiance at Visible wavelengths. Journal of Research of the National Institute of Standards and Technology, 2013（118）.

［151］Cui Y, Cao NN, Chu JK, et al. Design of skylight polarization measurement system．Optics & Precision Engineering, 2009, 29（5）：1732–1738.

［152］崔岩，高启升，褚金奎，等．太阳光与月光对曙暮光偏振模式的影响．光学精密工程，2013，21（1）：34–39.

［153］崔岩，陈小龙，褚金奎，等．晴朗天气下满月偏振模式的研究．光学学报，2014（10）：139–147.

［154］Deuze JL, Bréon FM, Devaux C, et al. Remote sensing of aerosols over land surfaces from POLDER–ADEOS–1 polarized measurements. J Geophys Res Atmos，2001（106）：4913–4926.

［155］Diaz JCF, Carter WE, Shrestha RL.Lidar Remote Sensing. GlennieSpringer New York，2013.

［156］Diner D, Xu F, Martonchik J, et al. Exploration of a Polarized Surface Bidirectional Reflectance Model Using the Ground–Based Multiangle Spectro Polarimetric Imager. Atmosphere，2012（3）：591.

［157］Diner D J, Garay MJ. Looking back, looking forward：Scientific and technological advances in multiangle imaging of aerosols and clouds// Radiation Processes in the Atmosphere & Ocean. AIP Publishing LLC, 2017：495–518.

［158］段民征，吕达仁．利用多角度 POLDER 偏振资料实现陆地上空大气气溶胶光学厚度和地表反照率的同时反演 I. 理论与模拟．大气科学，2007，31（5）：757–765.

［159］Emde C, Buras R, Mayer B, et al. The impact of aerosols on polarized sky radiance：model development, validation, and applications．Atmos Chem Phys，2010, 10（2）：383–396.

［160］高隽，范之国，魏靖敏，等．大气偏振模式检测装置及其检测方法．中国专利：2006100404674，2009–06–10.

［161］Garciacaurel E, Lizana A, Ndong G, et al. Mid–infrared Mueller ellipsometer with pseudo–achromatic optical elements．Applied Optics，2015, 54（10）：2776.

［162］Ghalumyan AS, Ghazaryan VR. Development of Atmospheric Polarization LIDAR System．Tepa– Thunderstorms & Elementary Particle Acceleration, 2016.

［163］关桂霞，晏磊，陈家斌，等．天空偏振光分布的实验研究．兵工学报，2011（4）：459–463.

［164］黄旭锋，步扬，王向朝．基于米氏散射理论的太阳光散射偏振特性．中国激光，2010，37（12）：3002–3006.

［165］Huige Di, Hangbo Hua, Yan Cui, et al. Vertical distribution of optical and microphysical properties of smog aerosols measured by multi–wavelength polarization lidar in Xi'an, China. 2016.

［166］焦健楠．典型地物的偏振反射滤波特征研究——以植被与雪为例．北京大学，2016.

[167] Kanellopoulos JD.Theoretical prediction of the operational characteristics of a double polarized microwave communication system. Radio Science, 2016, 20 (2): 203–211.

[168] Kieffer HH, Stone TC. The spectral irradiance of the moon. The Astronomical Journal, 2005 (129): 2887–2901.

[169] Kieffer, H. H. 1997, Icarus, 130, 323.

[170] Kirschfeld K.Navigation and Compass Orientation by Insects According to the Polarization Pattern of the Sky. Zeitschrift für Naturforschung C.De Gruyter, 2015.

[171] Knyazikhin Y, Schull MA, Stenberg P, et al. Hyperspectral remote sensing of foliar nitrogen content// Proceedings of the National Academy of Sciences of the United States of America, 2013 (110): E185–E192.

[172] Kreuter A, Blumthaler M. Feasibility of polarized all-sky imaging for aerosol characterization. Atmos Meas Tech, 2013, 6 (7): 1845–1854.

[173] Levy RC, Remer LA, Martins JV. eValuation of the MODIS aerosol retrievals over ocean and land during CLAMS. J Atmos Sci, 2005 (62): 974–992.

[174] Li L, Li Z, Li K, et al. A method to calculate Stokes parameters and angle of polarization of skylight from polarized CIMEL sun/sky radiometers. J Quant Spectrosc Radiat Transf, 2014 (149): 334–346.

[175] 李宇波，张鹏，曾宇骁，等 . 基于电光调制器的全 Stokes 矢量的遥感测量. 红外与激光工程，2010，39 (2): 335–338.

[176] Lin JC, Meltzer RJ, Redding FK.Comparison of measured and predicted characteristics of microwave–induced sound. Radio Science, 2016, 17 (5S): 159S–163S.

[177] Litvinov P, Hasekamp O, Cairns B. Models for surface reflection of radiance and polarized radiance: Comparison with airborne multi–angle photopolarimetric measurements and implications for modeling top–of–atmosphere measurements. Remote Sens Environ, 2011 (115): 781–792.

[178] Liu S, Chen X, Zhang C. Development of a broadband Mueller matrix ellipsometer as a powerful tool for nanostructure metrology. Thin Solid Films, 2015 (584): 176–185.

[179] Lv YF, Sun ZQ. The reflectance and negative polarization of light scattered from snow surfaces with different grain size in backward direction. Journal of Quantitative Spectroscopy & Radiative Transfer, 2014 (133): 472–481.

[180] Maignan F, Bréon FM, Fedele E, et al. Polarized reflectances of natural surfaces: Spaceborne measurements and analytical modeling. Remote Sens Environ, 2009 (113): 2642–2650.

[181] Nadal F, Bréon FM. Parameterization of surface polarized reflectance derived from POLDER spaceborne measurements. IEEE Trans Geosci Remote Sensing, 1999 (37): 1709–1718.

[182] Ollinger SV, Richardson AD, Martin ME, et al. Canopy nitrogen, carbon assimilation, and albedo in temperate and boreal forests: Functional relations and potential climate feedbacks// Proceedings of the National Academy of Sciences of the United States of America, 2008 (105): 19336–19341.

[183] 潘昱冰，吕达仁，潘蔚琳，等 . 地基双波长偏振激光雷达对格尔木地区卷云观测的个例研究 . 气候与环境研究，2015，20 (5): 581–588.

[184] Patric Seifert, Clara Kunz, Holger Baars, et al. Seasonal variability of heterogeneous ice formation in stratiform clouds over the Amazon Basin. Geophysical Research Letters, 2015, 42 (13): 5587–5593.

[185] Peltoniemi JI, Gritsevich M, Puttonen E.Reflectance and polarization characteristics of various vegetation types. Springer Berlin Heidelberg, 2015, 158 (1): 25–31.

[186] Pomozi I, Horvath G, Wehner R. How the clear–sky angle of polarization pattern continues underneath clouds: full–sky measurements and implications for animal orientation. J Exp Biol 2001, 204 (17): 2933–2942.

[187] Preece B, Hodgkin VA, Leonard K, et al. Predicted NETD performance of a polarized infrared imaging sensor// SPIE Defense + Security, 2014: 90710C.

[188] Pust NJ, Shaw JA. Digital all–sky polarization imaging of partly cloudy skies. Applied optics, 2008, 47 (34):

H190–H198.
[189] Pust NJ, Shaw JA. Wavelength dependence of the degree of polarization in cloud–free skies: simulations of real environments. Optics express, 2012, 20 (14): 15559–15568.
[190] 钱鸿鹄，孟炳寰，袁银麟，等.星载多角度偏振成像仪非偏通道全视场偏振效应测量及误差分析. 物理学报，2017，66 (10).
[191] Rondeaux G, Herman M. Polarization of light reflected by crop canopies. Remote Sens Environ, 1991 (38): 63–75.
[192] Sarkar M. AJP Theuwissen, Integrated polarization analyzing CMOS image sensors for detection and signal processing. Theuwissen. Elsevier Inc, 2015.
[193] Sarkar M, Bello DSS, Van Hoof C, et al. Integrated polarization analyzing CMOS Image sensor for autonomus navigation using polarized light// 2010 5th IEEE International Conference Intelligent Systems, IEEE, 2010: 224–229.
[194] Shibata S, Hayasaki Y, Otani Y, et al. High precision stokes polarimetry for scattering light using wide dynamic range intensity detector. Matec Web of Conferences, 2015 (32): 05005.
[195] Si A, Srinivasan MV, Zhang SJ.Honeybee navigation: critically examining the role of the polarization compass. ournal of Experimental Biology, 2014.
[196] Smith GS. The polarization of skylight: An example from nature. Am J Phys, 2007, 75 (1): 25–35.
[197] Strutt J W. XV. On the light from the sky, its polarization and colour. The London, Edinburgh, and Dublin Philosophical Magazine and Journal of Science, 1871, 41 (271): 107–120.
[198] Suomalainen J, Hakala T, Puttonen E, et al. Polarised bidirectional reflectance factor measurements from vegetated land surfaces. Journal of Quantitative Spectroscopy & Radiative Transfer, 2009 (110): 1044–1056.
[199] 孙洁，高隽，怀宇，等. 全天域大气偏振模式的实时测量系统. 光电工程，2016，43 (9): 45–50.
[200] 孙夏，赵慧洁.气溶胶光学特性偏振遥感反演算法. 北京航空航天大学学报，2009，35 (8): 1027–1030.
[201] 孙晓兵，乔延利，洪津.可见和红外偏振遥感技术研究进展及相关应用综述. 大气与环境光学学报，2010，5 (3): 175–189.
[202] Sun Z, Huang Y, Bao Y, et al. Polarized Remote Sensing: A Note on the Stokes Parameters Measurements From Natural and Man–Made Targets Using a Spectrometer. IEEE Transactions on Geoscience & Remote Sensing, 2017, (99): 1–14.
[203] Sun Z, Wu D, Lv Y, et al. Polarized reflectance factors of vegetation covers from laboratory and field: A comparison with modeled results. Journal of Geophysical Research: Atmospheres, 2017 (122): 1042–1065.
[204] Sun Z, Zhao Y. The effects of grain size on bidirectional polarized reflectance factor measurements of snow. Journal of Quantitative Spectroscopy and Radiative Transfer, 2011 (112): 2372–2383.
[205] Sun ZQ, Zhang JQ, Tong ZJ, et al. Particle size effects on the reflectance and negative polarization of light backscattered from natural surface particulate medium: Soil and sand. Journal of Quantitative Spectroscopy & Radiative Transfer, 2014 (133): 1–12.
[206] Swindle R, Kuhn JR. Haleakala Sky Polarization: Full–Sky Observations and Modeling. Publ Astron Soc Pac, 2015, 127 (956): 1061–1076.
[207] Szaz D, Farkas A, Barta A, et al. North error estimation based on solar elevation errors in the third step of sky–polarimetric Viking navigation. Proc R Soc A–Math Phys Eng Sci, 2016, 472 (2191): 15.
[208] Takimoto RY, Tsuzuk MDSG, Vogelaa R, et al. 3D reconstruction and multiple point cloud registration using a low precision RGB–D sensor. Mechatronics, 2016 (35): 11–22.
[209] Tang J, Zhang N, Li DL, et al. Novel robust skylight compass method based on full–sky polarization imaging under

harsh conditions. Opt Express, 2016, 24（14）: 15834–15844.

[210] Tu X, Pau S. Optimized design of N optical filters for color and polarization imaging. Optics Express, 2016, 24（3）: 3011.

[211] Vanderbilt V, Grant L. Plant canopy specular reflectance model. IEEE Transactions on. Geoscience and Remote Sensing, 1985: 722–730.

[212] Vanderbilt V, Grant L, Ustin S. Polarization of light by vegetation. Photon–Vegetation Interactions: Springer, 1991: 191–228.

[213] Wallace John.Sky conditions for Viking polarization navigation are under test. Laser Focus World ProQuest, 2012(1).

[214] Wang Q, Shi J, Wang J, et al. Design and Characterization of an AOTF Hyper–Spectral Polarization Imaging System, 2016, 64（1）: 1–7.

[215] 王雪琪. 基于 POLDER 数据的地物偏振反射率研究. 北京大学，2017.

[216] Waquet F, Leon JF, Cairns B, et al. Analysis of the spectral and angular response of the vegetated surface polarization for the purpose of aerosol remote sensing over land. Appl Optics, 2009（48）: 1228–1236.

[217] 吴太夏，张立福，岑奕，等. 偏振遥感的中性点大气纠正方法研究. 遥感学报，2013（2）：241–247，235–240.

[218] 相云. 岩石多角度偏振光谱测量及相关特性影响初探. 北京大学，2010.

[219] Xie DH, Cheng TH, Zhang W, et al. Aerosol type over east Asian retrieval using total and polarized remote Sensing. J Quant Spectrosc Radiat Transf, 2013（129）: 15–30.

[220] Xie DH, Cheng TH, Wu Y, et al. Polarized reflectances of urban areas: Analysis and models. Remote Sens Environ, 2017（193）: 29–37.

[221] 谢东海，顾行发，程天海，等. 基于多角度偏振相机的城市典型地物双向反射特性研究. 物理学报，2012，61（7）：452–458.

[222] 晏磊，陈伟，杨彬，等. 偏振遥感物理. 北京：科学出版社，2014.

[223] 晏磊，关桂霞，陈家斌，等. 基于天空偏振光分布模式的仿生导航定向机理初探. 北京大学学报（自然科学版），2009（4）：616–620.

[224] Yang B, Knyazikhin Y, Lin Y, et al. Analyses of Impact of Needle Surface Properties on Estimation of Needle Absorption Spectrum: Case Study with Coniferous Needle and Shoot Samples. Remote Sensing, 2016（8）: 563.

[225] 杨斌，颜昌翔，张军强，等. 多通道型偏振成像仪的偏振定标. 光学精密工程，2017，25（5）：1126–1134.

[226] Yang B, Zhao H, Chen W. Semi–empirical models for polarized reflectance of land surfaces: Intercomparison using space–borne POLDER measurements. Journal of Quantitative Spectroscopy and Radiative Transfer, 2017（202）: 13–20.

[227] Yang W F, Hong J, Qiao YL. Optical Design of Spaceborne Directional Polarization Camera. Acta Optica Sinica, 2015, 35（8）: 0822005.

[228] Yu CJ, Hung CH, Hsu KC, et al. Phase–shift imaging ellipsometer for measuring thin–film thickness. Microelectronics Reliability, 2015, 55（2）: 352–357.

[229] 曾德贤，李智. 太空态势感知前沿问题研究. 装备学院学报. 2015（4）.

[230] 张军强，薛闯，高志良，等. 云与气溶胶光学遥感仪器发展现状及趋势. 中国光学，2015（5）：679–698.

[231] D. Gabor. A new microscopic principle. Nature, 1948, 161（4098）: 777–778.

[232] D. Gabor. Microscopy by reconstructed wave–fronts// Proceedings of the Royal Society of London. Series A, Mathematical and Physical Sciences, 1949: 454–487.

[233] J. Goodman, R. Lwrence. Digital image formation from electronically detected holograms. Applied Physics Letters,

1967, 11（3）：77-79.

[234] W. Haddad, D. Cullen, J. Solem, et al. Fourier-transform holographic microscope. Applied Optics, 1992, 31（24）: 4973-4978. .

[235] L. Onural, P. Scott. Digital decoding of in-line holograms. Optical Engineering, 1987（26）：1124-1132.

[236] E. Cuche, P. Marquet, C. Depeursinge. Simultaneous amplitude-contrast and quantitative phase-contrast microscopy by numerical reconstruction of Fresnel off-axis holograms. Applied Optics, 1999, 38（34）：6994-7001.

[237] F. Charrière, J. Kühn, T. Colomb, et al. Characterization of microlenses by digital holographic microscopy. Applied Optics, 2006, 45（5）：829-835.

[238] T. Colomb, E. Cuche, C. Depeursing, et al. Automatic procedure for aberration compensation in digital holographic microscopy and applications to specimen shape compensation. Applied Optics, 2006（45）：851-863.

[239] B. Kemper, D. Carl, S. Knoche, et al. Holographic interferometric microscopy systems for the application on biological samples. Photonics Europe. International Society for Optics and Photonics, 2004：581-588.

[240] B. Kemper, A. Vollmer, C. Rommel, et al. Simplified approach for quantitative digital holographic phase contrast imaging of living cells. Journal of Biomedical Optics, 2011, 16（2）：026014.

[241] P. Langehanenberg, B. Kemper, D. Dirksen, et al. Autofocusing in digital holographic phase contrast microscopy on pure phase objects for live cell imaging. Applied Optics, 2008（47）：176-182.

[242] C. J. Mann, L. Yu, C. Lo, et al. High-resolution quantitative phase-contrast microscopy by digital holography. Optics Express, 2005（13）：8693-8698.

[243] C. J. Mann, M. K. Kim. Quantitative phase-contrast microscopy by angular spectrum digital holography. Biomedical Optics 2006, International Society for Optics and Photonics, 2006：60900B.

[244] L. Yu, S. Mohanty, J. Zhang, et al. Digital holographic microscopy for quantitative cell dynamice valuation during laser microsurgery. Optics Express, 2009, 17（14）：12031-12038.

[245] A. Calabuig, M. Matrecano, M. Paturzo, et al. Common-path configuration in total internal reflection digital holography microscopy. Optics Letters, 2014, 39（8）：2471-2474.

[246] M. Paturzo, A. Finizio, P. Ferraro. Simultaneous multiplane imaging in digital holographic microscopy. Jounal of Display Technology, 2011, 7（1）：24-28.

[247] M. Paturzo, P. Ferraro. Creating an extended focus image of a tilted object in Fourier digital holography. Optics Express, 2009, 17（2）：20546-20552.

[248] P. Memmolo, A. Finizio, M. Paturzo, et al. Twin-beams digital holography for 3D tracking and quantitative phase-contrast microscopy in microfluidics. Optics Express, 2011, 19（25）：25833-25842.

[249] P. Memmolo, L. Miccio, A. Finizio, et al. Holographic tracking of living cells by three-dimensional reconstructed complex wavefronts alignment. Optics Letters, 2014, 39（9）：2759-2762.

[250] P. Memmolo, A. Finizio, M. Paturzo, et al. Multi-wavelengths digital holography：reconstruction, synthesis and display of holograms using adaptive transformation. Optics Letters, 2012, 37（9）：1445-1447.

[251] P. Ferraro, G. Coppola, S. De Nicola, et al. Digital holographic microscope with automatic focus tracking by detecting sample displacement in real time. Optics Letters, 2003, 28（4）：1257-1259.

[252] V. Singh, S. Liansheng, A. Asundi. Compact handheld digital holographic microscopy system development. Proc. of SPIE, 2010（7522）：75224L.

[253] V. Singh, J. Miao, Z. Wang, et al. Dynamic characterization of MEMS diaphragm using time averaged in-line digital holography. Optics Communications, 2007（280）：285-290.

[254] W. Qu, O. Chee, Y. Yu, et al. Microlens characterization by digital holographic microscopy with physical spherical phase compensation. Applied Optics, 2010, 49（33）：6448-6454.

[255] W. Qu, O. Chee, Y. Yu, et al. Characterization and inspection of microlens array by single cube beam splitter

microscopy. Applied Optics, 2011, 50（6）: 886–890.

[256] Y. Wen, W. Qu, H. Cheng, et al. Further investigation on the phase stitching and system errors in digital holography. Applied Optics, 2015, 54（2）: 266–276.

[257] J. H. Massig. Digital off–axis holography with a synthetic aperture. Optics Letters, 2002, 27（24）: 2179–2181.

[258] V. Micó, L. Granero, Z. Zalevsky, et al. Synthetic aperture engineering for superresolved microscopy in digital lensless Fourier holography. Proc. of SPIE, 2011（8082）: 80820A–1.

[259] W. Bishara, U. Sikora, O. Mudanyali, et al. Holographic pixel super–resolution inportable lensless on–chip microscopy using a fiber–optic array. Lab on a Chip, 2011, 11（7）: 1276–1279.

[260] S. O. Isikman, W. Bishara, S. Mavandadi, et al. Lens–free optical tomographic microscope with a large imaging volume on a chip. Proceedings of the National Academy of Sciences, 2011, 108（18）: 7296–7301.

[261] S O Isikman, W. Bishara, U. Sikora, et al. Field–portable lensfree tomographic microscope. Lab on a Chip, 2011, 11（13）: 2222–2230.

[262] H. Zhu, O. Yaglidere, T. W. Su, et al. Cost–effective and compact wide–field fluorescent imaging on a cell–phone. Lab on a Chip, 2011, 11（2）: 315–322.

[263] P. Massatsch, F. Charrière, E. Cuche, et al. Time–domain opticalcoherence tomography with digital holographic microscopy. Applied Optics, 2005, 44（10）: 1806–1812.

[264] F. Montfort, T. Colomb, F. et al. Submicrometer optical tomography by multiple–wavelength digital holographic microscopy. Applied Optics, 2006, 45（32）: 8209–8217.

[265] V. Mico, Z. Zalevsky, P. Garcia–Martinez, et al. Single–step super resolution by interferometric imaging. Optics Express, 2004, 12（12）: 2589–2596.

[266] G. Jorge. Color lensless digital holographic microscopy with micrometer resolution. Optics Letters, 2012, 37（10）: 1724–1726.

[267] S. Emilio, M. Manuel, S. Genaro, et al. Enhancing spatial resolution in digital holographic microscopy by biprism structured illumination. Optics Letters, 2014, 39（7）: 2086–2089.

[268] T. zhang, I. Yamaguchi. Three–dimensional microscopy with phase–shifting digital holography. Optics Letters, 1998, 23（15）: 1221–1223.

[269] N. R. Sivakumar, W. Hui, K. Venkatakrishnan, et al. Large surface profile measurement with instantaneous phase–shifting interferometry. Optical Engineering, 2003, 42（2）: 367–372.

[270] Y Awatsuji, M Sasada, T Kubota. Parallel quasi–phase–shifting digital holography. Applied Physics Letters, 2004, 85（6）: 1069–1071.

[271] N. T. Shaked, T. M. Newpher, M. D. Ehlers, et al. Parallel on–axis holographic phase microscopy of biological cells and unicellular microorganism dynamics. Applied Optics, 2010, 49（15）: 2872–2878.

[272] Y. Hayasaki, S. Tamano, M. Yamamoto, et al. Phase–shifting digital holography using two low–coherence light sources with different wavelength. Proc. of SPIE, 2006, 6027: 60274V.

[273] N. Warnasooriya, M. K. Kim. LED–based multi–wavelength phase imaging interference microscopy. Optics Express, 2007, 15（15）: 9239–9247.

[274] A. Khmaladze, M. Kim, C. M. Lo. Phase imaging of cells by simultaneous dual–wavelength reflection digital holography. Optics Express, 2008, 16（15）: 10900–10911.

[275] J. Kuhn, T. Colomb, F. Montfort, et al. Real–time dual–wavelength digital holographic microscopy with a single hologram acquisition. Optics Express, 2007, 15（12）: 7231–7242.

[276] 杨文明，宋庆和，张亚萍，等. 彩色数字全息检测的实时无颜色串扰采集技术研究. 激光与光电子学进展，2015（52）：030901.

[277] 桂进斌，李俊昌，宋庆和，等. 离轴数字全息超分辨率记录系统优化设计. 光学学报，2014，34（6）：

0609001.
[278] 钟丽云，张以谟，吕晓旭，等. 数字全息中的一些基本问题分析. 光学学报，2004，24（4）：465-471.
[279] 吕晓旭，张以谟，钟丽云，等. 相移同轴无透镜傅里叶数字全息的分析与实验. 光学学报，2005，24（11）：1511-1515.
[280] 吕且妮，赵晨，马志彬，等. 柴油喷雾场粒子尺寸和粒度分布的数字全息实验. 中国激光，2010，37（3）：779-783.
[281] J. Di, J. Zhao, H. Jiang, et al. High resolution digital holographic microscopy with a wide field of view based on a synthetic aperture technique and use of linear CCD scanning. Applied Optics, 2008, 47（32）：5654-5659.
[282] J. Di, J. Zhang, T. Xi, et al. Improvement of measurement accuracy in digital holographic microscopy by using dual-wavelength technique. Journal of Micro/ Nanolithography, MEMS, and MOEMS, 2015, 14（4）：041313.
[283] Q. Wang, J. Zhao, X. Jiao, et al. Visual and quantitative measurement of the temperature distribution of heat conduction process in glass based on digital holographic interferometry. Journal of Applied Physics, 2012, 111(9)：093111.
[284] 潘锋，肖文，常君磊，等. 长工作距离显微成像数字全息合成孔径方法. 强激光与粒子束,2010,22（5）：978-982.
[285] 王璠璟，肖文，潘锋. 光学元件表面的数字全息检测. 强激光与粒子束，2012，24（1）：79-83.
[286] 袁操今，翟宏琛，王晓雷，等. 采用短相干光数字全息术实现反射型微小物体的三维形貌测量. 物理学报，2007，56（1）：218-223.
[287] 邓丽军，杨勇，石炳川，等. 基于双波长数字全息术的微光学元件折射率分布及面形测量. 光学学报，2014，34（3）：0312006.
[288] 马彦晓，王华英，高亚飞. 基于广义线性重建算法的球面参考光预放大数字全息技术研究. 激光与光电子学进展，2015（52）：040901.
[289] H. Huang, L. Rong, D. Wang, et al. Synthetic aperture in terahertz in-line digital holography for resolution enhancement. Applied Optics, 2016（55）：A43-A48.
[290] 王大勇，王云新，郭莎，等. 基于多角度无透镜傅里叶变换数字全息的散斑噪声抑制成像研究. 物理学报，2014，63（15）：154205.
[291] 于瀛洁，倪萍，周文静. 基于全息图放大的数字全息显微结构测量. 光学精密工程，2008，16（5）：827-831.
[292] 李继成. 数字全息的高精度检测技术研究. 西安工业大学，2015.
[293] 张秀江. 无透镜数字全息成像方法和像质改善研究. 山东师范大学，2013.
[294] C. Guo, B. Sha, Y. Xie, et al. Zero difference algorithm for phase shift extraction in blind phase-shifting holography. Optics Letters, 2014, 39（4）：813-816.
[295] C. Guo, B. Wang, B. Sha, et al. Phase derivative method for reconstruction of slightly off-axis digital holograms. Optics Express, 2014, 22（25）：30553-30558.
[296] 刘青. 数字相移干涉术中图像处理和波前再现误差的分析及校正算法的研究. 山东大学，2005.
[297] J. Min, B. Yao, P. Gao, et al. Dual-wavelength slightly off-axis digital holographic microscopy. Applied Optics, 2012, 51（2）：191-196.
[298] C. J. Yuan, H. C. Zhai, H. T. Liu. Angular multiplexing in pulsed digital holography for aperture synthesis. Optics Letters, 2008, 33（20）：2356-2358.
[299] C. Liu, Z. G. Liu, F. Bo, et al. Super-resolution digital holographic imaging method. Applied Physics Letters, 2002, 81（17）：3143-3145.
[300] 翁嘉文，钟金钢，胡翠英. 菲涅耳数字全息图的 Gabor 小波变换再现法. 光学学报，2009，29（8）：2109-2114.

[301] Y. Qin, J. Zhong. Quality evaluation of phase reconstruction in LED–based digital holography. Chinese Optics Letters, 2009, 7 (12): 1146–1150.

[302] X. Cai, H. Wang. The in fluence of hologram aperture on speckle noise in the reconstructed image of digital holography and its reduction. Optics Communications, 2008 (281): 232–237.

[303] L. Ma, H. Wang, Y. Li, et al. Partition calculation for zero–order and conjugate image removal in digital in–line holography. Optics Express, 2012, 20 (2): 1805–1815.

[304] 宋芳. 合成孔径雷达干涉测量中的相位展开. 四川：四川大学，2005.

[305] 高勇. 干涉 SAR 的二维相位解缠研究. 北京：北京大学，2000.

[306] 朱勇建，栾竹，孙建锋，等. 光学干涉图像处理中基于质量权值的离散余弦变换解包裹位相. 光学学报，2007，27（5）：848–852.

[307] 李笑郁，毛士艺. 干涉 SAR 与 MRI 中的相位展开算法研究. 中国体视学与图像分析，2001，6（4）：193–198.

[308] P. Asgari, Y. Pourvais, P. Abdollahi, et al. Digital holographic microscopy as a new technique for quantitative measurement of microstructural corrosion in austenitic stainless steel. Mat. Des., 2017 (125): 109–115.

[309] Z. Shen, X. Guo, Y. Zhang, et al. Enhancement of short coherence digital holographic microscopy by optical clearing. Biomed. Opt. Express, 2017, 8 (4): 2036–2054.

[310] V. A. Matkivsky, A. A. Moiseev, G. V. Gelikonov, et al. Correction of aberrations in digital holography using the phase gradient autofocus technique.Laser Phys. Lett., 2016, 13 (3): 032601.

[311] L. Shemilt, E. Verbanis, J. Schwenke, et al. Karyotyping human chromosomes by optical and X–ray ptychography., Biophysical Journal, 2015 (108): 706–713.

[312] N. Rawat, Y. S. Shi, B. Kim, et al. Sparse–based multispectral image encryption via ptychography. Opt. Comm., 2015 (356): 296–305.

[313] T. Bultreys, W. D. Boever, V. Cnudde. Imaging and image–based fluid transport modeling at the pore scale in geological materials: A practical introduction to the current state–of–the–art. Earth–Science Reviews., 2016 (155): 93–128.

[314] 于瀛洁，李国培，陈明仪. 干涉图处理中的相位去包裹技术. 宇航计测技术，2002，22（4）：49–54.

[315] 张志会. 数字全息显微中的位相解包裹算法研究. 河北工程大学，2012.

[316] J. M. Huntley. Three–dimensional noise–immune phase unwrapping algorithm.Appl. Opt., 2001, 40 (23): 3901–3908.

[317] Antonio Baldi. Two–dimensional phase unwrapping by quad–tree decomposition. Appl. Opt, 2001, 40 (8): 1187–1194.

[318] W. Curtis. Chen and A Howard Zebker. Two–dimensional phase unwrapping with use of statistical models for cost functions in nonlinear optimization. J. Opt. Soc. Am. A, 2001, 18 (2): 338–351.

[319] W. Curtis Chen, A. Howard Zebker. Phase Unwrapping for Large SAR Interferograms: Statistical Segmentation and Generalized Network Models. IEEE Trans. on GRS, 2002, 40 (8): 1709–1719.

[320] M. Jenkinson. A Fast, Automated, N–Dimensional Phase Unwrapping Algorithm. FMRIB Technical Report TR01MJ1, 2003: 1–11.

[321] V. Vyacheslav Volkov, Yimei Zhu. Deterministic phase unwrapping in the presence of noise. Opt. Lett, 2003, 28 (22): 2156–2158.

[322] A. Marvin Schofield, Yimei Zhu. Fast phase unwrapping algorithm for interferometric applications. Opt. Lett, 2003, 28 (14): 1194–1196.

[323] René Schöne, Oliver Schwarz. Hybrid phase unwrapping algorithm extended by a minimum–cost–matching strategy. Proc. SPIE, 2003 (4933): 305–310.

[324] R. Mariano, L. Jose Marroquin. Half-quadratic cost functions for phase unwrapping.Opt. Lett, 2004, 29 (5): 504-506.

[325] Y. Saika, H. Nishimori. Statistical mechanics of phase unwrapping problem by the Q-ising model. American Institute of Physics, 2004, 0-7354-0183-7: 406-409.

[326] K. Myung Kim, Lingfeng Yu and J Christopher Mann. Interference techniques in digital holography. J. Opt. A: Pure Appl. Opt, 2006: S518-S523.

[327] Y. Lei, Zhi-Pei Liang, David C. Munson, et al. Unwrapping of MR phase images using a mark of random field model. IEEE Tracs on Medical Imaging, 2006, 25 (1): 128-136.

[328] Huifang Wang, John B. Weaver, Marvin M. Doyley, et al. A phase unwrapping method for large-motion phase data in MR Elastography. Proc. SPIE, 2007 (6511): 65111S-1-65111S-9.

[329] Björn Kemper, Patrik Langehanenberg, Gert von Bally. Methods and applications for marker-free quantitative digital holographic phase contrast imaging in life cell analysis. Proc. SPIE, 2007 (6796): 67960E-1-8.

[330] José M. Bioucas-Dias and Gonçalo Valadão. Phase unwrapping via graph cuts. IEEE Trans on Image Processing, 2007, 16 (3): 698-709.

[331] Sheng Liu, Lianxiang Yang. Regional phase unwrapping method based on fringe estimation and phase map segmentation. Opt. Eng., 2007, 46 (5): 051012-1-9.

[332] Juan J. Martinez-Espla, Tomas Martinez-Marin, et al. Using a grid-based filter to solve InSAR phase unwrapping. IEEE Geoscience and remote sensing letters, 2008, 5 (2): 147-151.

[333] Juan J. Martinez-Espla, Tomás Martinez-Marin, Juan M. Lopez-Sanchez. A particle filter approach for InSAR phase filtering and unwrapping. IEEE Trans. on GRS, 2009, 47 (4): 1197-1211.

[334] Gonçalo Valadão, José Bioucas-Dias. CAPE: combinatorial absolute phase estimation. J. Opt. Soc. Am. A, 2009, 26 (9): 2093-2106.

[335] C. Hansford Hendargo, Mingtao Zhao, Neal Shepherd, et al. Izatt. Synthetic wavelength based phase unwrapping inspectral domain optical coherence tomography. Opt. Exp, 2009, 17 (7): 5039-5051.

[336] M. Arevalillo-Herráez, R. David Burton, J. Michael Lalor. Clustering-based robust three-dimensional phase unwrapping algorithm. Appl. Opt, 2010, 49 (10): 1780-1788.

[337] R. Legarda-Saenz, R. Rodriguez-Vera, A. Espinosa-Romero. Dynamic 3-D shape measurement method based on quadrature transform. Opt. Exp, 2010, 18 (3): 2639-2645.

[338] A. Piyush Shanker, Howard Zebker, Edgelist phase unwrapping algorithm for time series InSAR analysis. Opt. Soci. Ame., 2010, 27 (3): 605-612.

[339] A. Khmaladze, T. Epstein, Z. Chen. Phase unwrapping by varying the reconstruction distance in digital holographic microscopy. Opt. Lett, 2010, 35 (7): 1040-1042.

[340] Jesús Muñoz-Maciel, Francisco J. Casillas-Rodríguez, Miguel Mora-González, et al. Phase recovery from a single interferogram with closed fringes by phase unwrapping. Appl. Opt, 2010, 50 (1): 22-27.

[341] S. Tomioka, S. Heshmat, N. Miyamoto, et al. Phase unwrapping for noisy phase maps using rotational compensator with virtual singular points. Appl. Opt, 2010, 49 (25): 4735-4745.

[342] S. Siva Gorthi, G. Rajshekhar, P. Rastogi. Strain estimation in digital holographic interferometry using piecewise polynomial phase approximation based method. Opt. Exp, 2010, 18 (2): 560-565.

[343] Yuanhao Huang, Farrokh Janabi-Sharifi, Yusheng Liu, et al. Dynamic phase measurement in shearography by clustering method and Fourier filtering. Opt. Exp, 2011, 19 (2): 606-615.

[344] Batuhan Osmanoglu, Timothy H. Dixon, Shimon Wdowinski, et al. On the importance of path for phase unwrapping in synthetic aperture radar interferometry. Appl. Opt, 2011, 50 (19): 3205-3220.

[345] Yi Ding, Jiangtao Xi, Yanguang Yu, et al. Recovering the absolute phase maps of two fringe patterns with selected

frequencies. Opt. Lett, 2011, 36（13）：2518–2510.

[346] Xianyu Su, Lian Xue. Phase unwrapping algorithm based on fringe frequency analysis in Fourier-transform profilometry. Soc. of Photo-Optical Instr. Engineers, 2001, 40（4）：637–643.

[347] Qian Kemao, Wu Xiaoping. Modulation analysis based weighted least-squares approach for phase unwrapping.Acta Photonica Sinica, 2001, 30（5）：587–588.

[348] Chi Fung Lo, Xiang Peng, Lilong Cai. Surface normal guided method for two-dimensional phase unwrapping.Optik, 2002, 439–447.

[349] 康新，何小元，C. Quan．基于最小截面差的相位展开．中国激光，2002，29（7）：647–651.

[350] 吴禄慎，任丹，吴魁．一种新的区域增长相位去包裹算法．机械工程学报，2002，38（增刊）：126–130.

[351] 惠梅，王东生，李庆祥，等．基于离散泊松方程解的相位展开方法．光学学报，2003，23（10）：1245.

[352] 彭震君，钱锋，王学锋，等．基于模拟退火的相位展开方法．光学学报，2003，23（7）：846–849.

[353] 彭震君，钱锋，钟向红，等．基于位相跳变区划分的相位展开方法．光学学报，2003，23（8）：910–915.

[354] 苏显渝，陈文静，曹益平，等．参数图导向的相位展开方法．光电子·激光，2004，15（4）：463–467.

[355] 郑刚，王文格，罗春红．基于可靠性的相位去包裹算法．光学技术，2004，30（4）：510–512.

[356] 王薇，陈怀新，隋展等．相邻区域相位去包裹免疫算法．激光杂志，2004，25（4）：31–33.

[357] 杨亚良，吴兰，丁志华．基于傅里叶变换的确定性相位去包裹算法的应用研究．光学仪器，2005，27（2）：33–36.

[358] Chen Jiafeng, Chen Haiqing, Yang Zhengang. Modified nearest neighbor phase unw rapping algorithm.Opto. Let., 2006, 2（4）：309–311.

[359] Yuangang Lu, Xiangzhao Wang, et al. Weighted least-squares phase unwrapping algorithm based on derivative variance correlation map. Optik, 2007（118）：62–68.

[360] Yongjian Zhu, Liren Liu, Zhu Luan, et al. A reliable phase unwrapping algorithm based on the local fitting plane and quality map. J. Opt. A：Pure Appl. Opt, 2006（8）：518–523.

[361] 杨锋涛，吕晓旭，王殿元，等．基于二阶差分的加权最小费用流相位展开算法．激光技术，2006，30（6）：667–669.

[362] 杨锋涛，吕晓旭，钟丽云，等．基于模拟退火的全局相位展开算法．激光杂志，2006，27（3）：37–38.

[363] 王军，赵建林，范琦，等．相位图去包裹的一种新的综合方法．中国激光，2006，33（6）：795–799.

[364] Z. Q. Wei, F. Xu, Y. Q. Jin. Phase unwrapping for SAR interferometry based on an ant colony optimization algorithm. International Journal of Remote Sensing, 2008, 29（3）：711–725.

[365] Jiafeng Chen, Haiqing Chen, Zhengang Yang, et al. Weighted least squares phase unwrapping based on the wavelet transform. Proc. SPIE, 2007（6279）：62796S-1-7.

[366] 武楠，冯大政，刘宝泉．一种基于枝切法和有限元法的干涉 SAR 合成相位展开方法．电子与信息学报，2007，29（4）：846–850.

[367] 张婷，路元刚，张旭苹．基于边缘检测的最小不连续相位展开算法．光学学报，2008，29（1）：180–186.

[368] 朱勇建，李安虎，潘卫清，等．结构光测量中快速相位解包裹算法的讨论．光子学报，2009，38（1）：184–188.

[369] Kemao Qian, Wenjing Gao, Haixia Wang. Windowed Fourier filtered and quality guided phase unwrapping algorithm：on locally high-order polynomial phase. Appl. Opt, 2010, 49（7）：1075–1079.

[370] 熊六东，贾书海，杜艳芬．基于希尔伯特变换的干涉条纹相位解调新算法．光子学报，2010，39（9）：1678–1681.

[371] 钱晓凡，张永安，李新宇，等．基于掩膜和最小二乘迭代的位相解包裹方法．光学学报，2010，30（2）：

440-444.

［372］张志斌，王艳苹，李丁玮，等．一种新的 InSAR 合成相位展开算法．电子科技，2010，23（2）：14-17.

［373］钱晓凡，王占亮，胡特，等．用单幅数字全息和剪切干涉原理重构光场相位．中国激光，2010，37（7）：1821-1826.

［374］张雄，钱晓凡．欠采样干涉图最小二乘相位解包裹算法改进．光子学报，2011，40（1）：121-125.

［375］张会战，独知行，陶秋香，等．改进的 Goldstein 相位解缠算法．矿山测量，2011（1）：7-9.

［376］万文博，苏俊宏，杨利红，等．干涉条纹图像处理的相位解包新方法．应用光学，2011，32（1）：70-74.

［377］范琦，杨鸿儒，黎高平，等．欠采样包裹相位图的恢复方法．光学学报，2011，31（3）：63-67.

［378］谢先明，皮亦鸣，彭保．一种基于 UPF 的干涉 SAR 相位展开方法．电子学报，2011，39（3）：705-709.

［379］C. G. Dennis, D. P. Mark. Two-dimensional phase unwrapping：theory, algorithms, and software．John Wiley & Sons, INC New York, 1998.

［380］刘志铭．干涉合成孔径雷达相位解缠算法研究．中国人民解放军信息工程大学，2004：31-43.

［381］王华英，张志会，廖微，等．像面数字全息显微中的相位解包裹算法研究．光电子·激光，2012，23（2）：402-407.

［382］Wei Xu, Ian Cumming. A region-growing algorithm for InSAR Phase unwrapping．IEEE Trans. GRS, 1999, 37(1)：124-134.

［383］Costantini M. A novel phase unwrapping method based on network Programming．IEEE Trans. GRS, 1998, 36(3)：813-821.

［384］郭春生．InSAR 成像算法研究．南京航空航天大学，2002.

［385］赵争．遗传算法在 InSAR 相位解缠中的应用．测绘科学，2002，27（3）：37-39.

撰稿人：程灏波　陈　伟　董　昭　冯云鹏　高　昆　柯子博
李延飞　王华英　王露露　文永富　吴太夏　杨　彬
晏　磊　张　雷　赵宝群　赵红颖　朱巧芬

颜色跨媒体呈现与管理技术研究进展

近年来，随着数字成像设备如数字相机、显示器、打印机、数字印刷等多种输入/输出平台的迅速发展和数字化技术的广泛应用，跨媒体颜色复制的应用日益普及。信息作为人类生存与发展的关键要素，不断变革人与客观世界相互作用与表达的方式。尤其是近10年间信息跨媒体化和彩色化的发展，促使各个学科充分利用空间物体本身的光谱（色彩）特性来更精确、更快速地进行目标的表达、呈现、识别和分类，以获得对空间物体更全面的理解、控制与应用。如何更好地实现不同观察条件下跨媒体彩色图像的真实复制，不断为颜色科学提出新课题和新方向。

1　跨媒体颜色呈现技术原理及过程

色彩呈现是人类视觉系统对光波作用所产生的复杂心理和生理反映，是空间物体色彩特征表达与呈现的综合结果。颜色跨媒体呈现主要以色彩的表达和转换为研究中心，研究在视觉或机器判读环境下，色彩信息在分解、转换、传播、呈现与表达过程中的控制与匹配，目标色彩与源色彩之间的一致性，以及建立色彩在不同媒体与呈色环境下的呈现机制和处理模型。

目前主流的颜色跨媒体呈现技术是基于色度空间和色度图像，更具体地说，当前的跨媒体颜色复制主要集中在三个方面：色度匹配、色貌匹配和色域映射。同时考虑到今后颜色跨媒体呈现技术的发展趋势，基于多光谱技术在跨媒体色彩呈现上的技术应用在下面逐一说明其原理。

1.1　颜色跨媒体呈现之色度匹配

首先色度匹配是要求“色度真实”的颜色复制，主要是解决色空间的设备依赖问题。

国际色彩联盟（International Color Consortium，ICC）提出了基于Profile的颜色管理系统，不论在理论上还是实践上，均已比较成功地解决了设备颜色空间设备依赖问题。基于ICC的现代色彩管理系统所用的色空间是设备无关的，我们称之为PCS，也就是所谓的标准颜色空间，PCS通常为CIELAB或者CIEXYZ。

1.2 颜色跨媒体呈现之色貌匹配

如1.1中所述基于ICC色彩转换技术解决了色度匹配问题，但并不能实现色貌匹配。色貌不匹配是因为即使解决了色空间的设备依赖性和相互自由转换的问题，使跨媒体的两个颜色的CIE（国际照明委员会）三刺激值（*XYZ*）相同，但也只能保证在周围环境、背景、样本尺寸、样本形状、样本表面特性和照明条件等因素都相同的观察条件下，视觉感知才是一样（匹配）的。换言之，一旦将两个相同（*XYZ*）的颜色置于不同的观察条件下，则人的视觉感知会产生变化，这就是所谓的色貌现象。

同一个颜色在不同的背景光源环境下，所呈现的颜色是不一样的，甚至是相反的两种颜色。背景对色貌的影响其实是不同的背景色造成人对色彩的错觉，它不只造成颜色（色调）的“错误”感觉，也造成“错误”的灰度感觉。这种现象是颜色工程上的难题，非常不好处理。因此在跨媒体颜色呈现过程中，除考虑色度匹配外，也需要考虑色貌匹配。由此发展出很多的色貌模型（color appearance model）来处理色貌匹配的问题。

综上所述，正是由于颜色跨媒体呈现必须考虑的色度匹配和色貌匹配两个方面的技术问题，因此在基于ICC色彩管理系统中，如何生成颜色跨媒体呈现过程中的各个颜色呈现设备的Profile至关重要。Profile的生成及跨媒体转换过程中也从原先只关注色度匹配逐渐过渡到兼顾色貌匹配。在生成ICC Profile及后续应用过程中采用的色貌模型主要是CIE推荐的CIECAM97色貌模型。

2002年9月26日CIE又公布了CIECAM97s的修正版本CIECAM02，对CIECAM97s模型的缺点进行了针对性地改进，补充了一些信息并更加实用。CIECAM02被推荐用于跨媒体色彩管理等应用场合，它是基于CIECAM97s，也是由色适应变换和预测相关属性的计算等式组成。

1.3 颜色跨媒体呈现之色域映射

色域映射作为颜色跨媒体复制过程中另一个关键环节，有着重要的现实意义。

色域是指颜色的表现范围，在颜色跨媒体呈现中可分为设备色域和图像色域两类。色域通常用于设备无关的均匀色空间中的一个有界体积描述。由于跨媒体设备中目标设备和源设备的色域通常不一致，所以在颜色跨媒体转换过程中，为了颜色尽可能小地失真，必须进行色域映射。而色域映射算法的设计和选择，通常考虑以下几个因素：

（1）目标色域和源色域之间的关系，无外乎下面三种情况：①目标色域完全包含源色域；②源色域完全包含目标色域；③两个色域相互交叉包含。

（2）色貌模型和色空间的选取。根据上面所示的目标色域和源色域的三种关系（完全包含 / 完全被包含 / 相互交叉包含），选择合适的色貌模型（或者合适的色空间），色貌模型的选择是非常关键的，直接影响色域映射算法的质量，最常用的 CIELAB 和 CIELUV，但是这些色空间都存在问题，尤其是 CIELAB 色空间的蓝色区域，色相角的均匀性较差，这导致了颜色的明度值或者彩度值改变时，色相也发生改变。色貌模型 CIECAM97s 色空间采用了 IPT 颜色空间，在色相角的均匀性方面有较大改善。

基于设备 ICC Profile 的色彩复制与色域映射密切相关。颜色跨媒体呈现使用的设备 ICC Profile 文件不论是创建还是转换，其核心就是色域映射，ICC 中涉及的三种呈色意向方式就是通过色域映射来实现的。三种 ICC 呈色意向的说明如下：①呈色意向之色度表：源色域范围全部或局部大于目标色域时，只有目标色域边界外的源色域采样点做色域映射处理，且映射至目标色域边界的方式称之为色度表；②呈色意向之饱和度表：该呈色意向是指源色域范围全部或局部小于目标色域时，源色域边界和内部的点做扩张映射处理；③呈色意向之可感知表：源色域范围全部或局部大于目标色域时，源色域边界的点和内部点做等比压缩处理方式。

基于颜色跨媒体复制转换中，具体如何使用上述的三种色域映射方式，需要根据颜色呈现的不同设备媒介所能表现的色域大小而决定的，但是不论何种色域映射方式，都要解决两个映射的关键问题：不同色域的灰轴映射和不同色域边界的确定及其映射。解决了这两种色域映射关键问题后，就建立了完整的跨媒体色彩呈现的色域映射关系。

1.4 颜色跨媒体呈现之多光谱技术

目前基于色度色彩空间及色度图像的方法和技术已经成功应用于大多数跨媒体颜色呈现场景下，并且已经达到了非常高的标准化程度。但随着跨媒体颜色呈现应用的快速发展，对颜色再现也提出了更高的要求。虽然基于色度的跨媒体呈现技术引入了色貌模型，但是在不同环境下如何追求准确的颜色再现和一致性，仍然是色彩科学领域的一大挑战。

色度图像通常为三通道（RGB 或 LAB）或四通道（CMYK）图像。图像像素的色度值体现了颜色呈色的基本三要素——光照、物体的表面反射特性、观察者色视觉特性，联合作用的最终结果。其中光照和观察者色视觉特性可统称为观察环境。基于色度空间下的色度图像再现的缺欠如下：①基于色度的处理技术主要保证在标准观察条件下色感知的一致性：不同观察环境下再现色与源色的色感知不一致。采用色度空间设备再现色与源色的匹配是一种条件等色，追求的是某种标准观察环境下的色感知一致，而对其他观察环境，这种色感知的一致性并不存在。这是因为色度空间下颜色值的表色法是基于同色异谱原理的，即在特定的观察环境下，观察者会将具有不同光谱分布的物体颜色感知为相同的颜色。但当观察环境改变时（例如光照改变），本来看起来相同的颜色，却会表现出不同的颜色。②无法从色度值中获得观察条件相关信息：由于色度值是源色和观察条件混合作用的结果，所以无法从色度值中分离出源色的观察环境信息。当改变观察环境时，由于缺乏原观察环境的信息，很难进行观察环境的替换，因此很难获得物体在新环境下的颜色外观。③不能准确再现同色异谱对：色度图像在输入 / 输出设备上再现是基于同色异谱原理的。设备各个通道的呈色特性往往与人眼的三种锥体细胞的色感知特性不同，与人眼具有不同的同色异谱特性，因此人眼观察到的一对同色异谱对，在设备上有可能再现为不同的颜色；而人眼观察到的不同颜色，设备有可能输出为相同的颜色，成为设备的同色异谱对。④不能充分发挥多通道输入 / 输出设备的特点：目前出现的多通道彩色输入 / 输出设备（如多通道数字相机、超四色打印机等）旨在扩大设备即色域，但是其呈色原理仍是基于色度模型的，采用的仍是基于色度的色彩再现技术，不能充分发挥多通道表色的优势。

为了解决上述问题，色彩学术界充分借鉴了遥感等相关学科对观测结果的表示方法，提出了基于光谱的颜色表示法。这种方法的基本出发点是：物体的光谱特性是物体呈现不同颜色的主要原因，无论是观察条件还是观察者的视觉特性都可以用光谱分布进行精确描述。因此若能以光谱方式对图像场景进行记录，则可更精确地表示颜色。

多光谱图像是像素值为原始景物光谱反射率的一类图像（可通过多通道数字相机获得），该类图像的呈色原理与传统的色度图像有很大不同。多光谱图像是在可见光波长范围内对物体的光谱反射率进行窄带采样，图像像素值存储高维光谱反射率采样数据。由于场景物体光谱反射率独立于观测条件和观察者，因此与色度图像相比能提供更加灵活的颜色处理和更精准的色彩再现。具体表现为：①通过可见光谱的窄带采样获得的光谱反射率数据，能提供更丰富更详细的场景物体光谱特性，有利于进行物体属性分析；②光谱特性独立于场景的观察环境，在理想情况下，若能获得再现光谱与源光谱的精确匹配，则可实现任意环境下的颜色匹配，即无条件等色；③在对场景进行观察环境变换时，无需对原始多光谱数据进行复杂操作，仅需对图像数据、新场景观察者及光照信息进行积分运算即可；④对多光谱图像进行硬拷贝输出时，多通道设备通过光谱匹配达到再现色与源色的颜色匹配，可减弱或消除同色异谱的影响；⑤光谱图像采用高维数据表示，输出时能充分发挥多通道设备的优势。多光谱图像的特点及相对于色度图像的优势，使其可在许多场合用于物体颜色的高保真（high fidelity）再现和高保真处理。

与色度图像相比，多光谱图像有两点不同：一是像素值为高维数据，通常在 31 维以上；二是像素值用以描述物体的光谱反射率，具有观测条件无关性。这两点造成了现有色彩管理技术不能直接用于多光谱图像的再现。因此，必须为多光谱图像再现探索新的色彩管理办法，并解决如下关键技术问题：

（1）光谱图像色彩再现系统的体系结构：目前，除了超四色打印机，多通道输入 / 输出设备还鲜有成熟产品应用于工业生产或日常应用。受设备局限，理想的光谱色彩再现系统还无法实现，因此，需要针对光谱输入 / 输出设备和光谱处理技术的发展现状，探讨当前可实现的光谱色彩再现系统体系结构，并对再现流程进行重新设计。同时，还需解决与现有的色度色彩再现系统的兼容问题。

（2）多光谱图像的光谱反射率重建：光谱成像系统通常为多通道数字相机，用其获取的多维图像并非光谱反射率图像，而是与相机所用颜色空间相关的多通道色度图像，该类图像的像素值综合反映了相机各通道光谱灵敏度、所用滤光片光谱透射率、环境光照的光谱功率分布、物体表面的光谱反射特性等信息。而色彩再现时，需要的是去除了环境因素的物体光谱反射信息——光谱反射率图像，因此需要在已知相机相关参数及环境信息的情况下，利用相机输出的多通道图像对场景的光谱反射率进行估算，这种估算被称为光谱重建（spectral reconstruction）。使重建的光谱反射率真实反映物体的光谱反射特性及颜色特性，是光谱反射率重建的关键。

（3）多光谱图像数据的降维处理：多光谱成像通常是在可见光波长范围内对场景物体的光谱反射率进行窄带采样，例如在 380~730 nm 之间每隔 10 nm 进行采样，形成 36 维的多光谱图像。图像数据的高维性使得在进行图像色彩再现时，图像的设备颜色空间变换、色彩校正等环节的计算复杂度高、占用存储空间大、运算时间长。这是光谱图像色彩处理的瓶颈。因此，对多光谱图像降维处理，对降维后的数据进行操作，是多光谱图像色彩再现的关键技术。

（4）多光谱图像色彩校正：当对图像进行再现时，需要将图像数据变换到设备颜色空间（RGB 空间、CMYK 空间等）。由于设备的颜色再现过程存在各种非线性扰动，变换时需进行非线性校正。色空间变换和设备非线性校正通常是在同一过程中完成的，这个过程称为色彩校正。由于多光谱图像维数高，无法直接采用传统的色度色彩校正方法，因此必须为其研究对应的色彩校正方法。

尽管基于多光谱图像的色彩再现技术在理论上有潜力给色彩工程带来巨大的提升，但迄今为止，对该领域的实质性研究仅有十余年，很多关键技术还不完善，离实际应用要求仍有相当距离，大量的研究和实践仍在进行中。

2 国内外技术现状及发展趋势

我们从两个方面阐述国内外颜色跨媒体呈现技术的现状及发展趋势：一方面是颜色跨媒体呈现理论方面的发展，另一方面是颜色跨媒体技术应用的发展。

首先，颜色跨媒体呈现理论是以数字技术为基础，研究色彩科学中色彩复制规律的理论，是实现颜色跨媒体复现技术的基础支撑。

目前，色彩科学对色彩的研究集中在两个主要领域，其一是从科学视角，研究色彩视觉规律，研究色彩测量、计算、表示和复现的方法以及颜色跨媒体应用的控制机制；其二是从美学视角，研究不同色彩对人类感官刺激所产生的心理反应及其色彩视觉机制。

其中，在色彩视觉机制研究领域，以视觉系统为中心研究色彩视觉机制及其处理模型是关键与核心，也是近几个世纪颜色光学、色度学、生理学、生物医学等学科的活跃与热点研究领域。主要标志性成果有：1809 年 T. Young 的三原色学说，1876 年的 E. Hering 的对比色学说，1953 年 S. W. Knffler 感受视野模型和 1962 年 P. L. Walraven 的复眼侧抑制网络等。

而在颜色跨媒体应用与控制机制研究领域，主要以色彩的表达和转换为研究中心，研究在视觉或机器判读环境下，色彩信息在分解、转换、传播、呈现与表达过程中的控制与匹配，目标色彩与原始色彩之间的一致性，以及建立色彩在不同媒体与呈色环境下的复制机制和处理模型。颜色跨媒体应用与控制机制的研究是近百年来印刷、印染、摄影、材料领域的永恒研究热点，近 50 年又成为显示技术、信息处理、计算机视觉、移动互联以及科学信息可视化等新领域的研究热点。主要标志性成果有：1936 年伊斯曼柯达公司研制成功的外偶型彩色胶片，1940 年印刷业推出的照相制版彩色印刷工艺，1951 年柯达和时代公司合作成功的电子分色机，1952 年彩色电视机的诞生，1977 年计算机彩色显示器的出现，2000 年的数字化彩色（成像）印刷技术，2010 年兴起的移动互联终端。

尽管随着计算机技术、数字技术和新材料的普及，人们在电视、印刷、彩色数字成像等各个工业领域，实现了彩色化的信息复制与生产，但仍然没有完全解决信息彩色化中的色彩一致性的问题，实现真正意义上的“所见即所得”，色彩依旧是困扰信息彩色化应用的障碍。其根本原因是色彩信息的模糊性、色彩信息边界判断的多元性以及众多制约影响色彩跨媒体呈现的因素，迄今为止还很难用一个简单的数学模型来准确地描述，众多学科领域与色彩相关的学者都在致力寻找解决这个问题的方案。

从颜色跨媒体呈现理论的发展来看，颜色跨媒体呈现理论重点研究颜色跨媒体呈现过程中，多种媒体介质或载体上色彩信息传递规律的机制与控制方法，以及融合美学与科学研究方法通过建立及应用色度学的定量方法来诠释颜色跨媒体呈现中色彩信息的分解、传递与呈现的规律。近 20 年来，数字技术、传感技术、计算机技术、数字成像技术和移动互联技术在颜色跨媒体呈现领域的应用日益广泛，直接推动了颜色跨媒体呈现理论从定性描述量变为定性定量描述、并快速质变为数字化的定量描述，引发了颜色跨媒体呈现理论创新和技术应用的突破。

当前，颜色跨媒体呈现理论的研究主要聚焦在三个方面：其一是颜色跨媒体呈现信息的定量描述，其二是颜色跨媒体呈现过程的控制机制，其三是色彩管理，特别是基于光谱或多光谱的色彩管理。

其中，颜色跨媒体呈现信息的定量描述以颜色跨媒体呈现要求为目标，重点研究色彩信息数字化表达的方法，从宏观描述的密度、分光密度向微观描述的色度、光谱、多光谱演进。标志性成果有：20 世纪 30 年代的彩色摄影、20 世纪 40 年代的彩色摄像和彩色照相制版、20 世纪 50 年代的电子分色以及 20 世纪 90 年代的数码摄影、数码摄像以及彩色扫描仪，并建立了照相分色模型、电子分色模型和数字分色模型。

颜色跨媒体呈现过程的控制机制以 RGB 或 CMYK 分色信息为中心，重点研究面向应用目标需求分色信息的色彩校正、色彩传递、色彩映射以及色彩高保真呈现等过程控制模型。标志性成果有：20 世纪 60 年代的照相蒙版方程、20 世纪 70 年代的电蒙版方程、20 世纪 80 年代数字校色方程、20 世纪 90 年代的色彩空间变换模型以及 2000 年至今的 ICC 色彩映射模型。

色彩管理则以数字化的色彩信息为中心，研究在不同介质以及不同成像机制之间，颜色跨媒体呈现或颜色跨媒体呈现一致性的色度模型或光谱模型，不同呈色方式主要标志性成果有：数码打样、数字印刷、跨媒体数字出版、数码影像、光谱复现以及移动互联 APP 应用等。虽然在颜色跨媒体呈现领域，采用各种先进数字成像技术和设备的集成与流程整合，实现了颜色跨媒体呈现的工业化生产，但在不同成像介质、不同呈现载体的色彩高精度复制和色彩一致性上仍然存在许多瓶颈问题，设计人员、印刷人员、移动互联媒体人员和用户之间色彩信息表达的准确性，色彩判据和标准差异依旧很大，仍然缺少突破这个问题的最佳方法和对策。

近年来，基于多光谱的跨媒体颜色呈现与管理技术得到了强烈的研究。虽然在多光谱色彩呈现领域的研究目前仍然处于起步阶段，但是已经取得了一些重要的进展。

近年来，国内外计算机外部设备制造商逐渐开始关注多通道设备的研制与生成，超四色打印机逐渐普及，价格也逐渐下降；数字相机也向多通道相机方向发展，实验室中已研制出用于获取光谱图像的多通道数字相机系统。设备的支持使得多光谱图像再现正在逐渐成为可能。

在多光谱色彩再现体系结构研究方面，Rosen 等人于 2001 年根据 ICC 体系结构设计了光谱色彩再现的基本流程；Yamaguchi、Ohsawa 等人分别在 2002 年、2003 年提出一种与传统色度色彩管理兼容的光谱色彩再现流程，该结构通过建立一系列设备光谱特性描述文件和颜色空间变换文件，能实现光谱和色度的交叉色彩再现；Novati 等人在 2005 年也提出一种兼容色度色彩再现的下一代色彩管理系统。从以上研究可以看出，由于 ICC 色彩管理体系已获得成功应用，研究者仍希望光谱色彩再现也能按照 ICC 规范进行。因此如何利用 ICC 规范的可扩展性实现多光谱图像的色彩再现，仍是该领域需要深入研究的课题。

对多光谱图像光谱反射率重建技术的研究相对起步较早，目前已针对不同的光谱成像系统，形成了一系列性能优异的重建技术。目前基于直接求伪逆的反射率重建方法有直接伪逆法、平滑求逆法、Wiener 求逆法、Hardeberg 法等，基于插值重建的方法有三次样条插值法、离散正弦变换法等，还有基于学习的光谱重建方法，这些方法既可用于窄带光谱成像系统，也可用于宽带光谱成像系统。使重建光谱和源光谱在光谱和色度两方面达到理想的匹配效果，一直是光谱重建方法研究的目标。

目前针对色彩再现的光谱数据降维的方法主要以通用降维方法为主，其中主成分分析法（principal component analysis，PCA）最受重视。2006 年 Derhak 等人在 PCA 的基础上，提出一种 Lab PQR 非线性降维法。使用该方法降维后的数据由色度值和光谱值两部分组合而成。具体方法是首先将图像光谱反射率变换至色度空间，得到 Lab 色度值，作为降维后数据的前三维，用以实现降维前后数据的色度匹配；然后用 PCA 方法对源光谱差进行降维，用前三维主成分作为降维后数据的后三维，以此实现降维前后的光谱匹配。

现有的设备光谱色彩校正方法主要针对超四色打印机，校正工作建立在光谱打印模型基础上，使用的光谱打印模型有 Murray-Davies 模型、Neugebauer 光谱模型、Yule-Neilson Spectral Neugebauer（YNSN）模型、Celluar Neugebauer 模型、Kubelka-Munk 混色模型、Yule-Clapper 模型等。这些模型均能直接利用高维光谱数据进行光谱色彩校正。

总的来说，虽然多光谱 / 超光谱（hyperspectral image）已经在遥感领域得到了较好的应用，但是在颜色跨媒体呈现领域还有大量基础性的工作亟待完成，例如高精度多光谱的输入 / 输出设备。

其次，在色彩科学与色彩跨媒体呈现理论的引领下，色彩跨媒体呈现技术日趋完善，形成了一系列满足工业化生产要求的设备、材料、工艺及其应用体系。它不仅继承了传统照相成像技术、彩色印刷技术以及彩色显示技术的精华，而且以数字成像技术为基础，通过建立色彩信息的基准或标准、解译与反演方法以及跨媒体可视化和表达技术，实现空间目标色彩属性的采集、测量、分析、存储、管理、显示、传播和应用的高精度、高品质和高效率，其发展主要集中在色彩高保真呈现技术和色彩跨媒体呈现技术两个领域。

其中，在色彩高保真复现技术领域，技术专家借助现代信息技术，即时和连续不断地获得了空间物体的大量几何与物理信息，形成彩色数据流和信息流，并通过色彩高保真还原技术来较完整地表达对象色彩特征的方法与技术，取得了一些阶段性成果。如美国 GATF、美国 EDSF 的面向光谱彩色图像数据的采集、多基色光谱混合的数字成像高保真色彩跨媒体呈现模型以及柯达的彩色数字成像光谱模型等。

在色彩跨媒体呈现技术领域，研究聚焦在通过核心系统的技术集成，在跨媒体信息系统中实现色彩信息的异构同化和同构整体化，以色彩高保真还原来实现对信息色彩的精确识别、传递、呈现和表达。即围绕色彩跨媒体呈现领域，在涵盖纸质媒体、电子媒体与网络媒体的跨媒体之间，在一定的理论模型的规范下，通过构建数字色彩跨媒体呈现技术体系，在一定保真阈限内忠实地实现色彩的复制，并保持批量复制之间质量的一致性。目前，这种技术正在突破同时受到环境、视觉、心理影响的彩色信息进行实时和多色解析这个最复杂问题。最终颜色跨媒体呈现与管理技术要提供高精度、高可靠的彩色信息识别、表达、呈现技术。

3 跨媒体颜色复制关联产业的现状

跨媒体颜色复制关联产业涉及印刷、印染、摄影、材料等各个相关关联产业，其中产业规模最大和影响最广泛的领域是印刷相关领域。跨媒体颜色复制在印刷领域的影响也最大，其涉及颜色的呈现媒介涵盖各种不同类型的纸张、电路板卡、塑料薄膜、灯箱玻璃、计算机屏幕、各种布料以及其他特殊承载介质，其跨媒体特性体现在将各种前端电子数据文稿和图形图像转载到上述各种物理介质上。因此印刷产业对于研究跨媒体颜色复制至关重要，起到风向标的作用。因此这里我们将着重以印刷领域作为跨媒体颜色复制关联产业的代表加以诠释和分析。

印刷产业作为我国新闻出版业的重要组成部分，是文化产业的主要载体，兼具文化产业和加工工业的双重属性，是我国国民经济重要组成部分。多色、高速、自动、联动等先进印装技术和设备在我国得到了广泛应用。近年来数字印刷以及信息管理技术发展迅猛，特别是印刷技术和设备的国产化为我国印刷业的发展降低了成本，再加上国家对进口高端印刷设备持续给予了优惠政策扶持，大大提高了我国印刷业的现代化水平。我国构建完成了依托粤港出口的珠三角、发挥综合实力的长三角和整合出版资源的环渤海三大印刷产业带，三大产业带的印刷总产值已占全国 3/4 以上。东北和中西部地区梯次承接转移的格局也已形成。印刷业发展的体制机制基本具备。

2011 年以来，中国印刷业整体发展速度呈波动变化趋势，但仍然实现了持续较快发展。2008—2014 年我国印刷业工业总产值逐年增加。2011 年实现工业总产值 8677 亿元，同比增长 12.60%；2013 年，行业实现工业总产值 10398 亿元，同比增长 9.3%，印刷行业工业总产值首次突破万亿元。从 2012 年开始，中国印刷业总产值的增长率由多年的两位数回落到一位数，比上年增长 9.6%。2013 年增长率继续回落，为 9.3%，但仍略高于国民经济的增长速度。2014 年中国印刷业总产值为 11334 亿元，同比增长 9.0%。

据中国产业调研网发布的 2016—2022 年中国印刷行业发展研究分析与发展趋势预测报告显示，近年来我国数字印刷以远高于传统印刷的速度发展。2015 年，以数字印刷、数字化工作流程、CTP 和数字化管理系统为重点的数字印刷产值占我国印刷总产值的比重已经超过 20%。可以说，未来几年，数字印刷必将继续高速发展。在印刷行业发展过程中，跨媒体颜色复制技术的创新和拓展对推动行业发展起到了关键作用。作为行业众多新技术的代表，近 20 年来跨媒体颜色复制技术在印刷领域的技术发展和创新主要体现在色彩管理技术的推进和发展，具备实施色彩管理条件的印刷相关企业越来越多，很多企业都装备了色彩管理软硬件设备。尤其是购买了计算机直接制版 CTP 设备的传统印刷企业，几乎都购买了色彩管理设备，很多企业虽然还没有实施标准化的色彩管理，但也都逐渐意识到色彩管理在印刷生产中的重要作用。因此从全行业来讲，由电子排版数字化的作业到印刷物理介质输出这种能充分体现跨媒体颜色复制过程的生产工艺过程已经开始将色彩管理技术融入其中。

当然国内目前的色彩管理技术应用现状还有很大提升空间。一些现代化的印刷企业，以色彩管理为核心，实施印前、印刷全过程的色彩管理，而有些企业只在部分生产环节采用了色彩管理技术，还有相当数量的印刷企业根本就没有采用色彩管理控制。造成这种现象的原因大致有两个：一是认识上受传统方式和观念的束缚，还没有完全转变到现代化的生产控制方法上来；二是受技术水平和操作人员对色彩管理技术掌握程度的制约，仅仅在设备安装时做了部分色彩管理控制及相关数据，缺乏持续性的色彩管理操作，从而导致印刷成品色彩质量一致性上的不稳定，影响了色彩管理技术的应用效果。

4 跨媒体颜色复制技术在我国的发展趋势及对策建议

近年来，随着新传感器件、新数字成像技术以及移动互联技术在跨媒体颜色复制领域的广泛应用，跨媒体颜色复制技术的主要发展趋势是通过新型传感器采集空间或平面物体的色彩（多光谱）信息，利用计算机来处理、存储、变换和控制输出色彩数据，应用各种特征的跨媒体颜色复制新方法；同时在当今云计算、移动互联环境下，为了充分发挥彩色高保真数字成像设备的优势，基于多光谱色彩信息的表达方法来构建全数字化的处理模型、工艺技术方法和控制模式也是跨媒体颜色复制技术未来的研究重点。

基于上述对跨媒体颜色复制技术的发展趋势的判断，建议关注以下几项关键技术的进展：

（1）基于现有彩色输出设备，持续提升跨媒体颜色复制的精度。由于跨媒体设备输出色彩精度的控制技术涉及的方面很多，我们重点提出以下需要关注的要点：

首先，跨媒体颜色输出设备线性化数据的采集及创建非常重要，这一点在以物理介质输出为主的印刷行业体现得更为突出。对于传统的印刷机来讲，线性化数据的采集创建也就是所谓的印刷色彩标准化的过程。以最稳定的印刷工艺、最广的色域（保证色彩纯度）、最高的精度印刷出色彩还原逼真、图片细节丰富的印刷品，是印刷行业中跨媒体复制的最终目标。其中，稳定的工艺条件是基础，因为只有稳定的工艺才能持续交付高质量的产品，这就是印刷设备标准化管理的目的。具体的实现则是对印刷机各个色组进行各阶调数据的采集，各个颜色密度与色度值的控制以及匹配计算，同时需参考相应的国内或国际标准数据，如 TVI 网扩参考值、灰平衡标准参考值、密度标准参考值等。推荐比较流行的 ISO 认证和 G7 认证，这些认证都提供了标准的控制和校正方法。对于数字印刷设备，设备线性化采集及创建更是颜色跨媒体输出的重要控制手段，其目的就是将设备各个色组非线性的阶调呈现转变为规则的线性层次展开，为后续的色彩准确复制打下基础。

其次，保证跨媒体颜色复制精度的另外一个控制手段是灰平衡校正。灰平衡在任何设备色彩复制过程中都是一项通用的技术指标。如果我们将跨媒体颜色输出设备的色域比作人的身体，则灰平衡相当于人的脊柱。作为脊柱的灰平衡颜色的准确度直接决定了整个跨媒体颜色转换过程中其他各个色彩还原的精度，就如同人体的脊柱发生歪斜的话，整个人的身体对外呈现就会出现问题一样。灰平衡控制技术是色彩理论中的一项关键分色控制技术，该技术随着数字化的色彩管理技术的进步也在不断进步。在跨媒体颜色复制转换过程中，相对于终端颜色呈现设备而言，其转换过程也就是分色过程，将原始颜色分解转化为目标设备上基础颜色组中，在印刷领域即为通常所说的 RGB 到 CMYK 组合色的转换过程。目前传统的数字化分色多采用人工操作软件进行调整，比如在 PHOTOSHOP 软件中通过调整不同的黑版分色曲线实现。

借助软件的人工分色控制灰平衡的方法弊端较多，不仅对操作人员的要求较高，并且控制的工作量较大。随着跨媒体颜色复制技术的发展，更合理的技术与更智能化的操作相继出现，众多的印刷企业开始接受并使用新的软件灰平衡分色控制技术。但是在使用该技术的过程中，“如何在灰平衡分色的同时，不影响印品质量”仍然是个难题。

因此，在跨媒体颜色复制转换过程中，对于新的灰平衡控制技术发展路线提出如下建议：①需摒弃 ICC 色彩匹配的方式，采用自动化的色彩结构转换控制技术，同时要兼容国际公认的最佳颜色转换数据方法，即基于 CMYK 色空间到 CMYK 色空间或 RGB 色空间到 CMYK 色空间的多维查找表方式的色彩转换技术。②需研究彩度与灰度替代交互制约的控制算法，摒弃传统的灰色成分替代（GCR）控制方法。首先需采用基于 Lab 色度控制 K，而不是简单的 L 控制；其次需采用灰色成分的 K 与色度值 a，b 值相互制约控制方法。③由于在跨媒体颜色转换中，最终的目标 CMYK 颜色组合有多种，因此分色转换中需要建立色域空间中色差最小的搜索控制算法，以保证筛选出符合最佳灰平衡要求的 CMYK 组合。

（2）在色彩跨媒体呈现精度得到保证的前提下，如何扩展颜色跨媒体复制的色域将变得尤为重要。随着跨媒体颜色呈现涉及的各个行业领域所使用设备的数字化和电子化更新换代，尤其是随着数码相机的大量普及，RGB 色彩无处不在。在拍摄自然界景物时，数码相机把自然景物记录在 CCD 等光电转换器件上，直接生成颜色值。这个过程在现有的光电成像设备中，都会将景物的光谱色分解为红、绿、蓝三种分量记录，形成该设备的颜色空间，一般存储为 RGB 色彩模式。自然界丰富的色彩，仅用 CMYK 4 种油墨调和是表现不出来的。因此在跨媒体颜色复制和转换过程中，如何解决和利用好 RGB 大色域空间到 CMYK 窄色域空间的颜色复制尤为重要。

这种扩展颜色跨媒体复制的色域尤其在印刷领域进入数字印刷和传统印刷并存时期的需求更为紧迫，因此行业内需要采用六色、七色高保真彩色来制作印刷品，其目的之一是为了扩大色彩再现范围，更逼真地反映原稿 RGB 图片效果，因此，这项技术在高附加值的跨媒体颜色复制方面具有其特殊的地位。

我们得到基本结论，即 CMYK 四色印刷色域要远小于高保真印刷色域，所以我们没必要用小二号的 CMYK 颜色空间向高保真分色，而要选用比高保真色域大的 RGB 颜色空间作为跨媒体颜色转换时的源图使用。RGB 转换到 CMYK，属于宽色域转向窄色域，损失大。而损失的颜色无法逆转。RGB 转换到 CMYKOG 或 CMYKOGB，属于宽色域转向宽色域，损失小。颜色保真。

由此推论，在以跨媒体颜色复制技术为主的印刷领域，随着数字印刷机的逐渐普及应用，以及数字印刷设备色域相比传统印刷色域的扩大，对于跨媒体颜色复制转换过程中采用 RGB 色彩管理流程的需求是势在必行的。

（3）在跨媒体颜色复制过程中，如何确保颜色输出的可持续性和稳定性至关重要，其中需要从两个技术领域上加以关注。首先，要大力推广并发展闭环颜色循环控制技术，该技术是跨媒体颜色复制过程自动化控制的一个重要体现和发展趋势。以印刷领域为例，不论数字印刷还是传统印刷，在设备正常输出印品的过程中，实时将输出颜色的相关数据采集反馈回色彩控制器，经过色彩控制器进行相关密度及色度色差的比对运算，再将修正后各种颜色油墨数据返还到给印刷机或数字印刷机上的油墨控制系统，进行墨层厚度的即时调节和补偿。这个闭环循环系统不仅能够保证印刷色彩的稳定性，而且为做统计过程控制和保证客户质量有效地提供了实时数据。

其次，要研制简单易行的二次色彩校准技术，在跨媒体颜色复制输出过程中或生产中，如何保证每一时刻的颜色输出和最近一次完成颜色校正后的质量一致性，是当前跨媒体颜色复制行业从业者及操作者都十分困惑的痼疾，尤其是在印刷领域数字印刷机的大量使用，开启了印刷品颜色复制过程的直接印刷的新模式，而数字设备的输出质量的不稳定性必然需要引入色彩的二次校准技术，以便保证数字设备的正常生产。这里提及的色彩二次校准技术是指在现有跨媒体颜色复制设备的颜色管理已经建立的前提下，对既有的色彩管理数据进行快速二次再调校的技术，该技术需要快捷并且准确地完成既有颜色数据的采集、计算与更新，目前尤为重要的是要研制出替代密度方式的以色度测量和调校为基础的二次校准系统，同时结合闭环控制原理实现跨媒体颜色复制过程中颜色快速与二次修正良性循环，提升颜色输出的稳定性。

（4）在以非电子呈现的物理媒介上输出的跨媒体颜色复制领域内，需要大力开发半色调图像挂网技术的创新和优化，尤其在涉及数字输出设备及包装领域。半色调挂网技术是跨媒体颜色复制过程中所呈现的颜色的微观载体，其对色彩再现精度层次及准确性起到决定性的作用，尤其是在以物理介质输出为主的印刷领域尤为突出。

在传统印刷方式下，研制能够再现 1%~99% 的无损颜色层次的加网方式是保证跨媒体颜色复制颜色层次的关键半色调挂网技术，在传统胶版印刷方式下需将调幅及调频挂网综合运用，充分利用多种加网方式的优点达到混合加网新技术研发的新高度，采用基于绿噪音技术的二阶调频网技术不仅颜色层次丰富，而且会带来输出设备色域的扩大 8% 左右，从而推动胶印数字化跨媒体复制过程中色彩质量的革命性飞跃。

另外，在近些年来绿色特种包装柔版印刷方式的逐渐普及和应用，对跨媒体颜色复制提出新的技术挑战，需要全面开发出高清柔印加网技术，从根本上提升传统柔版印刷质量无法比拟胶版印刷的根本性问题。

同时在数字印刷设备异军突起的时期，要适时突破数字设备低分辨率跨媒体颜色复制的限制，尽快推动多位深半色调挂网技术的研制力度，从根本上缩小数字印刷设备和传统印刷设备在质量上的差距。多位深度图像挂网技术，对现有跨媒体颜色呈现主流的静电激光（electrophotogray）成像和喷墨（inkjet）成像技术都进行了适应性处理，取得了显著效果，针对数字成像输出设备而言，该技术能够保证色彩复制过程中每种电子文件颜色像素灰度输出达到 4~16 个灰度层次的颜色级别，从理论上讲甚或提升到 256 级。

（5）降低实现跨媒体颜色复制内容的一致性的可操作技术门槛。全流程色彩管理技术的流程化自动化技术是为了降低跨媒体颜色复制的难度，隐藏复杂的技术细节让使用变得简单、易用，这样才能扭转色彩管理“七分靠人，三分靠软件”的固有思维。

跨媒体颜色复制过程中，基本的色彩管理流程包含：设备校准、设备特性化、转换色彩空间。在每一步骤实施过程中，需要在色靶数据采集、输出、测量以及后台计算上下足功夫，尽力做到将整个操作过程简单化，同时要减少各种参数设置。这些易用性要求对于降低跨媒体颜色复制领域的技术门槛至关重要。

（6）加强基于多光谱图像的颜色跨媒体呈现与管理技术研究。从理论上来说，基于光谱的颜色表示法更能表现物体表面的属性，更接近色彩的本质，因此相比基于色度的颜色表示方法，能够实现更高的色彩还原精度，能够避免观察条件的不同带来的色彩复制的各种问题，因此具备更大的发展空间。

但是由于多光谱图像的像素值为高维数据，同时像素值描述的是物体的光谱反射率，具备观测条件无关性，这两点突破了现有色彩管理技术的使用前提，使其不能直接用于多光谱图像的再现。因此，为了使得基于多光谱的颜色跨媒体呈现与管理技术走向实用，必须为其探索新的色彩管理办法。重点需要解决的技术难题如下：①高精度多光谱输入 / 输出设备的研制；②多光谱图像的降维技术，要求降维的结果与源光谱在色度、光谱、光照变化的色差稳定性三方面都能有好的性能表现；③全新的色彩校正技术，新技术要兼顾光谱校正精度和色度校正精度，并且要尽可能实现实时校正。

总之，颜色跨媒体呈现是整个色彩科学的核心问题。在颜色跨媒体呈现研究过程中不仅丰富了人类获取、识别、控制与应用自然界相关信息的方式，深化了各学科基于色彩特征进行空间信息解析的方法，并且还为文化的繁荣和发展提供了有效手段。采用面向跨媒体应用的数字化色彩描述方法，研究其涉及的色彩管理技术的创新理论与创新实践，将是未来颜色跨媒体呈现技术发展的重要方向，必将成为颜色跨媒体呈现领域创新工艺、创新生产模式以及创新应用的坚实理论支撑和关键技术保障。

参考文献

[1] Mitchell R. Rosen, Noboru Ohta, Spectral color processing using an interim connection space. IS&T/SID's 15th Color Imaging Conference, 2007.

[2] 李海峰. 数码打样校色方法及装置 . 发明专利：ZL 200910241293：4-6.

[3] Chau WWK, Cowan WB. Gamut mapping based on the fundamental components of reflective image specifications// Proceedings of 4th IS&T/SID Color Imaging Conference, 1996：67-70.

[4] 杨斌，李海峰，周秉锋. 在多位成像深度设备上进行图像复制的调频挂网方法 . 发明专利 ZL.02159180.6 2002：1-3.

[5] 史瑞芝，曹朝辉. 基于 7 色高保真彩色印刷分色模型. 测绘科学，2007，32（5）：58-60.

[6] 王强. 空间信息色彩管理机制研究. 武汉：武汉大学，2005.

[7] 蔡圣燕. 基于 iCAM 和实时颜色转换方式对工 CC 色彩管理机制的改进 . 解放军信息工程大学，2006.

[8] Fairchild MD, Johnson GM. The iCAM framework for image appearance, image differences, and image quality. J. Electron. Imaging，2004（13）：126-138.

[9] Mahy M, De Baer D. HIFI color printing within a color management system//Color and Imaging Conference. Society for Imaging Science and Technology, 1997（1）：277-283.

[10] 李海峰. 一种设备校准方法及输出装置. 发明专利 ZL 200910241294.6: 3-5.

[11] Chen Y, Berns RS, Taplin LA, et al. A multi-ink color—separation algorithm maximizing color constancy//Color and Imaging Conference. Society for Imaging Science and Technology, 2003（1）：277-281.

[12] 王强，李治江，刘全香. 分色原理与方法（国家 115 规划教材）. 北京：印刷工业出版社，2007：30-68.

[13] Fritz Ebner, Mark D.Fairchild. Development and testing of a color space（IPT）with improved hue uniformity//IS&T/SID Color Imaging Conference，1998.

[14] Xue Y, Berns RS. Uniform color spaces based on CIECAM02 and IPT color difference, 2004.

[15] Rosen MR, Ohta N. Spectral color processing using an interim connection space// IS&T/SID's 15th Color Imaging Conference, 2007.

[16] 杨卫平. 跨媒体颜色复制与多光谱成像技术. 云南师范大学物理与电子信息学院，2005：12-15.

[17] Rosen MR, Berns RS. Spectral reproduction research for museums at the munsell color science laboratory// Proceedings of NIP21，2005：73-77.

[18] Lischinski D, Farbman Z, Uyttendaele M, et al. 2006. Interactive local adjustment of tonal values. ACM Transactions on Graphics, 2006，25（3）：646-653.

[19] Berns RS, Taplin LA, Imai FH，et al. Spectral imaging of matisse's pot of geraniums: a case study，IS&T/SID 11th Color Imaging Conference, Scottsdale AZ，2003：149-153.

[20] Bakke AM, Farup I, Hardeberg JY. Multispectral gamut mapping and visualization-a first attempt// Proceedings of SPIE, 2005（5667）：193-200.

[21] 王莹. 多光谱图像色彩再现关键技术研究. 西安电子科技大学，2010.

[22] 大田登. 色彩工学. 刘中本译. 西安：西安交通大学出版社，1997.

[23] 汤顺清. 色彩工学. 北京：北京理工大学出版社，1991.

[24] Vrhel JM, Trussell HJ. Color device calibration: a mathematical formulation. IEEE Trans. on Image Process, 1999, 8（12）：1796-1806.

[25] Giordano B. Understand color. Company Courses, Hewlett-Packard Company, 2008.

[26] Ostromoukhov V. Chromaticity gamut enhancement by heptatone multi-color printing// Proc. IS&T/SPIE Int. Symposium on Electronic Imaging: Science & Technology, 1993（1909）：139–151.

[27] Rosen M, Imai F, Jiang W, et al. Spectral reproduction from scene to hardcopy II: image Processing//Proc. SPIE, 2001（4300）: 33–41.

[28] Yamaguchi M, Murakami Y, Uchiyama T, et al. Natural vision: visual telecommunication based on multispectral technology// Proc. IDW'00, 1115–1118.

[29] Novati G, Pellegri P, Schettini R. S–CMS: Towards the definition of a spectral color management system. Colore e Colorimetria: contributi multidisciplinari, Collana Quaderni di Ottica e Fotonica, 2005（13）：9–14.

[30] Day AE, Berns SR, Taplin AL, et al. A psychophysical experiment evaluating the color accuracy of several multispectral image capture techniques. Journal of Imaging Science and Technology, 2004, 48（2）：93–104.

[31] Imai HM, Berns SR. Spectral estimation of artist oil paints using multi-filter trichromatic imaging// Proc. 9th Congress of the International Colour Association, SPIE, 2002（4421）：504–507.

[32] Baribeau R. Optimized spectral estimation methods for improved colorimetry with laser scanning systems//Proc. 1st Int. Symposium on 3D Data Processing Visualization and Transmission, 2002: 29–32.

[33] 王海文，李杰，陈广学. 多光谱颜色复制技术若干关键问题的研究 // 2010 中国印刷与包装学术会议 . 2010.

撰稿人：王　剑　李海峰　陈广学　王　莹

彩色硬拷贝技术研究进展

自东汉蔡伦改良造纸术以来（公元 105 年左右），纸的制造和使用先后传到朝鲜、日本，并经过中亚地区风靡欧洲各国。作为人类记载事物的主要媒介，纸可以完成信息记录和积累，同时承载文化继承和推广的功能，对人类文明传播起到不可估量的作用。

全世界都在数字化，但说到阅读，纸质图书仍然大受欢迎。阅读电子书容易分心，经常被其他的信息吸引；或是导致眼睛疲劳、头疼。选择纸质书的读者认为，纸质书的形态更具魅力，因为阅读活动包含了身体上、触觉上以及肌肉运动知觉方面的元素。

近年来，纸质书的销量不降反升。尼尔森图书调查报告显示，2016 年英国图书（包括电子书和纸质图书）销量为 3.6 亿册，其中纸质图书销量上涨 6%，电子书的销量却下降 4%。《2015 年中国图书零售市场报告》指出，去年全国图书零售市场销售额为 648 亿，同比增长 12.8%。

此外，数字照相应用如火如荼。手机、数码相机、平板电脑拍照随处可见，尽管在显示器和手机屏幕上欣赏拍摄作品方便快捷，易于传播分享，但是传统冲印依然有着不可替代的地位。在很多人眼中，纸质相片还是最佳的保存方式。由于数字成像可以很容易地按客户要求进行各种艺术化处理，或制成个性化年历、贺卡、像章、拼图等产品。诸如结婚照、旅游照、儿童照，大家也会将照片数字冲印成实体相框，摆放家中、馈赠亲友。数字冲印，扩展了影像的组合内容，引发了许多高附加值的新业务。

1　彩色硬拷贝技术

1.1　硬拷贝概述

一般在纸上记录文字、图形的称为硬拷贝（hard copy）（此时 hard 的意思并不是“硬”，而是“不易消失或不易取消”），具有物理形态的相对稳定性和不需要能量维持的特点，它与所谓的电子显示器的软拷贝（soft copy）相对应。硬拷贝本身作为记录媒体是完备的，兼有存储与显示双功能；软拷贝与信息的存储手段组合才具有意义，只担当显示功能。

将电视屏幕或计算机监视屏上的彩色图像转移到纸基或片基上形成的画像，称之为彩色硬拷贝，主要通过各种彩色打印机来完成。彩色是在硬拷贝技术中需要解决的技术课题，比如中间调再现、多色印刷、套印精度、图像形成信号中最后变为墨滴的复杂定位机构及控制等。

广义讲，与硬拷贝构思、设计、处理和产生关联的技术可以划归硬拷贝技术的范畴。彩色的再现和转换代表了硬拷贝中的技术高点，后文中的内容也将聚焦到彩色数字印刷和数字冲印领域。

1.2 硬拷贝应用

根据硬拷贝的定义，其应用领域丰富多彩，以下列出几种代表性应用。

（1）传统印刷：以文字原稿或图像原稿为依据，利用直接或间接的方法制成印版，再在印版上涂布黏附性色料，在机械压力的作用下，使印版上的黏附性色料转移到承印物表面上，从而得到复制成批量印刷品的技术。

（2）离子成像：通过成像装置直接在图像载体上生成电荷图像，然后通过带相反电荷的呈色剂显影，再通过加热、加压方式转移到承印物上。

（3）电子成像：电荷图像直接在油墨和承印材料之间的电场中生成，油墨转移无需其他中间载体，这种技术也称为直接静电印刷技术。

（4）磁成像：依靠磁性材料的磁子在外磁场的作用下定向排列，形成磁性潜像，然后再利用磁性色粉与磁性潜像之间的磁场力的相互作用，完成显影，最后将磁性色粉转移到承印物上即可完成印刷。

（5）热成像：分为热转移和热升华两类。在这两种处理中，油墨施主（单张或卷筒材料）通过热能转移到承印物上，或者先将其转移到中间载体，然后再转移到承印物上。

（6）热转移成像：油墨存储在施主色带中，通过对施主加热使之转移到承印材料上。

（7）热升华成像：也称为“染料扩散热转移”，它是油墨通过加热直接升华并扩散，从施主材料转移到承印物，接着油墨熔化再扩散渗透到纸张中。

（8）电凝聚成像：通过电极之间的电化学反应导致油墨发生凝聚，从而使油墨固着在成像滚筒表面形成油墨影像（图文区域）；没有发生电化学反应（即非图文区域）的油墨依然是液体状态，可以通过一个刮板的机械作用被去掉。最后通过压力的作用将固着在成像滚筒上的油墨转移到承印物上，即可完成印刷过程。

数字印刷和数字冲印是硬拷贝技术的重要应用领域，下文将详细阐述。

1.3 硬拷贝与软拷贝的发展趋势

硬拷贝存储资料是有形且持久的，软拷贝存储资料是无形且暂时的。

数字出版为软拷贝的重要表现形式。如今，出版业紧跟数字时代的步伐，积极主导传统业务的数字化转型，用新的理念、新的技术，不断优化、升级传统渠道和网络。

《2016—2017 中国数字出版产业年度报告》指出，2016 年我国数字出版产业总收入 5720.85 亿元，比 2015 年增长 29.9%。其中：互联网期刊收入达 17.5 亿元，电子书达 52 亿元，数字报纸（不含手机报）达 9 亿元，博客类应用达 45.3 亿元。

移动互联的迅猛发展，强烈激发了人们基于社交的信息传播需求。近年来，从微博到微信，社交媒体在人们的生活中扮演着越来越重要的角色，广泛存在于虚拟社区、即时通信、移动直播、微博微信、音视频等互联网应用的各个方面。

随着人们环保意识的增强，以及各行业对办公模式需求的不断升级，现代化、信息化建设步伐的加快，无纸化办公已经由概念逐渐应用到多个行业领域中。根据《华尔街日报》，办公室纸张的使用量在以每年 1%~2% 的速度减少。到 2016 年为止，纸张的使用量已经比 2007 年的巅峰时期要低 10%。

由于数字出版业务的发展及无纸化办公，软拷贝应用日趋广泛，硬拷贝的重要性日趋降低，其总体业务规模处于萎缩状态。

2 数字印刷

2.1 数字印刷概述

20 世纪 90 年代，由于计算机、自动控制、激光灯高新技术应用于印刷业，数字印刷技术应运而生，它的出现使短版印刷、按需印刷和可变数据印刷成为现实。消费者对印刷品的需求转为个性化、及时化、小批量、快速交货，印刷工艺从模拟化向全数字化方向发展。

数字印刷机以其高质量、高生产力和稳定性受到印厂的青睐，迅速抢占了传统印刷设备不重视的短版活件市场。将有更多的传统印刷设备和印前系统供应商进入数字印刷领域，致力于研发适合市场需求的数字印刷技术。

2.1.1 数字印刷定义

数字印刷是指将各种原稿（文字、图像、数字文件、网络文件）输入到计算机中进行处理后，无需经过电分胶片输出、显影、打样、晒版等工序，而直接或通过网络传输到数字印刷机上印刷的一种新型印刷方案。数字印刷系统主要是由印前系统和数字印刷机组成，有些系统还配上裁切和装订设备。

由数字信息生成逐张可变的图文影像，借助成像装置，直接在承印物上成像或在非脱机影像载体上成像，并将呈色及辅助物质间接传递至承印物而形成印刷品，且满足工业化生产要求的印刷方法。

2.1.2　数字印刷分类

根据国家标准中，按数字印刷成像机理分类，分为静电成像、喷墨成像和其他成像。

静电印刷和喷墨印刷是目前数字印刷的主要发展方向。

2.1.3　数字印刷与传统印刷对比

图书出版印刷行业正由长版普通印刷向中、短版高档彩色印刷方向发展。按需印刷和个性化可变数据印刷的市场份额在大幅提升。传统印刷将与数字印刷形成相辅相成的互补关系。

（1）传统菲林印刷（computer to film）：生产环节多，难以控制传统印版，上机调整多，严重影响印刷机的利用率。逐渐走向淘汰。

（2）传统 CTP 印刷（computer to plate）：即计算机直接制版，虽然省略了制菲林的步骤，缩短了工序，节约时间，但是仍然受版材的限制，有最低起印的拼版昂贵的制版费用。

（3）数字印刷：只需经过两步，电脑制作原文件，直接上机印刷。设计到印刷一体化流程，单人操作即可完成。

打印复印不足以满足客户的需求，但是传统的印刷设备又难以处理短版活件。从市场应用来看，当打印印数超过 3000 份时，印刷成本平衡点，对印刷质量要求高的精品印刷，铜版纸适合使用传统印刷；当印量较小的短版印刷，如普通图书的正文、报纸、办公文件等适用于数字印刷。

2.1.4　数字印刷发展现状

数字印刷在我国仍处于发展初期，喷墨数字印刷设备装机量增长较快，激光数字印刷设备装机量平稳增长。截至 2014 年 7 月底，国内印刷业通用数字印刷机装机总量达 9400 台，其中，单张彩色数字印刷机 5100 台，单张黑白数字印刷机 4100 台，卷筒彩色数字印刷机 25 台，卷筒黑白数字印刷机 95 台；彩色标签印刷机 60 台，监管码喷印设备 550 台套，与其他印刷设备连线使用的高速喷印系统近 650 套。印刷应用领域不断扩展，初步形成了具有自主知识产权的技术体系。

国际知名印刷咨询公司 Pira 发布的关于全球数字印刷市场的数据显示，该市场将有快速的发展，其中中国的数字印刷市场由 2005 年的 1.5% 增长到 2015 年的 2.2%，占比有限，未来还有巨大的发展潜能（表 1）。

表 1　2000—2015 年世界数字印刷地区市场价值分布情况（单位：百万欧元）

地区	2000 年	2005 年	增长率（%）	2010 年	增长率（%）	2015 年	增长率（%）
欧洲	3039	11550	30.6	14458	2.8	2800	4.1
美洲	5523	12762	18.2	29467	18.2	71300	19.3

续表

地区	2000年	2005年	增长率（%）	2010年	增长率（%）	2015年	增长率（%）
亚洲	2188	6774	25.4	13827	15.3	31700	18.1
中国	97	476	37.6	1064	17.4	2700	20.5
其他	18	845	23.5	1476	11.8	3200	16.7
共计	11044	31931	23.7	59227	13.2	124878	16.1
中国占比例	0.9%	1.5%		1.8%		2.2%	

2.2 静电数字印刷

2.2.1 静电照相技术的诞生与发展

2.2.1.1 静电照相的发展历程和基本原理

静电照相（也称为电照相，xerography/electrophotography）是利用光导原理进行成像并形成可视影像的一门技术。

静电照相的发明要追溯到1938年，美国人卡尔逊发明了利用光导原理成像和带电色粉显影的静电照相成像过程（后称卡尔逊成像过程，Carlson process）；1945年，他与巴特尔纪念研究所（Battelle Memorial Institute）签署专利共享协议，开始了静电照相技术的产业化研究；几经周折，于1948年由当时的哈洛依德公司推出了世界第一台静电照相复印机，命名为"Xerox Copier"，1959年美国施乐公司推出了世界上第一代自动复印机——Xerox 914 Copier，静电照相技术和由此产生的复印机研发在20世纪60—70年代进入全盛时期，复印机成为办公自动化的重要组成部分，柯达、IBM、惠普、佳能、理光、柯尼卡等国际知名公司纷纷进入这个领域。

尽管历史上曾经出现过不同的静电照相成像过程，但是卡尔逊成像过程被证明是最优秀和实用的静电照相成像过程，几乎垄断了当今所有静电照相系统。卡尔逊成像过程由六个操作步骤构成，即充电、曝光、显影、转移、定影和清除。

2.2.1.2 静电照相系统的功能结构

在实际静电照相系统中，卡尔逊成像过程的各个功能由不同的器件或子系统实现，依据光导体形状的不同，这些器件或子系统的排列方式也不相同，但基本上都是以光导体为中心进行排列。

2.2.1.3 彩色静电照相技术

依据色彩学的基本原理，只要将原图像分解为黄、品、青（和黑）基本色（即所谓的分色版），再将这些分色版准确叠加在一起即可实现彩色图像的呈现。彩色化是静电照相技术的重要组成部分，也是静电照相在数字印刷领域中应用的关键。

在数字系统中实现彩色化的最大优点是彩色影像的获取、处理和分色版的形成完全在

计算机 / 印前系统中独立进行，可以与光导体的成像操作彻底分离，而且光导体只要对成像光源敏感即可，并不需要具有全光谱敏感的特性。因此，可以说彩色静电照相技术是伴随静电照相技术数字化发展而发展并逐步走向成熟的一项技术。

2.2.2 基于静电照相的数字印刷系统

静电照相技术的数字化和彩色化发展以及在技术上的不断成熟是静电照相进入数字印刷的前提和关键，也是静电照相应用领域的一个自然延伸。从 20 世纪 90 年代开始静电照相技术逐步步入了数字印刷领域，成为窄幅（A3+ 及以下尺寸）数字印刷机采用的主流成像技术，与喷墨成像技术共享这个市场。

与基于喷墨成像的数字印刷机相比，静电照相数字印刷机的最大特点是：①光导体与受像介质（包括中介转移介质）之间处于“微接触”状态，两者之间的距离处于数百微米的范畴，要远远小于喷嘴与其受像介质（包括中介转移介质）之间的距离（一般在毫米级别的范畴）；②色粉由分散在成膜树脂中的颜料构成，与常规印刷油墨的组成相似，最终的影像质量基本不受承印物颜色以外的性能影响，耐候性好；③分辨力主要由色粉尺寸所决定，目前干显影剂的色粉尺寸一般在 6~8 μm 的范围，物理分辨力多在 600 dpi 左右，湿显影剂的色粉尺寸一般在 1~2 μm 的范围，物理分辨力可以达到 800 dpi 甚至更高的范围；④像素的色密度由该像素所吸附的色粉量或该像素光导体表面的电荷量所决定，而光导体表面电荷量由曝光量决定，因此，比较容易通过改变每一个像素的曝光量（激光脉冲能量）对像素密度进行调制，容易获得多阶像素（如 16 阶）；⑤激光器寿命比较长，（如配有功率监控装置）一般在寿命范围内无需维护，且光导体更换容易，因此具有更好的综合操作性能。

2.2.2.1 静电照相数字印刷机的扫描曝光模式

静电照相数字印刷机目前主要有：采用激光二极管阵列与多面转镜结合的多光束 ROS 扫描曝光和采用线阵列发光二极管的扫描曝光两种扫描曝光模式。HP Indigo 公司推出的静电照相数字印刷机采用红光激光二极管（LD）阵列与多面转镜结合的多光束 ROS 扫描曝光模式，满足高速静电照相系统的成像要求，每分钟可以完成数十张及以上的 A3+ 幅面的扫描曝光。Xeikon 公司 DCP 和 CSP、柯达公司 NexPress、施乐公司 DocuColor、iGen3 和 iGen4 的扫描曝光采用 LED 线阵列曝光模式，LED 的发光波长多为 665 nm，与自聚焦光学系统结合分辨力超过 600 dpi，LED 阵列的发光单元数量可以达到数千甚至超过 1 万（具体取决于主扫描幅宽和分辨力），覆盖整个打印幅面，因此，主扫描同时完成且无需光源及其任何组件运动，满足每分钟数十张及以上 A3+ 幅面的扫描成像要求。

2.2.2.2 色粉影像的转移、叠加技术

将在光导体表面形成的分色版色粉影像准确转移并叠加在承印物表面是单功能多次间接转移法彩色静电照相技术的核心。不同供应商的系统可能会采取不同的转移叠加方式，设备的结构和组成也可能不同，但总可以归纳为单行程和多行程两种基本类型。

多行程（multiple pass）分色版色粉影像转移叠加技术，指承印物或中介转移媒介旋转一周只能完成1个分色版色粉影像的转移，如果是黄品青黑4色印刷（或附加有更多颜色的5色、7色印刷）则承印物或中介转移媒介需要旋转4周（或5周、7周）才能得到最终的彩色印刷品。多行程转移技术有采用光导鼓和转移辊筒的双滚筒模式和在光导鼓和转移辊筒之间又附加了一个中介转移辊筒的三辊筒模式。

单行程（single pass）分色版色粉影像转移叠加技术，指承印物或中介转移媒介旋转一周即完成所有分色版色粉影像的转移和叠加，因此其多色产品的输出速度与单色产品（如黑白印刷品）的输出速度是一样的，不存在差异。同样单行程技术也存在直接转移和间接转移两种不同的模式。

2.2.2.3　数字印刷机供应商和典型系统例举

目前，提供静电照相数字印刷机的主要制造和供应商有施乐、富士施乐、柯达、惠普Indigo、佳能公司、柯尼卡美能达、佳能和奥西（现被佳能收购）、赛康（Xeikon）等知名企业，多数都是传统掌握了复印机核心技术或通过企业并购拥有相关技术的供应商，非常遗憾，在这个队列中还没有看到我们民族企业的身影。由于静电照相数字印刷机系统复杂程度要远远超过喷墨数字印刷机，而且，我国在复印机和多功能机时代基本都没有掌握相关核心技术，也没有形成相应的产业基础，因此，外国品牌垄断这个市场的状况或许还要持续相当长的时间。

为了避免物理分辨率偏低，不利于阶调丰富的精细图像再现的弱点，很多公司都在加网方法和静电照相容易实现多值像素的特点上下功夫，最大限度获取更高的图像再现效果。很多静电照相数字印刷机的技术指标中都出现超过1000 dpi甚至2400 dpi和更高的图像呈现效果描述，图像质量得到大幅度提高。因此，“因为是数字印刷，所以图像质量差”已经是曾经的故事。

总体而言，目前静电照相数字印刷机在质量上已经基本达到传统胶印的质量水平，输出速度多在每分钟几十张至150张（相当于最高每小时9千张）的范围，而且由于承印物的厚度范围和种类远远超过传统胶印，显示出相当强的竞争优势，可以满足不同应用对印刷品的要求。

2.2.3　未来发展趋势

经过几十年的发展和演变，静电照相技术本身已经非常成熟，难以再有颠覆性的突破出现。总体而言，使用有机光导体（OPC，中低耐印率市场）和非晶硅（a-Si，高耐印率市场）作为光导体，采用红激光多光束+高速多面转镜和线阵列发光器件依然维持主流的扫描成像方式；多数系统，特别是面向复印机、激光印字机、多功能机等非生产型静电照相设备以采用干显影为主流，对质量和速度要求高的生产性静电照相设备（静电照相数字印刷机）将以采用干显影为主流，尽管数量不大但由于在分辨率上的优势，湿显影也会继续发展；毫无疑问，数字彩色设备将是今后发展的主流。

随着质量的不断提高，静电照相将从其传统的办公室自动化领域，向数字冲洗领域拓展，展现出其适应更宽的承印物种类和厚度范围以及在耐候性等方面的优势，最终与基于氯化银的彩色照相、喷墨和其他系统（如热蜡转移和染料热升华成像）共享未来数字冲印市场。

随着数字印刷市场的进一步拓展，静电照相数字印刷系统将继续在 A3+ 以下尺寸的按需印刷和个性化或（和）极短版按需出版市场发挥重要作用，与喷墨数字印刷系统共享这个市场。随着静电照相数字印刷系统和运行成本的进一步降低，静电照相数字印刷系统可能在短版市场与传统印刷竞争并表现出更大的灵活性和成本优势，获得发展空间，甚至可能在深层次上影响并改变印刷以及关联产品的生产和盈利模式。

相关统计表明，目前在北美和欧洲的主要发达工业国家中数字印刷占印刷市场的份额已经跃升到两位数市场，多数处在 20%~30% 的水平，但是我国的数字印刷市场的份额非常低，只有低一位数水平（统计 + 估计的“数据”/ 判断应该在 5% 以下），存在巨大的发展空间和潜力。这必将给数字印刷系统，特别是生产型数字印刷系统（当然，也包括生产型静电照相数字印刷机）带来巨大的发展空间和前景。这个领域将是喷墨数字印刷机和静电照相数字印刷机共享和竞争的市场。

在静电照相领域，由于系统的复杂性和缺失必要的产业基础，我国在相当长的时期很难在静电照相数字印刷机上有突破性进展（除非通过并购获得这方面的核心技术），但是仍然可以在光导材料和色粉制造上有所作为，降低静电照相数字印刷机的运行成本，提升静电照相数字印刷系统在国内的应用空间和范围。

2.3 喷墨数字印刷

该技术主要使用喷墨头直接将墨水喷射在承印物上，是一种非接触式的转移。

从被誉为“喷墨 drupa”的 Drupa2008 开始，喷墨印刷技术便进入了发展快车道。从全球市场来看，高速喷墨印刷技术所涉足的应用领域已经越来越广泛，很多国际印刷设备巨头不再局限于生产销售传统的印刷设备，纷纷把喷墨印刷设备当作新的利润增长点，比如海德堡、惠普、理光、小森等传统胶印厂家都推出了高速喷墨设备，国有喷墨印刷设备供应商中北大方正为其中的佼佼者。

2.3.1 工作原理

喷墨成像是将油墨以一定的速度从微细的喷嘴喷射到承印物上，最后通过油墨与承印物的相互作用实现油墨影像的再现。工作原理分为以下两种：

（1）连续喷墨印刷：通过内含油墨的受压腔体获得连续喷射的墨滴，由微型喷嘴射出形成连续的墨滴流，部分墨滴经过静电场后带上相应电荷，带电墨滴经过偏转电场运动方向发生改变，偏转的油墨喷到承印物上，未偏转的墨滴则回收循环使用。

（2）按需喷墨印刷：在按需喷墨中，墨滴的产生不是连续的，只在需要印刷时才产生。主要有：①热发泡喷墨：通过加热液体油墨直至蒸发，使一定量的油墨从喷嘴中射出并在施加的压力下形成气泡；②按需压电喷墨：利用压电晶体的振动来产生墨滴。压电晶体将压力脉冲施加在油墨上，当压电产生脉冲时，压电晶体发生变形，产生喷墨压力，形成墨滴，飞出去变为图文，压电晶体恢复原状，墨水腔中重新注满油墨。

2.3.2 应用领域

喷墨印刷机相比于激光等静电成像印刷机，不但在幅宽上有优势，在印刷介质也能更加多样化，下文将详细介绍工业级喷墨印刷技术在各个领域的应用情况。

2.3.2.1 出版物印刷

传统出版模式面临着图书热点流转加快、小众内容无法得到有效出版和传播、起印量的限制致使大部分图书被迫多印等造成长期占用库存和资源浪费诸多问题，导致相关出版单位及机构存在着巨大的生存压力。随着信息消费多元化、个性化、快速化的发展，出版行业面临着多种需求的、快速变化的出书要求。

国际上，出版物按需印刷如火如荼。无论是大学出版社、图书批发商或是印刷机构，都积极介入按需印刷领域。目前，我国多家新华印刷厂也引入高速喷墨印刷机印刷短版书刊，政府部门利用喷墨设备来完成办公文，今年以来几家民营印企也逐渐引入喷墨设备印刷教材教辅，喷墨印刷技术在出版物印刷领域将迎来集中爆发期。

2.3.2.2 商业印刷

（1）可变数据二维码：防伪标签是各式各样商品承载防伪功能的首选表现形式，应用起来相当便利，消费者可以通过手机扫码来验证真伪、促销抽奖、查阅有声信息等各式内容，不但增加了促销途径，也提升了产品的档次和竞争力。可变数据防伪标签未来有望在食品、烟酒类、化妆品、服装、保健品等多种产品上，通过在商品的标签和包装上喷印有关的查询和防伪信息。

（2）电子监管码：药品电子监管码，是药品包装上的20位数字的条形码，可以实现药品从生产到流通各个环节的全程跟踪，主要由喷墨设备完成喷印。2008年，原国家食品药品监督管理局宣布建立全国药品监督管理网络；2016年，药监局宣布暂停执行药品电子监管的有关规定，拟将药品电子监管系统调整为药品追溯体系，取消强制执行电子监管码扫码和数据上传的要求。这8年间，喷墨技术在药品电子监管码应用中，经历了井喷式发展，如今逐渐退出历史舞台。

（3）包装印刷：包装的功能为在流通过程中保护产品、方便储运、促进销售。广告宣传页、彩色画报、高档画册、精美杂志、菜谱、名片、喷绘广告、条幅展架等都属于商业印刷范畴。这两类应用所需的印刷承印介质种类繁多，印刷内容色彩鲜艳、图案美观，以促销为目的，尽最大可能吸引消费者的目光。

目前，喷墨技术是否适合在包装领域大规模推广，就现状来看，暂无端倪。业内对此项投资持谨慎态度，仅是采用传统方式印刷大部分的不变图文，采用喷墨系统印刷可变图文。喷墨印刷要想在包装与商业领域分得蛋糕，提高速度质量和降低成本是王道。

2.3.2.3 大幅面喷绘

大幅面喷绘市场包括照相洗印厂、摄影棚、服务机构、商店标志、快印店等。作为笔式绘图仪工业的延伸部分，从诞生之日起，大幅面喷绘的发展就开始突飞猛进。

2016 年，中国市场上生产和销售的喷墨打印设备（1 米以上幅宽）共计约 9 万台，中国已经从 20 年前宽幅喷墨打印设备销售量不足千台，到如今成为销售量近 10 万台的全球最大喷绘市场。

2.3.2.4 喷墨印花

传统印花领域中，采用圆网或平网方式在纯色的布料上印制花纹，工序复杂、环境污染重，无法实现个性化。采用平板多 pass 喷绘机或者激光机虽可以实现数字化，但是速度较低，无法满足批量生产。高速喷墨数字印花技术集二者所长，无需制版、制网、占地空间小；喷印过程用水少，不用调制色浆，无废染液色浆；适应生产模式灵活、多品种和快速反应的生产，对于纺织品和服饰流行周期缩短、更新速度加快的今天，意义非凡。特别是对于少量订制的服饰及纺织品，喷墨印花技术更是具有无可比拟的优势。

2.3.2.5 工业印刷

（1）陶瓷：2010—2015 年的 5 年间，中国陶瓷行业数码喷墨打印机的装机应用从零发展到 3500 台，已经占有印刷总量的 80%。由于市场萎缩，产品成熟，差异化小，陶瓷喷墨机品牌之间竞争十分激烈，欧洲喷墨机也加入价格大战。在 2015 年，喷墨机价格在 2014 年下降 15% 之后又下降了 20%。陶瓷行业受中国房地产市场直接影响，正经历整合期、喷墨机器普及饱和期和技术创新瓶颈期。预测：喷墨机需求进一步放缓，预计全年只有 300~400 台的装机量。（如果喷墨渗花量产取得突破，则数量有所增加）。未来在机型和喷头方面的进步有限，重点通过提升软件性能，改善客户在调图、对色等的效率和效果；及开发更具功能性的墨水，如防滑、抗菌、光泽、哑光、白色等，通过走差异化之路，增强陶瓷喷墨打印机的竞争力。

（2）印刷电子：喷墨印刷技术是能在带有立体结构的底材表面上印刷图文的少数几项技术之一。PCB 表面即为立体结构，采用喷墨印刷可以实现精确的墨量转移和图文再现，只需调整墨滴大小和喷印速度，制造商们便可以对某个图案任一特定区域的喷墨量进行精确控制。喷墨印刷不仅简化了 PCB 的制作过程，而且降低了 PCB 的制作成本，尤其适合小批量生产。该领域是未来喷墨印刷技术的重点发展对象，产品附加值高，个性化、安全、环保。

2.3.3 喷墨墨水

喷墨印刷中使用的液体油墨，要求油墨中的溶剂能够快速渗透进入承印物，以保证足够的干燥速度。要求油墨中的呈色剂能够尽可能固着在承印物的表面，以保证足够的印刷密度和分辨率。使用液体油墨，能获得极薄的墨膜（墨滴体积小），这是彩色高质量印刷的基础。

（1）水性墨水：主要以水作溶剂的一种液态式墨水，通常包含以下组分：溶剂、着色剂、表面活性剂、pH 调节剂、催干剂及其他必要添加剂。其中，着色剂为染料的称为染料型墨水，其颜色饱和度较好，但耐水性不佳，耐光度较差，分辨率较低；着色剂为颜料的称为颜料型墨水，其有良好的耐水性、耐光性和耐热性，色彩鲜艳，印字清晰，但液体稳定性差，易引起喷嘴堵塞。

（2）溶剂墨水：以有机化合物作为溶剂的墨水，着色剂有油溶性染料，也有颜料，其余组分为树脂和添加剂。树脂包括苯乙烯、丙烯酸类或环氧类聚合物。因含有 VOCs，易污染环境，未来的使用量会逐渐降低。

（3）UV 油墨：UV 固化油是通过聚合而起作用的，曝光于 UV 灯下引起连锁反应，使油墨黏着基材上并即刻固化。它们具备极好的图像特性，可在传统的印刷材料（如纸张、帆布及 PVC）上印刷，还可在标志板、木头、玻璃、金属以及其他一切能够想到的基材上印刷。而且，该油墨能在非常坚固的硬物表面固化，耐擦且不受天气和环境影响。

（4）固体 / 变相油墨：呈色剂为颜料，具有良好的耐光性和色稳定性。该油墨一接触材料就凝固，不会渗透到承印材料内部，而是固着在表面，形成清晰稳定的图像。墨层较厚，用手触摸有质感，主要用于高质量包装印刷。

（5）纳米油墨：以色列的兰达公司研发出一款纳米油墨，纳米油墨的颜料直径只有几十纳米，对于光的反射比传统颜料更强，在不同的承印材料上几乎百分之百还原网点形状，可以在颜料总数减少的情况下，获得更加出色的图像品质。其印刷技术接近又区别于传统意义上的喷墨：透明的墨膜像一种热熔胶，油墨会在橡皮布上干燥，最后将橡皮布上的彩色墨膜转移到纸张上，留在纸张表面的墨层厚度为 500 nm。在转印之前有一定的温度，转移到承印材料上后迅速冷却，可附着在任何材料上，四色印刷可以覆盖 80% 的潘通色域。因市场上还未有客户安装使用纳米油墨的设备，其最终印刷效果值得期待。

2.3.4 喷墨数字印刷未来发展趋势

知名印刷咨询公司 Smithers Pira 预测，喷墨印刷产值预计从 2010 年的 230 亿欧元增长到 2020 年的 700 亿欧元，从 2015 年到 2020 年的年复合增长率为 12.7%，并从喷墨速度、印刷质量、墨水等多个维度预测喷墨印刷发展时间表，如表 2 所示。

表 2 喷墨印刷发展时间表

	2010 年	2020 年
喷墨速度	单个喷嘴达 60 kHz，4000 页 A4 彩色 / 分钟	喷嘴速度达 150 kHz，高质量速度 25000 页 A4 彩色 / 分钟，与商业胶印机产能一致
可扩展喷头数	HP T350 印刷宽幅 762 mm，包含 144 个喷头，每个含 10560 个喷嘴，共 1520000 个	每台机器 10 亿个喷嘴，卷筒或单张印刷宽幅达 1.5 m
喷墨墨滴大小	最小 2 pl，一般在 6~48 pl，二进制、灰度级	用于专业定位的 0.1 pl，更小的墨滴有助于改善颜色和文本质量

续表

	2010年	2020年
印刷质量	UV墨的使用带来更好的质量	与平张胶印和轮转胶印的质量一致；在标签和包装领域的质量，与凹印和柔印质量相当
供应商	小的组装商与巨头供应商竞争	传统供应商和喷墨供应商合作，在他们的印刷机上增加功能
墨水	溶剂、水基、UV墨，并有随着阶段改变的潜能	溶剂减少，颜料水墨增加，LED干燥的UV墨增多，相变油墨也很重要，透明白墨、金属效果、荧光墨、光泽漆、安全墨等广泛应用
纸张	一些供应商试图在传统的印刷等级上提高质量	更注重通过表面涂布来提高喷印打印质量，以达到胶印质量
应用	印刷、标签、包装和标识，专家工业装饰和材料沉积	在不规则形状上出现更多直接装饰，所有印刷品上都会有些许喷墨应用

从Drupa2016亮相的数字印刷技术来看，印刷幅面不断增大、印刷速度不断加快、印刷质量不断改善、适用的印刷耗材不断增多、印刷数据日益兼容的特点十分突出，这一切正改变着数字印刷与传统印刷的技术格局和市场格局。纵横商场如逆水行舟，不进则退，积极求变是唯一出路；在市场大潮中，没有侥幸者。期待国内的喷墨设备供应商紧跟市场潮流不断推陈出新，开创印刷新局面。

2.3.5 喷墨供应商情况

自Drupa2008以来，高速喷墨印刷一直备受关注，设备供应商加大了对高速喷墨印刷的技术研发力度，在印刷质量、印刷速度、印刷幅面、承印物范围方面取得了显著进步。

在Drupa2016上，20家供应商展出了40款左右的工业型生产型高速喷墨印刷设备，如惠普T490HD、海德堡Primefire 106和Labelfire340（收购捷拉斯）、柯美KM1、小森Impremia IS29，高宝VariJET 106和RotaJET L，理光Versafire CV，利优比新菱RMGT DP7（宫腰），兰达S10、S10P和W10、网屏Truepress JET520HD，以及富士胶片的JetPress 720S等。

作为国内领先的喷墨技术开发商，北京北大方正也陆续推出针对国内政府办公按需印刷领域的P5000系列、用于标签和可变数据印刷领域的K300系列、用于软包装可变数据印刷的W1300系列等。以下以方正桀鹰P6600彩色高速喷墨印刷机为例，一睹国内喷墨技术的风采。

方正电子依托国家喷墨数字印刷技术实验室，在以北大教授、研究员为核心的高端研发团队的不懈努力和持续创新下，成为国际上为数不多的拥有喷墨控制系统软硬件完整自主知识产权的系统供应商。

方正在2005年启动项目正式进军喷墨印刷领域；2006年原型机研发成功；2008

年 L1000 和 H300 系列研发成功，参展 Drupa2008；2011 年 P5000 研发成功，参展广东 Print China；2012 年，L1400 和 P5200 研发成功，参展 Drupa2012。时光荏苒几个秋，短短数年时间，方正从零做起，经过艰苦卓绝的技术攻关和市场开拓，已然在世界喷墨印刷的大市场里占有重要的一席之地。P 系列在国内的高速喷墨印刷市场占有率为 60%。P 系列机型采用连续走纸的印刷方式，黑白速度高达 150 m/min，彩色速度高达 75 m/min 或 900 A4/min，喷头可寻址分辨率 600 × 600 dpi（最高 1200 × 1200 dpi），最大走纸幅面 520 mm，针对客户的需求，可以灵活配置实现单色双面、双色双面和四色双面等印刷系统。

2.3.6 建议及意见

2.3.6.1 喷头国产化

喷墨印刷设备最核心的部件为喷头。喷头的数量与质量决定了打印颜色是单色、双色还是四色，打印单面还是双面，以及印刷宽度和印刷分辨率；喷头成本决定了整台设备的定价格局。国内使用的喷墨喷头尽数来源于海外发达国家供应商，京瓷、松下、Epson、柯美、HP、柯达、理光等。

中国是全球最重要的印刷市场之一，工业喷墨打印设备也具有巨大的现实需求和发展潜力，但打印头的生产技术，为英国赛尔、日本富士、日本柯尼卡，核心部件始终依赖进口，严重限制了我国工业喷墨打印行业的发展。

以某品牌按需压电喷头为例，物理结构为长方体，薄薄的一小片，属于高精密电子机械产品，比如喷嘴的形状尺寸、压电薄膜的材质度尺、供墨液室的结构、驱动整套喷头工作的逻辑程序等，都需要经过十数年研发投入才能取得稳定成果。

精密度极高的喷头，每一个喷嘴的价格在 2~3 美元，一支喷头动辄好几万，以京瓷喷头为例，正背四色印刷，打印宽幅 540 mm，共需喷头 40 支，光喷头成本就在 300 万左右。

目前，国内已有部分企业涉足打印头行业，如广州爱司凯和苏州锐发。上市公司爱司凯以 CTP 为主导产品，据悉已完成工业喷墨打印头产品的试制和海外测试，正在进行客户试用及产品完善。苏州锐发打印技术有限公司，专业从事喷墨打印头核心技术开发和相关产品的生产制造。核心技术包括热电气泡喷墨技术、压电喷墨技术及高分辨率高速连续喷墨技术等。

国内当下的经济环境不容乐观，企业更加重视投资回报率和现金流，自负盈亏的企业尚不敢贸然进入喷头制造行业。期待国家层面的资金和政策扶持，打破该领域为国外品牌长期垄断的格局。

2.3.6.2 墨水国产化

虽说墨水研发的技术门槛相较于喷头研发要低很多，我国喷墨油墨的研发工作也在逐步开展中，但国产喷墨油墨依然不成熟，不能替代原装或进口的喷墨油墨。油墨成本几乎是喷墨印刷唯一的耗材成本，居高不下的进口油墨成本也影响了喷墨印刷在国内的推广和使用。

墨水厂商研发出一款油墨，首先要经过喷头厂家的测试认证，确定墨水的干燥性、流动性、黏度等特性再与喷头的正常使用相匹配。墨水想用在几家喷头上就要通过几次认证，不同的喷头特性不一样，相应的墨水配方也需要经过调整。因擅自使用未经认证的墨水造成的喷头损坏不在保修范围内。认证过程缓慢，认证费用昂贵，一定程度上也影响了国产墨水厂商参与喷墨市场的积极性。

墨水的研发和生产门槛相对较低，随着数字印刷机的热销，墨水用量也水涨船高。因为高度依赖喷头，墨水的使用也以进口居多。这也导致印刷成本居高不下，一定程度阻碍了喷墨技术的推广和使用。当务之急是促进墨水国产化，建议印刷机械设备商和国内墨水商共同协议开发喷墨专用墨水，风险共担，利益共享，研发出质量过关、价格实惠的喷墨墨水。

3 数字冲印

卤化银照相术诞生于 1839 年，以法国的 L. Jacqes M. Daguerre 发明的达盖尔银版法和英国 W. H. Fox 发明的碘化银纸照相法为代表。一百多年来照相工业得到了长足的发展，其主要产品都是基于卤化银微晶的光敏性。

传统的相纸是用通过胶片的普通光源曝光，曝光时间都在十分之一秒以上。随着数字成像技术的发展，点光源曝光技术的使用，曝光时间越来越短，如激光光源曝光时间能短到 10^{-7} 秒。使用适应短时间曝光的彩色相纸，亦称数字相纸，非常必要。

与此同时，数字冲印设备也日趋成熟。数字冲印是一种高速度、高质量、低成本制作优质照片的方法，它是将数字文件直接曝光到数字相纸上输出照片，涉及多方面的专业技术。一般而言，成熟的数字冲印设备由数据采集、数据处理、数字曝光与冲纸系统四部分构成。与传统冲印设备相比，数字冲印设备可以对画面进行裁剪和修复，输出画面的清晰度、色饱和度、色彩还原和反差等方面均有较为明显的提高。

3.1 数字冲印过程

数字冲印就是将数字文件直接曝光到银盐数字相纸上，再用冲洗套药进行冲洗加工，它是数字成像技术与传统银盐照相技术完美结合的产物。数字冲印过程包括图像输入部分、图像处理部分、图像输出部分。数字冲印设备的运行过程是：直接输入数字文件或用专业扫描仪对底片进行扫描，得到一组数字信息，经数据处理系统转化为光电信号，传输给数字曝光系统，曝光系统根据得到的电信号对数字相纸进行感光，而后经过传统的银盐冲洗加工过程得到高清晰度的照片。

数字曝光系统是数字冲印设备的核心部分。市场上数字冲印设备的数字曝光方式多种多样，各种数字曝光方式对输出图像的质量有很大影响，见表 3 主要数字曝光方式。

表 3　主要数字曝光方式

曝光方式	光源	曝光时间	主要特征
阴极射线管 CRT	荧光粉 自身发光	0.5~10 s	类似于显示屏曝光
HRCRT/FOCRT	荧光粉 自身发光	10^{-4}~3.5 s	线阵、走纸曝光
真空荧光管 VF/VFP	传统 模拟光源	5×10^{-3} s	线阵、走纸曝光
发光二极管 LED	LED	10^{-5}~10^{-3} s	
液晶 LCD	普通卤灯或 LED	几秒	面光源
数字微镜处理器 DLP/DMP	传统模拟光源	5×10^{-3} s	像素为 16 μm × 16 μm 的微反射镜，1280 × 1024 个像素构成微镜面阵进行曝光
微光阀阵 MLVA	普通卤灯	10^{-5}~10^{-3} s	微光阀阵由 51 mm 的小线阵组合而成
数字微镜 DMP	普通卤灯	10^{-4}~10^{-3} s	面光源
激光	RGB 激光	10^{-7}~10^{-6} s	线扫描、走纸曝光

日本富士胶片公司在中国的 Frontier 330、350、370、390 数字冲印设备都是激光曝光方式。日本诺日士公司的 QSS-2901 数字冲印设备是微光阀阵曝光方式，QSS-30、32、33 系列数字冲印设备都是激光曝光方式。美国柯达公司在中国的新锐 88 型数字冲印设备是法国 KIS 公司的液晶显示（LCD）方式。

3.2　数字冲印的优势

传统上，照片的冲印都是通过面光源通过底片一次性曝光到相纸上再冲洗而得。对于不理想的画面只能通过修复底片或在曝光时进行有限的局部遮挡进行非常有限的修改。对于照片效果也无法预览，因此整个过程既不方便，效率又低。而数字冲印则克服了这些缺点，且有如下优点：

（1）硬拷贝的即时获得：传统上照片要通过胶片捕获、冲洗、冲印才能获得照片，而且胶片的冲印非常耗时。数字冲印可以免除使用胶片，从数字相机、扫描仪等捕获的数字照片直接冲印硬拷贝。

（2）对照片修饰的便利性：数字冲印可以通过对数字文件修改，特别是对照片局部的色彩调整，非常方便。而许多操作对于传统的冲印很难实施。

3.3　数字冲印设备

早期的数字冲印设备通过 CRT 实现相纸曝光。

1996 年，意大利 Durst 公司率先推出了 Lamda 130 数字激光冲印设备，同年，美国 Cymbolic science 推出了 Light Jet 5000 激光冲印设备。

1998 年，日本富士胶片公司推出了激光数字冲印设备，即 Frontier“魔术手”系列，随后日本诺日士、日本柯尼卡、德国阿克发、意大利宝丽、瑞士格瑞达以及中国彩扩机制造厂家相继推出了自己的数字冲印设备。

随着数字冲印市场的不断扩大，数字冲印设备品种更加齐全，更新换代速度加快，产品质量不断改进提高，销售价格逐渐下降。

（1）日本富士胶片公司 Frontier“魔术手”系列数字冲印设备：Frontier 350、370、390、330、340、355、375 等。

曝光模式：激光。

蓝光：固体激光器，最大峰位 473 nm。

绿光：固体激光器，最大峰位 532 nm。

红光：半导体激光器，最大峰位 688 nm。

型号区别：图像处理功能。

特点：分辨率：300 dpi；冲印尺寸：89 mm × 89 mm~203 mm × 305 mm；曝光方式：RGB 激光。

（2）日本诺日士公司 QSS 系列数字冲印设备：QSS–2301、2701、2901、3001、3021、3201、3301 等。日本诺日士公司是专业生产冲印设备的公司，其冲印设备也多种多样。其区别主要是曝光方式，包括：阴极射线管（CRT）、微光阀阵（MLVA）、激光（LASER）、LED 光源等。

3.4 数字相纸

数字成像技术和产品的日新月异彻底改变了全球影像工业和市场的格局。进入 21 世纪后，世界影像市场继续充满了激烈的变化和挑战，数字成像技术和产品迅猛发展，传统银盐照相产品和数字成像产品互相渗透、互相结合的步伐加快，复合型数字相机、数字冲印设备、数字相纸等银盐 / 数字混合成像产品相继上市、层出不穷。

数字相机销售拉动了数字冲印市场的迅猛发展，尽管在显示器上欣赏拍摄作品也同样能够获得不错的效果，但是传统的银盐纸媒体依然有着不可替代的地位。在许多人眼中，相片还是最佳的保存方式。数字冲印是数字照相的最佳输出方案，也是传统卤化银照相数字化的必由之路。

数字相纸实现了传统银盐成像和现代数字成像的统一，它既保留了银盐成像所具有的颗粒细腻、影调连续、层次丰富等优点，又可以利用计算机对来自数字照相机、扫描图片、正片、负片、光盘等各种影像进行处理输出，因此数字成像相纸近几年得到了空前快速的发展，随着信息业、广告业的发展和人民生活水平的逐步提高，数字彩色相纸的市场需求量越来越大。

3.4.1 基本概念

数字冲印设备所使用的相纸通常叫做数字相纸，采用了激光方式和LED方式、CRT方式等曝光。

传统曝光方式的曝光时间基本上都大于0.1秒，而数字曝光方式除CRT技术外，其曝光时间均比传统曝光短得多，特别是激光曝光方式，要比传统情况短6~7个数量级。在这种高照度、短时间曝光情况下，银盐感光材料往往会表现出互易律失效特性，即在曝光量相同的情况下，短时间（10^{-4}~10^{-7}秒）曝光获得的密度低于长时间（> 0.1秒）曝光获得的密度。当这一问题解决后，只要曝光量相同，在传统曝光和激光曝光条件下，都会得到相同的密度。因此，对于只适于传统曝光的银盐相纸，必须解决激光情况下的高照度互易律失效问题，这是高质量数字曝光方式对彩色相纸的主要性能要求。

互易律是指一个给定的曝光量（等于$I \cdot t$。I为照度，t为时间）必然产生同样的响应即同样的密度，与单独的I和t无关。如果获得给定密度所需的曝光量与互易范围内的值不同即偏离互易律，称之为互易律失效。

3.4.2 数字相纸产品

数字相纸的巨大市场和良好的发展前景，促使各大厂家不断研发、完善数字相纸新技术，推出新产品。

目前中国市场上各影像公司的代表产品如下：①柯达公司：Edge系列和Royal系列相纸；②富士胶片公司：Crystal Archive Paper系列相纸；③乐凯公司：锐彩数字系列相纸、圣莱数字系列相纸。

随着市场需求及数字成像技术的发展，数字相纸在互易律性能、保存稳定性等照相性能更趋完美的同时，兼容各种曝光方式的数字相纸和如何在最短时间内为顾客提供最高品质的冲印服务成为市场开发的两大新热点，这种发展趋势预示着数字相纸拥有更广的发展空间。

3.5 数字冲印的发展

数字冲印是保留了传统彩色相纸特点而适应数字极端时间曝光的一种硬拷贝输出方式。它能进行色彩上的连续色彩还原，图像色彩还原自然。在成本上，相对其他同等质量的硬拷贝输出方式比较便宜。因此，数字冲印一直为大众所喜爱。

随着数字成像技术的发展，人们的消费习惯也在发生变化。在传统胶片时代，人们在拍摄完胶片后都会把拍摄内容全部冲印欣赏。由于数字相机都有显示屏幕，人们在拍摄后，能够直接观看拍摄效果。另外，大量移动设备的使用，人们不再需要把拍摄内容输出为硬拷贝，而是通过电子传输互相分享。这就使得硬拷贝的使用量大幅缩减。与数字冲印方式构成竞争的是数字印刷技术。在数字印刷中的喷墨打印技术和Indigo数字印刷技术相册制作领域正在逐步形成规模，而传统上，相纸冲印是制作相册的方法。因此，数字冲印也会受到数字印刷技术的冲击。

未来数字冲印技术发展在色彩上继续保持其色彩鲜艳、层次分明、颗粒细腻、图像清晰特点，在使用便利性上向数字印刷靠近。在工艺上缩短加工时间，提高使用的便利性。这方面，富士胶片公司已经推出的高速加工能力的数字激光冲印系统——魔术手 Frontier 和配套新型数字相纸 Crystal Archive Paper Type Ⅱ，加工速度加快，比以前快近 1.5 倍，由干到干的加工过程仅需 82 秒，减少了加工的等待时间。

另外数字冲印仍然使用化学药品进行加工，尽管目前有针对加工废液的环保处理设施，但仍然对环境造成不利的影响。未来数字冲印相纸要优化加工方法，减少加工液体中化学药品量，从而减少甚至消除对环境造成的污染。

虽然数字冲印方式受到了其他硬拷贝技术的竞争，但在婚纱摄影等对品质要求较高的领域以及专业摄影领域，数字冲印方式仍是备受喜爱的方式。在未来一段时期，数字冲印方式相信仍会有相当的生命力，与数字印刷等其他硬拷贝输出方式一道为人们的生活提供服务。

参考文献

[1] 岩本明人，小寺宏晔．数字硬拷贝技术．李元燮译．北京：科学出版社，2003.

[2] 周奕华．数字印刷．武汉：武汉大学出版社，2003：1.

[3] GB/T 9851.8—2013．印刷技术术语 第 8 部分：数字印刷术语．北京：中国标准出版社，2013：3-5.

[4] GB/T 30324—2013．数字印刷的分类．北京：中国标准出版社，2013：3.

[5] 中国印刷及设备器材工业协会．中国印刷产业技术发展线路图（2016—2025）．北京：科学出版社，2016：92-94.

[6] Owen David. Copies in seconds: chester carlson and the birth of the xerox machine. New York: Simon & Schuster，2004：96-99.

[7] R. M. Schaffert, et al. Xerography, a new principle of photography and graphic reproductin. J. Opt. Soc. Am.，1948，38（12）：991-998.

[8] 安西正保．"CPC カラー電子写真"（日）// 电子通信学会技术报告，1977：IE77-46.

[9] Michael H. Lee, et al. Dielectric constant of ink layer on HP-indigo developer roller// Proc. NIP26（Austin, USA），2010：221.

[10] Hussain, et al. Transfer current and efficiency in toner transfer to paper// Proc. NIP17 by IS&T，（Springfield，VA，SUA），2001：648-652.

[11] 百武，等．静電転写の研究（日）// 第 8 届静电气学会全国大会讲演论文集，1984：105.

[12] I. Chen，et al. Modeling of electrostatic transfer// Proc. NIP 15 by IS&T（Springfield, VA, USA），1999：155-158.

[13] Toner for electrostatic development, charge controlling agent for the toner and process for producing the same, USP 6858366, Feb. 2005.

[14] S. Y. Kim, et al. Aggregation behavior of colloidal particles for production of polyester-based chemically prepared

toner. J. Imaging Sci. Tech., 2014（57）：57.
[15] Electrophotographic photoreceptor containing titanium dioxide, USP5089362, Feb.18, 1992.
[16] 王强．drupa 2012 数字印刷印象．印刷杂志，2012（7）：10–12.
[17] 姚海根．数字印刷的起源和发展．中国印刷与包装研究，2010，2（5）：1–12.
[18] 董铁鹰．数字印刷技术、市场需求和新媒体将共同促进按需出版快速发展．印刷技术，2011（9）：18–19.
[19] 蒲嘉陵．数字印刷技术的现状与发展趋势．数码印刷，2000（9）：69–74.
[20] 周奕华．数字印刷．武汉：武汉大学出版社，2003：1.
[21] Dr Sean Smyth. Print and publishing technology forecast to 2020. Pira international Ltd, 2010：101.
[22] Frank J.Romano．喷墨印刷（上）．王强译．北京：印刷工业出版社，2010：89–93.
[23] 刘晶．高速喷墨：蓄势待发 一飞冲天．印刷技术，2015（23）：23–25.
[24] 刘晶．数字印刷时代已然来临——由新版《生产型数字印刷机目录（2015 年）》看生产型数字印刷机的发展状况．印刷技术，2015（15）：36–39.
[25] E. V. Angerer. Wissenschaftliche photographie. 7th ed, Akad. Verlages. Geest & Portig., Leipzig, 1959.
[26] E. J. Birr. Stabilization of photographic silver halide emulsions. London Focal Press, 1974.
[27] https://en.wikipedia.org/wiki/RA–4_process.
[28] China Lucky Film Corporation: Internal Technical Report 1990.
[29] T. H. James. The theory of the photographic process. 4th ed. New York：Macmillan, 1977.

撰稿人：刘志红　蒲嘉陵　马礼谦　刘　晶　张春秀

遥感影像技术研究进展

遥感是从远距离感知目标反射或者自身辐射的电磁波，对目标进行探测和识别的技术。遥感起源于航空摄影技术，是 20 世纪 60 年代发展起来的一门新兴技术。遥感技术在发展过程中不断与其他学科交叉渗透、相互融合，涉及地球科学、航空航天、计算机、物理、数学、光学、通信等多个学科。

进入 21 世纪，得益于国民经济建设的旺盛需求以及“中国高分辨率对地观测系统”等国家重大专项的大力支持，我国的遥感影像技术在许多关键领域已经由原来的模仿跟踪转变为自主创新，许多遥感影像获取、处理与应用的软硬件设备也由完全依赖国外进口转变为自主研发，遥感影像技术快速发展和取得的成绩举世瞩目。

1　国内外发展现状

遥感影像技术的发展与应用主要依赖于传感器系统、遥感平台、数据处理技术以及行业应用的发展。当前遥感影像技术发展的主要趋势是：①传感器系统正由单一可见光向激光、微波、高光谱等多种方式发展，应用模式也由单一传感器向多传感器联合应用发展；②遥感影像获取的平台由传统的航空平台向陆、海、空、天等多种平台拓展，遥感影像的获取能力向实时、多源、全球化的方向发展；③遥感影像处理技术正在向自动化、网络化、智能化方向发展；④遥感影像处理与应用技术与智慧城市、云计算、大数据的深度融合。

1.1　光学遥感影像技术

按照平台划分，光学遥感影像技术可以分为航空遥感、航天遥感、无人机遥感等；按照摄影角度划分，遥感影像可以分为垂直摄影与倾斜摄影等。航空、航天、无人机等遥感平台具有各自的优势，当前遥感影像技术的发展体现出多平台协同、空天地一体化的趋势。

1.1.1 航空遥感技术

航空遥感是目前发展最为成熟的遥感技术手段，可实现厘米级的精细观测与精确定位。航空遥感一直是遥感数据获取的重要途径，也是大比例尺地形图测绘最主要的技术手段。2000年以后，数码航空相机开始投入生产使用，并逐步取代了传统的胶片式航空相机，实现了航空摄影从影像获取到几何处理全流程的数字化。随着技术的不断进步，数码航空相机也不断更新换代，新研发的数码航空相机的主要特点是影像像幅不断增大，镜头、存储单元等设备重量更轻，影像分辨率更高，能够更好地满足大比例尺地形图测绘需求。ADS100 是 ADS 系列线阵数码航空相机的第三代产品，扫描线像元数量由早期 ADS40 的 12000 提升至 20000，并且可以构成彩色立体影像；DMC Ⅲ像幅可以达到 26112 × 15000，并且进一步提升了影像的获取效率，可以在 5000 m 的飞行高度获取 20 cm 分辨率影像，并且达到 5.2 km 的幅宽。

我国自主研发的数码航空相机逐渐打破了国外数码航空相机的垄断局面。中国测绘科学研究院四维远见公司推出的 SWDC 系列数码相机基于多台非量测型相机，经过严格的相机检校过程，通过后期拼接形成大幅面虚拟影像。中测新图公司推出的 TOPDC-4 航空相机通过在平台上安装 4 个数码相机的方式，获取具有大范围地面覆盖度的拼接影像。西安测绘研究所和南京尖兵公司联合研制了 DMZ 大幅面数码航空相机，采用单镜头多面阵 CCD 相机方式，通过内视场拼接形成大幅面影像。

1.1.2 航天遥感技术

航天遥感可快速获取大范围影像数据，并且不受国界与地理条件限制，在国家经济建设与军事领域都有着重要的应用。进入 21 世纪，航天遥感技术发展异常迅速，卫星影像的分辨率、几何定位精度、机动性能等技术指标不断提升。我国目前已经形成了资源环境、气象、海洋等多个系列的遥感卫星体系，在国家政策的大力支持下，我国的航天遥感技术进入了蓬勃发展期。

天绘一号卫星是我国第一颗传输型立体测绘卫星，主要用于 1∶50000 比例尺地形图测绘。天绘一号 01 星、02 星分别于 2010 年 8 月 24 日、2012 年 5 月 6 日成功发射，03 星于 2015 年 11 月 26 日成功发射，目前 3 颗卫星在轨组网运行。天绘一号搭载了 5 m 分辨率的 LMCCD 相机、2 m 分辨率的全色相机以及 10 m 分辨率的多光谱相机，影像幅宽为 60 km，LMCCD 相机采用了三线阵相机加 4 个小面阵相机的配置方式。

资源三号卫星是我国第一颗民用高分辨率立体测绘卫星，01 星于 2012 年 1 月 9 日在太原卫星发射中心成功发射，主要用于 1∶50000 比例尺测图、更大比例尺基础地理产品生产和更新以及国土资源调查与监测。资源三号 01 星搭载了 4 台光学相机，其中 3 台全色相机按照前视 22°，下视、后视 22°的组合方式构成三线阵立体测绘相机，多光谱相机包括红、绿、蓝与红外四个波段，下视影像分辨率为 2.1 m，前、后视影像分辨率为 3.5 m，多光谱影像分辨率为 5.8 m，影像幅宽约 52 km。资源三号 02 星于 2016 年 5 月 30 日在太原卫星发射中心成功发射，02 星前、后视相机的分辨率提升至 2.5 m。

“中国高分辨率对地观测系统”（简称“高分”）对促进我国航天遥感事业的发展具有重要意义，2013 年开始陆续发射新型卫星并投入使用。“高分”专项重点支持国产遥感卫星的研制与应用，“高分”系列卫星覆盖了从全色、多光谱到高光谱，从光学到雷达，从太阳同步轨道到地球同步轨道等多种类型，构成了一个具有高空间分辨率、高时间分辨率和高光谱分辨率的对地观测系统。高分一号是高分系列卫星的首发星，于 2013 年 4 月 26 日在酒泉卫星发射中心成功发射，突破了高空间分辨率、多光谱与宽覆盖相结合等光学遥感关键技术，影像分辨率为 2 m，影像幅宽约 60 km，能够为国土资源、农业、气象、环保等部门提供高精度、宽范围的空间观测服务。高分二号卫星于 2014 年 8 月 19 日在太原卫星发射中心成功发射升空，是我国自主研制的首颗空间分辨率优于 1m 的民用光学遥感卫星，全色影像分辨率可达 0.8 m，多光谱影像分辨率为 3.2 m，影像幅宽为 45 km，标志着我国遥感卫星进入了亚米级“高分时代”。高分三号卫星于 2016 年 8 月 10 日在太原卫星发射中心成功发射，是我国首颗分辨率达到 1 m 的 C 频段多极化合成孔径雷达成像卫星，使高分系列卫星具备了全天时、全天候对地观测能力。高分四号卫星于 2015 年 12 月 29 日在西昌卫星发射中心成功发射，是我国第一颗地球同步轨道遥感卫星，运行在距离地球 36000 km 的地球静止轨道，采用面阵凝视方式成像，具备可见光、多光谱和红外成像能力，可见光和多光谱分辨率优于 50 m，红外谱段分辨率优于 400 m。高分四号属于高轨遥感卫星，观测面积大并且可以长期对重点区域进行持续观测；而高分一号、二号等低轨遥感卫星的影像分辨率高，但是一次成像观测区域较小，对固定区域重访周期较长，时间分辨率较低，高分四号可以弥补低轨遥感卫星的不足，两者结合可以优势互补。高分五号卫星是由环境保护部作为牵头用户的环境专用卫星，卫星搭载有高光谱相机和多部大气环境和成分探测设备，计划于 2017 年下半年发射。高分六号、七号计划于 2018 年发射，高分六号的载荷性能与高分一号相似，高分七号为高分辨率立体测绘卫星。高分八号卫星于 2015 年 6 月 26 日在太原卫星发射中心成功发射，高分九号卫星于 2015 年 9 月 14 日在酒泉卫星发射中心成功发射，两个卫星主要应用于国土普查、城市规划、土地确权、路网设计、农作物估产和防灾减灾等领域。

吉林一号卫星于 2015 年 10 月 7 日在酒泉卫星发射中心成功发射，是我国第一套自主研发的商业遥感卫星组，由中国科学院长春光学精密机械与物理研究所研制，包括 1 颗光学遥感卫星、2 颗视频卫星和 1 颗技术验证卫星。吉林一号光学 A 星具备常规推扫、大角度侧摆、同轨立体、多条带拼接等多种成像模式，地面影像分辨率为全色 0.72 m，多光谱 2.88 m，视频卫星影像分辨率为 1.12 m。

高景一号卫星于 2016 年 12 月 28 日在太原卫星发射中心以一箭双星的方式成功发射，是中国航天科技集团公司商业遥感卫星系统的首发星，由世景公司负责商业运营，卫星由两颗 0.5 m 分辨率的光学卫星组成，打破了我国 0.5 m 级商业遥感卫星数据被国外垄断的现状。

珠海一号是我国第一个由民营上市企业珠海欧比特公司投资并运营的遥感微纳卫星星座，首发的两颗视频卫星于 2017 年 6 月 15 日成功发射，单颗卫星质量为 55 kg，影像分辨率为 1.98 m，同时具备凝视视频和条带成像两种工作模式，卫星集成度高、质量轻、成本低，可实现大范围侧摆以及快速凝视。

我国科研人员结合国产高分辨率卫星开展了系统的理论研究与工程实践，较好地解决了卫星摄影测量工程应用中的一系列技术问题，取得了丰硕的研究成果。王任享院士于 2016 年出版了《三线阵 CCD 影像卫星摄影测量原理》（第二版），介绍了等效框幅像片光束法空中三角测量原理与误差特性、三线阵 CCD 影像无扭曲模型建立、LMCCD 相机设计思想以及天绘一号卫星摄影测量工程实践问题。王任享等对天绘一号 03 星的定位精度进行了初步评估，结果表明 03 星较 02 星精度有较大提高，在无地面控制点条件下可实现平面 7.2 m，高程 2.6 m 的定位精度。王建荣等研究了卫星摄影测量中的偏流角修正余差改正方法，建立了天绘一号卫星偏流角余差改正的数学模型。唐新明等提出了基于虚拟 CCD 线阵成像技术的资源三号测绘卫星成像几何模型，并对 DSM 与 DOM 产品进行精度验证。王密等提出了一种基于重成像方法的影像畸变改正方法，用于解决资源三号卫星影像震颤（jitter）问题；并且建立了高分四号地球同步轨道卫星影像的严密几何模型，对传感器进行了在轨几何检校及精度评估。蒋永华等提出了一种卫星平台双相机影像高精度拼接方法，并利用遥感 -24 号卫星影像进行试验验证，影像拼接精度优于 0.5 个像素。张过出版了《线阵推扫式光学卫星几何高精度处理》一书，介绍了在光学卫星影像高精度几何处理中的几何定位模型与误差改正、在轨几何检校、高频误差探测、无畸变影像生成、区域网平差等理论方法与工程实践。

1.1.3 无人机遥感技术

无人机遥感的普及使得航空摄影的门槛显著降低，特别是针对小区域、小范围的摄影测量更多采用轻小型无人机与非量测相机的方式。国内很多单位开展了无人机遥感系统的自主研发。红鹏直升机遥感科技有限公司研制的红鹏系列六轴旋翼无人机可搭载自主研制的倾斜相机，重建实景三维模型，已成功应用于南极科考站地区三维实景地图制作。数维翔图公司生产的 DM 系列无人机包括 DM-150W 重载型无人机、DM-150L 长航时无人机、DM-610 六旋翼无人机、DM-830 八旋翼无人机等多种类型，同时也开展无人机培训业务。中测新图公司自主研发了 ZC 系列无人机航摄系统，可以获取 0.05~0.2 m 分辨率航空影像，生产 1∶500~1∶2000 比例尺地形图产品，并应用于 2008 年汶川地震、2010 年青海玉树地震、2013 年四川芦山地震等应急测绘项目。

2015 年，环保部利用无人机先后对唐山、邯郸、邢台等地的工业聚集区进行监测，获取多家企业违法偷排信息。2016 年，北师大无人机组将“极鹰Ⅲ”型固定翼无人机应用于南极科考探冰工作，获取了雪龙船至平整冰区 12km 长的高分辨率无人机影像。2017

年 6 月，四川省测绘地理信息局于受灾当天获取茂县山体垮塌区域无人机影像，用于抢险救灾决策和灾情研判。

1.1.4 倾斜摄影技术

倾斜航空摄影是近年来发展迅速的一个遥感应用领域，而且随着智慧城市建设的旺盛需求，倾斜航空摄影有很好的发展前景。

国外倾斜摄影测量硬件设备主要有瑞士徕卡公司的 RCD30 相机、以色列 VisionMap 公司的 A3 相机以及美国微软公司的 UCO 相机等。国产倾斜航空相机主要有中国测绘科学院主持研制的 SWDC-5、中测新图公司研制的 TOPDC-5 以及上海航遥公司的 AMC580 等产品。倾斜摄影测量获取的影像数据量较大，通常需要采用集群并行方式处理，主要处理软件有空客防务公司的街景工厂（Street Factory）、Bentley 公司的 Smart3D 等产品。另外，自动生成的三维模型普遍存在精细程度不足的问题，后期需要人工修补。

在倾斜影像处理技术方面，闫利等提出了一种大范围倾斜多视影像自动连接点提取和光束法区域网平差方法。张力等充分利用 POS 数据和飞行高度等初始数据，提出了大重叠率倾斜航空影像全自动连接点匹配和联合区域网平差方法。吴军等针对倾斜影像特点提出了融合尺度不变特征匹配（SIFT）与半全局匹配（SGM）相结合的倾斜影像密集匹配方法。胡瀚等通过引入先验几何信息限定影像匹配的搜索空间，解决了倾斜影像最小二乘匹配时的初值依赖及收敛性问题。

1.1.5 POS 辅助航空摄影

位置与姿态测量系统（position and orientation system，POS）可直接获取摄影时刻传感器的高精度位置与姿态信息，已经成为数码航空相机以及机载激光雷达等传感器的必备设备。POS 辅助航空摄影大大减轻了航测外业控制点布设与内业像控点量测的工作量，极大地提升了航测生产效率。国外商用的 POS 系统主要有加拿大 Applanix 公司的 POS/AV 系列、瑞士 Leica 公司的 IPAS 系列以及德国 IGI 公司的 AEROControl 系列。

近年来，国产高精度 POS 系统的研制也取得了突破性进展，北京航空航天大学、武汉大学等单位均已研制出高精度 POS 产品样机，测量性能指标与 POS/AV 610 相近。缪剑等研究了国产高精度 POS 系统的精度测试方法，通过与 POS/AV 610 同步集成数字航测相机，验证了国产高精度 POS 系统的直接测量精度以及航测成图精度。韩晓冬等通过将国产 POS 与 SWDC 相机集成，利用实际航测数据检校视准轴误差，验证分析了国产 POS 的直接地理定位精度。

1.1.6 遥感影像处理技术

国外许多遥感影像技术公司（如徕卡、天宝）既是硬件设备制造商，同时也是软件供应商，提供从遥感影像数据获取到处理、应用的一系列产品，这类公司的硬件产品在行业中处于领先地位，软件产品也有很高的市场占有率，如徕卡公司的 Erdas 遥感图像处理软件与 LPS 摄影测量系统。国内遥感影像处理软件主要有适普公司的 VirtuoZo、中国测绘科学研究院的 JX4 以及航天远景公司的 MapMatrix 等。

遥感影像的分辨率越来越高，数据量越来越大，这对遥感影像的处理能力也提出了更高的要求。2003 年，法国 Inforterra 公司率先推出了高性能遥感影像处理系统——像素工厂（Pixel Factory），随后国内多家研究机构也开始自主研发网络化摄影测量处理系统，例如武汉大学的 DPGrid 以及中国测绘科学研究院的 PixelGrid。这些系统的出现标志着摄影测量的发展进入了网络摄影测量的新阶段，其主要特点是兼容多种传感器、充分利用计算机网络技术、处理流程可定制以及高度的自动化处理能力。

1.2 雷达遥感影像技术

不同于光学传感器，雷达遥感可以实现全天时、全天候对地观测。自 20 世纪 80 年代，合成孔径雷达（SAR）已经成为遥感领域的一项重要技术。

1.2.1 合成孔径雷达系统

SAR 系统根据搭载平台的不同可以分为机载 SAR 系统与星载 SAR 系统。

国外比较著名的星载 SAR 系统有德国的 TerraSAR-X/TanDEM-X 卫星、意大利的 Cosmo-SkyMed 卫星、日本的 ALOS-2 卫星等。TerraSAR-X/TanDEM-X 卫星系统由两个配置几乎完全一致的卫星组成，其首要任务是生成全球高精度 DEM 数据，TerraSAR-X 于 2007 年 6 月发射，TanDEM-X 卫星于 2010 年 6 月发射，AirBus 于 2014 年发布了 WorldDEM 产品，其分辨率优于 12 m，相对高程精度优于 2 m，是目前世界上精度最高的全球 DEM 数据。Cosmo-SkyMed 卫星系统于 2007 年 6 月发射，由 4 颗中等低轨 SAR 卫星组成，系统工作于 X 波段，最高分辨率可达 1 m，扫描带宽为 10 km，该系统的特点是分辨率高，响应时间短。ALOS-2 卫星于 2014 年 5 月发射，搭载了四极化相控阵天线（PALSAR-2），工作波段为 L 波段，最小分辨率达 3 m（距离向）×1 m（方位向）。

我国的高分三号卫星于 2016 年 8 月发射，搭载了目前全球分辨率最高、工作模式最多的 C 波段 SAR。高分三号 SAR 影像的分辨率可达 1 m，具有多种极化模式，12 种成像模式，是目前世界上成像模式最多的 SAR 卫星。高分三号卫星可为农业、林业、地震、测绘、国土、环保、国防等部门提供监测服务。

1.2.2 合成孔径雷达数据处理技术

近年来，SAR 数据处理从单幅或两幅影像发展到多个 SAR 影像联合处理，如 SAR 干涉测量、极化 SAR 技术、三维立体 SAR 成像技术等，所获取的信息从二维影像向多维信息扩展。

雷达遥感技术又可细分为获取地形高度的干涉 SAR（interferometric SAR，InSAR）以及监测地表形变的差分 InSAR（differential InSAR，D-InSAR）等。早期 D-InSAR 技术在应用过程中受到空间基线和时间基线去相干问题的影响，导致应用受限。为了克服 D-InSAR 存在的缺陷，研究人员提出了基于时间序列分析的干涉测量技术，具有代表性的是永久散射体干涉（PSI）与小基线集（SBAS）技术。

极化合成孔径雷达（Pol–SAR）通过变换收发电磁波的极化方式来获得目标的极化散射矩阵，进而能够对目标的几何结构信息进行分析。利用 Pol–SAR 进行干涉处理即为 Pol–InSAR，兼具 InSAR 和 Pol–SAR 系统的优点，可利用极化信息来解决 InSAR 测量中的问题，从而有效提高测量精度。近年来，Pol–InSAR 已经在地形测绘、城市建筑物提取、微地形变化检测以及植被生长状况估计等众多领域得到应用。

随着 SAR 数据处理技术的发展，研究人员不再满足于仅仅获取二维 SAR 影像，进而研究三维 SAR 成像技术。研究人员相继提出了圆周 SAR 技术、前视或下视阵列 SAR 以及层析 SAR 技术。在 SAR 影像处理技术方面，孙宁霄等提出了基于 Pol–InSAR 相干区域的最优正规矩阵近似解的地形与树高估计方法。王爱春等将压缩感知的理论引入到 SAR 层析成像中，用于提高三维分辨率，即基于块压缩感知的 SAR 层析成像方法。张福博等提出一种基于地形驻点分割的多通道 SAR 三维重建方法。张过等提出了使用 RPC 模型代替距离 – 多普勒模型的 SAR 影像处理方法。

1.3 红外遥感影像技术

红外遥感影像常用于分析地表温度模型和表面特征，大部分研究关注于蔬菜、植被、土地使用情况、热气排放检测、河流污染等。热红外遥感数据可以通过卫星传感器、航空传感器、地面传感器获取。目前在轨运行的美国 NOAA–1519 卫星和欧空局 MetOp 极轨气象卫星均采用了美国 ITT 宇航公司研制的先进高分辨率辐射计（advanced very high resolution radiometer，AVHRR/3）。俄罗斯 Meteor–3M 气象卫星的 MSU–MR 成像仪也具有类似性能。NOAA–1519 和 MetOp–A/B 卫星的 HIR/3 和 HIR/4 探测仪通过测量大气光谱获得温度及湿度立体分布、云厚度以及大气成分等数据。欧洲 MetOp 极轨气象卫星携带红外大气探测干涉仪（IASI），可以测量大气辐射光谱反演温度、湿度以及微量气体数据。法国空间中心和欧洲气象卫星应用组织联合研制的 IASI 仪器由傅里叶变换干涉仪以及相关的成像仪组成。通过近红外波段和绿波段构建的归一化水体指数，以及近红外波段和红波段构建的归一化植被指数，可对水华区域识别提取，还可对叶绿素 a、赤潮等进行监测。利用热红外波段能监测环保领域所关注的近海和内陆水体的水表温度，对监测水体热污染、富营养化、赤潮爆发等具有重要意义。

HJ–1A/B 卫星可见光红波段与近红外波段的波段组合与叶绿素 a 实测浓度存在较高相关性，可以用于提取水体表层叶绿素 a 浓度的遥感信息模型。环境保护部卫星环境应用中心利用 MODIS 数据、HJ–1A/B 等卫星的可见光、近红外数据等，开展了我国主要内陆水质的业务化监测应用。

由于近红外、短波红外、热红外波段对土壤含水量比较敏感，由其构建的相关模型可有效监测土壤湿度、干旱等。国内主要利用 TERRA/AQUA–MODIS、Landsat–TM 和 HJ–1B

卫星等数据，结合 NDVI 指数构建植被温度空间模型进行监测。

1.4 高光谱遥感影像技术

高光谱遥感是指具有高光谱分辨率的遥感科学和技术，其基础是测谱学（spectroscopy）。当前，高光谱遥感广泛应用于矿产勘察、精细农业、环境监测等任务中。我国高光谱仪的发展，经历了从多波段到成像光谱扫描，从光学机械扫描到面阵推扫的发展过程。根据我国海洋环境监测和森林火灾监测的需求，研制发展了以红外和紫外波段以及以中波和长波红外为主体的航空专用扫描仪。我国自行研制了先进的推帚式成像光谱仪（PHI）和实用型模块化成像光谱仪（OMIS）等，并在国内外得到多次应用。2007 年 10 月 24 日我国发射的嫦娥一号探月卫星上，成像光谱仪也作为一种主要载荷进入月球轨道，也是我国第一台基于傅里叶变换的航天干涉成像光谱仪。我国风云三号气象卫星将中分辨率光谱成像仪作为基本观测仪器，纳入大气、海洋、陆地观测体系，可在全球范围内实现全天候、多光谱、三维、定量探测，并可监测大范围自然灾害和生态环境，为研究全球环境变化、探索全球气候变化规律以及航空、航海等提供气象信息。2011 年 9 月发射的天宫一号高光谱成像仪是我国第一台航天高分辨率高光谱成像仪。2013 年 9 月第三颗风云三号气象卫星成功发射，进一步提升了我国气象观测能力和中期天气预报能力。嫦娥三号月球车载红外高光谱成像仪采用了基于 AOTF（acousto-optic tunable filter）分光的凝视型高光谱成像方案，在国际上首次实现月面目标就位光谱成像探测，为月球表面矿物分析提供科学探测数据。2016 年 12 月，我国第二代地球静止轨道定量遥感卫星——风云四号成功发射，2017 年 2 月，风云四号 A 星获取首批图像和数据，世界第一幅静止轨道地球大气高光谱图正式亮相。

在高光谱遥感传感器研制方面，机载成像光谱仪商业化水平不断推进，应用领域继续拓展。近年来无人机高光谱遥感受到了业界人员的高度重视，体现了良好的技术优势和发展潜力。广州星博科技有限公司推出了 Nano-Hyperspec 高度集成一站式微型机载高光谱成像解决方案，该系统包括 Headwall 公司的 Nano-Hyperspec VNIR 高光谱成像仪，Leica-Geosystems 公司的 Aibotix X6 无人机和 GPS/IMU 导航系统。星载成像光谱仪主要有德国 EnMAP、加拿大 HERO、美国 HyspIRI、日本 HISUI 等。国外商业遥感图像处理系统相继增加了高光谱影像处理模块，其中具有代表性的有 RSI 公司的 ENVI，PCI Geomatics 公司的 PCI，MicroImages 公司 TNTmips 等。

1.5 遥感影像技术的应用

1.5.1 国土测绘

受益于国家政策的大力支持以及重大项目的实施，我国的国土测绘以及相关地理信息产业进入了高速发展期，国土测绘在经济建设、社会发展以及国家安全中的作用越来越重要。2014 年 1 月国务院办公厅发布《关于促进地理信息产业发展的意见》，指出要进一步提升遥感影像数据获取和处理能力。2016 年年底发布的《中国地理信息产业报告》表明，2016 年我国地理信息产业总产值预计达到 4360 亿元，同比增长 20.1%。

在产业发展规划方面，近几年出台的相关政策有效地促进了行业的快速、健康发展，极大地提升了航空航天遥感技术的自主创新能力。“高分辨率对地观测系统重大专项”2010 年 5 月经国务院审议批准全面启动实施，目前已经发射了多颗高分辨率遥感卫星，并自主研发了大面阵航空相机、激光雷达、合成孔径雷达等遥感设备。2015 年 10 月，国家发展与改革委员会、财政部和国防科工局联合发布了《国家民用空间基础设施中长期发展规划（2015—2025 年）》，探索国家民用空间基础设施市场化、商业化发展新机制，支持和引导社会资本参与国家民用空间基础设施建设和应用开发，提升我国空间基础设施全面发展的水平和能力。2016 年 12 月，国家测绘地理信息局发布了《卫星测绘“十三五”发展规划》，明确了“十三五”乃至今后一段时期卫星测绘工作的指导思想、基本原则、发展目标、重点任务和保障措施，未来要构建多比例尺、多类型、多型号自主卫星测绘体系，使高分辨率遥感影像自给率达到 80%。

我国于 2013—2015 年开展了第一次全国地理国情普查。此次普查采用覆盖全国优于 1m 分辨率的遥感影像，收集整合了多行业专题数据，获取了由 10 个一级类、58 个二级类和 135 个三级类共 2.6 亿个图斑构成的全覆盖、无缝隙、高精度的海量地理国情数据，并以 2015 年 6 月 30 日为标准时点，以我国资源三号卫星影像为主要数据源，对普查数据进行了统一时点核准，普查成果客观反映了我国资源环境和国情国力的基本情况，有利于促进相关部门科学合理保护和利用自然，推动国家重大发展战略落实。

以谷歌地球为代表的国外商业公司在大力发展互联网地图服务时，也给我们的国家安全带来了隐患，国家测绘地理信息局决定建设国家地理信息公共服务平台——“天地图”，以解决跨部门、跨地区、地理信息快速集成运用的服务。“天地图”于 2009 年开始启动建设，2011 年 1 月正式上线运行，并于 2013 年 8 月推出了手机地图版，经过几年的运行及系统完善，基本上能够满足政府部门和企业以及广大用户的实际需求。“天地图”门户网站提供地图浏览、地名搜索、路径规划和地图工具等服务，并且开放了 API 接口，支持地图应用开发。

国内互联网公司也非常重视互联网地图服务，百度地图等产品已经成为人们出行、购物、就餐等日常生活的必备工具，百度、高德等免费手机导航 App 在易用性、实时性等方面还要优于很多专业车载导航产品。互联网公司在地图服务行业展开了激烈竞争，以其雄厚的资本实力不断收购或者入股传统地理信息行业公司，例如 2014 年 2 月阿里巴巴公司收购高德地图，2014 年 4 月腾讯公司收购四维图新。互联网公司不仅注重地图服务本身，更注重在此基础上的车联网、O2O 等应用。

我国提出的“一带一路”倡议，赢得了国际社会的广泛赞誉以及沿线国家与地区的积极响应，遥感影像技术在全力保障“一带一路”建设方面也发挥着重要作用。通过遥感测绘手段将“一带一路”沿线区域的地形地貌测出来，把人文地理现象采集下来，形成基础地理数据和系列的地图成果，从而更好地用于规划、建设、感知，并借助互联网、物联网、云计算和大数据技术，把“一带一路”上各种设施的时空数据在数字空间串接起来，形成物理世界的虚拟现实。让“一带一路”规划更合理、建设更科学、运行更精准，把“一带一路”搬进数字世界。

1.5.2 环境监测

利用遥感技术进行环境监测能够快速地对较大面积地区进行宏观环境研究。此外，遥感技术还可获取人类无法达到地区的环境信息。遥感技术已经广泛应用于大气环境、水环境的监测。利用遥感技术进行大气污染监测的优势是监测范围广，能够定量地对大范围环境质量进行评价，确定大气污染的分布范围、污染程度和扩散变化信息，为大气污染的控制、治理工作提供数据支持。遥感技术可根据穿过大气的直射光、经过大气反射的光和来自地表反射光进行大气反演，得到气溶胶光学厚度、垂直方向大气中臭氧总量和二氧化硫总量等监测数据。2014 年机载环境大气成分探测系统在中国科学院安徽光机所研制成功，可以快速获取大气气溶胶、云物理特性、大气成分、污染气体、颗粒物等大气成分有效信息。2016 年中国自行研发的大气痕量气体差分吸收光谱仪载荷通过评审验收，该载荷计划搭载于高分五号卫星，可完成对 SO_2、NO_2、O_3、BrO、HCHO、HONO 和气溶胶等多种成分的监测。

根据水体及其污染物的光谱特性，可以利用遥感影像信息进行水环境监测和评价。不同种类和浓度的污染物使水体在颜色、密度、透明度和温度等方面产生差异，导致水体反射波谱能量发生变化，这种变化反应在遥感图像上，表现为色调、灰阶、纹理等特征上的差异。根据这些差异，可以对水体污染源、污染范围、面积和浓度进行识别和监测。2016 年 12 月风云四号成功发射，传感器辐射波段覆盖了可见光、短波红外、中波红外和长波红外等波段，提高了我国天气监测与预报能力。

1.5.3 海洋遥感

利用遥感技术对海洋进行探测，可以同步、大范围、实时获取海洋现象，达到动态观测和预报的目的。遥感技术的测量精度和空间分辨率可达到定量分析要求。因此，遥感技术是海洋环境监测的重要手段。用于海洋遥感的传感器主要有可见光 – 近红外传感器、远 – 热红外传感器、微波传感器以及声波传感器。海洋遥感主要应用于浅水地形与水深测量、海洋灾害监测、海洋污染监测和海洋资源探测等方面。

海洋测绘的主要任务是对海洋、海岛及其邻近陆地和江河湖泊进行测量和调查。海洋灾害包括赤潮、海冰等，对海洋生态环境造成较大威胁，海洋遥感可用于海洋灾害的监测和预报。利用多光谱扫描仪可以对赤潮进行监测，利用可见光、红外多光谱辐射计可得到赤潮全过程的位置、范围、水色类型、海面磷酸盐浓度变化以及赤潮扩散漂移方向等信息，以便及时采取措施加以控制。海冰是海洋冬季比较严重的海洋灾害之一，SAR 具备区分冰和水的能力，利用 SAR 影像可以获得海冰覆盖的准确面积。同时利用 SAR 时序图像还可以获得冰川运动的有关信息，从而可以掌握海冰的形成、生长、移动、消亡等过程。

海洋油气资源遥感探查技术，实际上是用遥感技术手段提取出由于海底油气藏烃类渗漏引起的海洋表面异常或由于油气藏存在而产生的海底重力异常，经过油气地质、地球物理及地球化学数据复合分析，圈划出异常靶区的一种综合勘探技术。通常可利用可见光、热红外或微波辐射计进行探测。海洋遥感可通过对海洋水温、海洋水色等进行分析，评价各种鱼类的栖息地环境适宜性，提高对渔场渔情预报的准确性，为渔业的高效生产和渔业部门的有效管理提供重要技术决策支持。

2011 年 8 月发射的海洋二号（HY–2）卫星是我国第一颗海洋动力环境监测卫星，主要任务是监测和调查海洋环境，是海洋防灾减灾的重要监测手段，而且具有全天候微波观测能力。海洋三号卫星计划于 2019 年发射，并将继承高分三号卫星的技术基础，具有海陆观测快速重访与干涉重访能力，能够进行 1∶50000~1∶10000 全球 DEM 获取、毫米级陆表形变监测。

1.5.4 农业遥感

我国是农业大国，在过去的 20 年里我国的农业遥感技术取得了显著进步。我国自主知识产权的“高分”系列卫星的成功发射，为农业遥感信息的获取提供了很好的数据源。刘国栋等基于高分一号卫星 16m 宽视角（WFV）传感器影像数据，研究了农作物种植面积遥感抽样调查方法，其结果表明高分一号卫星数据可以应用于县级农作物种植面积的提取，农作物种植面积提取精度优于 90%。贾玉秋等运用高分一号卫星影像进行农业遥感长势监测的应用研究，并选取同期 Landsat–8 卫星影像进行对比分析，其结果表明高分一号能够代替传统中分辨率卫星数据成为农业遥感长势监测中的重要数据源。机载平台是获取农业遥感数据的重要手段，刘婷等以机载 LiDAR 离散点云为数据源，基于植被冠层孔隙率与叶面积指数的关系，提出了一种反演大田玉米面积指数的方法。低空无人机具有运行维护成本低、操作简便、机动灵活的特点，广泛应用于精准农业。无人机可以搭载光学相机、激光雷达、光谱仪等设备，可精细监测作物生长情况、分布密度等。

农业定量遥感着重建立农作物与农田环境参数的遥感定量反演，实现利用遥感数据定量获取有关农作物生长的关键生物理化参数，为作物估产、农业管理等服务。何亚娟等利用 SPOT 遥感数据进行甘蔗叶面积指数 LAI 反演，研究得出了甘蔗叶面积指数 LAI 产量最佳估产模型。王昆等基于合成孔径雷达技术，研究了贵州喀斯特山区的烟草叶面积指数估算模型。我国是一个农业自然灾害频发的国家，遥感影像技术可以用于农业干旱、洪涝等灾害监测，以及农作物病害、低温冷害等遥感监测。

1.5.5 应急救灾

近年来我国地震、泥石流、洪水等自然灾害频发，造成了重大经济损失和人员伤亡，遥感技术在应急救灾中也发挥越来越重要的作用。灾害的监测预警和防灾减灾关系到人身安全、生产安全、工程安全、公共安全和社会持续稳定发展，是国家和社会的重大需求，也是构建和谐社会的重要保障。为了能够更好地应对突发自然灾害，由欧洲航天局和法国国家空间研究中心最先发起，在国际上建立了《空间与重大灾害国际宪章》合作机制，旨在通过成员国所拥有的卫星资源，向遭受重大灾害的成员国无偿提供相关的数据和信息，以协助受灾国进行灾害的监测与评估。目前欧洲航天局、法国国家空间研究中心、加拿大航天局、美国国家海洋与大气管理局、日本国家航天局等 10 多个国家的航天机构加入了该组织。2007 年 5 月 24 日，中国国家航天局正式加入减灾合作宪章。

2008 年 5 月 12 日汶川发生特大地震，造成了巨大损失，国家相关部门运用了多种遥感技术手段在救灾中发挥了重要作用，使用了我国自主拥有的北京一号、中巴资源卫星以及国外 RadarSat、SPOT、ALOS、TerraSAR 等多颗遥感卫星，航空遥感方面利用了 ADS40、SWDC、DMC、机载 LiDAR、InSAR 等多种传感器，为抗震救灾工作提供了宝贵的数据支持。

2010 年 8 月 7 日，甘南藏族自治州舟曲县突遇强降雨，引发特大山洪泥石流。国家减灾委员会办公室和民政部国家减灾中心、卫星减灾应用中心通过减灾合作宪章和国内遥感数据应急保障机制，获得了 5 个国家提供的舟曲县城及周边地区的遥感数据，包括 HJ-1A/1B、Worldview、Quickird、SPOT、RadarSat 等卫星影像以及无人机、航空遥感影像数据。综合利用多时相、多分辨率、多传感器的遥感影像数据进行灾害监测评估、滑坡隐患分析、道路损毁分析等工作，为全面准确地掌握灾情，科学地评估灾情，进而采取有效救灾抢险等措施和灾后重建提供科学依据。

2013 年 4 月 20 日四川省雅安市芦山县发生 7.0 级地震，中国科学院遥感与数字地球研究所于地震当天获得了第一景国产卫星遥感影像，震后两小时即对灾区进行了航空摄影，第二天向全国各应用部门提供共享服务。交通运输部科学研究院和中国科学院遥感与数字地球研究所联合成立了灾区交通遥感监测联合工作组，针对灾区进行了遥感监测评估分析。

在 2014 年 8 月云南鲁甸地震救灾中，民政部国家减灾中心紧急启动减灾合作宪章、国内卫星数据应急协调机制和国内相关部委航空遥感数据共享机制，组织开展国内外卫星遥感数据的获取协调和应急监测评估工作，有关部门共调用了 18 个国内外遥感卫星，其中高分一号、资源三号、实践九号等 5 个国产卫星参与了对鲁甸地震灾区的应急观测，为排查震区山体滑坡、泥石流等次生灾害提供了大量科学数据。

无人机低空遥感系统由于成本低、机动灵活、可在低空飞行等优点，尤其是在受灾严重、人员无法进入的地区，可快速获取灾区影像数据，在应急救灾中扮演着越来越重要的角色。云南鲁甸救灾中，还首次利用无人机三维快速重建技术进行建筑物损毁评估。

1.5.6 行星遥感

2004 年中国正式开展月球探测工程，并命名为“嫦娥工程”，分为“绕、落、回”

三个步骤。2007 年 10 月 24 日我国首颗月球探测器嫦娥一号成功发射，携带的立体相机为三线阵 CCD 相机，影像分辨率为 120 m，幅宽为 60 km，利用嫦娥一号影像制作了我国第一幅全月球影像图，基于嫦娥一号卫星激光测高数据制作了月球地形模型 CLTM-s01。2010 年 10 月 1 日发射升空的嫦娥二号卫星搭载了双线阵 CCD 立体相机，在 100 km 圆轨道影像分辨率为 7 m，获取了覆盖全月的影像图，是迄今为止国际上分辨率最高、最清晰的全月影像图，在 15 km/100 km 椭圆轨道对月球虹湾地区进行局部高清成像，影像分辨率达到 1.3 m。2013 年 12 月 14 日嫦娥三号在月球虹湾地区顺利实现月面软着陆，标志着我国深空探测技术新的里程碑。

我国的深空探测起步较晚，目前行星遥感方面的研究主要是结合“嫦娥工程”开展。2016 年 12 月发布的《2016 中国的航天》白皮书指出：我国将于 2020 年实施火星探测工程。近几年来，在国家“973”“863”以及国家自然科学基金等项目的支持下，研究人员利用国外公开数据也先期开展了火星地形测绘方面的研究。中科院遥感与数字地球研究所邸凯昌等出版了《月球及火星遥感制图与探测车导航定位》，介绍了团队在月球与火星遥感制图方面取得的研究成果。信息工程大学徐青等出版了《深空行星形貌测绘的理论技术与方法》，系统介绍了月球、火星及小行星形貌测绘的理论技术与方法。

国外行星遥感从 20 世纪 60 年代“阿波罗”探月计划开始，目前已经探测了太阳系内的所有行星及其部分卫星。行星遥感的一个显著特点是数据资源相当丰富，月球、火星、金星等深空星体的光学影像、激光雷达、合成孔径雷达等数据均可免费获取。美国在深空探测领域一直保持着领先地位，在行星遥感数据归档方面也形成了一套标准体系，影像数据以 PDS（planetary data system）文件格式存储，相机参数以及传感器位置、姿态等辅助信息则以 SPICE 库的方式存储，并且向公众免费开放。国外行星遥感数据归档方式也值得我国借鉴，目前欧洲、日本、印度等国家的深空探测任务也逐渐采用了 PDS、SPICE 的行星遥感数据归档方式。在行星遥感影像处理方面，美国国家地质调查局（USGS）研发了 ISIS（Integrated System for Imagers and Spectrometers）行星影像处理系统、NASA 研发了 ASP（Ames Stereo Pipeline）行星遥感影像处理软件，可以对行星遥感影像进行辐射校正、几何处理，生成 DEM、DOM 等数据，ISIS 与 ASP 均属于开源软件。

1.6 本专业国内外发展比较

在航空遥感影像方面，国外鹰图（Intergraph）公司的 DMC 系列、威克胜（Vexel）公司的 UCD 系列以及徕卡（Leica）公司的 ADS 系列航空相机仍然有较强的技术优势，并且在国内拥有数量较多的用户群体，国内同类数码航空相机产品在易用性、稳定性、系统工艺等方面仍然需要进一步完善。

在航天遥感影像方面，近几年国外商业卫星影像分辨率越来越高、卫星机动能力不断增强，并且体现出组网式运行的发展方向。美国 2014 年 8 月 14 日发射的 WorldView-3

卫星影像分辨率达到 0.31 m，代表目前全球商业遥感卫星的最高水平。法国的 SPOT6 和 SPOT7 卫星均具有全色影像 1.5 m、多光谱影像 6 m 的高分辨率，Pleiades 1A/1B 卫星是 SPOT 系列的后续卫星，影像分辨率达到 0.5 m，可以与 SPOT6、SPOT7 卫星组网运行，从而实现一天之内对同一目标的重复观测。2013 年 11 月，美国 Skybox Imaging 公司成功发射了首个微小卫星 SkySat-1，卫星重约 100kg，影像分辨率为 1 m，该公司计划在 5 年内实现 24 星组网运行，具备全球任意区域每天 3~5 次重访观测能力。2017 年 2 月 15 日，印度成功发射了一箭 104 星，一个主卫星是 Cartosat-2，重量为 714 kg，其余 103 个均为纳米卫星，总重量为 663 kg。

在无人机遥感影像技术方面，国外传统遥感设备厂商也推出了无人机遥感产品，如美国天宝（Trimble）公司推出了 X100、UX5 型号无人机遥感系统；瑞士徕卡（Leica）公司推出了 Aibot X6 型号无人机遥感系统；瑞士 Sense Fly 公司推出了 eBee 系列无人机遥感系统。与传统航空影像相比，无人机影像存在像幅较小、倾角过大、影像重叠不规则等问题，后期数据处理相对复杂。在无人机影像处理软件方面，LPS、Inpho、像素工厂等摄影测量系统也增加了相应的无人机处理模块。Esri 公司推出了 Drone2Map 软件，能够快速地将无人机影像处理为 GIS 数据。我国在无人机遥感硬件设备研发方面并不落后于国际同行，但是在无人机影像处理方面普遍使用 Inpho、PhotoScan、Pix4D 等国外软件，无人机与倾斜相机三维重建也主要使用 Smart3D、街景工厂等处理软件。另外，国际摄影测量与遥感学会对无人机遥感技术也非常重视，自 2011 年开始每两年举办一次无人机专题会议——UAV-g，对于无人机遥感技术的推广与应用起到了很大的促进作用。

在算法研究方面，由德国宇航中心研究人员提出的半全局匹配算法（semi-global matching，SGM）得到了广泛应用，已经集成在多个遥感影像处理系统中。开源软件由于源代码开放、用户可免费获取等优势，在遥感技术应用中也发挥了重要作用，很多遥感应用是在 GDAL、QGIS、OpenCV、PMVS 等开源软件的基础上构建的。

在学术研究方面，国内研究人员在 *ISPRS Journal of Photogrammetry and Remote Sensing*、*IEEE Transactions on Geoscience and Remote Sensing*、*Photogrammetry Engineering and Remote Sensing*、*Photogrammetric Record* 等国际期刊发表的论文数量已经跃居世界前列，担任国际期刊主编、编委的专家数量不断增多。另外，国内研究人员在国际学术会议上的活跃程度以及话语权不断增强，许多专家作为大会主席、专题工作组主席组织国际学术交流活动，如陈军被选为 ISPRS（2012—2016 年）大会主席，蒋洁、龚健雅分别被选为 ISPRS（2016—2020 年）第四、第六委员会主席。虽然国内研究人员发表学术论文数量较多，但是与美国、欧洲等国家相比，研究成果的引领性、原创性不足，在核心算法研究、工程化应用、研究成果开放性等方面还存在一定差距。

李德仁等指出："与国际先进水平相比，我国高分辨率对地观测系统还存在着性能差距大、应用效率低、市场不开放、管理渠道乱、军民融合难等问题。”要达到我国高分辨率对地观测系统“好用”和“用好”的目标，形成完整的产业链，从航天遥感大国走向航天遥感强国，还存在着较大的差距。

2 发展趋势及对策

遥感影像技术的发展趋势具有“三多”（多平台、多传感器、多角度）和“三高”（高空间分辨率、高时相分辨率、高光谱分辨率）以及空天地一体化的明显特征，遥感影像技术也将向着高精度、网络化、实时机动等方向发展。

有人机搭载大幅面数码航空相机、高性能激光雷达等产品仍然是航空遥感应用的重要领地，尤其是在大面积航摄项目中，其航摄效率与综合成本要优于轻小型无人机。进一步增大数码航空相机的像幅，同时降低传感器的尺寸、重量，提升数据获取效率，仍然是未来遥感硬件设备发展的重要方向。

目前无人机主要是搭载光学相机，随着技术的进步以及遥感设备集成化、轻小型化程度的提升，无人机平台搭载激光雷达、合成孔径雷达等多种遥感设备将会很快成熟并普及应用，而且激光雷达、合成孔径雷达技术能够实现全天时、全天候的信息获取，可以与光学影像形成互补。当前测绘无人机的一个突出问题是普遍未配置 POS 定姿定位系统，后期测图需要使用大量的控制点，而 POS 定姿定位系统的集成化程度已经很高，如 Applanix 公司针对无人机平台研发的 APX-15 UAV 定姿定位系统，设备体积小、重量轻，位置测量精度达到 5 cm，姿态测量精度达到 0.025°，无人机平台加装低精度 POS 系统可显著提升整体作业效率，也是无人机遥感作业实现“无人、无控”的发展方向。

随着计算机视觉技术的快速发展，以 Pix4D、PhotoScan 为代表的新型计算机视觉软件逐渐应用于遥感影像处理。计算机视觉软件不需要进行严格的相机检校，对影像初始位置、姿态无依赖，航空摄影作业、数据处理方式更加灵活，尤其适用于无人机影像处理。但是 Pix4D、PhotoScan 等计算机视觉软件也不能完全取代 LPS、Inpho、适普等经典遥感影像处理软件，后者在几何测量精度、用户熟悉程度、扩展性、兼容性等方面仍然具备一定的优势。

航天遥感技术发展迅猛，并将逐步进入多层、立体、多角度、全方位和全天候对地观测的新时代，卫星遥感的影像分辨率与定位精度将不断提升。当前大部分遥感卫星均具有功能强、卫星平台稳定的优势，但机动灵活性和时间敏感性还不够，未来卫星星座将取代大型卫星进行对地观测，由不同高度轨道卫星相协同，多级别分辨率相结合组成的全球对地观测系统，将准确有效、快速及时地提供遥感影像数据。星载合成孔径雷达、高光谱等对地观测系统将会得到快速发展，并进一步体现为多极化、多波段和多工作模式。航天遥感探测技术将与全球定位系统、大数据分析系统等更加紧密地结合，在各领域中发挥出更大的作用。随着人工智能技术、微电子技术和信息技术的快速发展，航天遥感硬件设备也向智能化方向发展。将大数据的发展和航天遥感发展相结合，以大数据思维引领航天领域的智能化发展，使大数据成为航天遥感智能化发展的有力工具。

2017 年 6 月国际期刊 *Photogrammetric Record* 上发表了由行业资深学者撰写的 *Photogrammetry and Industry* 一文，探讨了遥感技术领域学术界与产业界存在的问题：一方面是产业界在学术刊物中发表的论文数量越来越少；另一方面是纯学术期刊对产业发展的引领作用有所减弱。如何进一步加大学术界与产业界的联系，促进行业健康发展是从业人员需要普遍关注的问题。ISPRS 大会曾经是遥感领域新产品发布的重要渠道，而随着遥感影像技术的飞速发展，四年的时间周期已经不能适应遥感产品的更新速度。近几年，德国斯图加特大学两年一度的“摄影测量周”（Photogrammetric Week）更好地充当了遥感新产品的发布平台，例如 RCD30、A3 倾斜相机、DMC Ⅱ航空相机等新产品。另外，许多遥感硬件厂商通过举办用户大会或者采用全国巡演的形式进行新产品的推介，例如我国产业界自发组织的“全国倾斜摄影技术联盟”，这也说明遥感影像技术的快速发展促使行业人员主动创新、积极作为。

3 结束语

由于篇幅和作者水平所限，加之遥感影像技术发展很快，此报告中无法包括所有重要成果，也难免出现错误，敬请广大同仁批评指正。

参考文献

[1] 李德仁，童庆禧，李荣兴，等. 高分辨率对地观测的若干前沿科学问题. 2012，42（6）：805-813.

[2] 顾行发，余涛，田国良，等. 40 年的跨越：中国航天遥感蓬勃发展中的“三大战役”. 遥感学报，2016，20（5）：781-791.

[3] 张祖勋. 航空数码相机及其有关问题. 测绘工程，2004，13（4）：1-5.

[4] 李健，刘先林，刘凤德，等. SWDC-4 大面阵数码航空相机拼接模型与立体测图精度分析. 测绘科学，2008，33（2）：104-120.

[5] 徐斌，李英成，刘晓龙，等. 附加约束条件的光束法区域网平差在四拼数码航空相机平台检校中的应用. 测绘学报，2014，43（1）：66-73.

[6] 方勇，崔卫平，马晓锋，等. 单镜头多面阵 CCD 相机影像拼接算法. 武汉大学学报（信息科学版），2012，37（8）：906-910.

[7] 王任享，王建荣，胡莘. 天绘一号 03 星定位精度初步评估. 测绘学报，2016，45（10）：1135-1139.

[8] 王任享，胡莘，王建荣. 天绘一号无地面控制点摄影测量. 测绘学报，2013，42（1）：1-5.

[9] 李德仁. 我国第一颗民用三线阵立体测图卫星：资源三号测绘卫星. 测绘学报，2012，41（3）：317-322.

[10] 王任享，王建荣，胡莘. LMCCD 相机影像摄影测量首次实践. 测绘学报，2014，43（3）：221-225.

[11] 王任享. 三线阵 CCD 影像卫星摄影测量原理. 北京：测绘出版社，2016.
[12] 王建荣，王任享，胡莘. 卫星摄影测量中偏流角修正余差改正技术. 测绘学报，2014，43（9）：954-959.
[13] 唐新明，张过，祝小勇，等. 资源三号测绘卫星三线阵成像几何模型构建与精度初步验证. 测绘学报，2012，41（2）：191–198.
[14] Wang M, Zhu Y, Jin S, et al. Correction of ZY–3 image distortion caused by satellite jitter via virtual steady reimaging using attitude data. ISPRS Journal of Photogrammetry and Remote Sensing, 2016（119）: 108–123.
[15] Wang M, Cheng Y, Chang X, et al. On-orbit geometric calibration and geometric quality assessment for the high-resolution geostationary optical satellite gaofen4. ISPRS Journal of Photogrammetry and Remote Sensing, 2017（125）: 63–77.
[16] Jiang Y, Xu K, Zhao R, et al. Stiching images of dual–cameras onboard satellite. ISPRS Journal of Photogrammetry and Remote Sensing, 2017（128）: 274–286.
[17] 张过. 线阵推扫式光学卫星几何高精度处理. 北京：科学出版社，2016.
[18] 闫利，费亮，叶志云，等. 大范围倾斜多视影像连接点自动提取的区域网平差法. 测绘学报，2016，45（3）：310-317.
[19] 张力，艾海滨，许彪，等. 基于多视影像匹配模型的倾斜航空影像自动连接点提取及区域网平差方法 . 测绘学报，2017，46（5）：554–563.
[20] 吴军，姚泽鑫，程门门. 融合 SIFT 与 SGM 的倾斜航空影像密集匹配. 遥感学报，2015，19（3）：431-442.
[21] Hu H, Ding Y, Zhu Q, et al. Stable least–squares matching for oblique images using bound constrained optimization and a robust loss function. ISPRS Journal of Photogrammetry and Remote Sensing, 2016（118）: 53–67.
[22] 缪剑，耿迅，高德俊，等. 国产高精度 POS 精度测试方法研究与试验分析. 测绘科学技术学报，2015，32（5）：510–514.
[23] 韩晓冬，杨娜，李峰，等. 国产 POS 与 SWDC 集成检校精度分析. 测绘通报，2014（2）：67–71.
[24] 张祖勋. 从数字摄影测量工作站（DPW）到数字摄影测量网格（DPGrid）. 2007，32（7）：565–571.
[25] 汤晓涛，巩丹超，张丽. 从 PF 和 DPGrid 的发展谈数字摄影测量发展的新特征. 测绘科学技术学报，2012，29（3）：162–165.
[26] Evans DL, Alpers W, Cazenave A, et al. Seasat–A 25–year Legacy of Success. Remote Sensing of Environment, 2005, 94（3）: 384–404.
[27] 卢婷婷. InSAR 技术在地表变化监测中的应用. 西安：长安大学，2015.
[28] 陈筠力，李威. 国外 SAR 卫星最新进展与趋势展望. 上海航天，2016，33（6）：1–19.
[29] 孙宁霄，吴琼之，孙林. 基于 PolInSAR 相干区域的最优正规矩阵近似解的地形与树高估计 . 电子与信息学报，2017，39（5）：1051–1057.
[30] 岳彩荣，肖虹雁，曹霸. 基于 PolInSAR 森林高度反演研究. 西南林业大学学报，2016，36（3）：137-143.
[31] Joshi SK, Kumar S. Performance of PolSAR backscatter and PolInSAR coherence for scattering characterization of forest vegetation using single pass X–band spaceborne synthetic aperture radar data. Journal of Applied Remote Sensing, 2017，11（2）：22–26.
[32] Lopez–Sanchez JM, Vicente–Guijalba F, Erten E, et al. Retrieval of vegetation height in rice fields using polarimetric SAR interferometry with TanDEM–x data. Remote Sensing of Environment, 2017, 192（4）: 30–44.
[33] Mullissa AG, Tolpekin V, Stein A, et al. Polarimetric differential SAR interferometry in an arid natural environment. International Journal of Applied Earth Observation and Geoinformation, 2017（59）: 9–18.
[34] 张红，江凯，王超，等. SAR 层析技术的研究与应用. 遥感技术与应用，2010，25（2）：282–287.
[35] 林珲，马培峰，陈旻，等. SAR 层析成像的基本原理、关键技术和应用领域. 测绘地理信息，2015，40

（3）：1-6.
［36］庞礴，代大海，邢世其，等. SAR 层析成像技术的发展和展望. 系统工程与电子技术，2013，35（7）：1421-1429.
［37］王爱春，向茂生. 基于块压缩感知的 SAR 层析成像方法. 雷达学报，2016，（1）：57-64.
［38］张福博，梁兴东，吴一戎. 一种基于地形驻点分割的多通道 SAR 三维重建方法. 电子与信息学报，2015（10）：2287-2293.
［39］张福博，刘梅. 基于频域最小二乘 APES 的非均匀多基线 SAR 层析成像算法. 电子与信息学报，2012（7）：1568-1573.
［40］Zhang G，Qiang Q，Luo Y，et al. Application of RPC model in orthorectification of spaceborne SAR imagery. Photogrammetric Record，2012（137）：94-110.
［41］童庆禧，张兵，郑兰芬. 高光谱遥感：原理、技术与应用. 北京：高等教育出版社，2006.
［42］王跃明，贾建鑫，何志平，等. 若干高光谱成像新技术及其应用研究. 遥感学报，2016，20（5）：850-857.
［43］赵继成. 天地图建设与服务. 地理信息世界，2014，21（1）：10-11.
［44］刘文清，陈臻懿，刘建国，等. 中国大气环境光学探测研究. 遥感学报，2016，20（5）：724-732.
［45］陈仲新，任建强，唐华俊，等. 农业遥感研究应用进展与展望. 遥感学报，2016，20（5）：748-766.
［46］唐华俊，吴文斌，余强毅，等. 农业土地系统研究及其关键科学问题. 中国农业科学，2015，48（5）：900-910.
［47］刘国栋，邬明权，牛铮，等. 基于 GF-1 卫星数据的农作物种植面积遥感抽样调查方法. 农业工程学报，2015，31（5）：160-166.
［48］贾玉秋，李冰，程永政，等. 基于 GF-1 与 Landsat-8 多光谱遥感影像的玉米 LAI 反演比较. 农业工程学报，2015，31（9）：173-179.
［49］刘婷，苏伟，王成，等. 基于机载 LiDAR 数据的玉米叶面积指数反演. 中国农业大学学报，2016，21（3）：104-111.
［50］汪沛，罗锡文，周志艳，等. 基于微小型无人机的遥感信息获取关键技术综述. 农业工程学报，2014，30（18）：1-12.
［51］何亚娟，潘学标，裴志远，等. 基于 SPOT 遥感数据的甘蔗叶面积指数反演和产品估算. 农业机械学报，2013，44（5）：226-231.
［52］王昆，周忠发，廖娟，等. 基于合成孔径雷达（SAR）数据的贵州喀斯特山区烟草叶面积指数估算模型. 中国烟草学报，2015，21（6）：34-39.
［53］冯绍元，马英，霍再林，等. 非充分灌溉条件下农田水分转化 SWAP 模型. 农业工程学报，2012，28（4）：60-68.
［54］李健，任红玲，刘实，等. 2010 年夏季吉林省特大暴雨洪涝灾害遥感监测信息的定量分析. 吉林气象，2010（2）：38-41.
［55］冯练，吴玮，陈晓玲，等. 基于 HJ 卫星 CCD 数据的冬小麦病虫害面积监测. 农业工程学报，2010，26（7）：213-219.
［56］冯美臣，王超，杨武德，等. 农作物冷冻害遥感监测研究进展. 山西农业大学学报（自然科学版），2014，34（4）：296-300.
［57］李德仁，陈晓玲，蔡晓斌. 空间信息技术用于汶川地震救灾. 遥感学报，2008，12（6）：841-850.
［58］李珊珊，宫辉力，范一大，等. 舟曲特大山洪泥石流灾害遥感应急监测评估方法研究. 农业灾害研究，2011，1（1）：67-72.
［59］任玉环，许清，刘萌萌，等. 四川省芦山“4·20”7.0 级地震公路灾情遥感监测评估. 遥感技术与应用，2013，28（4）：549-555.

［60］李伟伟，帅向华，刘钦．基于倾斜摄影三维影像的建筑物震害特征分析．自然灾害学报，2016，25（2）：152–158.

［61］李春来．嫦娥一号三线阵 CCD 数据摄影测量处理及全月球数字地形图．测绘学报，2013，42（6）：853-860.

［62］平劲松，黄倩，嫣建国，等．基于嫦娥一号卫星激光测高观测的月球地形模型．中国科学 G 辑，2008，38（11）：1601–1612.

［63］杨阿华，李学军，谢剑薇，等．局部坐标系的嫦娥二号月面影像自动拼接方法．测绘学报，2014，43（1）：52–59.

［64］赵葆常，李春来，黄江川，等．嫦娥二号月球卫星 CCD 立体相机在轨图像分析．航天器工程，2012，21（5）：1–7.

［65］徐青，耿迅，蓝朝桢，等．火星地形测绘研究综述．深空探测学报，2014，1（1）：28–35.

［66］耿迅．火星形貌摄影测量技术研究．测绘学报，2015，44（8）：944.

［67］邸凯昌，刘召芹，万文辉，等．月球和火星遥感制图与探测车导航定位．北京：科学出版社，2015.

［68］徐青，邢帅，周杨，等．深空行星形貌测绘的理论技术与方法．北京：科学出版社，2016.

［69］李德仁，沈欣，马洪超，等．我国高分辨率对地观测系统的商业化运营势在必行．武汉大学学报（信息科学版），2014，39（4）：386–389.

［70］Granshaw S, Dowman I, Forstner W, et al. Photogrammetry and industry．Photogrammetric Record, 2017（158）：74–92.

撰稿人：缪　剑　耿　迅　高德俊　邹晓亮
张海波　许军毅　赵琛琛　吴冰冰

光刻及微纳蚀刻技术研究进展

1 引言

蚀刻（lithography or printing）技术泛指能够高效、精准地复制图形的方法。从古代的印刷术开始，蚀刻技术的革新对人类的文明进步有着重要的推动作用。进入20世纪以来，光子学、电子学等学科的发展，使人类的加工尺度首次进入微纳级别。光刻（photolithography）作为微纳蚀刻最典型的代表，直接催生了半导体芯片、计算机、数码相机、液晶显示器等推动人类文明的科技产品。

光刻技术是通过光子束同与其敏感的光刻材料之间的相互作用在基板上形成微纳结构图形的过程/技术。它是至今为止3D微纳结构图形最高效的复制方法。主要用于大规模集成电路（IC）和半导体分立器件的微细加工。除此之外还在非集成电路领域如平板显示、触摸屏、LED也有着广泛的应用。光刻材料主要指光刻胶又称光致抗蚀剂，是由感光树脂、增感剂和溶剂三种主要成分组成的对光敏感的混合液体。感光树脂经光照后，在曝光区能很快发生光化学反应，使得这种材料的溶解性、亲合性等性能发生明显变化。经适当的溶剂处理，溶去可溶性部分，得到所需图像。光刻胶具有光化学敏感性，可利用其进行光化学反应，将光刻胶涂覆半导体、导体或绝缘体上，经曝光、显影后留下的部分对底层起保护作用，然后采用蚀刻剂进行蚀刻，将所需要的微细图形从掩模版转移到待加工的衬底上，所以光刻材料的发展在一定程度上决定了光刻技术的发展与应用。

作为半导体工业的“领头羊”，光刻技术是大规模集成电路制造的核心步骤。Intel创始人之一G. Moore在1965年的报告中指出，每隔18~24个月，芯片的容量将增加1倍，后来演变成著名的“摩尔定律”。在摩尔定律的指引下，半导体工业每两至三年就跨上一个新台阶，即所谓的半导体技术发展路线图（ITRS），2004年90 nm节点器件进入批量生产，2007年半导体制造技术已经达到65 nm节点级别和11 nm的套刻精度，随着技术的不断进步，目前技术节点正在向 1x nm 以下继续延伸。摩尔定律总是在触碰半导体工艺的极限，却在即将唱衰时因黑科技的拯救而重获新生。这一切变化的关键是光刻技术，新一代的集成电路的出现总是代表着当时最先进的光刻技术水平的应用，而相比其他单个制造工艺技术而言，光刻对芯片性能的发挥有着革命性的贡献。

1947 年，贝尔实验室发明第一只点接触晶体管，光刻技术自此开始发展，随着计算机的大量使用，芯片的需求急剧增加，光刻技术迅速被人们重视，并飞速发展。1959 年，世界上第一架晶体管计算机 TX–O 诞生，仙童第一只商品化的原始平面晶体管问世，同年，仙童半导体研制出世界上第一块单结构硅芯片集成电路。进入 60 年代，光刻技术已经从实验室研究阶段来到了生产加工阶段，摩尔定律此时被提出，美国 RCA 公司成功研制出 CMOS 门阵列（50 门），应用材料公司（Applied Materials）成立，现已成为全球最大的半导体设备制造公司。1971 年，Spiller 等人通过光刻研制出 1024 位 DRAM，标志着进入了大规模集成电路时代，光刻工艺达到 8 μm，1978 年 GCA 公司开发出第一台分布重复投影曝光机（DSW），集成电路图形线宽从 1.5 μm 缩小到 0.5 μm 节点。80 年代，美国 SVGL 公司开发出第一代步进扫描投影曝光机，集成电路图形线宽从 0.5 μm 缩小到 0.35 μm。随着经济发展的要求促使半导体特征尺寸朝着不断缩小的方向发展，为适应集成电路集成度逐步提高的需求，曝光光源的波长由 436 nm（G 线），365 nm（I 线），发展到 248 nm（KrF），再到 193 nm（ArF），技术节点从 1978 年的 1.5 μm、1 μm、0.5 μm、90 nm、45 nm，一直到现在的 22 nm。193 nm 浸液式光刻是目前最成熟的技术，它在精确度及成本上达到了一个近乎完美的平衡。在涌现的各种新型光刻技术，如极紫外光刻（EUV）、电子束 / 离子束光刻、纳米压印等技术的研究中，极紫外光刻是传统光刻技术向更短波长的合理延伸，虽然还有许多环节和技术等待突破，但作为下一代光刻技术，EUV 光刻具有强大生命力。

我国光刻起步较晚，但发展速度较快。20 世纪 50 年代末，我国已经开始制定国家半导体科技发展规划，北京大学等五所高校联合成立半导体研究部门，随后中国科学院半导体研究所和河北半导体研究所成立，并很快于 1964 年和 1965 年成功制造出硅平面晶体管和硅数字集成电路。1971 年，我国成功研制 CMOS 集成电路，由此进入大规模集成电路（LSI）时代。进入 80 年代，我国加大对微纳集成电路的投入，到 1992 年我国第一条 5 英寸集成电路生产线已经建成，此时虽然我们的光掩模制造水平发展迅速，接近国际制造水平，但是设备基本依靠从国外引进。在过去的几十年中，我们国家的科研人员致力于研究属于我们自己的光刻设备，2002 年，中国科学院长春光机所研制出国内第一套 EUV 光刻原理设备，实现了 EUV 光刻的原理性贯通。由中国科学院长春光机所牵头，中国科学院上海光机所、中国科学院微电子研究所、北京理工大学、哈尔滨工业大学、华中科技大学等参研单位历时 8 年，突破了现阶段制约我国极紫外光刻发展的核心技术，初步建立了适应于极紫外光刻曝光光学系统研制的加工、检测、镀膜和系统集成平台。高端光刻机是非常关键的半导体设备，一直以来高端光刻机国产化受到很大重视，《中国制造 2025》将其列为集成电路制造领域的发展关键。如何进一步科学布局，突破国外技术壁垒，实现光刻领域的弯道超车是我国科技决策者及科研人员亟待解决的问题之一。

另外，相对于半导体芯片蚀刻的光刻技术，微纳蚀刻技术在智能手机、柔性显示、可穿戴芯片等新兴产业及基础前沿研究的推动力越来越大，多种新型的纳米蚀刻技术成为近年来的研究热点，包括电子束 / 聚焦离子束光刻、激光直写光刻、微 LED 光刻、自组装阳极氧化铝模板、纳米压印、模板光刻、纳米球光刻、蘸笔纳米光刻等。

集成电路光刻及各种微纳蚀刻技术代表了人类迄今为止能达到最精细的加工手段。二者相互补充、相互促进，推动了包括集成电路芯片、智能手机、平板显示、生化传感器等产业的发展，及基础前沿领域的探索。

本报告总结了光刻的发展现状，重点介绍了准分子光刻光源、EUV 光刻光源的发展以及下一代具有潜力的新型光刻技术；同时介绍了光刻胶的发展现状，主要包括光刻胶的类型及其在新型器件中的应用；本报告也总结了近些年来发展迅速的多种微纳蚀刻技术及其应用领域；最后对光刻及微纳蚀刻技术进行了总结与展望。

2 集成电路（IC）光刻技术的发展

集成电路（IC）光刻系统主要包括光刻光源、均匀照明系统、投影物镜系统、工件台及控制系统等，其中光刻光源是光刻系统的核心部件。通常评价光刻工艺的几个主要指标包括：理论分辨率（光刻系统所能分辨和加工的最小线条尺寸）、焦深（投影光学系统可清晰成像的尺度范围）、关键尺寸控制、对准和套刻精度、产率、价格等。其中理论分辨率是决定光刻系统最重要的指标，也是决定芯片最小特征尺寸的原因。光刻系统的理论分辨率可以由瑞利判据来表示：

$$R = k_1 \frac{\lambda}{NA} \tag{1}$$

式中：R 为理论分辨率；NA 为数值孔径；λ 为曝光波长；k_1 为工艺因子，与光刻胶材料的性质、加工技术以及光学系统成像技术有关。

由此可见，通过降低工艺因子、提高数值孔径或减小波长可以有效提高理论分辨率，而减小曝光光源的波长是最有效的方法。曝光光源经历从高压水银弧光灯→ KrF → ArF → F_2 受激准分子激光器的变迁（实际上集成电路工艺设备跳过了 F_2 准分子激光器光源阶段），正在转向激光或气体放电产生的等离子体的极紫外光源（13.5 nm），对应波长的变化为 436 nm → 365 nm → 248 nm → 193 nm → 157 nm → 13.5 nm。

早期，紫外（UV）曝光系统多使用高压汞灯作为光源，在高压汞灯水银气的发射光谱中，各种波长的光强度并不相同。350~450 nm 的 UV 光谱范围内，有三条强而锐利的发射线：I 线（365 nm）、H 线（405 nm）和 G 线（436 nm）。由于这些波段是分散的，通过折射镜进行分离，就可以得到单一波长的光，每条单一波长的光线含有的能量低于汞灯所产生能量的 2%。高压汞灯虽然有较强的近紫外光谱辐射，但灯的功率密度低，又难于通过光学系统形成高辐射强度的均匀平行光，难以保证辐照均匀性，随着大规模集成电路集成度的提高以及硅片尺寸的增加，高压汞灯已经不能适应光刻的需要。光刻机光源也很快从近紫外波段的汞灯发展到深紫外波段的准分子激光。应用的主要光源包括：波长 248 nm 的 KrF 准分子激光器，波长 193 nm 的 ArF 准分子激光器和波长 157 nm 的 F_2 准分子激光器。当光源波长发展到 157 nm，由于光刻胶和掩模材料的局限，图形对比度低等因素，使得 157 nm 光刻技术的发展受到很大的限制而没有进入实用阶段，将从 193 nm 的 ArF 准分子激光直接过渡到 13.5 nm 的极紫外光源。

增大数值孔径 *NA* 是另一个提高分辨率的途径。投影物镜的像方数值孔径已经从 1978 年干式光刻的 0.16，发展到浸没式光刻的 1.35（浸没液体为去离子水）。若采用高折射率玻璃材料和高折射率浸没液体，数值孔径可以继续提高至 1.6 以上。2005 年，美国半导体芯片制造技术研究与开发联合体 Sematech 和英国 Exitech 公司联合推出全球首款 *NA* = 1.3 的 193 nm 浸没式光刻机，用于 65/45 nm 光刻工艺。降低 k_1 因子提高分辨率的方法称为分辨率增强技术（resolution enhancement technique，RET）。传统的 RET 技术包括离轴照明（OAI）、相移掩模（PSM）、光学临近效应校正（OPC）等几方面。目前单次曝光可以使 k_1 因子降低至 0.3 以下，已接近单次曝光下密集线条的理论极限值 0.25。随着 193 nm 浸没式光刻中各种新型分辨率增强技术的发展，如双曝光、双图形、光源 – 掩模优化（SMO）以及光源 – 掩模 – 偏振态优化（SMPO）等，k_1 因子进一步降低，实现了 22~14 nm 节点的曝光，并向 14 nm 以下节点继续延伸。

2.1 目前主流的光刻系统——准分子激光光刻设备

作为半导体集成电路工艺中的重要一环，光刻技术一定程度上决定着半导体集成电路的发展速度，而光刻设备发展历程中，准分子激光光刻设备毫无疑问担负了重大的使命。从采用准分子激光作为光刻光源以来至今，它就一直是代表着主流和先进光刻技术。

2002 年以前，业界普遍认为 193 nm 光刻无法延伸到 65 nm 节点，但浸没式光刻技术的发展为其带来了转机。根据 2015 年发布的最新《国际半导体技术发展路线图》（*International Technology Roadmap for Semiconductor*，ITRS），如表 1 所示，采用双 / 多曝光的 193 nm 浸没式光刻将会在未来 5~10 年继续占据顶端 IC 的工业化生产。目前，业界在 2x nm 和 1x nm 节点高端芯片量产中采用的主流光刻技术仍然是 193 nm 光刻。

表 1 《国际半导体技术发展路线图》(ITRS) 2015 年预测的半导体技术发展趋势

生产年份	逻辑电路工业“节点命名”标签（nm）	DRAM 半节距（nm）	2D 闪存半节距（nm）	3D NAND 半节距（nm）	逻辑电路半节距（nm）	高性能物理栅极长度（nm）
2015 年	“16/14”	24	15	80	28	24
2016 年			14	80		
2017 年	“11/10”	20			18	18
2019 年	“8/7”	17			12	14
2020 年			12	80		
2021 年	“6/5”	14			10	10
2022 年			12	80		
2024 年	“4/3”	11	12	80	6	10
2027 年	“3/2.5”	8.4				
2028 年			12	80	6	10
2030 年	“2/1.5”	7.7	12	80	6	10

2.1.1 准分子激光光刻光源的发展

国际上先进光刻机生产厂商主要是荷兰的 ASML、日本的 Nikon 和 Canon。这些厂家光刻机的准分子激光光源大都来自两家专业的光刻机光源生产公司：美国的 Cymer（已被 ASML 收购）和日本的 Gigaphoton 公司。准分子激光光源技术的发展演变和主要指标见表 2 和表 3。随着光刻节点不断减小和产能不断提高，对准分子激光光源的要求主要包括波长减小、线宽足够窄、功率增加（重复频率和脉冲能量）。为了满足这些要求，准分子激光器的工作介质从 KrF(248 nm) 变成了 ArF(193 nm)，激光器结构从单腔改进为双腔（谐振 – 放大）和环形腔结构实现了功率放大，重复频率提升到了 6 kHz。同时，与之相应的光学聚焦系统采用了浸没式和双图形曝光等技术。

表 2 Cymer 公司准分子激光光刻光源

产品型号	激光器形态	激光介质	光刻技术	功率	重复频率	单脉冲能量	光谱线宽
XLR 600ix	双腔环形再生放大	ArF	双图形 / 浸没	60/90 W	6 kHz	15 mJ	E95% < 0.35 pm
XLR 600i	双腔环形再生放大	ArF	双图形 / 浸没	90 W	6 kHz	15 mJ	E95% < 0.35 pm
XLR 500i	双腔环形再生放大	ArF	浸没	60 W	6 kHz	10 mJ	E95% < 0.35 pm
XLR 500d	双腔环形再生放大	ArF	干式	60 W	6 kHz	10 mJ	E95% < 0.35 pm
XLA 400	双腔	ArF	浸没	60 W	6 kHz	10 mJ	E95% < 0.35 pm

续表

产品型号	激光器形态	激光介质	光刻技术	功率	重复频率	单脉冲能量	光谱线宽
XLA 300	双腔	ArF	浸没	60 W	6 kHz	10 mJ	E95% < 0.50 pm FWHM < 0.12 pm
XLA 200	双腔	ArF	干式	60 W	4 kHz	15 mJ	E95% < 0.50 pm FWHM < 0.12 pm
XLA 105*	双腔	ArF	干式	45 W	4 kHz	10 mJ	E95% < 0.50 pm FWHM < 0.2 pm
XLA 100	双腔	ArF	干式	40 W	4 kHz	10 mJ	E95% < 0.65 pm FWHM < 0.25 pm
NanoLith™ 7000	单腔	ArF	干式	20 W	4 kHz	5 mJ	E95% 0.95 ~ 1.3 pm FWHM < 0.5 pm
ELS–7010	单腔	KrF	干式	40 W	4 kHz	10 mJ	E95% < 1.2 pm FWHM < 0.35 pm
ELS–7000	单腔	KrF	干式	30 W	4 kHz	7.5 mJ	E95% < 1.4 pm FWHM < 0.5 pm
ELS–6010	单腔	KrF	干式	20 W	2.5 kHz	8 mJ	E95% < 1.4 pm FWHM < 0.5 pm

表 3　Gigaphoton 公司准分子激光光刻光源

产品型号	激光器形态	激光介质	主要技术	功率	重复频率	单脉冲能量	光谱线宽
GT64A	双腔注入锁定	ArF	450 mm 晶圆 多图形 浸没	60 ~120 W	6 kHz	10.0~20.0 mJ	E95% < 0.25 pm
GT63A	双腔注入锁定	ArF	多图形 浸没	60/90 W	6 kHz	10/15 mJ	E95% < 0.30 pm
GT62A	双腔注入锁定	ArF	双图形 高产能（32 nm） 浸没	60/90 W	6 kHz	10/15 mJ	E95% < 0.35 pm
GT61A	双腔注入锁定	ArF	高 NA（45 nm） 浸没	60 W	6 kHz	10 mJ	E95% < 0.35 pm
GT60A	双腔注入锁定	ArF	高产率 高 NA（50 nm） 干式	60 W	6 kHz	10 mJ	E95% < 0.5 pm

续表

<table>
<tr><th>产品型号</th><th>激光器形态</th><th>激光介质</th><th>主要技术</th><th>功率</th><th>重复频率</th><th>单脉冲能量</th><th>光谱线宽</th></tr>
<tr><td rowspan="3">GT40A</td><td rowspan="3">双腔注入锁定</td><td rowspan="3">ArF</td><td>高产率</td><td rowspan="3">45 W</td><td rowspan="3">4 kHz</td><td rowspan="3">11.25 mJ</td><td rowspan="3">E95% < 0.5 pm</td></tr>
<tr><td>（65 nm）</td></tr>
<tr><td>干式</td></tr>
<tr><td rowspan="2">G42A</td><td rowspan="2">单腔</td><td rowspan="2">ArF</td><td>0.1 μm</td><td rowspan="2">20 W</td><td rowspan="2">4 kHz</td><td rowspan="2">5 mJ</td><td rowspan="2">E95% < 0.75 pm</td></tr>
<tr><td>干式</td></tr>
<tr><td>G41A</td><td>单腔</td><td>ArF</td><td>干式</td><td>20 W</td><td>4 kHz</td><td>5 mJ</td><td>E95% < 0.85 pm</td></tr>
<tr><td>G41K-1H</td><td>单腔</td><td>KrF</td><td></td><td>40 W</td><td>4 kHz</td><td>10 mJ</td><td>E95% < 1.4 pm</td></tr>
<tr><td>G21K</td><td>单腔</td><td>KrF</td><td></td><td>20 W</td><td>2000 Hz</td><td>10 mJ</td><td>E95% < 1.4 pm</td></tr>
<tr><td>G20K</td><td>单腔</td><td>KrF</td><td></td><td>20 W</td><td>2000 Hz</td><td>10 mJ</td><td>E95% < 2.0 pm</td></tr>
<tr><td>G10K</td><td>单腔</td><td>KrF</td><td></td><td>10 W</td><td>1000 Hz</td><td>10 mJ</td><td>E95% < 2.0 pm</td></tr>
</table>

Nikon 公司已经量产 NSR-S62XD 型号的浸没式光刻机，其技术指标见表 4，可以对应 20 nm 节点以下的光刻生产工艺。

表 4　NSR-S62XD 型号 ArF 浸没式光刻机对应指标（sub-20 nm）

分辨率	≤ 38 nm
NA	1.35
曝光光源	ArF 准分子激光 (波长 193 nm)
收缩率	1 : 4
最大曝光区域	26 mm × 33 mm
套刻精度	≤ 2 nm（SMO*1），≤ 3.5 nm（MMO*2）
产率	≥ 200 wafers/hour（300 mm wafer，125 shots）

2.1.2　浸没式光刻技术

所谓浸没式光刻是指在曝光镜头和硅片之间充满水（或其他液体）代替空气，通过介质折射率的增大提高投影物镜的数值孔径，从而提高曝光系统的分辨率，同时浸液能够增大系统焦深，有利于改善光刻曝光系统的工艺窗口。图 1 为传统光刻和浸没式光刻的对比示意图。投影物镜的数值孔径：

$$NA = n\sin\theta \tag{2}$$

其中，n 为投影物镜与硅片之间介质的折射率，θ 为光线最大入射角。在最大入射角相同的情况下，浸没式光刻系统的数值孔径比传统光刻系统增大了 n 倍。而从傅里叶光学的角度，数值孔径扮演着空间频率低通滤波器阈值的角色。注入高折射率的浸没液体可以使更高空间频率的光波入射到光刻胶上，因此成像分辨率得以提高。

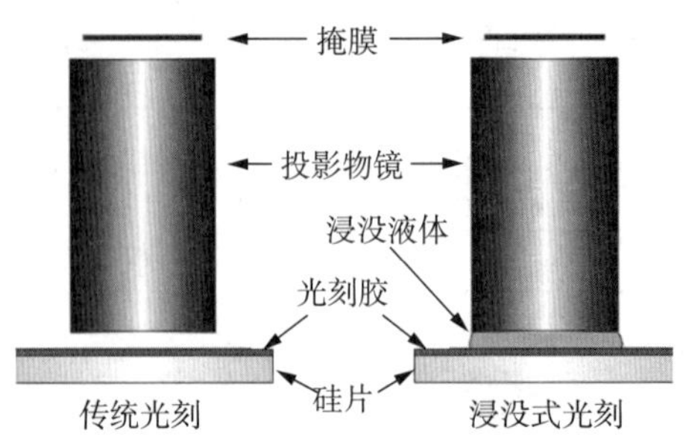

图 1　传统光刻和浸没式光刻对比示意图

根据瑞利判据，光刻机的理论分辨率 R 和焦深 DOF 为：

$$R = k_1 \frac{\lambda}{NA} = k_1 \frac{\lambda}{n\sin\theta} = k_1 \frac{\lambda / n}{\sin\theta} = k_1 \frac{\lambda_{eff}}{\sin\theta} \tag{3}$$

$$DOF = k_2 \frac{\lambda / n}{2(1-\cos 2\theta)} = k_2 \frac{\lambda / n}{4\sin^2(\theta/2)} \approx k_2 \frac{\lambda / n}{\sin^2\theta} = k_2 \frac{n\lambda}{NA^2} \tag{4}$$

其中，k_1、k_2 为工艺因子，$\lambda_{eff} = \lambda/n$ 为有效曝光波长。由式（3）可以看出，浸没式光刻的特征尺寸缩小为传统光刻的 $1/n$，相当于有效曝光波长缩小为原来的 $1/n$。对于波长为 193 nm 的光源，当浸没液为水时（n=1.437），有效曝光波长 $\lambda_{eff} = \lambda/n$ =134.3 nm，已经小于 157 nm 光源的曝光波长。由式（4）可知，相对于传统光刻技术，在数值孔径相同的情况下，引入浸没式光刻技术可以使焦深增大 n 倍。同时，浸没液体还可以减少界面上的光反射损耗。

液体浸没技术用于光学显微镜，使数值孔径和成像对比度明显提高。浸没式光刻技术不需要研发新的掩模、透镜和光刻材料，浸没式光刻机甚至可以保留原有干式光刻机的大部分组件，仅对部分系统进行改进设计即可。目前 193 nm 浸没式光刻在业界的全力攻关下，关键问题正逐一加以解决：浸没液的制备和冲入、对镜头和光刻胶表面的影响、对气泡等缺陷的控制、先进的分辨率增强技术、高折射率浸没液和光刻胶的研制等。

浸入式光刻的数值孔径大小与使用液体的折射率是直接相关的。因此，人们正在着眼于寻找除水以外具有更大折射率的液体。早在 2005 年 SPIE Microlithography 的年会上，JSR 和 DuPont 等公司就已经公布了它们的高折射率液体的研发计划。在选择高折射率液体时，考虑的重点包括：与光刻胶没有反应、光透过率高、折射率高、其他各种特性良好等。已研发出的第二代浸入液的折射率为 1.64，该液体氧气的吸收很少，即便被曝露于空气中性能也十分稳定。并且由于蒸汽压很低，所以很难发生热分解。这个折射率数值能够把 193 nm 光刻机的有效波长降低到大约 116 nm 左右。至于第三代浸入液，它的折射率应为 1.8 左右，同时还需要有更高折射率的镜头才能达到约 1.65 的 NA 值。

根据2015版《国际半导体技术发展路线图》的光刻内容，193 nm浸没式光刻用于22 nm技术节点以下，必须采用两次图形曝光技术（DP）或四次图形曝光（QP）甚至多次图形曝光技术，因此工艺之中会有更多的图形需要采用多次图形曝光技术，无疑将导致成本及工艺循环周期的增加。通常两次图形曝光193 nm浸没式光刻比单次EUV光刻的成本低，但当到四次图形曝光或者五次图形曝光时，193 nm浸没式光刻的成本将大大提高，此时EUV将具有成本优势。所以对应于不同尺寸的光刻层要采用相应的方法，EUV光刻有可能作为自对准的四次图形曝光技术的替代品。

2.2 正在走向产业化的新的光刻系统——极紫外光刻（EUV）设备

半导体制造工艺进入10 nm之后，对曝光光源的要求越来越高，难度也越来越大。而193 nm光刻技术将不足以应付未来7 nm、5 nm以下工艺需要，取而代之的将会是极紫外光刻（EUV）设备。

2.2.1 EUV的工作原理

EUV技术是波长为13.5 nm的极端远紫外光，其原理主要是利用曝光光源极短的波长达到提高光刻技术分辨率的目的。EUV系统主要由四部分构成：①极端紫外光源；②光刻掩膜（mask）；③反射投影系统；④能够用于极端紫外的光刻涂层（photo-resist）。

极紫外光技术上可以通过激光激发等离子体（LPP）或放电激发等离子体（DPP）产生。工作物质可以是氙（Xe）气或锡（Sn）等金属液滴。激光能或电能通过聚光镜产生光斑轰击靶材产生等离子体，等离子体发出所需的软X射线，软X射线经过由周期性多层薄膜反射镜组成的聚焦系统入射到反射掩模上，反射出的软X射线光波再通过反射镜组成的投影系统，将反射掩模上集成电路的几何图形成像到硅片上的光刻胶中，从而形成集成电路所需要的光刻图形。

2.2.2 EUV光刻设备研发

由于技术难度和成本等因素限制，EUV光刻设备一再延迟，目前看来可能在2020年时能进入量产，而非常可能应用在5 nm节点。早在80年代，极紫外光刻技术就已经开始了理论的研究和初步的实验，但是由于193 nm浸没式光刻技术的发展和EUV技术的难度，到目前为止EUV光刻机仍未进入量产阶段。不过，EUV光刻机已经开始少量出货，产能也在逐步提升。作为技术领航人的ASML公司，目前已经开始发货EUV光源，预计在2018年可实现最新的微处理器和存储器的批量生产。世界最先进的芯片制造商正在筹备将这些机器应用到自己的生产线中。2015年，ASML批量出货20 nm、16 nm、14 nm工艺的相关制造设备，推出NXE：3300B光刻机，并且准备在10 nm节点上应用极紫外光刻。Nikon也一直在开发自己的商用EUV光刻工具，目标是11 nm节点的光刻机。TSMC、三星也表示将会在第二代7 nm节点商用EUV工艺。ASML在2016年给出的EUV路线图，可以看出EUV将在7 nm技术节点以下发挥巨大作用。

2.2.3 EUV 光刻光源的发展

对于 13.5 nm 极紫外光的产生，最初有两个推荐的技术路线，一个是激光激发等离子体（LPP），另一个是放电激发等离子体（DPP），前者主要由 Cymer 和 Gigaphoton 公司主导，后者主要由 Xtreme Technologies 等公司研究。但随着 Cymer 公司 EUV 光刻机设备开发成功并逐渐成熟，激光激发液态锡滴产生等离子体的 LPP 技术成为基本的技术方案。

作为 193nm 深紫外光刻机的准分子激光光源的生产商的 Cymer 和 Gigaphoton 公司，同样是目前国际上 EUV 光刻机光源的两大最强的生产商，它们推出的 EUV 光刻机光源虽然在技术细节上有所差异（如种子激光、预脉冲激光的技术方案等），但大体的结构方案基本相似。

ASML TWINSCAN NXE：3350B 生产平台由锡基等离子体源产生 13.5 nm EUV 光，提供 16 nm 的分辨率，具有离轴照明，改进的聚焦性能。该系统具有数值孔径（*NA*）为 0.33，套刻精度 < 1.5 nm，对准精度 < 2.5 nm，其产能大于 125 WPH（Wafer Per Hour）。

在 2017 年的美国旧金山举办的 Semicon West 半导体设备展上，ASML 宣布已经突破 EUV 光源 250W，这是一个长期期待的技术指标，虽然目前该产品还没有正式出货。

目前采用 Cymer 公司的 EUV 光源开发 EUV 光刻设备的还是国际上实力最强的 ASML 公司，它领跑 EUV 光刻机设备研发和生产。截至 2016 年年底已经出货 10 台以上（含 2017 年订货）。

截至 2017 年一季度的统计，ASML 未出货的累计订单达到 21 台，价值高达 23 亿欧元。

2.3 中国先进光刻机研发现状

作为工业制造领域尖端技术的融合，世界上只有少数单位掌握芯片的光刻技术，对我国也一直进行技术封锁。我国自 20 世纪八九十年代起关注并发展光刻技术，谋求突破国外技术壁垒，实现光刻领域的弯道超车，目前发展十分迅速。对于 193 nm 光刻机和 EUV 光刻设备的战略部署是科技部在“十一五”期间开始启动的国家科技重大专项中“极大规模集成电路制造装备及成套工艺”项目（02 专项）。

在 02 专项的组织下，参与到 193 nm 和 EUV 先进光刻机研发的单位有几十家，牵头单位是中国科学院的研究所，经过 10 年左右的努力，系统地推进了我国先进光刻机研发的进度和技术水平。比如 193 nm 光刻机的光源研究项目，中国科学院安徽光机所、中国科学院上海光机所等单位从 80 年代初开始研制准分子激光器，有着 30 多年的技术积累，在此基础上，由中国科学院光电院组织中国科学院安徽光机所等相关单位经过近 10 年的研发，解决了 193 nm 光刻机光源的关键技术和集成技术，推出了工程样机。同样，在 193 nm 光刻机的镜头等方面的研发也取得预期进展。极紫外光刻关键技术研发方面，以中国科学院长春光机所、中国科学院微电子所等单位为核心的研发团队在关键技术研发上取得进展，包括高精度非球面加工与检测技术、极紫外多层膜技术、极紫外光刻掩膜技术等都取得突出进步。

02 专项后期还对 45 nm 浸没式光刻机等有相关研发计划。2008 年“极大规模集成电路制造装备及成套工艺”国家科技重大专项将 EUV 技术列为下一代光刻技术重点攻关，《中国制造 2025》将 EUV 列为了集成电路制造领域的发展重点，并计划在 2030 年实现 EUV 光刻机的国产化。

3 集成电路光刻胶的发展与应用趋势

3.1 IC 光刻胶随光刻技术的发展

自 20 世纪 50 年代开始到现在，光刻技术经历了紫外全谱（300~450 nm）、G 线（436 nm）、I 线（365 nm）、深紫外（DUV，248 nm 和 193 nm），以及下一代光刻技术中最引人注目的极紫外（EUV，13.5 nm）光刻技术、电子束光刻等 6 个阶段，对应于各曝光波长的光刻胶组分（成膜树脂、感光剂和添加剂等）也随着光刻技术的发展而变化，如表 5 所示。

表 5 主要的光刻胶体系

光刻胶体系	成膜树脂	感光剂	光刻波长	技术节点及用途
聚乙烯醇肉桂酸酯系负性光刻胶	聚乙烯醇肉桂酸酯	成膜树脂自身	紫外全谱（300~450 nm）	3 μm 以上集成电路和半导体器件
环化橡胶 – 双叠氮负胶	环化橡胶	芳香族双叠氮化合物	紫外全谱（300~450 nm）	2 μm 以上集成电路和半导体器件
酚醛树脂 – 重氮萘醌正胶	酚醛树脂	重氮萘醌化合物	G 线（436 nm） I 线（365 nm）	0.5 μm 以上集成电路 0.35~0.5 μm 集成电路
248 nm 光刻胶	聚对羟基苯乙烯及其衍	光致产酸剂	KrF（248 nm）	0.25~0.15 μm 集成电路
193 nm 光刻胶	聚脂环族丙烯酸酯及其共聚物	光致产酸剂	ArF（193 nm 干法） ArF（193 nm 浸没法）	130~65 nm 集成电路 45 nm，32 nm 集成电路
EUV 光刻胶	聚酯衍生物分子玻璃单组分材料	光致产酸剂	极紫外（EUV，13.5 nm）	32 nm，22 nm 及以下集成电路
电子束光刻胶体系	甲基丙烯酸酯及其共聚物	光致产酸剂	电子束	掩膜版制备

3.2 IC 光刻胶的发展与应用

光刻技术是集成电路制作过程中的完成图形转移的关键工艺。首先将光刻胶涂覆在半导体、导体和绝缘体上，经曝光显影后留下的部分对底层起保护作用，然后采用超净高纯试剂进行蚀刻，从而完成了将掩膜版图形转移到底层上的图形转移过程。一个 IC 的制造一般需要经过十多次图形转移过程才能完成。

随着 IC 特征尺寸向亚微米、深亚微米方向快速发展，光刻机和光刻胶也随之向前发展。光刻机的曝光波长变化趋势为：紫外谱 G 线（436 nm）→ I 线（365 nm）→ 248 nm → 193 nm → 极紫外光（EUV）→ X 射线，甚至采用非光学光刻（电子束曝光、离子束曝光）。光刻胶产品的综合性能也在随之提高，以符合集成工艺制程的要求。

IC 制造中所用光刻胶通常有三种成分：树脂或基体材料、感光化合物（PAC）以及可控制光刻胶机械性能（基体黏滞性）并使其保持液体状态的溶剂。使用的光刻胶按曝光波长分为紫外光刻胶（紫外负性光刻胶、紫外正性光刻胶）、深紫外光刻胶（248 nm 深紫外光刻胶、193 nm 深紫外光刻胶）。

从集成电路的发展趋势来看，未来 5 年内，集成电路用胶市场将持续稳定增长。其中 248 nm 和 193 nm 光刻胶的需求增长率可达 15% 以上，G/I 线的增长率预计在 4%~6%，负胶市场将基本维持现有水平。

3.2.1 紫外光刻胶

3.2.1.1 紫外负性光刻胶

（1）1954 年 EasMtan–Kodak 公司生产出了世界上最早的用合成高分子为原料的光刻胶——聚乙烯醇肉桂酸酯系负性光刻胶，这是人类最先应用在电子工业上的光刻胶。

其光聚合反应的原理：肉桂酰基中的双键在紫外光作用下打开，不同分子上的双键相互作用形成四元环，产生光二聚交联。这样曝光区的分子间发生交联，形成难容的体型网状结构，未曝光区的分子性质不变，由此产生在显影液中溶解性差异，利用这种特性进行微细加工。

该类光刻胶具有无暗反应、存储期长、感光灵敏度高、分辨率好（在 3 μm 左右）等优点，主要用于制备集成电路、电子元件在光刻工艺中作涂层。并适用于印刷线路板、金属标牌、光学仪器、精密量具生产中的微细图形加工，但在硅片上的黏附性差，影响了它在电子工业的广泛应用。

（2）1958 年 Kodak 公司又开发出了环化橡胶 – 双叠氮系负性光刻胶（感光范围 280~460 nm）。因为该胶在硅片上具有良好的黏附性，同时具有感光速度快、最低曝光量可达 3 mJ/cm^2，感光范围在 300~400 nm，抗湿法刻蚀能力强等优点，在 20 世纪 80 年代初成为电子工业的主要用胶，占当时总消费量的 90%。

其光聚合反应原理：该类光刻胶以带双键基团的环化橡胶为成膜树脂，以芳香族双叠氮化合物作为交联剂，在紫外光照射下，交联剂的叠氮基团分解成氮宾，氮宾在聚合物分子骨架上夺取氢而产生自由基，使不同成膜聚合物分子间发生交联，变为不溶性聚合物。

此类橡胶主要用于分立器件和 5 μm、2~3 μm 集成电路的制作。但是随着微电子工业加工线宽的缩小，该系列负胶在集成电路制作中的应用逐渐减少。该系列负胶通常采用正庚烷或专用显影液进行显影，用醋酸丁醋或专用漂洗液进行漂洗。

3.2.1.2 紫外正性光刻胶

目前电子工业中使用最多的光刻胶是 1950 年左右开发出的邻重氮萘醌 - 酚醛树脂系正性光刻胶。与环化橡胶 - 双叠氮系负性光刻胶相比，其分辨率高，抗干法刻蚀性好，耐热性好，去胶方便，但也具有感光速度慢、黏附性和机械强度较差等缺点。

此类光刻胶的光聚合机理：经紫外光照射后，曝光区的邻重氮萘醌化合物发生光分解，经 woff 重排后生成茚羧酸，使胶膜溶于稀碱水溶液中，未曝光部分由于没有发生变化，不溶于稀碱水溶液，从而在曝光区和未曝光区经碱水显影后产生正性图像。目前广泛使用的邻重氮萘醌化合物有 214 邻重氮萘醌磺酸酯及 215 邻重氮萘醌磺酸酯。

酚醛树脂系紫外正胶则采用碱水溶液显影，纯水漂洗。在电子工业中此类光刻胶的显影液多为 2.38% 的四甲基氢氧化铵水溶液。

邻重氮萘醌 - 酚醛树脂系紫外正性光刻胶，根据所用的曝光机不同，又可分为宽谱紫外正胶、G 线正胶、I 线正胶。三者虽然都是用线型酚醛树脂做成膜树脂，重氮萘醌型酯化物作感光剂，但在酚醛树脂及感光剂的微观结构上稍变化，因此三者性能，尤其是分辨率不一样，用途也不一样。宽谱紫外正胶用于 2~3 μm、0.8~1.2 μm 集成电路的制作。G 线紫外正胶采用 G 线曝光，用于 0.5~0.6 μm 集成电路的制作。I 线紫外正胶采用 I 线曝光，适用于 0.35~0.5 μm 集成电路的制作。

I 线光刻技术的研制始于 20 世纪 80 年代中期，90 年代初进入成熟阶段，90 年代中期取代了 G 线光刻胶的统治地位，I 线光刻技术目前仍是最为广泛应用的光刻技术。I 线光刻胶最初分辨率只能达到 0.5 μm，随着 I 线光刻机的改进，I 线正胶能制作线宽为 0.25 μm 的集成电路，延长了 I 线光刻技术的使用寿命。

3.2.2 深紫外光刻胶

深紫外光刻胶因其曝光波长短，衍射作用小，具有分辨率高、灵敏度高、反兼高、透过性好、与基片的黏附性好、耐化学腐蚀及耐干法蚀刻性好等优点，目前已经被广泛用于亚微米（0.25~0.35 μm）集成电路及掩膜版的制作工艺中。

与紫外光刻胶不同的是，深紫外光刻胶均为化学增幅型光刻胶。化学增幅型光刻胶的特点是：在光刻胶中加入光致产酸剂，在光辐射下，产酸剂分解出酸，在中烘时，酸作为催化剂，催化成膜树脂脱去保护基团（正胶），或催化交联剂与成膜树脂发生交联反应（负胶），而且在脱去保护基反应和交联反应后，酸能被重新释放出来，没有被消耗，能继续起催化作用，大大降低了曝光所需的能量，从而大幅度提高了光刻胶的光敏性。

3.2.2.1 248 nm 深紫外光刻胶

以 KrF 准分子激光为曝光源的 248 nm 光刻胶的研究始于 1990 年前后，在 20 世纪 90 年代中后期进入成熟阶段。由于酚醛树脂 - 重氮萘醌系光刻胶在 248 nm 处有很强的非光漂白性吸收，光敏性很差，因此无法继续使用。聚对羟基苯乙烯及其衍生物在

248 nm 处有很好的透过性，可作为 248 nm 光刻胶的成膜树脂。

首先商品化的是负性光刻胶，但由于其用有机溶剂显影，显影时存在溶胀问题，使分辨率受到限制。为了得到较高的分辨率，人们于是致力于正性光刻胶的研究。

248 nm 正性光刻胶的显影液为碱液，常用的是 NaOH 溶液或是四甲基氢氧化铵（TMAH）溶液。

在化学增型光刻胶中，光致产酸剂对胶的成像性能影响很大。光致产酸剂的种类繁多，在商品化的 248 nm 光刻胶中普遍使用的光致产酸剂能产生磺酸的碘鎓盐和硫鎓盐。

248 nm 光刻胶是配合 KrF 准分子激光器为线宽 0.25 μm，256 M DRAM 及相关逻辑电路而研制的，通过提高曝光机的 *NA* 值及改进相配套的光刻技术，扩展了 248 nm 光刻胶应用的范围，目前已成功用于线宽 0.18~0.15 μm，1G DRAM 及其相关器件的制作。采用移相掩模、离轴照明、邻近效应校正等分辨率增强技术，248 nm 光刻胶能制作出小于 0.1 μm 的图形。这些情况表明 248 nm 光刻胶技术已进入成熟期。

3.2.2.2　193 nm 深紫外光刻胶

用于 193 nm 光刻胶中的成膜树脂通常在侧链上引入多元脂环结构以提高抗干法蚀刻性，在侧链上引入极性基团以提高黏附性。主要有丙烯酸树脂、马来酸酐共聚物、环化共聚物。

与 248 nm 光刻胶相比，193 nm 光刻胶中成膜树脂不含苯环，没有酚羟基，成膜树脂与 PAG 之间没有能量转移，不存在敏化产酸，因此在 193 nm 光刻胶中，PAG 的产酸效率比 248 nm 低。193 nm 光刻胶需要具有高光敏性的 PAG，也有许多新型 PAG 的报道，尤其是酸增幅剂，能大幅度提高光致产酸剂的产酸效率。酸增殖剂主要有各类磺酸酯，如苄基磺酸酯、乙酰乙酸酯磺酸衍生物、缩酮类磺酸酯、环己二醇磺酸酯、三噁烷磺酸酯等。

193 nm 光致抗蚀剂常用显影液为四甲基氢氧化铵（TMAH）显影剂。

3.2.3　极紫外光刻胶

根据 ITRS，EUV 光刻材料量产达到的目标如下：①低的辐照放气量：仅对投影光学系统产生微量的污染，并且污染能够被完全去除；②高分辨率：线宽达到 22 nm 及以下；③高曝光灵敏度：≤ 10 mJ/cm^2；④低的 LER：≤ 1.5 nm（3σ）。光刻材料的三个性能参数 Resolution、Sensitivity、LER（RSL）存在着平衡制约关系，要提高光刻材料的性能必须同时提升三个性能参数 RSL，以提高光刻胶的综合性能。

目前极紫外光刻因为最终的工艺技术还有待完善，因此光刻胶体系也还未确定，不似 248 nm 和 193 nm 光刻胶已定型。193 nm 光刻使用的是 CAR（chemically amplified resists，CAR）光刻材料，它具有曝光灵敏度高的特点，非常适合曝光功率受光源能力限制的 EUVL，但它存在酸扩散引起的曝光区与非曝光区边界模糊效应，分辨率和线宽粗糙度难以满足要求，CAR 用于 EUV 光刻需要进一步改良。另一方面为了克服传统光刻 CAR 材料固有的局限性，人们从基质材料、PAG、曝光机理等方面入手，设计合成了各种新的光刻材料体系。研究领域可分为 CAR 和 Non-CAR 两大体系，2009 年 CAR 份额约占全部材料的 89%，就研究和试用的体系主要有以下几个体系。

3.2.3.1 聚对羟基苯乙烯及共聚物光刻胶

聚对羟基苯乙烯（poly 4-hydroxystyrene，PHS 或 PHOST）受 EUV 辐照后，二次电子产率比其他聚合物都要高，含有多苯环结构能够保证它在图形转移过程中具有较高抗蚀性。所以 PHS 或者与其他单体形成的共聚物（hybrid）成为 EUV 光刻的主要研究材料。光刻材料由基质、带有保护基团的 PHS & Hybrid（PAG）、酸猝灭剂和溶剂组成。成膜后经前烘去除溶剂。

3.2.3.2 聚合物 -PAG 一体化光刻胶

为了限制 CAR 中 PAG 的扩散和提高 PAG 在基质材料中分散的均匀性，来自 Dow 公司的 James W. Thackeray 等人于 2011 年提出将 PAG 阴离子基团用共价键方式结合到聚合物支链上形成聚合物 -PAG 一体化光刻材料（polymer bond PAG，PBP），与聚合物 PAG 混合材料相比，线宽 30 nm 时，曝光灵敏度略有下降，为 10 mJ/cm^2，而线宽粗糙度得到很大的改善，仅为后者的二分之一（3.1 nm），材料的分辨率可以达到 22 nm 节点及以下，优化材料和工艺参数后线宽 22 nm 的曝光剂量为 12 mJ，线宽粗糙度为 4.2 nm。

3.2.3.3 分子玻璃光刻胶

在传统 CAR 光刻胶中，基质材料为高分子，高分子分子量大，成膜后团簇尺寸较大，聚合物长分子链间往往缠绕在一起，显影后容易造成线宽粗糙度过大。因此研究人员提出分子玻璃的设计思想，设计带有保护基团小分子量有机材料，有机材料能够用旋涂工艺制备均匀无序的非晶态薄膜，成膜后分子聚集态团簇尺寸较小，同时薄膜要具有一定的热稳定性（Tg > 150 ℃）。2010 年，来自日本 Selete 的 Hiroaki Oizumi 等人报道了多家公司提供的 EUV 分子玻璃光刻胶产品性能。这些光刻材料分别为环形间苯二酚衍生物、“Noria-AD”水轮状分子和富勒烯衍生物。环形间苯二酚衍生物在线宽尺寸 45 nm 时，获得了清晰的图形，线宽粗糙度在 5 nm 左右。分子量大的水轮状分子、富勒烯衍生物的分辨率较环形间苯二酚衍生物有所提高，在线宽 28 nm 时获得清晰的图形。上述分子玻璃材料在线宽较小时塌陷和变形严重，很难实现 22 nm 线宽的分辨率。

3.2.3.4 光致自由基链式聚合

2011 年 Masamitsu Shirai 等人报道了一种 Non-CAR 负性 EUV 光刻材料，乙炔基单体与硫醇类交联剂之间通过光引发的自由基发生聚合反应，在相同曝光剂量下，45 nm 厚薄膜光刻图形的清晰度优于 60 nm 厚薄膜。薄膜曝光放置 3 天后显影，由于发生自由基的从曝光区往非曝光区迁移，分辨率和图形质量大大下降。

3.2.3.5 主链光分解型光刻胶

2011 年 Jun Iwashita 等人报道了可主链降解的星形聚合物用于 EUV 光刻。星形聚合物的中心在酸催化加热条件下先分解成小的分子，小分子上的保护基团再被去除，设计制备了 PHS、PHOMS 可降解的星形聚合物和 PHS 不可降解的星形聚合物，与 PHS、PHOMS 线性聚合物材料一起进行了 EUV 光刻性能表征，结果表明不可降解的 PHS 星形聚合物分辨率最差，线宽 30 nm 时，线条间不能完全分离。可降解的星形或线性聚合物在线宽 30 nm 时获得清晰的图形，它们曝光灵敏度相当，但在线宽粗糙度上可降解的星形聚合物明显优于线性聚合物。

3.2.3.6　有机 – 无机纳米复合光刻胶

2011—2012 年美国 Connell 大学 MarkosTrikeriotis 等人先后报道了以过渡金属铪或锆的氧化物为核心，甲基丙烯酸为壳层的 HfMAA、ZrMAA 纳米粒子为 EUV 光刻材料，纳米粒子直径 2~3 nm，体系中加入光自由基引发剂或者 PAG 曝光后使用不同的显影剂进行显影，结果呈负性或正性光刻。上述材料具有较突出的曝光灵敏度，HfO_2 材料分辨率为 31 nm，曝光功率密度为 7 mJ/cm^2，ZrO_2 材料分辨率和灵敏度都优于 HfO_2，分别为 26 nm，4 mJ/cm^2。该种材料在图形转移时呈现良好的抗蚀性能，HfMAA 薄膜经氧气氛等离子处理，用 SF_6/O_2 刻蚀，腐蚀速率为 PHOST 的 1/25。2012 年 Brian Cardineau 等人研究不同类型官能团的有机包裹剂对形成有机 – 无机纳米复合材料稳定性的影响，改善了此种材料的稳定性和其他性质。

3.2.3.7　过渡金属非晶态过氧化物复合光刻胶

2011 年美国 Inpria 公司开发出一种过渡金属铪非晶态过氧化物用于 EUV 光刻，用 Sol-Gel 方法制备铪过氧化物水溶液，用标准的旋涂工艺可制备出高表面质量的薄膜（薄膜的表面粗糙度 RMS：0.2 nm）。此种材料与 PHS 相比具有较大的密度和 EUV 吸收截面。薄膜经 EUV 曝光后，产生交联效应，曝光区和非曝光区在碱性显影剂如 TMAH 中发生选择性溶解，呈现负性光刻。最小分辨率达到线宽 11 nm，线宽为 22 nm 时，线宽粗糙度达到 3 nm。在曝光过程中放气量小，主要为 O_2 和 H_2O，对光学元件不产生污染。材料本身在图形转移时具备优良的抗蚀性能。但是该材料的曝光所需的能量密度较大，为 80 mJ/cm^2（线宽 22 nm），经过成分和合成方法上的改进，使曝光所需的能量密度降低到 25 mJ/cm^2。

3.2.3.8　总结

极紫外光刻是下一代集成电路光刻技术，目前正在走向应用。ASMAL、Intel、三星、台积电等企业已在 193 nm 制程内逐渐切入极紫外光刻。但由于光源功率的挑战、反射掩膜版和反射成像的挑战，全面取代 193 nm 仍然还有相当长时间。对光刻胶，挑战也是巨大的，上面介绍的研究和使用的体系，各有局限性，还没有一种体系堪称成熟，可以适用全 EUV 光刻制程的光刻，满足下一代 10 nm 以下的 IC 产品需求。

4　光刻技术的其他应用

4.1　光刻技术在平板显示器产业中的应用

在平板显示器制造中，平板显示器电路的制作、PDP 显示器障壁的制作、LCD 显示器彩色滤光片的制作均需采用光刻技术，使用不同类型的光刻胶。

4.1.1 氧化铟锡电极（ITO）的制作

在平板显示器制造中光刻胶的最主要应用是氧化铟锡透明电极的制作。平板显示器是液晶、惰性气体或有机发光材料在一定电压下使液晶发生扭曲、控制光线通过与否或使惰性气体产生气体放电或激发有机发光材料发光而产生可见光的显示器，所以制作精细电极是平板显示器的关键技术。早期使用感光厚膜法，以光刻导电银浆为电极制作材料，经印刷、光刻和烧结等工艺制作电极，分辨率在 40 μm 左右。现在改用溅射 ITO 透明导电层，然后采用光刻工艺制作电极，分辨率在 40 μm 左右。光刻工艺的改进，对提高平板显示器的画面质量和分辨率起了重要作用。ITO 电极制作中使用的光刻胶可为叠氮萘醌类正性光刻胶，也可用丙烯酸酯类负性光刻胶。

4.1.2 PDP 显示器障壁制作

PDP 显示器障壁制作是显示屏制造的关键之一。光刻法可以实现一次完成并可得到高精度障壁结构。用于制作障壁的光敏蚀刻材料由光固化树脂、光引发剂和无机填料组成，通过掩膜 UV 曝光、显影后树脂固化形成障壁。OLED 显示器的阴极障壁制作方法与 PDP 相同，一般使用负性光刻胶。

4.1.3 LCD 衬垫料制作

用光刻技术制作柱形制衬垫料是一种新的垫衬料制作技术。将负性光刻胶在定位区域涂膜，用光刻工艺制成间隔柱。该工艺要求形成衬垫物的光刻胶有精确的分辨率，足以支持液晶盒的压力。

4.1.4 彩色滤光片制作

彩色滤光片是 LCD 显示器彩色化的关键组件，其作用是实现 LCD 面板的彩色显示。其制作方法有染色法、染料分散法、颜料分散法、电着法、印刷法等多种，其中染色法、颜料分散法和电着法均需用光刻技术。

截至 2016 年年底，我国已建成 TFT-LCD 生产线近 40 条，10 多条小尺寸 AMOLED 生产线。到 2016 年年底，我国 TFT-LCD 光刻胶市场已达 10 亿元人民币，LCD 用光刻胶的市场潜力可见一斑（信息来自行业报告）。

4.2 光刻技术在触摸屏领域的应用

触摸屏（TP）技术方便了人们对计算机的操作使用，是一种极有发展前途的交互式输入技术。世界各国对此普遍给予重视，并投入大量的人力物力进行研发，新型触摸屏不断涌现。在触摸屏中间的核心部分即要用网印感光型抗蚀刻油墨制造 ITO 图形。所以说光刻技术在触摸屏的制造中有非常重要的应用。

（1）电阻式触摸屏：其结构是由两层高透明的导电层组成，通常底层为 ITO 玻璃，顶层为 ITO 薄膜材料，中间有细微的绝缘点隔离（但现在市面上也有两面都采用 ITO 玻璃组成的）。ITO 是锡铟的混合涂层，较为透明，是制造触摸屏的首选材料。

化学刻蚀法是 ITO 图形制备的最成熟和可行的技术，使用的原料有蚀刻膏、抗蚀油墨、光刻胶。其制造工艺流程：表面清洁处理→网印感光抗蚀刻油墨→预干燥→曝光→显影→清洗→后烘→清洗→退墨→清洗→干燥。

（2）电容式触摸屏：其构造主要是在玻璃屏幕上镀一层透明的薄膜体层，再在导体层外加上一块保护玻璃，双玻璃设计能彻底保护导体层及感应器。电容式触控屏可以简单地看成是由四层复合屏构成的屏体：最外层是玻璃保护层，接着是导电层，第三层是不导电的玻璃屏，最内的第四层也是导电层。

正性材料制作电屏制程：ITO（氧化铟锡导电玻璃）、薄膜、玻璃（触摸屏基板或称承印物）→网版→蚀刻胶浆网版印刷→干燥→银（Ag）线路网版印刷→干燥（烘干处理）→干燥（热硬化）→网版印刷绝缘胶→……其所用感光乳剂需有较强的耐酸性。

负性材料制作电屏制程：ITO（氧化铟锡导电玻璃）、薄膜、玻璃（触摸屏基板或称承印物）→网版印刷蚀刻油墨→蚀刻→脱膜→网版印刷银浆线路→……所用油墨为 UV 耐酸油墨。

触摸屏是一个很有发展潜力的技术，会成为光刻技术在电子产品领域的一个很重要的应用。

TP 行业的快速发展，导致相关光刻胶用量迅猛增长，未来 5 年复合增长率将超过 30%，可见 TP 产业光刻胶前景不可估量。

4.3 光刻技术在 LED 加工领域的应用

发光二极管（light-emitting diode，LED），由含镓（Ga）、砷（As）、磷（P）、氮（N）等的化合物制成。发光二极管是一种能将电能转化为光能的半导体电子元件。这种电子元件早在 1962 年出现，早期只能发出低光度的红光，之后发展出其他单色光的版本，时至今日能发出的光已遍及可见光、红外线及紫外线，光度也提高到相当的光度。随着技术的不断进步，发光二极管已被广泛地应用于显示器、电视机采光装饰和照明。它的加工和批量生产光刻是其最重要的工艺之一。目前主要应用的是重氮萘醌系正性光刻胶。

4.4 光刻技术在微机电（MEMS）领域的应用

MEMS 是 micro electro mechanical systems 的缩写，即微电子机械系统，简称微机电系统，在全称上各地区略有差异，日本叫微机械（micro machine），欧洲称作微系统（micro system）。

MEMS 器件具有体积小、重量轻、能耗低、惯性小以及效率高、精度高、可靠性高、灵敏度高的特点，非常适于制造微型化系统。它是以电子、机械、材料、制造、信息与自动控制、物理、化学和生物为基础，通过微型化集成化来探索新原理新功能为目标，研究设计具备特定功能的微型化装置，包括微结构器件、微执行器、微机械光学器件、微系统以及微传感器。

这类微器件相较于常规器件往往具备更完善的性能，其制造过程也成本更低。以压力传感器为例，常规压力传感器利用晶体的各向异性，受一定方向的机械作用力时变形，产生极化效应研制出了压力传感器；而微压力传感器采用疲惫小的单晶硅，利用 MEMS 工艺制造，相比于传统压力传感器具有精度高、敏捷度高、动态特性好、体积小、抗侵蚀以及成本低等优点。

在工艺上 MEMS 是以半导体制造技术为基础发展起来的，其中采用了半导体技术中的光刻、腐蚀、薄膜等一系列的技术与材料。MEMS 更加侧重于超精密机械加工，因而原材料之一的光刻胶的选择在 MEMS 加工中至关重要。

以 MEMS 微传感器为例，基于构筑原理的不同，采用性能特点各异的光刻胶。例如：Qian Mei、Steven A. Soper 和 Z. Hugh Fan 在 *Fabrication of Microfluidic Reactors and Mixing Studies for Luciferase Detection* 文中指出，需要在玻璃表面部分沉积金属，并覆盖镶嵌有反应槽的上盖，所以选用了有一定厚度的正性光刻胶 AZ4562，通过曝光、显影、沉积金属和去胶在部分玻璃表面沉积金属，再于硅片表面通过重复的曝光显影步骤，得到反图形，再沉积高聚物通过去胶的方法，得到嵌有图形的高聚物上盖；再比如 SU-8 光刻胶由于表面张力较小，膜层较厚，所得图形深宽比大等特点在 MEMS 微传感器领域应用较为普遍。除了上述例子中被用于加工反应池，还被广泛用于加工微传感器中的电极。例如：通过曝光显影方法得到指定图形均匀排布的光刻胶阵列，经过高温煅烧得到相同形貌的碳阵列，作为电极的前驱体，在其表面修饰固定酶分子，制备出具有氧化还原活性的电极材料。

基于光刻技术的微传感器作为电传感器的一个分支，依靠低成本、高精度、批量生产等特点在生物化学检测领域逐渐崭露头角。采用 MEMS 技术制作的微器件、微系统在航空航天、机械制造、生化检测、环境监控等各大领域中都有十分广阔的应用前景。作为未来主导产业之一的 MEMS 技术，必将对 21 世纪人类的科学技术、生产方式和生活方式产生深远的影响。

4.5 光刻技术在其他领域的应用

光刻胶在印制电路板（printed circuit board，PCB）行业的应用：PCB 的制造目前 90% 以上使用光致抗蚀剂光刻制造，所用材料为抗蚀油墨。因为早期电路板用丝网印刷方式将抗蚀油墨印刷到覆铜板上，形成电路图形，再用腐蚀液腐蚀出电路板。所以 PCB 这个词沿用下来。不过由于光刻技术具有精度高、速度快、相对成本低的优势，基本取代了丝网印刷方式制造电路板。

光刻技术还广泛应用于其他领域，例如液体火箭发动机层板喷注器上金属板片型孔的双面精密加工，以及液体推进剂预包装贮箱上的膜片阀金属片刻痕，都是采用光刻工艺技术完成的。光刻技术还用于在金刚石台面上制备金属薄膜电极以及在偏聚二氟乙烯

（PVDF）压电薄膜上制备特定尺寸和形状的金电极。此外，光刻技术还被广泛应用于制作各种光栅、光子晶体等微纳光学元件。早在 80 年代中期，Ⅲ ~ Ⅴ族化合物光电子器件的制备就用到了激光全息光刻技术，其中研究最多的是用全息光刻直接形成分布反馈（DFB）半导体激光器的光栅结构。Aoyagi 和 Podlesnikt 等人用 Ar^+ 激光和 I_2（0.1%）+ KI（10%）及 H_2O_2 : H_2SO_4 : H_2O 的腐蚀液在 GaAs 表面上实现了 DFB 激光器光栅的制备。

在医用领域还用光刻制造微针和生物芯片等微细医疗器件。

5 新型纳米蚀刻技术及应用

以 EUV 光刻为代表的纳米蚀刻技术代表了人类迄今为止能达到最精细的加工手段，从原子、分子层面构建各种新型光电子、生物探针、芯片等已不再是梦想。尽管传统光刻在高集成半导体芯片量产方面占据了不可替代的角色，但昂贵的设备（AMSL EUV 光刻机问世时售价高达 1 亿美元）、苛刻的使用环境（百级洁净室）、较长的设计周期与高准入门槛等制约着微纳蚀刻平台为广大科研人员服务。开发新型微纳蚀刻技术，弥补传统光刻技术在成本、设计周期、使用环境、图形灵活度等方面的不足，也是近些年来的一个研究热点。

例如，无掩膜的电子束 / 聚焦离子束光刻、激光直写光刻、微 LED 光刻省去了光刻掩膜版，大大缩短了光刻周期，提高了光刻效率。电子束曝光出色的分辨率（分辨率可达 2~10 nm）赋予了普通实验室在纳米尺度设计、研发各种新型光电子器件的能力。阳极氧化铝模板（AAO）更是充分利用了化学自组装法在高纵横比、小尺寸、大面积与极低成本的优势，使普通化学实验室也具有十几纳米点阵图形化的能力。利用软胶与硬模子之间的共形接触（conformal contact）而发展成的纳米压印光刻，可在包括曲面衬底上压印互补的准二维、甚至三维微纳图形。蘸笔纳米光刻更是利用锥形针尖所具备的微米 – 纳米准连续的结构，可实现微纳图形的准连续调节，其在常温、常压操作的优势使其在构建分子检测探针中有独特的优势。

5.1 电子束 / 聚焦离子束光刻

电子束光刻（electron beam lithography，EBL）技术是由 Mollenstedt 等人首先提出，利用扫描电子显微镜电子枪所产生的电子束，通过电磁透镜聚焦、像差校正、电子束斑调整、电子束偏转校正，利用扫描透镜根据电子束曝光程序的安排，在涂布有电子抗蚀剂光刻胶的基片表面上逐点扫描写出所需要的图形。并且电子束曝光的波长取决于电子能量，电子能量越高，曝光的波长就越短，因此电子束光刻不受瑞利极限的限制，可以得到接近于纳米级别的分辨率。2012 年 MIT 采用电子束光刻技术将分辨率提升到 9 nm 节点。2014 年 Kim 等提出一种“丝膜”（silk film）作为光刻胶的水基 EBL 光刻工艺。由于丝膜多态的晶态结构，使得它既可以作为正性光刻胶，也可以作为负性光刻胶与电子束产生作用。通过这种工艺得到纳米光子晶格，成果发表在 *Nature Nanotechnology* 上。

聚焦离子束（focused ion beam，FIB）技术就是在电场和磁场的作用下，将离子束聚焦到亚微米、纳米量级，通过偏转系统和加速系统控制离子束，实现精细图形的检测分析和纳米结构的无掩膜加工。随着现代镓离子源能够提供稳定输出和较长的寿命，FIB 光刻逐渐对 EBL 产生竞争，虽然 FIB 光刻在可实现的分辨率上要低于 EBL，但是在抗蚀剂层大的聚焦深度和非常小的粒子散射方面也是 EBL 无法比拟的优势所在。由于聚焦离子束光刻的生产效率还没有得到提升，所以主要应用于特殊掩模的制造以及检验和修复器件的缺陷。

由于电子（离子）束光刻在分辨率（包括电子束/离子束本身的窄线宽，及优良的空间对准精度）、图形设计方面的优势，常用于设计、研究新型器件，包括多栅场效应管（multi-gate FET）、隧道结（tunneling FET）、鳍式场效应晶体管（fin FET）等电子器件。同时，EBL 推动着新型非硅基半导体器件（比如碳纳米管、石墨烯、MX_2 等）的研发，2017 年的 *Science* 期刊就报道了我国科学家在 10 nm 以下技术节点的突破性工作，北京大学彭练矛借助 EBL 构建了 5nm 碳纳米管 COMS 器件，打破了传统硅基极限。

除了电子器件，EBL 在微纳尺度内构建周期性阵列的能力也为新型光子器件，包括光子晶体器件，及微纳透镜带来了激动人心的研究成果。登上 *Science* 封面的“超级镜头”，发明者是美国哈佛大学的 Federico Capasso 教授团队。他们使用高纵横比的二氧化钛纳米阵列构成“超表面”（metasurfaces）以控制其中光波相互作用的方式，得到了数值孔径（*NA*）高达 0.8 的透镜，可在可见光谱范围内高效率工作，实现亚波长分辨率成像（subwavelength resolution imaging）。简单点说，就是一个比一张纸还要薄的透镜，可将图像放大 170 倍，而且图像质量还和当前世界上最先进的光学成像系统相当。这项技术的革命性在于它可在可见光谱范围内工作，这意味着它有可能取代当今各种设备中的镜头，从显微镜到照相机和手机。这种超小、超轻、超薄、柔性的超级镜头可以应用在很多方向，比如智能手机、相机、可穿戴设备、虚拟现实设备等。

5.2 激光直写光刻

激光直写光刻（laser direct write lithography，LDWL）作为一种无掩模光刻技术，是利用强度可变的激光束对基片表面的抗蚀材料实施变剂量曝光，显影后在抗蚀层表面形成所要求的图形。LDWL 技术同样是一种新的衍射光学元件（diffractive optical element，DOE）制作技术，1983 年 Gale 和 Knop 在二维直角坐标下利用激光束在光刻胶上扫描制作了精密的透镜阵列，这是关于 LDWL 技术最早的文献资料。2010 年，Fischer 等人获得了激光直写光刻的三维结构，他们在选用一种受激发射损耗（stimulated emission depletion）光刻胶并且采用双色双光子激励的实验方案，实现 65 nm 线宽，在调整光刻胶的跃迁机制和降低连续激光的双光子激励之后得到了更好的结构。LDWL 技术中，光学系统新型光刻胶的出现将会使这种先进的光刻技术走向更小的技术节点。Bückmann 和 Stenger 课题组在 2012 年提出“Dip-in”三维激光直写光刻技术，解决了玻璃基体和光刻胶折射率不匹配的问题。2016 年英国 Blackett 实验室 Braun 采用正性光刻胶的双光子聚合（two-photo polymerization，TPP）LDWL 技术再进行剥离操作，制成基于纳米结构序列的（surface enhanced infrared absorption，SEIRA）化学传感器件，这些传感器在光学上揭示了 9 种不同的分子振动图谱，得到了增强的传感器能达到 20 种。由于该技术只需通过控制激光强度和扫描刻写路径就可以实现高精度任意图形的刻写，系统较其他刻写方式而言更为简单，成本也更为低廉，因此，该技术适用于高精度单件或小批量的生产，在科研领域也具有广泛的应用。

5.3 微 LED 光刻（micro-LED lithography）

传统光刻光源多数采用均匀的面光源，微纳图形是由掩模版或者微透镜阵列传递到光刻胶。若能将光源缩小至微米量级以下，单个光源接触曝光后的像素点也应该在微米尺度，MEMS 技术的发展能使我们制备出微米尺度的 LED 器件，包括紫外波段的 GaN 基薄膜、纳米线或者量子点 LED。通过互连电极设计，既可以做成单个像素独立控制的发光器件，也能做成全像素集体发光的器件，启发了微型 LED 阵列器件在高分辨全彩显示、二元神经元成像、无掩模微 LED 光刻等多方面用途。

2001 年，加州大学伯克利分校的杨培东首先在 *Science* 上报道了 ZnO 纳米线激光器，指出单晶纳米线规则的几何外形及原子级层面平整的端面充当了良好的光波导、光增益介质，纳米线在光泵浦激励下，产生了尖锐的受激辐射激光（388 nm），激光从纳米线端面出射，有很好的方向性。杨培东当时预言了纳米线激光器可用于今后无掩膜光刻。2012 年，Guilhabert 使用 COMS 驱动的 GaN LED（直径 10 μm，发射波长 370 nm）阵列（8 × 8），经 40 倍透镜聚焦后，实现了最小线宽为 500 nm 图形的（无掩膜）直写。2015 年，Mikulics 在 Si 衬底上制备了直径仅为 100 nm 的 GaN LED，由于光活性层采用了 GaN 多层量子阱（MQW），能够控制单光子发射，并展示了 nano LED 作为直写光源曝光的可行性，提出了一种使用 nano LED 阵列来实现精细图形直写的策略。

5.4 自组装阳极氧化铝模板（AAO template）

构建有序纳米孔通道，在纳流体、等离子体基元共振、均一有序纳米线阵列催化生长等方面有着广阔的应用前景。传统光刻在构建高纵横比、高密度纳米孔阵列面临很多挑战，化学家发明了一种新的模板法，先驱性的工作由 1995 年 Masuda 教授报道，高纯铝片在一定的电解液中进行阳极氧化，通过控制电解液及电解条件，可获得直径在 10~400 nm 的纳米孔，这些自组装的纳米孔呈现六角蜂窝状，孔排列短程有序，阳极氧化时结合硬质模板压印，可进一步设计不同孔形状、不同间距的图形。相对于传统光刻，这种化学法制备的模板有以下优点：①可获得高纵横比的纳米孔；②掩膜版有很好的热及化学稳定性；

③纳米孔阵列可通过简单的电化学氧化调节；④掩膜尺寸可向上扩展（scale up）；⑤成本低廉。

AAO 模板的这些独特的性质为我们提供了一种设计各种纳米结构的途径，除了制备单一组分的纳米线、纳米管外，通过更换电解液可以方便地制备各种径向 / 轴向异质结。基于这种技术，美国西北大学的 Chad A. Mirkin 研究组制备了一种由多组金纳米盘对组成的纳米线，并采用拉曼分子吸附功能化。这种方式可以对每一对纳米盘阵列进行编码，采用这种结构，他们成功地实现了浓度仅为 100 fM 的 DNA 分子探测。

AAO 模板（准周期结构）本身也是一种类光子晶体，通过调节 AAO 模板几何周期特性，中科院固体所费广涛研究组展示了 AAO 类光子晶体结构色调控。加州大学伯克利分校的张翔教授研究组在双通 AAO 模板中沉积银纳米线，研究发现这种孔道内填充了金属银的复合材料在可见光波段表现出负折射率特性。以可见光波段激光斜入射到材料表面后，在背面采用锥角光纤头探测不同位置的出射光，发现光的 TM 模式表现出负折射率特性，而 TE 模式仍为正折射率特性，成果发表在 2008 年 *Science* 上。这种特性将在光波导、成像以及光通讯方面有潜在应用。

高效率黑体材料 AAO 模板在海水淡化领域也出现了新的创新应用。利用太阳能光蒸馏的海水淡化技术低碳环保，多年来一直受限于较低的光热转换效率（约为 30%~45%）而无法大规模应用。2016 年，南京大学现代工学院朱嘉教授课题组首次利用等离激元增强效应实现了高效太阳能海水淡化（能量传递效率约 90%，淡化前后盐度降低 4 个数量级）。等离激元铝黑体材料具有宽太阳光谱超高光吸收效率（在 400~2500 nm 宽太阳光谱范围平均吸收效率 > 96%），使得漂浮在水面的 AAO 模板局部温度升高，非常有利于淡水蒸汽的快速产生，AAO 双通膜的多孔结构又提供了有效的蒸汽逃离通道。铝颗粒等离激元黑体材料制备采用低成本金属铝为唯一原材料，采用了简单可规模化生产的自组装制备方法，测量表明，淡化后的水质为优于世界卫生组织标准的可饮用水，且材料的淡化性能表现出良好的稳定性和耐用性，这对高效率太阳能海水淡化技术的实用化将产生重要的意义。朱嘉教授也因这个工作被麻省理工评为全球 TR35 最佳青年科技创新者。

5.5 纳米压印光刻

纳米压印光刻（nanoimprint lithography，NIL）是一项将古老石版印刷技术引入到现代高科技的技术，1995 年由华裔科学家、普林斯顿大学纳米结构实验室的 Stephen Y. Chou 教授首先在一篇论文中作为一种简单、低成本、高吞吐量的纳米制造技术提出，吸引了许多科研人员和工程技术人员的关注，不仅被称为下一代光刻技术（next generation lithography，NGL），而且被誉为十大可改变世界的科技之一。

纳米压印技术是将具有纳米级尺寸图案的模板通过某种方式将图案作用到高分子材料的衬底上，进行等比例压印复制图案的工艺，其实质是液态聚合物对模板结构腔体的填充过程和固化后聚化物的脱模过程。它利用不同材料（即模具材料和加工材料）之间的杨氏模量差，使两种材料之间相互作用来完成图形复制转移。NIL是基于直接机械变形，所以它的分辨率不受限于光的衍射和光束散射等传统光刻受限的因素。作为一项发展前景广阔的技术，NIL技术也被纳入2015年《国际半导体技术发展路线图》7 nm和5 nm工艺节点并且预测会发展为3D结构，成为下一代光刻技术最有力竞争者，并且有可能成为下一代光刻技术的主流技术。NIL根据抗蚀剂固化可以分为热压印（thermal NIL）和紫外纳米压印（UV–NIL）；根据压印接触方式又可分为板对板NIL（plate–to–plate，P2P NIL）、卷对板NIL（Roll–to–Plate，R2P NIL）和卷对卷NIL（roll–to–roll，R2R NIL）。

紫外纳米压印（UV–NIL）是基于解决热纳米压印在温度升高导致图案变形、高温高压导致工艺周期长而提出的改进方案。UV–NIL是美国Texas大学Colburn等人提出的在常温下完成图案转移的压印技术。该工艺的过程与热纳米压印主要区别在于图案模版材料必须采用对紫外线透明的石英等，在硅基板涂布一层低黏度、对UV感光的液态高分子光刻胶，外在机械应力很小，其应力主要产生在固化中的液体收缩上。Matsui等人提出了一种适用于旋涂的优化工艺，此工艺在一种可冷凝的氯氟烃替代气体环境中进行压印，有效抑制了气泡缺陷的发生，2015年，此项工艺已经生产22 nm精度的NAND闪存芯片。2010年荷兰Philips公司与德国Suss MircoTec公司共同开发出紫外固化基底完整压印光刻技术（UV–SCIL），在实现大的压印面积的同时保证了高分辨率。

2012年以来还有一些其他改进的紫外压印工艺，如部分填充式紫外压印、多层多步式紫外压印等。部分填充式紫外压印巧妙借助了胶体填充时的毛细管力以及收缩效应，生产出了高性能、长寿命的抗反射结构模具。多层多步式紫外压印则是利用多步紫外压印，在聚萘二甲酸乙二醇酯（PEN）薄膜上实现了金属—绝缘体—金属结构的转移。

5.6 模板光刻

模板光刻（stencil lithography，SL）是一种基于原子、分子或其他粒子在基体表面沉积、刻蚀和离子注入的方式对材料表面局部改性。科研人员对SL的研究表明，它是一种非常可靠的纳米成形技术，在不同材料和不同基地都能产生非常好的光刻效果。相对于传统的使用抗蚀剂的光刻方式，SL能更好地保持机械稳定和自支撑，因此在光刻过程或者多次使用过程中，模板和基体之间能保持一定的距离，模板通常使用Si、Si_xN_y和聚合物。模板光刻首次被提出是在1959年作为一种微结构技术。1974年，Ingle采用荫罩溅射（shadow masks with sputtering）的方式沉积薄膜，实现了毫米尺寸的结构。1980年，Nguyen提出在太阳能电池上利用模板掩模提升金属沉积效率，并且能免去光致抗蚀剂的处理过程。1999年Lüthi等人实现了SL里程碑式的进展，他们首次展示了分辨率小于100nm的铜纳米线。随着EBL、DUVL（deep–UV lithography）、FIBL、NIL等高分辨率光刻技术的不断进步，制模效果得到显著提高。2010年，Aksu等人实现用于红外等离激元纳米天线的 200 nm Au 纳米点阵列，Vazquez-Mena 等人也展示在硅基和柔性材料上实现 25~200 nm 的 Au 和 Al 纳米点阵列，同时显示了局部表面等离子体共振。SL 在纳米图案成形方面具有许多优势：其一就是不需要涂覆任何抗蚀剂，这就避免了诸如有机材料、化学溶剂、机械压力等一系列问题；其二重复可用性，模板可以在不同基地上对不同材料多次使用；其三动态光刻，模具可以在沉积过程中被移除，这样的好处就是能够对于不同厚度、多种材料结构和不同的图案光刻采用同一个模板。

5.7 纳米球光刻

分辨率是光刻技术的生命线，传统光学的光刻方式已经无法突破衍射极限的限制。存在衍射极限的原因在于远场中倏逝波的损失，倏逝波中带有表示物体精细结构信息的高空间频率谐波，并且谐波强度随距离的增加呈指数衰减，因此只有在近场中存在。纳米球光刻（nanosphere lithography）是一种被广泛关注的简单、低成本、高效的光刻方法，其通过透明纳米球透镜会聚入射光，可在球的背侧附近形成半高全宽小于半波长且焦斑深度超过 2λ 的束腰。用光照这类波长级的透明介质球，在其阴影侧形成的近场焦斑也被称作光子纳米喷射（photonic nanojet），且倏逝波对这类焦斑的形成无贡献。利用纳米球透镜优异的聚焦性质和焦斑的能量，可以对材料表面甚至内部进行直写或者光刻。因为分散在膜层上的单层微球透镜阵列作为掩膜版均一性极高，经单次刻蚀或者曝光、显影就可以获得大面积有序纳米图案，使其优点十分明显。

纳米球光刻是 2004 年提出被应用为一种超分辨率光刻技术（super resolution lithography）。2017 年 Upputuri 等人针对单硅球产生的光子喷射长度不够进而限制应用的缺陷，仿真了纳米球优化设计，得到更窄、更长的光子喷射。2015 年陈宜方等人发展利用光子纳米喷射超分辨率纳米光刻工艺，利用的是光子在介质球里发生的纳米喷射过程所造成的聚焦效应进行超分辨率纳米光刻。其步骤包括：在硅片表面旋涂一层光刻胶，利用电子束光刻，经过显影之后形成半圆槽阵列，随后用浇注材料浇注形成光刻掩膜版；再在另一块硅片表面旋涂另一种光刻胶，将浇注形成的半圆槽阵列光刻掩膜版盖在光刻胶表面，通过光学光刻，显影之后形成光刻胶上的纳米级线条。本发明方法可实现超衍射极限的光学光刻能力；可进行跨尺度多尺度的复杂纳米图形制作；得到的纳米图形结构形貌可控；可实现高效、大面积制造；与现有半导体基础工艺直接相兼容。

5.8 蘸笔纳米光刻（dip-pen Lithography）

使用细针尖的笔描画极细的图形是人类的梦想，现代扫描探针技术的发展将这一想法发挥到极致。1995 年 Jaschke 和 Butt 首次报道了利用原子力显微镜（AFM）针尖（直径几十纳米）将烷基硫醇分子写在 Au 衬底。美国西北大学的 Chad Mirkin 课题组更是充分利用了倒金字塔针尖上精细的纳米 - 微米过渡结构，创造性地将刚性 Si 倒金字塔针尖阵列固定在柔性的 PDMS 垫片上，通过精细调节悬臂梁的作用力来准连续调控针尖与衬底的接触面积，实现了单一模子压印几到几十纳米点阵的精细调节，相关结果发表在 2014 年的 *Nature Nanotechnology* 上。

蘸笔光刻图形由针尖直径写在衬底上，不需要光刻胶，不需额外的剥离工艺，油墨的利用极高，并且蘸写效率高，原则上可实现分子层面到微米尺度的蘸写。此外，由于蘸笔光刻可在常温常压下工作，因而在蛋白质、多肽、DNA 单分子排列，集成生物传感芯片构建、检测等方面有独特的优势。

这些新型光刻技术的发展，弥补了传统光刻的一些不足，极大地丰富了光刻技术的内涵，使光刻技术这种包涵了当今人类能达到最高精度的加工手段来为新型电子、生物芯片、光电子等器件的创新提供必要保障。

6　发展趋势与对策

6.1　光刻技术总结与展望

随着芯片制造产业技术的迅速发展，光刻技术覆盖微细图形的传递、加工、形成的全部过程。因为未来的光刻技术的发展和应用领域将会是多元化的发展趋势。过去的几十年中，光刻技术的研究人员通过创新、努力多次突破了光刻工艺和物理极限限制的加工精度，在充分利用光波的基本物理性质提高曝光的技术，挖掘传统光刻技术的潜力的同时，也创造出许多诸如电子束 / 离子束光刻技术、纳米压印等有着非常广阔前景的新一代的光刻技术。新型光刻技术虽然各有各的优势，但是由于不能满足成本、量产的需求，在短期内还不足以成为主流的光刻技术。目前以 ArF 准分子激光 193 nm 波长光源的曝光技术与浸没光刻和多次曝光技术依然是最具竞争力的光刻手段，仍将会作为 VLSL 集成电路批量生产的主流技术延续。ASML 的 EUV 光刻机近年来逐渐投入实际芯片生产中，标志着 EUV 技术逐渐走向成熟。

在集成电路光刻高速发展的同时，国内外研究人员也在不断地探索针对于不同应用领域的光刻技术，不断地拓展着光刻这一代表人类迄今为止能达到最精细的加工手段，应用于新型纳米电子、光子器件、生物探针、传感器等的研发，极大地推进了相关学科的发展步伐。与此同时，光刻带来微纳加工技术的突飞猛进也为新型光刻带来机遇，比如 GaN 基量子阱单光子 nano LED 的构建、转印、焊接及驱动电路的发展，能为 nano LED 单光子直写光刻带来新的可能。我们仍可期待新成果、新技术的涌现。

6.2　光刻胶行业市场现状及展望

光刻胶的生产销售起步于 20 世纪 50 年代，目前国际上主要的光刻胶供应商有合成橡胶（JSR）、东京应化（Tokyo Ohka Kogyo）、罗门哈斯（Rohm and Haas）、信越化学

（Shin-Etsu Chemical）、富士电子材料（Fujifilm Electronic Materials）、AZ 和韩国东进，他们控制着国际光刻胶市场 80% 以上的份额。

据 SEMI 权威数据统计，国际光刻胶市场从 2002 年到 2007 年 6 年内一直保持快速增长趋势，2007 年全球光刻胶市场总销量约在 2193 加仑，同比增长 4.2%；销售额达到 11.28 亿美元，同比增长 14%。其中 248 nm 及 193 nm 光刻胶市场需求增长是推动光刻胶市场快速增长的主要因素。因受国际金融危机影响，2008 年和 2009 年国际光刻胶市场规模出现下滑，但伴随全球经济的复苏，2010 年市场销售总额为 11.38 亿美元。

我国光刻胶生产水平与国际相比，差距较大，尽管紫外线负胶已经国产化，紫外线正胶也达到了 1 μm 的水平，但高分辨率的 G 线、I 线正胶，248 nm 和 193 nm 深紫光刻胶绝大部分依赖进口。目前国内光刻胶生产销售厂家有苏州瑞红电子化学品公司和北京科华微电子材料有限公司，他们各自的负性光刻胶产能大概是 100 t/a，紫外正性光刻胶产能大概是 500 t/a。另外北京化学试剂所、深圳容大、成都光谱光电、成都博深、苏州华飞、台湾永光、台湾奇美等也有生产和销售。

21 世纪以来，随着我国半导体产业快速发展，我国光刻胶的需求量也以年增长率 35% 的速度快速增长，过去 10 年总需求量增长了近 20 倍。截止到 2011 年光刻胶需求总量已达到 3740 吨，销售额在 13 亿元人民币左右。

集成电路和 LCD 是光刻胶的两大主要应用领域，其中集成电路的需求量占销售总额的 66.42%，LCD 用胶占到了 30.56%。表 6 是我国光刻胶主要应用领域及需求总量。

表 6　我国光刻胶产品主要应用领域及产品需求总量

应用领域	品种	年需求总量（吨）	销售额比例
分立器件	负胶	150	2.72%
集成电路	G/I 线	600	18.04%
	深紫外	360	45.66%
	小计	960	66.42%
LCD	TFT	2000	21.43%
	TN/STN	500	9.13%
	小计	2500	30.56%
LED		130	3.02%
合　计		3740	100.00%

从发展趋势看，随着中低端（8 寸及以下 FAB）IC 产能向中国转移，以及国内平板显示器（FPD）、发光二极管（LED）、触摸屏（TP）等产业的迅速发展，预计未来 5 年我国光刻胶年需求量将以超过 30% 年均增长率增长。面对日益增长的光刻胶市场，国内的光刻胶生产能力远远不足。

6.3 新型纳米蚀刻技术总结

表 7 新型纳米蚀刻技术比较与展望

光刻技术	工艺特点	应用背景	前景展望
电子束、聚焦离子束光刻	曝光源为电（离）子束，不受瑞利极限限制，接近纳米级别分辨率	新型微纳电子、光子器件研发	与 193 nm 及 EUV 光刻技术相匹配，适用于研发
激光直写光刻	无掩模光刻技术	新型衍射光学元件制作	适用于高精度单件或小批量任意图形刻写
微 LED 光刻	新型直写技术	高分辨全彩显示、二元神经元成像	依赖于光致/电致发光器件的小型化，空间较大（包括单光子光刻）
自组装阳极氧化铝模板	高纵横比、高稳定性、成本低廉	构建有序纳米孔通道	纳米线/管、异质结构筑、光子晶体、海水淡化、纳流体器件
纳米压印	三维图形转印、曲面、低成本、高吞吐量	NAND 闪存芯片、抗反射结构模具	半导体器件制造 7 nm 和 5 nm 工艺节点
模板光刻	硬质超薄掩膜	高清显示面板	高清显示面板，AMOLED 显示，太阳能电池
纳米球光刻	光子纳米喷射，利用纳米球透镜的优良性质，对材料表面或内部进行刻写	纳米尺寸光学元件	超分辨率光刻技术，与现有半导体基础工艺直接兼容
蘸笔纳米光刻	不需要光刻胶、不需要剥离工艺、油墨利用率高	扫描探针技术	蛋白质、多肽、DNA 单分子排列，集成生物传感芯片

6.4 结束语

随着电子产业的技术进步和发展，光刻技术及其应用已经远远超出了传统意义上的范畴，如上所述，它几乎包括和覆盖了所有微细图形的传递、微细图形的加工和微细图形的形成过程。因此，未来光刻技术的发展也是多元化的，根据应用领域的不同会有所不同，在半导体和微电子产品领域的应用还会处在主导地位。平板显示器产业及触摸屏产业作为光刻技术重要应用领域，在未来市场的占有率将会上升。光刻技术及光刻胶行业前景广阔，市场欣欣向荣，而我国光刻技术发展相对落后，需要国家与企业投入较多的资源，迎头赶上。

参考文献

[1] Moore GE, Cramming more components onto integrated circuits. Electronics, 1965, 38（8）：114–117.
[2] Levinson HJ. Principles of lithography. Washington：SPIE PRESS, 2001.

［3］ItoT, Okazaki S. Pushing the limits of lithography. Nature, 2000, 406（6799）：1027–1031.

［4］http://www.semiconductors.org/main/2015_international_technology_roadmap_for_semiconductors_itrs.

［5］Owa S, Nagasaka H. Advantage and feasibility of immersion lithography. Journal of Micro/Nanolithography, MEMS, and MOEMS, 2004, 3（1）：97–103.

［6］LaPedus M. 浅析 7nm 之后的工艺制程的实现. 集成电路应用，2017，34（1）：50–53.

［7］Pirati A, Peeters R, Smith D, et al. EUV lithography performance for manufacturing：status and outlook//Proc. of SPIE, 2016（9776）：97760A–1.

［8］许箭，陈力，等 . 先进光刻材料的研究进展. 影响科学与光化学，2011，29（6）：417–429.

［9］刘加峰，胡存刚，宗任鹤. 光刻技术在微电子设备的应用及发展. 光电子技术与信息，2004，17（1）：24–27.

［10］王阳元，康进峰. 硅集成电路光刻技术的发展与挑战. 半导体学报，2002，23（3）：225–237.

［11］刘建海，陈开盛，曹庄琪. 光刻技术在微细加工中的应用. 半导体技术，2001，26（8）：37–39.

［12］王占山，曹健林，成星旦. 极紫外投影光刻技术. 科学通报，1998，43（8）：785–791.

［13］郑金红. 光刻胶的发展及应用. 精细与专用化学品，2006，14（16）：24–30.

［14］Kodak Co., U.S.Pat., 2690966（1954）.

［15］Kodak Co., U.S.Pat., 2852379（1958）.

［16］金养智光固化材料性能及应用手册 . 化学工业出版社，2010.

［17］Macdonald SA, Willson CG, Frechet JMJ. Chemical amplification in high–resolution imaging systems.Accpunts of Chemical Research, 1994（27）：151.

［18］Shirai M, Tsunooka M.Photoacid and photobase generators：chemistry and applications to polymeric materials.Prog. Polym.Sci., 1996（21）：1.

［19］陈明，陈其道，洪啸吟. 193nm 光刻中的光致抗蚀剂. 感光科学与光化学，2000，18（1）：77–84.

［20］Shida N, Ushirogouchi T, et al. Novel ArF excimer laser resists based on menthyl methacrylat et erpolymer. J. Photopolym. Sci. Technol., 1996（9）：457.

［21］Shida N, Okino T, et al. Chemical amplified ArF resists based on menthyl acrylate copolymer protected with cleavable alicyclic group and the absorption band shift method// Proc. SPIE, 1998（3333）：10.

［22］Iwasa S, Maeda K, et al. Design and characterization of alicyclic polymers with alkoxyethyl protecting groups for ArF chemical amplified resists. J. Photopolym. Sci. Technol., 1996（9）：447.

［23］Jung JC, Bok CK, et al. Design of cycloolefin maleic anhydride resist for ArF lithography// Proc. SPIE, 1998（3333）：2.

［24］Houlihan FM, Kometani JM, et al. 193 nm single layer photoresists based on alternating copolymers of cycloolef insformulation and processing// Proc. SPIE, 1998（3333）：8.

［25］Meagley R, Frechet JM, et al. Functionalized polyspironorbornanes：a new family of polymers for use in 193nm lithography// Proc. SPIE, 1998（3333）：9.

［26］Suwa M, Kajita T, et al. ArF single layer phot oresist based on alkaline developeable ROMPH resin// Proc. SPIE, 1998（3333）：3.

［27］Ito H.Chemical amplification resists：history and development with in IBM.IBM J.Res.Develop., 1997（41）：69.

［28］耿永友，邓常猛，吴谊群. 极紫外光刻材料研究进展. 红外与激光工程，2014，vol.43No.6.

［29］Ken Maruyama, Hiroki Nakagawa, Shalini Sharma, et al.EUV resist development for 16nm half pitch//SPIE, 2012（8325）：83250A–1–83250A–6.

［30］Chawon Koh, Jacque Georger, Liping Ren, et al.Characterization of promising resist platforms for sub–30nmHP manufacturability and EUV CAR extendibility study//SPIE, 2010（7636）：763604–1–763604–16.

［31］Thackeray James W, Jain Vipul, Coley Suzanne, et al.Optimization of polymer–bound PAG（PBP）for 20nm EUV, lithography. Journal of Photopolymer Science and Technology, 2011, 24（2）：179–183.

[32] Hiroaki Oizumi, Kazuyuki Matsumaro, Julius Santillan, et al.Development of EUV resists based on various new materials//SPIE, 2010（7639）: 76390R–1–76390R–8.

[33] Masamitsu Shirai, Koichi Maki, Haruyuki Okamura, et al.EUV negative resist based on Thiol –Yne system//SPIE, 2011（7972）: 79721E–1–79721E–8.

[34] Jun Iwashita, Taku Hirayama, Isamu Takagi, et al.Characteristics of main chain decomposable STAR polymer for EUV resist//SPIE, 2011（7972）: 79720L–1–79720L–10.

[35] Markos Trikeriotis, Marie Krysak, Yeon Sook Chung, et al.A new inorganic EUV resist with high –etch resistance// SPIE, 2012（8322）: 83220U–1–83220U–6.

[36] Brian Cardineau, Marie Krysak, Markos Trikeriotis, et al.Tightly –bound ligands for hafnium nanoparticle EUV resists//SPIE, 2012（8322）: 83220V–1–83220V–10.

[37] Stowers Jason K, Telecky Alan, Kocsis Michael, et al.Directly patterned inorganic hardmask for EUV lithography// SPIE, 2011（7969）: 796915–1–796915–11.

[38] 李春甫. 网印与触屏制造. 丝网印刷，2007（6）: 8–14.

[39] 熊祥玉. 网印触摸屏的未来前景. 丝网印刷，2011（11）: 6–11.

[40] 陈小蓉，熊祥玉. 触摸屏：超高精细网版印刷的机会与挑战. 丝网印刷，2011（6）: 6–10.

[41] Qian Mei, Zheng Xia, Feng Xu, et al. Fabrication of microfluidic reactors and mixing studies for luciferase detection. Anal. Chem., 2008, 80（15）: 6045–6050.

[42] Aoyagi Y'Masuda S, et al. Makeless fabricmion of high quality DFB laser gratings by laser induced chemical etching. Jpn. J. Appl. Phys, 1985（24）: 294–296.

[43] Podlesnik DV, Gilgen HH, Sanchez A, et al. Maskless chemical etching of submicrometer gratings in single–crystalline GaAs. Appl Phys Lett, 1983, 43（12）: 1083–1085.

[44] Möllenstedt G, Speidel R. Elektronenoptischer Mikroschreiber unter elektronenmikroskopischer Arbeitskontrolle:（Informations–Speicherung auf kleinstem Raum）. Physikalische Blätter, 1960, 16（4）: 192–198.

[45] Duan H, Winston D, Yanga JKW, et al. Sub–10–nm half–pitch electron–beam lithography by using poly（methyl methacrylate）as a negative resist. Journal of Vacuum Science & Technology B, Nanotechnology and Microelectronics: Materials, Processing, Measurement, and Phenomena, 2010, 28（6）: C6C58–C6C62.

[46] Kim S, Marelli B, Brenckle MA, et al. All–water–based electron–beam lithography using silk as a resist. Nat Nanotechnol, 2014, 9（4）: 306–310.

[47] Reyntjens S, Puers R. A review of focused ion beam applications in microsystem technology. Journal of micromechanics and microengineering, 2001, 11（4）: 287–300.

[48] Qiu C, Zhang Z, Xiao M, et al. Scaling carbon nanotube complementary transistors to 5–nm gate lengths. Science, 2017, 355（6322）: 271–276.

[49] Khorasaninejad M, Chen WT, Devlin RC, et al. Metalenses at visible wavelengths: Diffraction–limited focusing and subwavelength resolution imaging. Science, 2016, 352（6290）: 1190–1194.

[50] Gale MT, Knop K. The fabrication of fine lens arrays by laser beam writing//Proc. SPIE, 1983（398）: 347–353.

[51] Fischer J, Freymann G, Wegener M. The materials challenge in diffraction–unlimited direct–laser–writing optical lithography. Adv Mater, 2010, 22（32）: 3578–3582.

[52] Bückmann T, Stenger N, Kadic M, et al. Tailored 3D mechanical metamaterials made by dip–in direct–laser–writing optical lithography. Adv Mater, 2012, 24（20）: 2710–2714.

[53] Braun A, Maier SA. Versatile direct laser writing lithography technique for surface enhanced infrared spectroscopy sensors. ACS Sensors, 2016, 1（9）: 1155–1162.

[54] Yan R, Gargas D, Yang P. Nanowire photonics. Nature photonics, 2009, 3（10）: 569–576.

[55] Mikulics M, Hardtdegen H. Nano–LED array fabrication suitable for future single photon lithography. Nanotechnology,

2015, 26（18）：185302.

[56] Huang MH, Mao S, Feick H, et al. Room-temperature ultraviolet nanowire nanolasers. Science, 2001, 292（5523）：1897-1899.

[57] Guilhabert B, Massoubre D, Richardson E, et al. Sub-micron lithography using ingan micro-LEDs：mask-free fabrication of LED arrays. IEEE Photonics Technology Letters, 2012, 24（24）：2221-2224.

[58] Masuda H, Fukuda K. Ordered metal nanohole arrays made by a two-step replication of honeycomb structures of anodic alumina. Science, 1995, 268（5216）：1466-1468.

[59] Lee W，Park SJ. Porous anodic aluminum oxide：anodization and templated synthesis of functional nanostructures. Chemical reviews, 2014，114（15）：7487-7556.

[60] Macfarlane RJ, Lee B, Hill HD, et al. Assembly and organization processes in DNA-directed colloidal crystallization// Proceedings of the National Academy of Sciences, 2009, 106（26）：10493-10498.

[61] Yan P, Fei GT, Su Y, et al. Anti-counterfeiting of one-dimensional alumina photonic crystal by creating defects. Electrochemical and Solid-State Letters, 2012, 15（3）：K23-K26.

[62] Yao J, Liu Z, Liu Y, et al. Optical negative refraction in bulk metamaterials of nanowires, Science, 2008, 321（5891）：930.

[63] Zhou L, Tan Y, Wang J, et al. 3D self-assembly of aluminium nanoparticles for plasmon-enhanced solar desalination. Nature Photonics, 2016, 10（6）：393-398.

[64] Chou SY, Krauss PR, Renstrom PJ. Imprint of sub-25nm vias and trenches in polymers. Applied Physics Letters, 1995, 67（21）：3114-3116.

[65] Pelzer R, Lindner P，Glinsner T，et al. Nanoimprint lithography-A next generation high volume lithography technique. 半导体技术，2004，29（7）：86-91.

[66] Sun HW, Liu JQ, Chen D, et al. Optimization and experimentation of nanoimprint lithography based on FIB fabricated stamp. Microelectronic Engineering, 2005, 82（2）：175-179.

[67] 陈建刚，魏培，陈杰峰，等. 纳米压印光刻技术的研究与发展. 陕西理工学院学报（自然科学版），2013，29（5）：1-5.

[68] Kooy N, Mohamed K, Pin LT, et al. A review of roll-to-roll nanoimprint lithography. Nanoscale research letters, 2014, 9（1）：320（1-13）.

[69] Colburn M, Johnson S, Stewart M, et al. Step and flash imprint lithography：a new approach to high-resolution patterning// Proc. of SPIE, 1999（3676）：379-389.

[70] Matsui S, Hiroshima H, Hirai Y, et al. Innovative UV nanoimprint lithography using a condensable alternative chlorofluorocarbon atmosphere. Microelectronic Engineering, 2015, 133（5）：134-155.

[71] Ji R, Hornung M, Verschuuren MA, et al. UV enhanced substrate conformal imprint lithography（UV-SCIL）technique for photonic crystals patterning in LED manufacturing. Microelectronic Engineering, 2010, 87（5-8）：963-967.

[72] Abu TalipYusof NB, Hayashi T, Taniguchi J, et al. Lifetime amelioration of antireflection structure molds by means of partial-filling ultraviolet nanoimprint lithography. Microelectronic Engineering, 2015, 141（15）：81-86.

[73] Moonen PF, Vratzov B, Smaal WTT, et al. Flexible thin-film transistors using multistep UV nanoimprint lithography. Organic Electronics, 2012, 13（12）：3004-3013.

[74] Ingle FW. A shadow mask for sputtered films. Review of Scientific Instruments, 1974, 45（11）：1460-1461.

[75] Nguyen HB. A proposed slotted mask for direct deposition of metal contact pattern on MIS solar cells. IEEE Transactions on Electron Devices, 1980, 27（7）：1303-1304.

[76] Lüthi R, Schlittler RR, Brugger J, et al. Parallel nanodevice fabrication using a combination of shadow mask and scanning probe methods. Applied Physics Letters, 1999, 75（9）：1314-1316.

[77] Aksu S, Yanik AA, Adato R, et al. High-throughput nanofabrication of infrared plasmonic nanoantenna arrays for vibrational nanospectroscopy. Nano Letters, 2010, 10（7）：2511–2518.

[78] Vazquez-Mena O, Sannomiya T, Tosun M, et al. High-resolution resistless nanopatterning on polymer and flexible substrates for plasmonic biosensing using stencil masks. ACS Nano, 2012, 6（6）：5474–5481.

[79] Vazquez-Mena O, Sannomiya T, Villanueva LG, et al. Metallic nanodot arrays by stencil lithography for plasmonic biosensing applications. ACS Nano, 2011, 5（2）：844–853.

[80] Vazquez-Mena O, Villanueva G, Savu V, et al. Metallic nanowires by full wafer stencil lithography. Nano Letters, 2008, 8（11）：3675–3682.

[81] 刘畅，金璐頔，叶安培. 微球透镜超分辨成像研究进展与发展前景. 激光与光电子学进展，2016，53（7）：19–31.

[82] Yang H, Trouillon R, Huszka G, et al. Super-resolution imaging of a dielectric microsphere is governed by the waist of its photonic nanojet. Nano Lett, 2016, 16（8）：4862–4870.

[83] Upputuri PK, Krisnan MS, Moothanchery M, et al. Photonic nanojet engineering to achieve super-resolution in photoacoustic microscopy：a simulation study// Proc. of SPIE, 2017（10064）：100644S（1–7）.

[84] 陈宜方. 一种利用光子纳米喷射造成聚焦效应的超分辨纳米光刻方法. 2016，Google Patents.

[85] Jaschke M，Butt HJ. Deposition of organic material by the tip of a scanning force microscope. Langmuir，1995, 11（4）：1061–1064.

[86] Garcia R, Knoll AW, Riedo E. Advanced scanning probe lithography. Nature nanotechnology, 2014，9（8）：577–587.

撰稿人：邹应全　方晓东　孟　钢　邵景珍

有机发光二极管与新型显示技术研究进展

有机发光二极管（OLED）自 1987 年由邓青云博士首次发明以来，一直是研究的热点。经过近 30 年的发展，它们在显示和照明技术方面都取得了前所未有的进步。与现有的液晶显示器（LCD）相比，OLED 可以提供更优的画质，更快的响应时间 / 更新率，更宽的视角且更薄更轻。更引人注目的是其可以采用柔性基板进而实现可弯折、卷曲的 OLED 显示屏。OLED 已经广泛地应用于小尺寸、便携设备中如智能手表、手机等。大尺寸的 OLED 电视机也已经进入市场。在今后一段时期里，随着 OLED 技术进一步完善，基于 OLED 的显示产品将逐步进入千家万户。此外，作为发光柔和、无“蓝害”的平面光源，OLED 照明技术近年来也备受关注，其发展方兴未艾。

1　有机发光（OLED）材料新进展

OLED 器件结构通常包括透明阳极、空穴注入层、空穴传输层、发光层（主体和染料）、电子传输层、阴极等功能层。以下将分别评述各层近年来的进展。

1.1　阳极材料

1987 年邓青云博士采用氧化铟锡（indium tin oxide，ITO）作为透明阳极，制备了高性能 OLED 器件。氧化铟锡具有较好的电学性能，其方块电阻仅为 10~100 Ω，并且在可见光范围内具有较为良好的透光率。此外，在经过紫外光 – 臭氧处理后 ITO 的功函数可提高至 5.0 eV，有效地降低了阳极部分的空穴注入势垒，是一种综合性能优异的阳极材料。发展至今，氧化铟锡（ITO）也凭借着高透光率、高导电性以及高功函数等优良特性成为有机发光器件和光伏器件中最为广泛使用的透明阳极。然而，目前所常用的氧化铟锡（ITO）主要采用的磁控溅射沉积工艺制备，并且需要使用昂贵的 In 作为原料，因而导致基于 ITO

透明阳极的 OLED 器件生产成本较高；另一方面，ITO 的延展性较差，无法满足发展柔性有机电子器件的需求。因此，探索具有优良光电性能的阳极材料以替代传统的 ITO 电极对于进一步推动有机发光器件和光伏器件的发展具有至关重要的作用。近年来，包括透明导电薄膜、石墨烯、金属纳米线、导电聚合物等阳极材料逐渐被应用于制备高性能的 OLED 器件和柔性器件，这些新型阳极材料也凭借其优异的光电性能展现出良好的发展前景。

以 In_2O_3、ZnO、SnO_2、TiO_2 为代表的金属氧化物薄膜以及与 Al、Ga 等金属所形成掺杂体系被广泛地用于制备 OLED 器件的阳极材料。2015 年，M. Morales-Masis 等优化 ZnO：Al 和 SnO_2 的掺杂比例，制备了高性能 ZTO 透明氧化物薄膜，ZTO/Ag/ZTO 阳极的方块电阻 R_{sh} 仅为 9 Ω/□，在可见光波段内具有比 ITO 更高的透光率。将 ZTO/ 金属网格作为小分子 OLED 器件的阳极，其最高电流效率可达 130 cd/A。Jaeho Lee 等将高折射率的 TiO_2 搭配石墨烯作为 OLED 器件的阳极，增强阳极部分的微腔共振，制备的绿光磷光器件的最大外量子效率达到 40.8%，最大功率效率达到 160 lm/W。

石墨烯凭借其独特的光电性能和机械性能有望被应用于柔性有机电子器件的透明电极。通过化学掺杂、原子取代等方法可以有效地提高石墨烯电极的导电性，改善载流子注入性能，提高 OLED 器件的发光效率。Duk Young Jeon 等在多层的石墨烯电极上旋涂双（三氟甲磺酰）酰胺（TFSA）的硝基甲烷溶液，通过 p 型掺杂使得石墨烯的功函数从 4.4 eV 提高至 5.1 eV，降低了从电极到空穴传输层的注入势垒，其方块电阻降低约 65%，相应的 OLED 器件的电流效率和功率效率均超过基于 ITO 阳极的参比器件。2017 年，Po-Wen Chiu 等将硼掺杂的石墨烯作为 OLED 器件的透明阳极，低浓度的硼掺杂石墨烯可以避免化学掺杂所造成的薄膜缺陷，其透过率高达 97.5%，空穴迁移率高达 1600 cm^2/（V·s），基于硼掺杂石墨烯阳极的绿光 OLED 器件的最大外量子效率可达 24.6 %，最大功率效率达到 99.7 lm/W。

Cu、Ag、Au 等高功函数金属的纳米线也成为潜在的可替代 ITO 的阳极材料。Byungkwon Lim 等制备的 Ag 纳米线薄膜具有可媲美 ITO 的导电性和透光率（40.2 Ω/□，94.8%）。将 Ag 纳米网格嵌入聚二甲基硅氧烷（PDMS）所制备的电极，具有良好的导电性和拉伸性能，可作为理想的柔性透明电极。Hao-Wu Lin 等利用 MoO_x 溶液修饰 Ag 纳米线（AgNW），MoO_x 在 Ag 纳米线的结点聚集，从而显著地降低了 Ag 透明电极的方块电阻（29.8 Ω/□），并且维持了较好的透光率，基于 MoO_x 修饰的 Ag 纳米线（AgNW）阳极的绿色磷光 OLED 器件在 1000 cd/m^2 下功率效率可达 14.2 lm/W，器件的启亮电压为 2.9 V。

聚合物透明电极兼具优良的导电性、高透光率、低成本以及柔性等诸多优势，是一类适用于柔性 OLED 器件的新型阳极材料。目前以 PEDOT : PSS 为代表的聚合物透明电极受到较多的关注和研究。Karl Leo 等结合理论模拟和器件结果优化了空穴传输层和 PEDOT : PSS 透明阳极的厚度，制备了高性能、长寿命 OLED 器件。台湾大学的 Chung-Chih Wu 等将双层 PEDOT : PSS 薄膜搭配高折射率的 TiO_2 作为 OLED 器件的阳极，制备的器件最大外量子效率接近 39%。Kwanghee Lee 等发现 H_2SO_4 处理影响了 PEDOT：PSS 的结构重排，改善其结晶性能。酸处理后聚合物薄膜的电导率最高可达 4380 S/cm。

此外，基于金属和碳纳米管的复合透明电极不仅透光率高，而且导电性能和抗拉伸性能较好，在 OLED 领域的应用也得到深入的研究。金属复合电极大多采用电介质和金属形成的夹心结构，维持了金属的较高的透光性和导电性与介质的空穴注入性能。苏州大学唐建新等设计了基于 Ca：Ag 合金薄膜的金属 – 电介质复合电极（MDCE），通过 MoO_3/Ca：Ag/MoO_3 的修饰提高了电极的空穴注入性能。基于这种具有纳米结构的金属 – 电介质复合电极（NMDCE）的 OLED 绿光柔性器件在 1000 cd/m^2 下可实现 45.6% 的外量子效率和 95.1 lm/W 的功率效率，在 800 次的弯曲后性能无明显衰减。UCLA 裴启兵等制备了银纳米线（AgNW）和单壁碳纳米管（SWNT）的复合电极，基于纳米复合物电极的绿光器件最大外量子效率高达 38.9%，相比与 ITO 参比器件提高 246%。

近年来，OLED 透明电极技术的快速发展显著地提升了器件的效率和寿命。这些新型透明电极具有较高的透过性和导电性，大多采用了更加节能环保的加工和制备工艺，特别是在柔性电子器件方面展现出独特的发展潜力。

1.2 空穴注入材料

OLED 器件中空穴注入势垒主要源于阳极材料的费米能级与空穴传输层 HOMO 能级之差。目前最为广泛使用的 ITO 阳极（W_F 为 4.7 eV）与常用的空穴传输材料（HOMO 能级约为 5.4 eV）存在较大的空穴注入势垒，制约了器件中空穴注入的效率。因此，引入空穴注入材料、界面修饰等设计策略，可以有效地降低空穴注入势垒，提高载流子复合比例，制备高性能 OLED 器件。

通过对 ITO 的界面修饰可以有效地提高阳极材料的功函数，更好地与空穴传输材料的 HOMO 能级匹配，降低空穴注入势垒，提高载流子的注入和复合效率。目前较为常用的修饰方法是对 ITO 进行紫外光 – 臭氧处理，修饰后 ITO 的功函数可从 4.7 eV 提高至 5.1 eV。Park 等研究了 ZnO：F 阳极的功函数和表面形貌，发现这种氟掺杂修饰策略可以降低器件的启亮电压，提高器件的电流效率。此外，引入 HOMO 能级匹配的注入层材料可以改善 ITO 薄膜的表面形貌，降低空穴注入势垒，提高器件的效率和寿命。这类材料主要包括 PEDOT：PSS、4, 4′, 4″ – 三（*N*–3– 甲基苯基 –*N*– 苯基氨基）三苯胺（m–MTDATA）等。Friend 等研究发现经过甲醇处理后，PEDOT：PSS 和 ITO 的功函数分别提高了 0.3 eV 和 0.15 eV，这种修饰策略可进一步提高聚噻吩类材料的空穴注入性能。Bradley 等将兼具优良透光率和空穴传输性能的 CuSCN 作为空穴注入材料，制备的绿光器件最大电流效率可达 50 cd/A。

另一类空穴注入材料主要包括 LiF、自组装单分子层、氟代聚合物等绝缘材料。这类薄层绝缘材料可以显著地改善 ITO 表面的粗糙度，减少漏电流，并且提高器件的空穴注入效率。Bao 等研究了二氟乙烯和六氟乙烯的共聚物（PVDF–HFP）对 Al、Ag、Au、ITO、

FTO 的功函数的修饰情况。研究发现 PVDF-HFP 修饰电极的机理与 LiF 和自组装单分子层（SAMs）较为类似，主要通过与电极形成界面偶极，提高了电极的功函数，在降低空穴注入势垒的同时并且提高了薄膜的覆盖度，提高了 OLED 器件的效率和工作寿命。

包括 MoO_3、WO_3、NiO、V_2O_5 等在内的过渡金属氧化物作为 OLED 器件的空穴注入材料得到广泛的研究。这类金属氧化物通常具有高的功函数，是较为理想的 p 型掺杂材料和空穴注入材料。2013 年，Colsmann 等分别采用溶液法和真空蒸镀法制备 WO_3 薄膜，并作为空穴注入层应用于 OLED 器件。研究发现，相较于基于聚合物注入材料的参比器件，采用 WO_3 作为空穴注入层的 OLED 器件的电流效率从 8 cd/A 提高至 14 cd/A。He 等通过湿法制备的 MoO_3 薄膜在 OLED 和 OSC 中均展现出比 PEDOT : PSS 更加优异的空穴注入性能。Lu 等系统地研究了 C_{60} / 金属氧化物（TMO）界面的能级排列情况，借助于原位 UPS（in situ ultraviolet photoemission spectroscopy）对界面处的能级进行了表征与分析，研究表明 C_{60} / TMO 界面的能级排列较好地吻合了 UELA 规则（universal energy level alignment rule）。基于界面处费米能级平衡的理论推导和实验结果均表明，当 TMO 的功函数分布于 LUMO 和 HOMO 能级之间时，能级的分布服从 Schottky-Mott 规则；当 TMO 的功函数分布于 LUMO 和 HOMO 能级之外时，费米能级将钉扎在 HOMO（或 LUMO）能级附近。

OLED 中采用 p 型掺杂的设计策略有助于降低空穴的注入势垒，提高体相中的载流子密度，在提高器件效率的同时降低器件的驱动电压。目前常用的 p 型掺杂剂主要包括 C_{60}、F_4-TCNQ、MoO_x 等。这些 p 型掺杂材料多为较强的电子受体，通过掺杂体系中主客体间的电子转移形成电荷转移复合物，有利于空穴传输层与阳极间的载流子注入，能够明显地提升 OLED 的性能。Liao 等研究了基于 MoO_3 : Ts-CuPc 的空穴注入材料。结合吸收光谱和 XPS 的分析结果表明二者在溶液中形成了电荷转移复合物，使得空穴注入势垒降低了 0.27 eV，并在 OLED 器件中展现出优异的空穴注入性能，器件的最大的外量子效率可达 22.5%。2013 年，清华大学邱勇等采用低温可蒸镀的 Re_2O_7 作为高效 p 型掺杂剂，系统地研究了 Re_2O_7 : NPB 掺杂体系。掺杂 25 mol% 的 Re_2O_7 与 NPB 间存在着较强的电荷转移，在 3×10^5 V/cm 的电场强度下掺杂薄膜的空穴迁移率提高近 1 个数量级。此外，$FeCl_3$、BiF_3 等 Lewis 酸也有望成为高效的 p 型掺杂材料。Gînter Schmid 等对一系列 Bi（Ⅲ）羧酸盐衍生物的研究发现。此类 Lewis 酸易于与具有芳香胺结构的空穴传输材料产生不完全的电荷转移，提高掺杂薄膜迁移率。将此类绝缘材料作为 p 型掺杂剂的掺杂体系在可见光范围内具有良好的透光率和较高的导电率，有望应用于制备高效率、长寿命的 OLED 器件。

近年来，p 型掺杂的掺杂工艺的研究也逐渐得到广泛的关注。采用高效可控的掺杂工艺有利于进一步提高掺杂的效果。Diao 等将纳米孔结构应用于构筑掺杂体系，研究发现引入多孔结构可有效地增强 C_8-BTBT 和 F_4-TCNQ 间的电荷转移，电荷转移复合物的形成也有利于填充陷阱，掺杂后 C_8-BTBT 的空穴迁移率提高了近 7 倍，器件的开关比也达到 10^6，这种多孔结构的掺杂技术能够有效地提高 OSC 器件的性能。Kippelen 等利用磷钼酸的硝基甲烷溶液可以实现厚度的 p 型掺杂，PMA 掺杂后的薄膜的功函数和导电性均得到明显改善，其光氧化稳定性和相应的 OPV 器件的寿命也显著提高。Sirringhaus 等研究了基于噻吩结构的 PBTTT 与 F_4-TCNQ 构筑的 p 型掺杂体系，研究发现将通过固相扩散的方式将 p 型掺杂剂引入聚合物的侧链区域有利于保持聚合物主体区域的高度有序的结构，有利于电荷的高效传输，并且实现了优异的掺杂效果。2016 年，Tang 等通过成键离子掺杂改善导电聚合物的功函数，通过不同的抗衡离子掺杂，其功函数调节范围较大（3.0~5.8 eV），可用于有机发光二极管等多种有机半导体器件的电极界面修饰，通过 p 型掺杂可以在器件的阳极实现较好的欧姆接触，提高空穴注入的效率。

1.3 阴极和阴极界面修饰材料

OLED 器件中阴极所研究追求的目标是具有极低功函数的阴极材料或者高效的阴极界面修饰材料，以降低电子从阴极注入到电子传输层的注入势垒，从而降低器件的驱动电压，提高器件的功率效率。对电子传输材料进行 n 型掺杂，一方面可以大大提高电子传输层中的自由载流子浓度，进而提高其电导率；另一方面，通过 n 型掺杂可以提高电子传输材料的费米能级，间接降低电子的注入势垒，因此在电子传输材料中进行 n 型掺杂是一种非常好的界面修饰类型，可以显著降低器件的驱动电压。传统使用的 n 型掺杂剂是碱金属及其化合物，如锂、铯、碳酸铯等，一方面，这些无机物的蒸镀温度较高，不利于与低温蒸镀的有机电子传输材料共掺杂；另一方面，金属原子具有很强的渗透作用，容易迁移到发光层中，淬灭发光，降低器件效率和稳定性。

2013 年，Georgiadou 等人研究了一系列基于有机磺酸盐的阴极界面修饰材料。研究表明，在聚合物 / Al 界面处通过湿法甩膜制备一层薄的 TPS- 三氟甲磺酸盐或 TPS- 壬磺酸盐，显著改善了发光器件的效率（从 2.4 cd/A 至 7.9 cd/A），降低了启亮和工作电压，而提高器件亮度。阴极界面修饰主要归因于电子注入势垒的有效降低，密度功能理论计算表明，在阴极界面处发生的电荷转移十分稳定，可以促进电子的注入过程。最后，通过制备工艺和参数的优化，可以调控阴极界面修饰的表面形貌，进一步改善电子的注入性能。

2014 年，清华大学段炼等研究了一种低温可蒸镀的有机离子盐 n 型掺杂剂 *o*-MeO-DMBI-I。*o*-MeO-DMBI-I 是一种在空气中稳定的有机离子盐，其蒸镀温度远远低于碱金属及其化合物。研究表明，*o*-MeO-DMBI-I 在真空加热时发生分解，失去碘原子而产生活泼的自由基 *o*-MeO-DMBI，当其与电子传输材料 Bphen 共掺杂时，发生电荷转移作用，提高自由载流子浓度，降低注入势垒。另外，由于产生的自由载流子对 Bphen 薄膜中的陷阱态有效填充，进而提升薄膜的 TOF 迁移率。次年，为了进一步提高电子的注入性能，该课题组提出将此类自由基材料用作阴极界面修饰材料，可以进一步改善电子的注入性能。相比于将有机自由基用作 n 型掺杂剂，将有机自由基用作电子注入层可以显著促进电子的注入性能，提高器件电流密度。与常用的电子注入层氟化锂相比，使用有机自由基作电子注入层的 OLED 器件的驱动电压大大降低。发光效率也有明显的提高，由 29.4 cd/A 提高至 36.8 cd/A。有机自由基的使用不仅可以有效地降低电子的注入势垒，促进电子的注入效率，同时可以避免因金属原子扩散导致的淬灭发光现象，因此在大大提升器件效率的同时，在器件寿命方面（T50%）也有了大幅度的改善，由 40.0 h 提高到了 87.4 h。

2016 年，吉林大学的马东阁课题组报道了一种全新的基于有机半导体异质结（OSHJs）作为电子修饰与电荷注入机理，用于实现高效 OLED 器件。与传统的从电极注入电荷不同的是，该方法注入的电荷来自于有机半导体异质结。与使用常规阴极界面修饰材料的 OLED 器件相比，该方式显著提高器件效率和稳定性。基于有机异质结的阴极修饰材料，不仅在常规铝电极下表现出很好的电子注入性能，对于空气中稳定的高功函数金属（如金、银和铜）电极下也能表现出优良的电子注入性能。

2016 年，新加坡国立大学的 Tang 等人在《自然》期刊上报道了一项突破性的成果。该课题组开发出了一种导电聚合物薄膜，通过不同的掺杂结构，可以改变聚合物薄膜的功函数，使其具有极高或者极低的功函数，可以与阴极和阳极实现良好的欧姆接触特性，在有机发光二极管，有机场效应晶体管和有机太阳能电池中均具有优越的性能。该课题组提出了用成键离子团掺杂导电聚合物的概念，用这种方法可以引入大量自由移动的载流子，并且由于抗衡离子的键合作用，自由载流子很难被耗散，因此该导电聚合物十分稳定。通过这种掺杂方式，导电聚合物的功函数可以降低至 3.0 电子伏特，可以与金属电极形成很好的欧姆接触，提高电子的注入，增强器件性能。

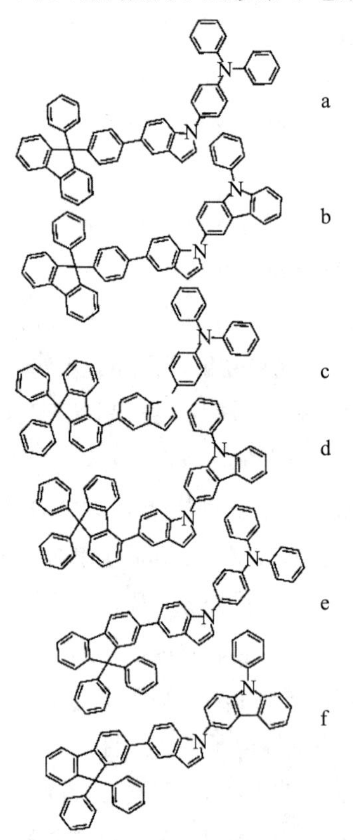

图 1　以咔唑和三芳胺为母体的空穴传输材料

1.4　空穴传输材料

芳胺类材料一直是最为广泛研究的空穴传输材料。以联苯为核心的三芳胺作为空穴传输层可以大幅改善电致发光效率和工作稳定性。NPB［*N*, *N*″ – 二苯基 –*N*, *N*′ – 二（1– 萘基）–1, 1′ – 联苯 –4, 4′ – 二胺］就作为这类材料中的典型代表而被广泛使用，它结构简单，容易合成和提纯，但存在着玻璃化转变温度 T_g 低（98℃）等缺点。因此国内外科学家多致力于发现合成高空穴迁移率和热稳定性的空穴传输材料。

华南理工大学苏仕健课题组设计合成了以咔唑和三芳胺为母体的 6 种空穴传输材料（图 1）。咔唑的引入使得这些材料具有较好的空穴传输能力和较高的三线态能级，同时刚性基团的存在也提高了其有效分子量，从而改善了热稳定性。三芳胺基团的低电离能也提高了其空穴迁移率。光致发光测试表明除化合物 d 发射波长在 410nm 外，其余五个化合物发射波长均在 380 ± 2 nm 区间内。热重分析（TGA）表明化合物 a~f 的分解温度分别为 409℃，454℃，421℃，440℃，425℃和 456℃，差式扫描量热法（DSC）测得化合物 a，b，c，d 和 f 的 T_g 分别为 133℃，153℃，141℃，158℃和 151℃，而化合物 e 的 T_g 未能在 DSC 曲线中测出。以 a~f 材料为空穴传输层、Alq_3 为发光层的荧光 OLED 器件都显示出良好的性能。

通过交联作用设计传统低分子量空穴传输材料的衍生物，提高其分子量并引入刚性结构，是设计合成新型高热稳定性空穴传输材料的典型策略，例如 TPD 的衍生物 TPTE 和 *spiro*–TAD（图 2）。德国科隆大学的 Meerholz 等人设计并合成了 TAPC 的一系列衍生物 XTAPC（图 3），XTAPC 具有较宽的带隙和较高的三线态能级，因此显著提高了其激子阻挡能力，降低了器件的效率滚降。而德国 Fraunhofer 研究所的 Krüger 等人用热引发聚合的方式，合成了 XL:（BuO）$_4$–TCTA 共聚物（TCTA 衍生物单体和聚合物结构如图 4），使用聚合物作为 HTL 制备的 CBP：Ir（ppy）$_3$ 体系绿光 OLED 器件相比于使用单体作为 HTL 的器件，电流效率由大约 87 cd/A 提升至 92 cd/A，并且大大提高了材料的稳定性，交联聚合物可长期稳定达一年之久。

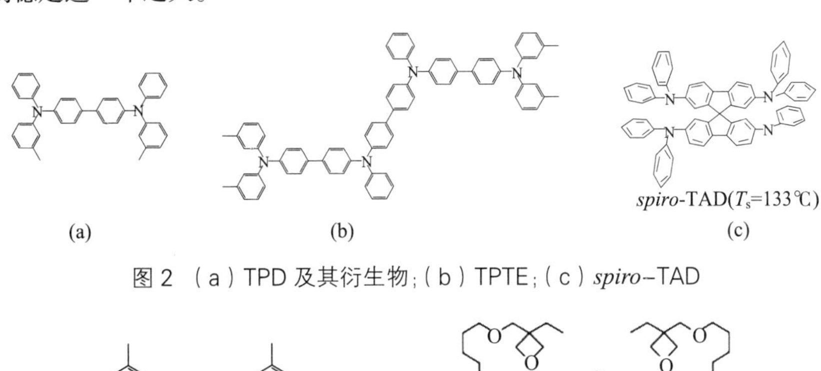

图 2 （a）TPD 及其衍生物；（b）TPTE；（c）*spiro*–TAD

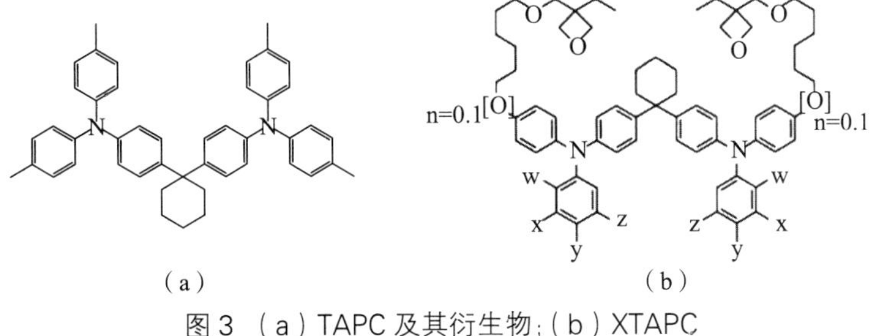

图 3 （a）TAPC 及其衍生物；（b）XTAPC

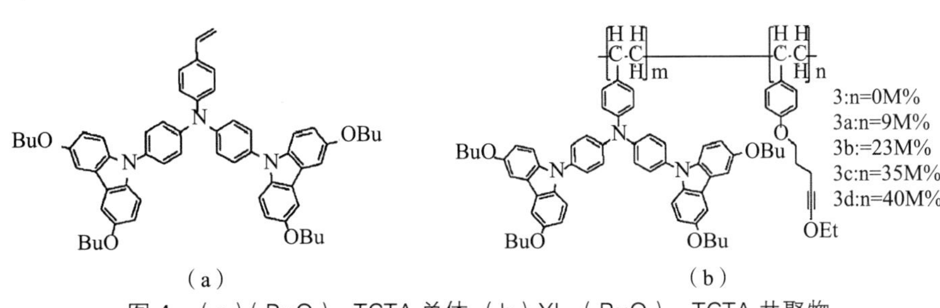

图 4 （a）（BuO）$_4$–TCTA 单体；（b）XL：（BuO）$_4$–TCTA 共聚物

1.5 电子传输材料

绝大多数有机半导体材料的电子传输能力要弱于其空穴传输能力，且电子传输更易受到水氧的影响。科学家们致力于通过分子设计来得到高迁移率和高稳定性的电子传输材料。

2014 年，华南理工大学苏仕健课题组合成了一系列含吡啶的电子传输材料，其结构如图 5 所示。7 种材料的 T_g 都高出 Tm3PyPB（T_g=79℃）至少 12℃，甚至高出 40℃有余；它们具有合适的 HOMO/LUMO 能级，多数材料的 HOMO 能级在 6.3~6.7 eV 之间，具有很好的空穴阻挡能力，又因其具有高的三线态能级，所以同时具有较好的激子阻挡能力。在以 Tm3PyP26PyB 为电子传输层的 26DCzPPy：FIrpic 蓝光 OLED 中，分别在 2.61 V 和 3.03 V 的低驱动电压下实现了 1 cd/m^2 和 100 cd/m^2 的亮度。当选用更小 ΔE_{ST} 的 46DCzPPm 作为主体时，100 cd/m^2 亮度下的电压可以低至 2.70 V。

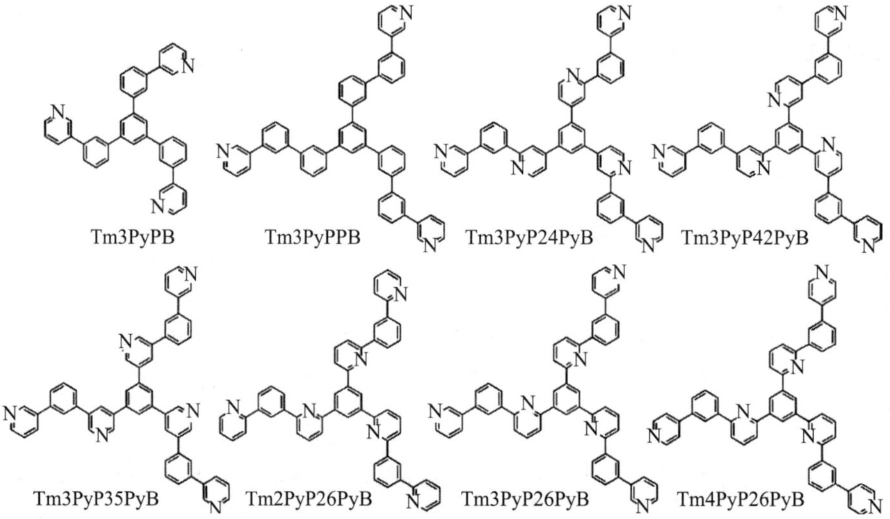

Tm3PyPB　Tm3PyPPB　Tm3PyP24PyB　Tm3PyP42PyB

Tm3PyP35PyB　Tm2PyP26PyB　Tm3PyP26PyB　Tm4PyP26PyB

图 5　含吡啶的电子传输材料

PhOXD

3PyOXD

4PyOXD

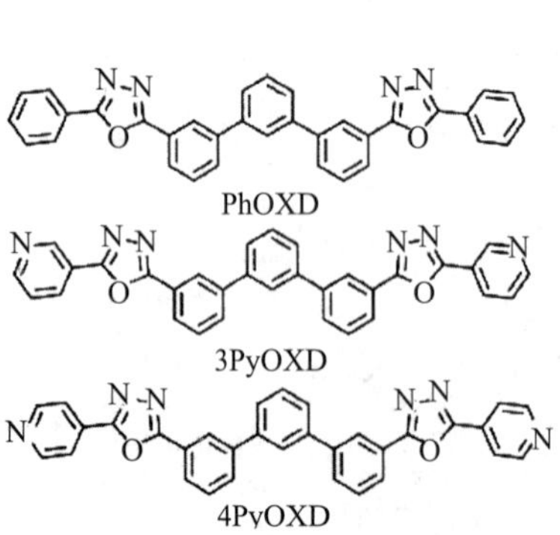

图 6　三联苯 – 噁二唑衍生物 ETM

2015 年，中国台湾新竹清华大学的 Cheng 等人合成了三种三联苯 – 噁二唑衍生物，可作为红绿蓝 OLED 通用的电子传输材料，其结构如图 6 所示。通过 SCLC 测试其电子迁移率，得到 PhOXD、3PyOXD 和 4PyOXD 三种材料的电子迁移率分别为 4.2×10^{-6}，1.2×10^{-5} 和 1.6×10^{-5} cm^2·V^{-1}·s^{-1}，已经接近 TAZ、BAlq 和 BCP+Alq_3 等传统电子传输材料的水平。用上述三种材料作为 ETL 的红光、绿光和蓝光 OLED 器件均实现了超过 26% 的最大外量子效率和较低的效率滚降。

韩国高丽大学的 Kang 等人报道了四种含硅的电子传输材料（结构如图 7 所示）。它们的 T_g 位于 100~141 ℃范围内，显示了良好的热稳定性。单电子器件测试测得在 1 MV/cm^2 电场下，2 和 3 材料的电子迁移率分别为 1.93×10^{-5} 和 3.67×10^{-5} cm^2·V^{-1}·s^{-1}。四种化合物的 HOMO 均约为 6.5~6.6 eV，使其具有良好的空穴阻挡能力，以 3 材料为 ETL 制备的 Ir（ppy）$_3$ 绿光 OLED 器件分别实现了 62.8 cd/A 的电流效率和 18.0% 的外量子效率。

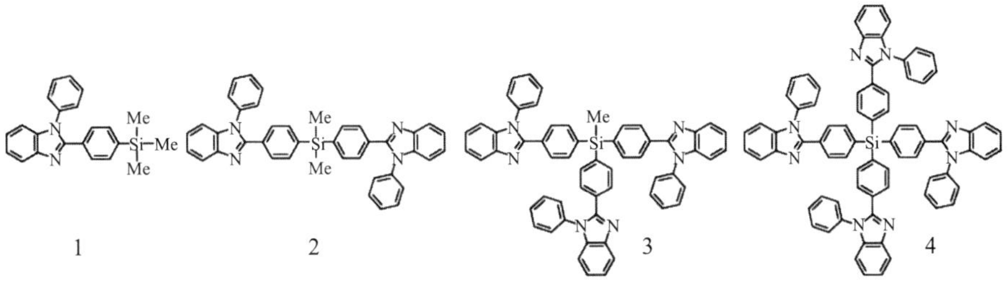

1　2　3　4

图 7　含硅的电子传输材料

2017 年，清华大学段炼等设计合成了一种性能优越的新型电子传输材料 BPBiPA。在 3×10^5 V·cm^{-1} 电场强度下其电子迁移率达到 1.55×10^{-3} cm^2·V^{-1}·s^{-1}，分别高于经典电子传输材料 TPBi 和 B3PYMPM 一个和两个数量级（图 8）。一般认为，电子传输材料的三线态能级应当足够高，才能实现较好的激子限域效果，从而有利于实现器件的高效率和低效率滚降。然而，虽然化合物 BPBiPA 的 T_1 能级仅为 1.82 eV，但是由于其刚性的大位阻结构增大了分子间的距离，并且低 T_1 能级的蒽基团被高 T_1 能级的苯基苯并咪唑基团所保护，因而从发光层到电子传输层的三线态 Dexter 能量传递得到了有效的抑制。使用 BPBiPA 作为电子传输层，CzTrz 掺杂天蓝光染料 5TCzBN 作为发光层的 OLED 实现了 21.3% 的最大外量子效率，并在 1000 cd/m^2 和 5000 cd/m^2 亮度下分别保持在 21.2% 和 17.8%。而使用 BPBiPA 作为电子传输层，DIC-TRZ 敏化经典磷光染料 Ir（ppy）$_3$ 的绿光 OLED 实现了 25.5% 的最大外量子效率和 2.3 V 的低启亮电压，在 5000 cd/m 起始亮度下测得器件工作寿命 T_{90} 超过了 400 h，高于 TPBi 为电子传输层时的 18.0% 最大外量子效率和 140 h 的 T_{90} 工作寿命。

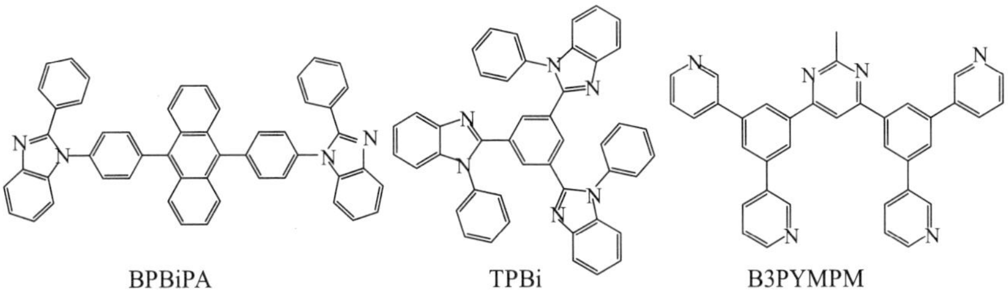

BPBiPA　TPBi　B3PYMPM

图 8　几种电子传输材料的结构

1.6 突破自旋统计的荧光材料

近年来，突破自旋统计规律的高性能荧光材料不断涌现，有望成为新一代有机发光材料。

1.6.1 热活化（E 型）延迟荧光材料

热活化延迟荧光材料（TADF）是一类具有非常小的单三线态能级差的纯有机小分子材料（ΔE_{ST} 通常小于 0.2 eV），它们的三线态（T_1）激子在环境热量的作用下可以通过反向系间窜越过程（RISC）转变为单线态（S_1）激子，从而可以在电激发的条件下实现 100% 的内量子效率（IQE）。

自 2011 年 Adachi 教授在 *Applied Physics Letters* 上发表文章提出引入电子给受体以形成分子内电荷转移态（intramolecular charge transfer，ICT）的 TADF 材料设计策略后，人们设计合成出了大量的各种发光颜色的 TADF 材料，并探究了分子的结构与其光电性质之间的关系，相应的OLED器件的效率和稳定性也得到了快速的提升。下面将分别对TADF蓝光材料、绿光材料、红光材料，以及 TADF 材料作（辅助）主体的研究进展进行讨论。

1.6.1.1 蓝光材料

最早报道的蓝光 TADF 材料是 2012 年 Adachi 等人报道的天蓝光材料 2CzPN（分子结构如图 9 所示），由于相邻的电子给体（咔唑基团）之间的空间位阻很大，使得咔唑与电子受体（二氰基苯）互相之间近乎垂直，分子的 HOMO 与 LUMO 近乎完全分开，因此分子的 ΔE_{ST} 仅为 0.34 eV，采用 PPT 作为主体，相应的 OLED 器件的最大发光波长（λ_{EL}）为 470 nm，最大 EQE 为 8.0%。但是基于 2CzPN 的 OLED 器件的效率滚降（roll-off）现

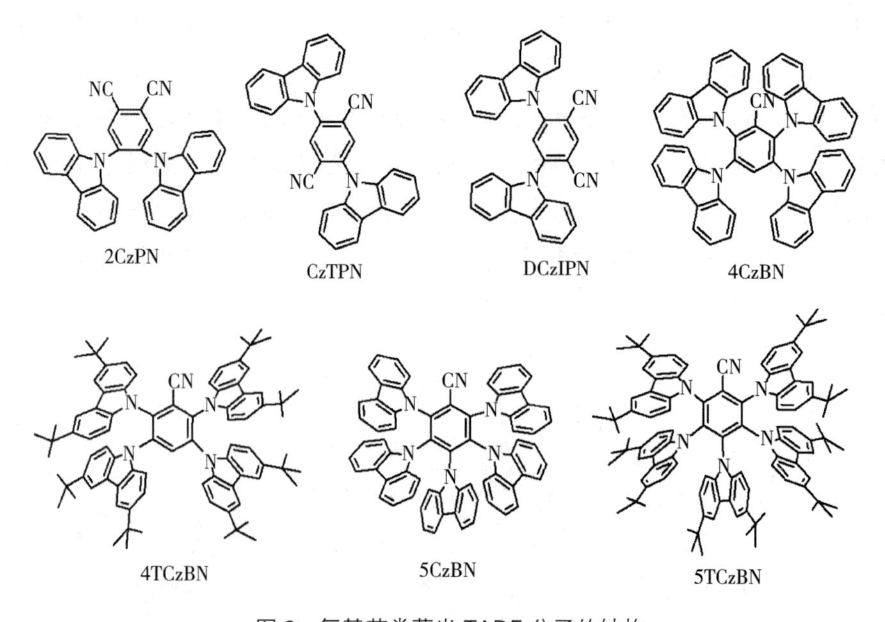

图 9　氰基苯类蓝光 TADF 分子的结构

象十分严重，采用 mCP 作为主体时，相应的 OLED 器件在低电流密度（J=0.01 mA/cm^2）下，EQE 为 13.6%，当电流密度升高至 10 mA/cm^2 时，EQE 降低到了 3.6%；考虑到 ISC 和 RISC 过程，通过理论模拟，Adachi 等人发现 2CzPN 过长的 T_1 激子寿命（273 μs）会导致在高电流密度下有严重的单线态 - 三线态湮灭（STA）和三线态 - 三线态湮灭（TTA），这是器件 roll-off 大的主要原因。

通过改变电子给受体的相对位置以及数目，以改变分子内推拉电子作用的大小，可以调节分子的发光波长和效率。改变 2CzPN 中两个氰基与两个咔唑的相对位置，所得到的异构体 CzTPN 和 DCzIPN 的延迟部分的寿命都比 2CzPN 的短，分别为 11.3 μs 和 1.2 μs。其中，以 PzCz 为主体，掺杂 3% 的 CzTPN 的 OLED 器件发蓝绿光（λ_{EL} 为 494 nm），EQE_{max} 为 15.0%；由于 DCzIPN 的 ICT 作用更弱，以 mCP 为主体的 OLED 器件的 λ_{EL} 为 462 nm，EQE_{max} 为 16.4%。段炼等通过减少一个氰基的方法来减弱 ICT 作用，使分子的发光蓝移：以氰基苯作为电子受体，分别以咔唑、3, 6- 二叔丁基咔唑作为电子给体，制备了 4 个蓝光 / 天蓝光 TADF 分子；以 mCBP 为主体，当染料掺杂浓度为 40 wt% 时器件达到最优性能，其中，基于 4CzBN 的器件 λ_{EL} 为 458 nm，EQE_{max} 为 10.6%，基于 4TCzBN 的器件的 λ_{EL} 为 463 nm，EQE_{max} 为 16.2%；基于 5CzBN 和 5TCzBN 的器件的 λ_{EL} 均为 490 nm，EQE_{max} 分别为 16.7%、21.2%；可以看出，引入叔丁基后，4TCzBN 和 5TCzBN 的器件效率得到了提高，是因为引入叔丁基减小了分子的 ΔE_{ST}，提高了 RISC 速率，材料的 PLQY 得到了提高。

2015 年，韩国的 Jun Yeob Lee 教授等人采用吸电子能力弱于氰基的氟原子（F）取代二氰基苯中的一个氰基，以减弱 ICT 作用，并改变 F 原子与咔唑的数目以调节发光颜色，同时 F 原子还可以提高材料的溶解性，有利于溶液法成膜，设计合成了两个蓝光分子 3CzFCN 和 4CzFCN（图 10）；采用 SiCz 作为主体，旋涂法制备的基于 3CzFCN 和 4CzFCN 的 OLED 器件的 λ_{EL} 分别为 463 nm、471 nm，EQE_{max} 分别为 17.8%、20.0%，比相应的真空蒸镀法制备的器件的 EQE_{max}（12.9%、17.3%）还要高。

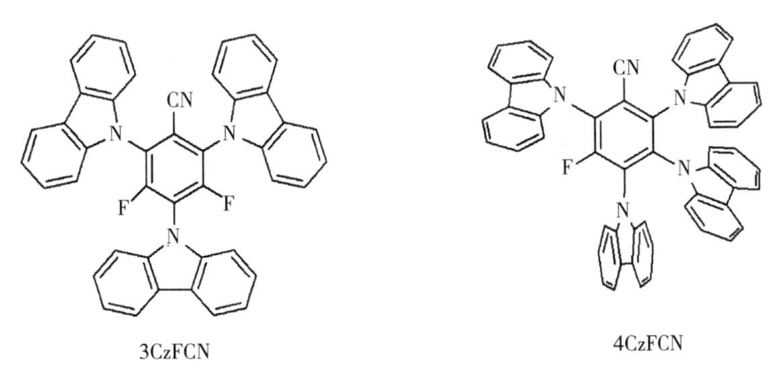

图 10　含 F 原子的蓝光 TADF 分子的结构

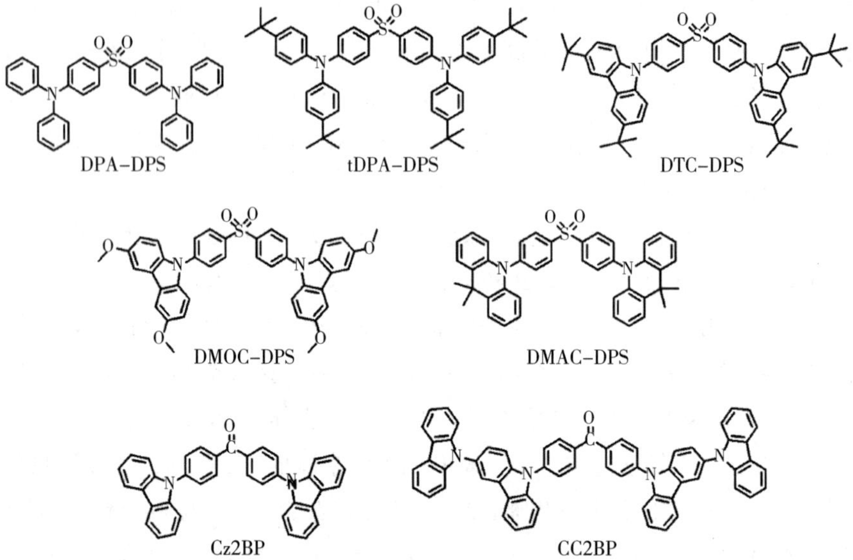

图 11　基于二苯砜基和二苯甲酮的蓝光 TADF 分子的结构

打断分子的共轭也可以使分子的发光蓝移，Adachi 教授等人采用了共轭被打断的二苯砜基作为电子受体，制备了一系列 TADF 材料。他们首先以二苯胺、4- 叔丁基二苯胺、3, 6- 二叔丁基咔唑作为电子给体，设计合成了 3 个蓝光材料——DPA-DPS、tDPA-DPS、DTC-DPS（图 11），相应的以 DPEPO 作主体的 OLED 器件的 λ_{EL} 分别为 420 nm、425 nm、400 nm，EQE_{max} 分别为 2.9%、5.6%、9.9%。由于分子的 ΔE_{ST} 比较大（0.54 eV、0.45 eV、0.32 eV），T_1 激子的寿命过长，导致器件的 roll-off 很大。随后，在 2014 年，他们采用给电子能力更强的甲氧基取代咔唑的 3, 6- 位点，合成了 DMOC-DPS，分子的 ΔE_{ST} 降低至 0.21 eV，采用 DPEPO 作主体，相应的 OLED 器件的 λ_{EL} 为 460 nm，EQE_{max} 为 14.5%，在 1000 cd/m^2 时，EQE 为 3.7%，相比于 DTC-DPS 的器件有所改善。同年，Adachi 等人采用 9, 9- 二甲基吖啶作为电子给体，合成了 DMAC-DPS，以 DPEPO 作主体的 OLED 器件的 λ_{EL} 为 470 nm，EQE_{max} 为 19.5%，并且在 1000 cd/m^2 时，EQE 仍能保持在 16.0%，作者认为当 TADF 分子的局域激发三线态（^{3}LE）接近或者高于分子的电荷转移三线态（^{3}CT）时，有利于提高发光效率，2015 年，Adachi 等人采用 DMAC-DPS 纯薄膜制备了不掺杂的 OLED 器件，优化后器件的 λ_{EL} 为 480 nm，EQE_{max} 为 19.5%。类似地，Adachi 等人还采用二苯甲酮作为电子受体，设计合成了一系列 D-A-D 型分子，其中，Cz2BP 和 CC2BP 为蓝光分子，以 DPEPO 为主体的器件的 λ_{EL} 分别为 446 nm、484 nm，EQE_{max} 分别为 8.1%、14.3%。

三嗪是一类稳定性很好的电子受体，目前有很多基于三嗪的高效蓝光 TADF 分子的报道。如图 12 所示。通过对比基于三嗪 / 咔唑衍生物的 TADF 材料的结构与光物理性质，

Adachi 等人发现扩大分子的 HOMO/LUMO 的离域范围，可以在降低 ΔE_{ST} 的同时防止 K_r^S 的降低，即同时实现小的 ΔE_{ST} 和高的 K_r^S，其中，基于 Ph3Cz–TRZ 的 OLED 器件的 λ_{EL} 为 487 nm，EQE_{max} 高达 20.6%。2015 年，J. J. Kim 等人采用新的电子给体——用 Si 原子取代 9, 9– 二苯基吖啶中 sp^3 杂化的 C 原子，并以三嗪为电子受体，设计合成了 DTPDDA 分子，其 ΔE_{ST} 仅为 0.14 eV，T_1 激子可以完全转换为 S_1 激子，采用 mCP 和 TSPO1 的双主体体系，相应的 OLED 器件的 λ_{EL} 为 468 nm，EQE_{max} 高达 22.3%。

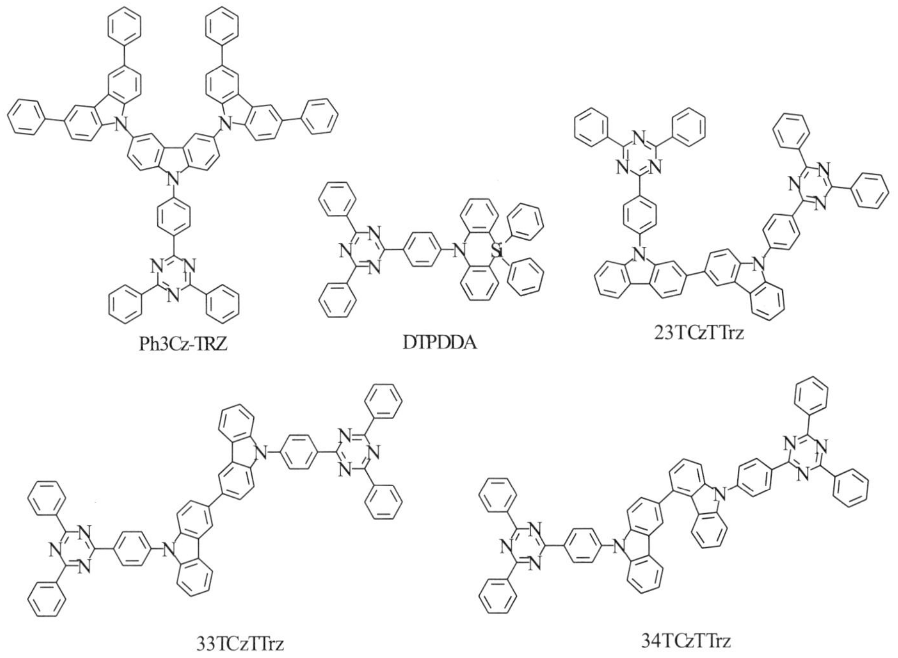

Ph3Cz-TRZ　　DTPDDA　　23TCzTTrz

33TCzTTrz　　34TCzTTrz

图 12　基于三嗪的蓝光 TADF 分子的结构

Jun Yeob Lee 等人提出了双发光核的设计思路（twin emitter）：将两个 TADF 分子通过电子给体连接起来。他们以咔唑作为电子给体，发现连接两个咔唑的不同位置，对分子的性质有很大影响，其中，相比于连接 2, 3′ – 位或者 3, 4′ – 位，通过 3, 3′ – 位置连接的 33TCzTTrz 的 ΔE_{ST} 较小，为 0.25 eV，相应的 OLED 器件的 λ_{EL} 为 472 nm，EQE_{max} 为 25.0%（图 12）。

由电子给受体组成的 TADF 分子发光一般为 CT 态，光谱的半峰宽很宽，色纯度不高。Hatakeyama 等人利用 B 原子与 N 原子相反的共振效应，不引入电子给受体就实现了分子 HOMO/LUMO 的分离，如图 13 所示；所设计合成的 DABNA–1、DABNA–2 分子的 ΔE_{ST} 在 0.14~0.18 eV 之间，由于具有刚性的共轭结构，分子的振子强度 f 值（$S_0 \rightarrow S_1$）很大，分别为 0.205 和 0.415，相应的 OLED 器件的 λ_{EL} 分别为 459 nm、467 nm，EQE_{max} 分别为 13.5%、20.2%，光谱的半峰宽仅为 28 nm，CIE 坐标为（0.12，0.13）。

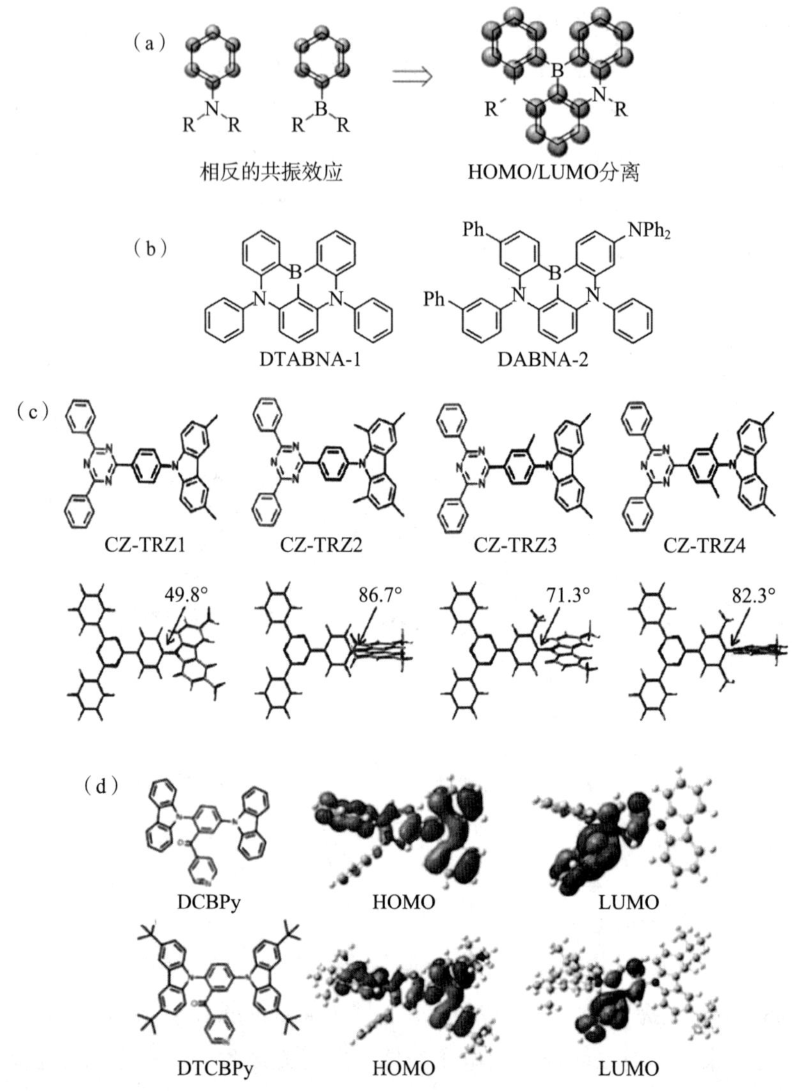

图 13 （a）B-N 共振体系示意图；（b）DABNA-1、DABNA-2 分子的结构；（c）深蓝光材料的分子式和空间结构；（d）DCBPy 和 DTCBPy 的分子式和 HOMO 及 LUMO 的分布

TADF 材料的 CT 态特性同时使得构筑深蓝光材料较难，因此，基于 TADF 的深蓝光材料数量少且效率较低。为了获得深蓝光染料，Adachi 课题组提出了一个简单有效的构筑深蓝光的方法，即在合适的位置引入甲基，可以在不降低材料带隙和发光效率的同时有效地调节材料的 ΔE_{ST}。材料的光物理性质和 DFT 计算表明 D-A 材料的最低三线态得到了很好的控制。引入的甲基基团能够有效地调节给体和受体的相互作用。基于 Cz-TRZ3 和 Cz-TRZ4 的器件最高外量子效率为 19.2% 和 18.3%，同时器件 CIE 为（0.148，0.098）和（0.150，0.097）。这些性能为目前深蓝光材料的最高性能（图 13）。

台湾清华大学的 Cheng 等设计合成了两个基于吡啶苯甲酮咔唑的延迟荧光材料 DCBPy

和 DTCBPy，两个分子都具有很小 ΔE_{ST}，分别为 0.03 eV 和 0.04 eV，同时光致发光瞬态曲线表明二者都是 TADF 材料。两个材料在溶液种的光致发光效率分别为 14% 和 36%，而在固态薄膜状态下的效率为 88% 和 91.4%。基于 DCBPy 和 DTCBPy 作为染料的器件分别给出蓝色和绿色发光，器件效率为 24% 和 27.2%，同时在高亮度下的效率滚降小。DTCBPy 的晶体表明邻位的咔唑和 4- 吡啶基之间具有显著的相互作用，这种相互作用对于实现小的 ΔE_{ST} 和高的光致发光效率具有很重要的作用。

九州大学的 Yasuda 等人设计合成了两个高效的蓝光染料 Ac-OPO 和 Ac-OSO，分别利用磷氧基和砜基作为受体基团而二甲基吖啶作为给体基团。最高的器件效率分别达到了 12.3% 和 20.5%，器件的 CIE 坐标分别为（0.15，014）和（0.16，0.26）。同时，基于 Ac-OSO 的蓝光器件具有很小的效率滚降，在 1000 cd/m^2 的亮度小的 EQE 保持在 13%。另外，由于高的 RISC 效率，器件实现了近 100% 的内量子效率，这远远超过了传统蓝光染料 25% 的限制。

1.6.1.2　绿光材料

到目前为止，综合性质最好的 TADF 材料是绿光材料 4CzIPN（图 14），这一材料最早是在 2012 年由 Adachi 等人设计合成的，以 CBP 掺杂 5 wt% 4CzIPN 作为发光层，相应 OLED 器件的 λ_{EL} 为 507 nm，EQE_{max} 为 19.3%。随后，Jun Yeob Lee、Jang-Joo Kim 等课题组对其进行了器件结构的优化，采用合适的主体体系，器件的 EQE_{max} 都超过了 25%，其中，Jang-Joo Kim 等人采用 mCP 与 B3PYPM 形成的激基复合物（exciplex）作主体，促进器件的空穴和电子传输达到平衡，EQE_{max} 可高达 29.6%，但是 roll-off 依然较为严重，在 10000 cd/m^2 亮度下，EQE 下降至 14.5%。

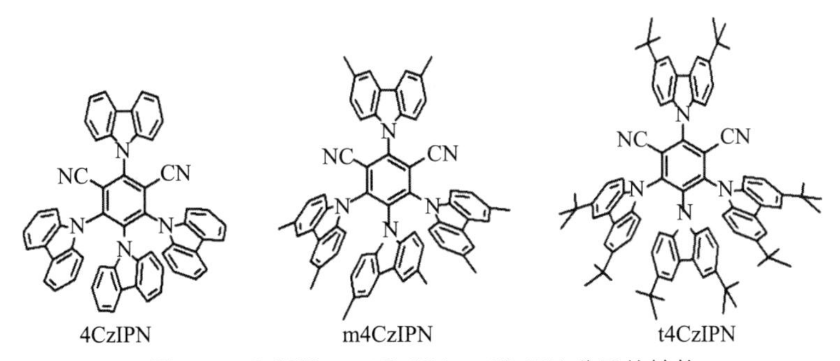

图 14　4CzIPN、m4CzIPN、t4CzIPN 分子的结构

为了采用溶液法制备出高效的 TADF-OLED 器件，Jun Yeob Lee 课题组在 4CzIPN 的咔唑的 3，6- 位上引入甲基、叔丁基，以增强分子的溶解性，设计合成了 m4CzIPN 和 t4CzIPN；结果发现，相比于 4CzIPN 和 m4CzIPN，旋涂法制备的 SiCz 掺杂 t4CzIPN 的薄膜的表面平整度得到了提高，溶液法制备的器件的 EQE_{max} 为 18.3%，比相应的采用真空蒸镀法制备的器件的效率（EQE_{max} 为 17.1%）还要略高一些。表明叔丁基可以较大地改善材料的成膜性。

Jun Yeob Lee 等人将两个相同的 TADF 分子通过电子受体部分连接起来（称为 dual emitter），设计合成了 DDCzIPN（图 15）；相比于单个发光分子 DCzIPN 的 PLQY 为 67%，DDCzIPN 的光吸收常数增大，PLQY 增加至 91%，相应 OLED 器件的 EQE_{max} 也从 DCzIPN 的 16.4% 增大到 DDCzIPN 的 18.9%，但是由于分子的共轭程度增加，器件发光也从 DCzIPN 的 462 nm 红移至 DDCzIPN 的 497 nm。

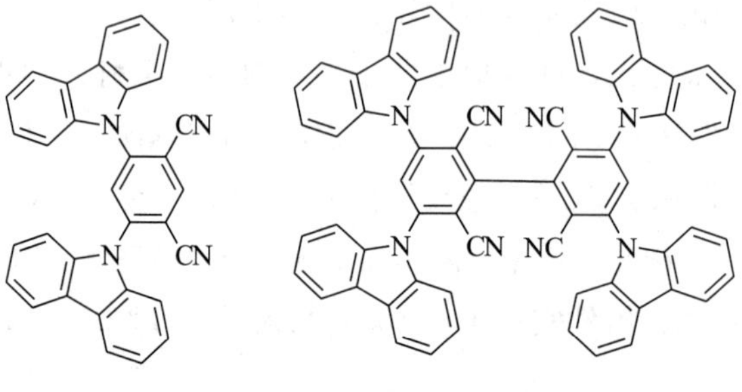

图 15　DCzIPN、DDCzIPN 分子的结构

Adachi 等人以二苯砜基作为电子受体、吩噁嗪为电子给体，设计合成的绿光材料 PXZ–DPS（图 16）的 ΔE_{ST} 为 0.08 eV，PLQY 为 80%，以 CBP 掺杂 10 wt% PXZ–DPS 的薄膜为发光层的 OLED 器件，λ_{EL} 为 520 nm，EQE_{max} 为 17.5%，并且在 1000 cd/m^2 亮度下，EQE 仍能高达 16.0%。Su Shi–Jian 等人将两个砜基以闭环的方式连在一起，设计了新的电子受体 TEDSO2，并与电子给体 9, 9– 二甲基吖啶通过一个苯基桥连在一起，合成了绿光材料 ACRDSO2，其 ΔE_{ST} 为 0.058 eV，PLQY 为 71%；并且以 CBP 作为主体，通过真空蒸镀法和旋涂法制备的 OLED 器件的效率相当，λ_{EL} 为 534 nm，EQE_{max} 分别为 19.2%、17.5%。Wang Peng–Fei 等人将 9– 噻吨酮中的 S 氧化为砜基作为新型电子受体，以 N– 苯基咔唑为电子给体，合成了绿光 TADF 材料 TXO–PhCz，这一材料在水 / 乙腈混合体系中表现出明显的聚集诱导发光现象（AIE），其 ΔE_{ST} 为 0.073 eV，在纯薄膜中的 PLQY 为 93%；以 mCP 掺杂 5 wt% TXO–PhCz 的薄膜作为发光层，相应 OLED 器件的 EQE_{max} 为 21.5%。

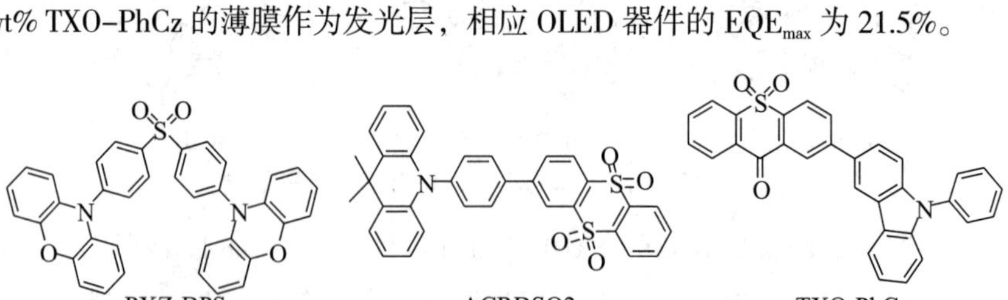

图 16　含二苯砜基的绿光分子的结构

2012 年，Adachi 等人以三嗪作为电子受体、吩噁嗪为电子给体，合成了绿光材料 PXZ–TRZ（图 17），高度扭曲的分子结构使 HOMO/LUMO 几乎完全分开，理论计算的

ΔE_{ST}为0.070 eV，CBP掺杂6 wt% PXZ–TRZ的薄膜的PLQY为65.7%，以此掺杂薄膜作为发光层，相应的器件的λ_{EL}为529 nm，EQE_{max}为12.5%，但是器件的roll–off很严重。2015年，京都大学的Kaji等人将电子给体换作二苯胺咔唑，合成了绿光材料DACT–Ⅱ，这一材料的ΔE_{ST}近乎为零（0.0052 eV），因此T_1激子可以通过RISC全部转化为S_1激子，CBP掺杂9 wt% DACT–Ⅱ的薄膜实现了100%的PLQY，相应的OLED器件的λ_{EL}为522 nm，EQE_{max}为29.6%，在3000 cd/m^{2}亮度时EQE为16.2%；加上光取出结构后，EQE_{max}可以达到41.5%。

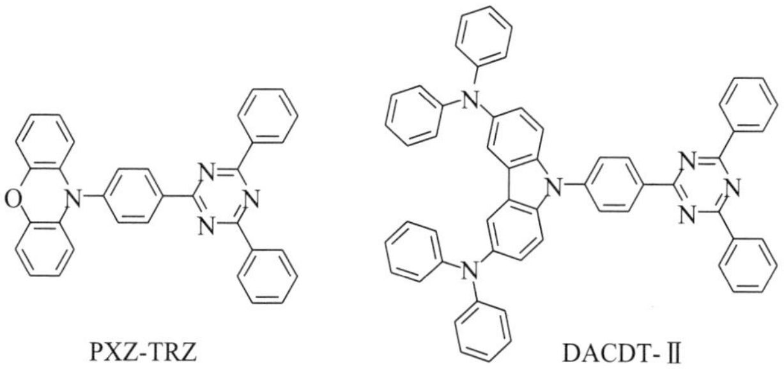

PXZ-TRZ　　DACDT-Ⅱ

图17　三嗪类TADF绿光分子的结构

由于B原子具有很强的缺电子性质，含B的化合物通常具有良好的吸电子的能力，因此B原子也常常被引入到TADF分子中用来构造新型的电子受体。Kitamoto等人设计了新型电子受体POB，当以吩噁嗪为电子给体时，所合成的分子POB–PXZ（图18）发绿光，ΔE_{ST}为0.028 eV，将其掺杂在mCP中，薄膜的PLQY高达99%，相应器件的λ_{EL}为503 nm，EQE_{max}为22.1%。Kaji等人以三苯基硼作为电子受体，以吩噁嗪为电子给体，合成了绿光分子PXZ–Mes_3B，ΔE_{ST}仅为0.008 eV，CBP掺杂16 wt% PXZ–Mes_3B的薄膜的PLQY为92%，相应OLED器件的λ_{EL}为502 nm，EQE_{max}为22.8%。

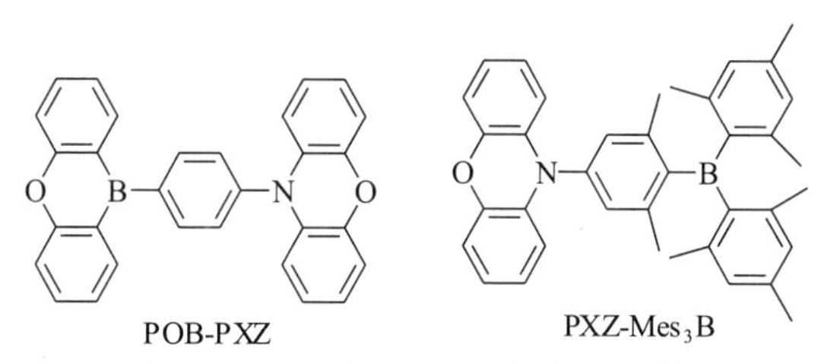

图18　含B的TADF绿光分子的结构

1.6.1.3　红光材料

红光分子由于其S_1和T_1的能量较低，根据能隙规则（energy gap law），分子的非辐射速率常数（k_{nr}）会随能隙的减小而呈指数地增大，因此，高效的红光TADF分子比较少。Adachi等人在*Nature*上所报道的基于二氰基苯/咔唑的扭曲构型的分子中，为了增大ICT作用以使分子发光红移，他们在4CzTPN分子中咔唑的3, 6–位上引入了苯基，增大了咔唑的给电子能力，所合成的4CzTPN–Ph分子（图19）在甲苯溶液中的λ_{PL}为577 nm，采用

CBP 作为主体，相应的 OLED 器件的 EQE_{max} 为 11.2%，但是器件的 roll-off 比较大。

为了增大分子的 K_r^S，吉林大学王悦等人设计合成了近似平面构型的分子 TPA-DCPP（图 19），在这一分子中，电子受体（DCPP）与桥连基团（苯环）之间的二面角只有 35°，近似平面的构型使分子的 HOMO 与 LUMO 有中等程度的重叠，分子的 ΔE_{ST} 为 0.13 eV，在甲苯溶液中的 λ_{PL} 为 588 nm，PLQY 为 84%；采用 TPBi 作主体，TPA-DCPP 掺杂 10wt% 和 20 wt% 的 OLED 器件的 λ_{EL} 分别为 648 nm、668 nm，EQE_{max} 分别为 9.6%、9.8%；此外，采用 TPA-DCPP 的纯薄膜作为发光层，其 OLED 器件发光到了近红外区域，λ_{EL} 为 710nm，EQE_{max} 为 2.1%。

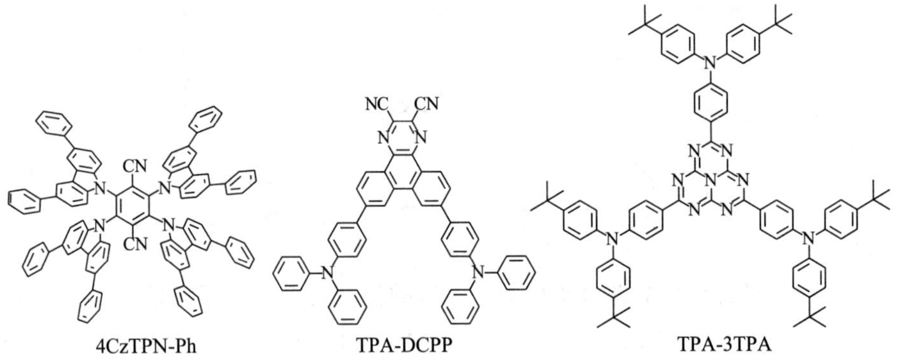

4CzTPN-Ph　　TPA-DCPP　　TPA-3TPA

图 19　4CzTPN-Ph、TPA-DCPP、HAP-3TPA 分子的结构

Adachi 等人采用具有强的吸电子特性、刚性平面结构的庚嗪环（HAP）作为电子受体，叔丁基取代的三苯胺作为电子给体，合成了橙红光分子 HAP-3TPA（图 19），其中，叔丁基不但可以增加给电子特性，其大的空间位阻效应还可以增大相邻分子间的距离，防止形成激基缔合物；分子的 ΔE_{ST} 为 0.17 eV，在甲苯溶液中的 λ_{PL} 为 560 nm，PLQY 为 95%；采用 26mCPy 作为主体，掺杂 1 wt% HAP-3TPA 的 OLED 器件的 λ_{EL} 红移至 610 nm，EQE_{max} 为 17.5%。

为了增大红光 TADF 分子的 K_r^S，同时不增大其 ΔE_{ST}，Adachi 等人以蒽醌为电子受体，在蒽醌与电子给体之间引入了桥连基团苯环，设计了一系列 D-Ph-A-Ph-D 型分子（图 20），与相应的 D-A-D 型分子相比，引入桥连基团苯环可以增大电子给体与受体之间的距离，使得分子在保持 ΔE_{ST} 基本不变的同时增大 K_r^S；其中，当以二苯胺为电子给体时，不加桥连基团苯环的分子（DPA-AQ）的 ΔE_{ST} 为 0.29 eV，CBP 掺杂 1 wt% DPA-AQ 的薄膜的 PLQY 为 50%，而引入苯环后，DPA-Ph-AQ 分子的 ΔE_{ST} 为 0.24 eV，CBP 掺杂 1 wt% DPA-Ph-AQ 的薄膜的 PLQY 增大到 80%；采用 CBP 掺杂 10 wt% DPA-Ph-AQ 的薄膜作为发光层，相应的 OLED 器件的 λ_{EL} 红移至 624 nm，EQE_{max} 为 12.5%，但是 roll-off 依然很严重。

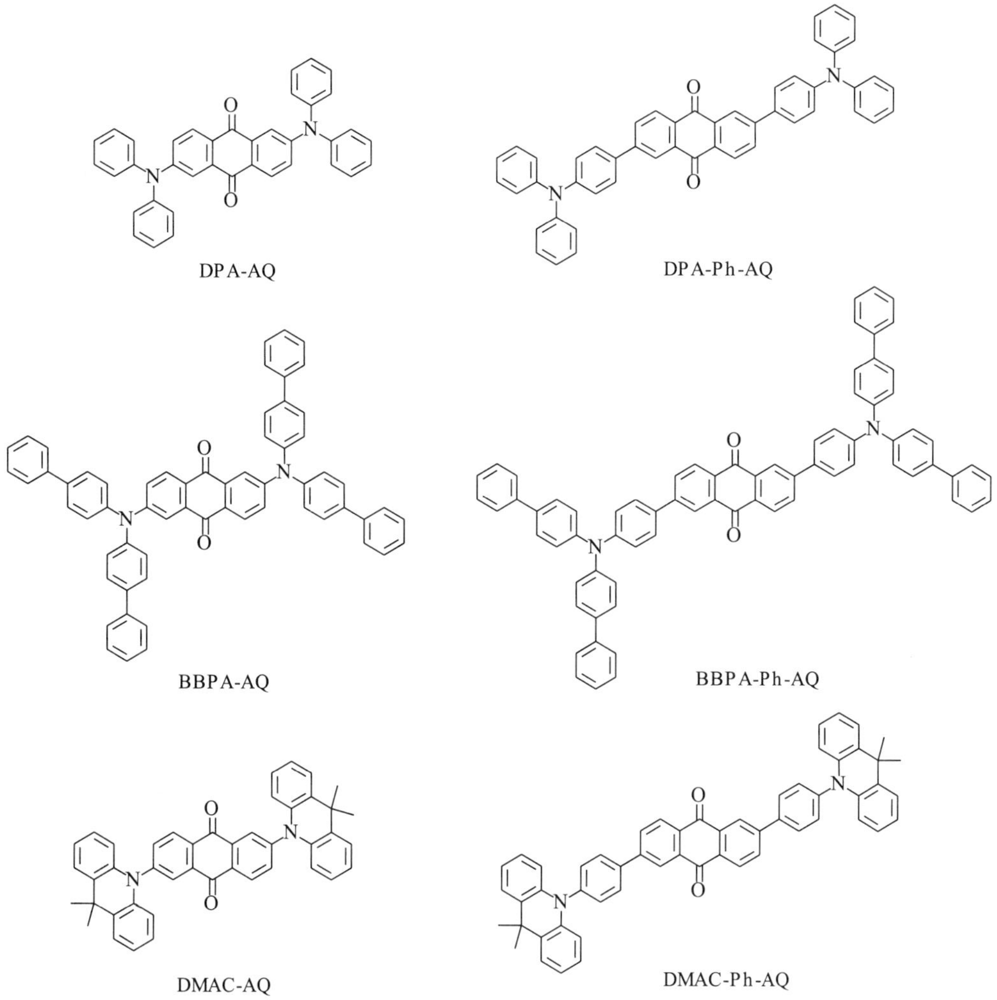

DPA-AQ
DPA-Ph-AQ
BBPA-AQ
BBPA-Ph-AQ
DMAC-AQ
DMAC-Ph-AQ

图 20　D–A–D 型和 D–Ph–A–Ph–D 型分子的结构

TPA-QNX(CN)2
HOMO
LUMO

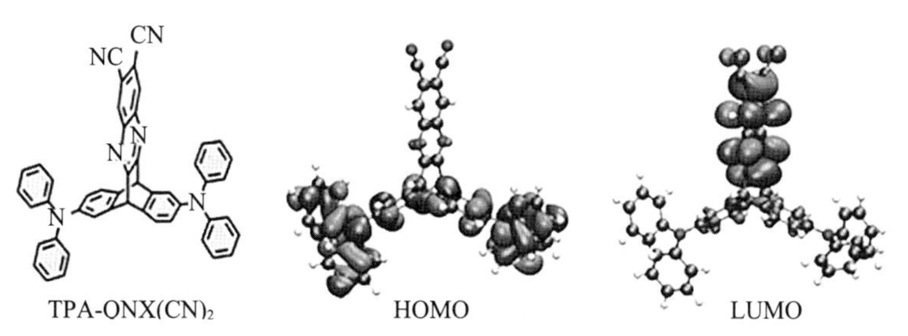

图 21　三蝶烯型分子 TPA–QNX（CN）$_2$ 的结构及其 HOMO/LUMO 分布示意图

Baldo 和 Swager 等人采用了三蝶烯骨架，使电子给体和受体分别处在不同的支臂上，分子的 HOMO 与 LUMO 仅仅在中间 sp^2 杂化的碳原子上有少量的重叠（图 21），以二氰基喹喔啉［QNX（CN）$_2$］为电子受体，三苯胺（TPA）为电子给体的分子 TPA–QNX（CN）$_2$ 的 ΔE_{ST} 为 0.11 eV，在环己烷溶液中除氧后的 PLQY 为 44%；采用 mCP 作主体，掺杂 10 wt% 的 TPA–QNX（CN）$_2$ 的 OLED 的 λ_{EL} 为 573 nm，EQE_{max} 为 9.4%。

1.6.1.4　激基复合物延迟荧光材料

除单分子 TADF 外，2012 年日本九州大学 Adachi 课题组还证明由给体和受体分子组成激基复合物（exciplex）体系也是 TADF 材料。Exciplex 体系一般由给体分子和受体分子组成，是给体 HOMO 能级和受体 LUMO 能级之间的相互作用。Exciplex 材料的 LUMO 能级分布在受体上而 HOMO 能级分布在给体上。相对于单分子 TADF 来讲，exciplex 体系的 HOMO 和 LUMO 分布更加分离，从而能够获得更小的 ΔE_{ST}。（图 22）

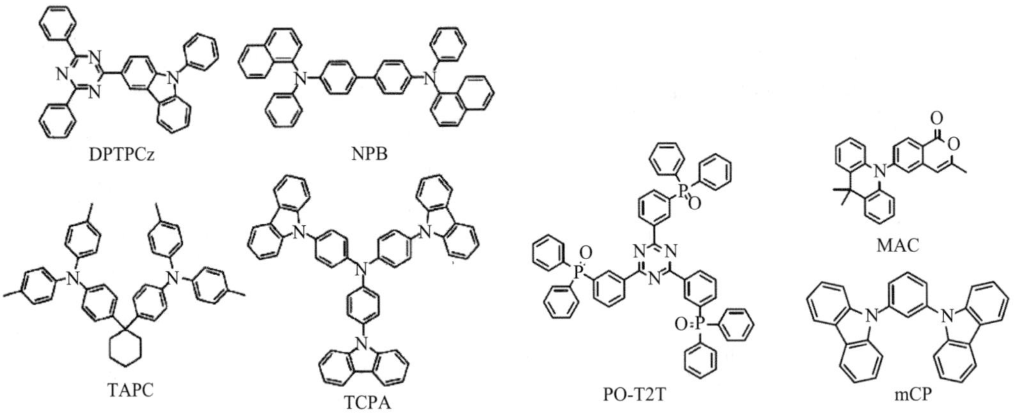

图 22　常见给体和受体分子结构式

2015 年，苏州大学张晓宏和香港城市大学李振声等人设计合成了一个新的双极性受体分子 DPTPCz，选取三个传统的空穴传输材料 NPB、TCTA 和 TAPC 作为给体分子构筑了三个 exciplex 体系。相对于各自的发光来讲，激基复合物的发光呈现出明显的红移。特别地，基于 TAPC 和 DPTPCz 的激基复合物的光致发光效率达到了 68%，同时材料的 ΔE_{ST} 仅为 47 meV，证明材料的辐射跃迁速率较高，同时具有高的 RISC 效率。基于 TAPC 和 DPTPCz 体系的器件最高外量子效率达到了 15.4%。通过光谱测量得到的激基复合物的发光能量和通过电化学测试得到的能量相当，证明了可以通过测定给体和受体分子的能级计算得到相应的 exciplex 的能量。同时，该工作还证明对于 exciplex 来讲，高三线态的给体和受体分子是必需的，用来阻止 exciplex 分子的激子损失和促进反向系间窜跃过程。

2016 年，苏州大学张晓宏和香港城市大学李振声等人提出了利用单分子 TADF 材料作为受体基团引入到 exciplex 中，使得该体系中存在两种上转换方式，即 exciplex 和单分子 TADF。因此，相对于传统 exciplex 体系，该体系能够获得更高的上转换效率，因此可以利用更多的激子从而实现更高的效率。同时，激基复合物中的给体分子的能量高于作为受体分子的 TADF 材料的能量时，单分子 TADF 材料的 RISC 过程可以捕获高电流密度下的给体分子的三线态激子，从而能够降低器件的效率滚降。基于这样的策略，该组选用 TADF 材料 MAC 作为给体，而 PO-T2T 作为受体，构筑了激基复合物体系。作为对此，他们还选用 mCP 作为给体，PO-T2T 作为受体构筑 exciplex。两个体系展现了相似的光致发光效率和 ΔE_{ST}。基于 MAC：PO-T2T 的器件的最高 EQE 为 17.8%，是目前基于激基复合物的最高的器件效率。而作为对比的 mCP：PO-T2T 体系的 EQE 仅仅为 8.6%。这些结果证明 MZC：PO-T2T 比 mCP：PO-T2T 具有更高的 RISC 效率。另外，基于 MZC：PO-T2T 的器件效率滚降更小，在 1000 cd/m^2 的亮度下效率还能维持在 12.3%。

尽管激基复合物原则上能够实现 100% 的内量子效率，但是基于激基复合物的器件效率远远低于单分子的 TADF 器件。韩国首尔国立大学的 J.J. Kim 等人分析了影响激基复合物内量子效率的动力学过程，发现材料的非辐射跃迁速率大是影响 exciplex 效率的主要原因。他们选用 TCTA 作为给体而 B4PYMPM 作为受体分子构筑的 exciplex 在 150 K 的低温下器件的 EQE 达到了 25.2%，内量子效率为 100%。而当温度为室温时，器件的内量子效率仅有 48.3%，EQE 为 11.0%。效率的衰减是由于温度升高时 exciplex 体系的非辐射跃迁速率升高导致的。这些结果表明当非辐射跃迁速率太大时，即使上转换速率很大也不能保证能够获得足够高的器件效率。

1.6.1.5　热活化延迟荧光材料作（辅助）主体材料

由于 TADF 材料同时包含电子受体和电子给体，所以通常具有良好的电子和空穴传输能力，并且 TADF 材料可以将 T_1 激子通过 RISC 转换为 S_1 激子，然后再将能量传递给其他分子，所以可以成为良好的主体材料。

清华大学段炼课题组采用 TADF 材料直接作为传统荧光材料的主体。TADF 主体材料的三线态通过反向系间窜跃（RISC）过程可以上转换到其单线态，进而单线态激子的能量可以通过长程的能量传递过程传给传统荧光染料发光。这种发光机理被称作热活化敏化荧光发光（TASF）。这种过程可以结合 TADF 材料高效率和荧光染料的高发光效率、高色纯度、低滚降以及长的寿命的优势，实现高性能的器件。该组选用了两个 TADF 材料作为主体，采用 PLQY 高达 80% 的传统黄色荧光染料构筑的荧光器件外量子效率达到了 12.2%，同时功率效率也达到了 44 lm/W。

同年，Adachi 课题组也提出了相似的策略，他们采用传统宽带隙材料作为主体材料，将 TADF 材料作为辅助掺杂剂（assist dopant），再掺杂传统荧光材料，所制备的从蓝光到红光的 OLED 器件的 EQE 可以达到 13.4%~18%，而且，由于 TADF 辅助掺杂剂的加入，改变了载流子的复合区域，使得器件的操作稳定性也得到了提高。Adachi 作为创始人之一的日本的 Kyulux 公司将这种 TADF 敏化荧光的技术称之为 hyper fluorescence，并且认为该技术具有很高的应用前景。

段炼课题组同时还将 TADF 材料用作磷光主体材料。2013 年，该组首次将 TADF 材料作为主体材料用于磷光器件来促进电荷从传输层到发光层的注入，从而能够降低器件的电压。

构筑的绿光器件实现了最低 2.19 V 的起亮电压。这是第一个将 TADF 材料用作主体的工作。进一步地，该组还证明由于 TADF 材料的三线态激子可以上转换到单线态，进而将能量通过长程的 Forster 能量传递给磷光染料。相比与传统磷光主体只能通过短程的 Dexter 相互作用将主体三线态传递给磷光染料，这种长程的 Forster 能量传递能够实现更有效的传递。因此，在低浓度（< 3 wt%）掺杂下即可以实现完全的能量传递。而利用传统的主体材料的器件只有在较高掺杂浓度（> 8 wt%）下才能实现完全的能量传递。因此，利用 TADF 材料作主体的器件能够降低器件的成本。同时，由于能量传递更加有效，在高电流密度下的磷光器件的三线态激子浓度可以有效地降低，从而降低三线态的淬灭，减小效率滚降。

1.6.2 三线态 – 三线态湮灭（P 型）延迟荧光材料

三线态 – 三线态湮灭（P 型）延迟荧光也被称作 TTA。其机理是利用 2 个三线态淬灭产生 1 个单线态，再由单线态发光产生荧光。该现象主要在蒽类衍生物和并四苯衍生物中得到。TTA 的优势在于可以获得高效率、长寿命的深蓝光材料，有较大的商业应用前景。

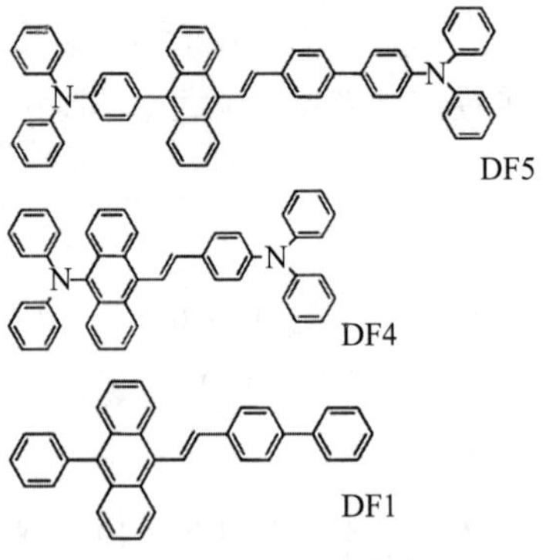

DF5

DF4

DF1

图 23 三线态 – 三线态湮灭（P 型）延迟荧光材料

英国杜伦大学的 Monkman 等人设计合成了一系列基于蒽的衍生物，同时引入二苯胺基作为空穴传输基团（图 23）。这些材料都具有分子内电荷转移态，同时具有高的光致发光效率。基于 DF4 的优化器件的效率可以达到 5.5%，同时在 100 cd/m^2 的亮度下功率效率达到了 8 lm/W。通过增加一层电子阻挡层，器件的 EQE 可以达到 6%，同时 260 cd/m^2 亮度下器件的功率效率为 11.2 lm/W，高于根据 DF4 的荧光量子效率计算得到的效率上限。这种效率的提升主要来自于 TTA 延迟荧光的贡献。在上述材料中 $2T_1 \leqslant T_n$，从而使得 TTA 产生单线态的效率达到 50%。三苯胺基团是材料产生高效率的原因之一，它可以增强空穴迁移率同时增加材料的 CT 态特性。这一工作为设计更高效的荧光材料提供了理论基础。

1.6.3 “热激子”荧光材料

“热激子”荧光材料也被称作杂化局域 – 电荷转移态（HLCT）材料，是由吉林大学马於光等首次提出的。对于 OLED 材料来说，激子的离域性（束缚能小）有利于 X_s（单线态激子比例）的提高，而激子的定域性（束缚能大）有利于发光效率的提高，两者是矛盾的。对于 TADF 材料来说，X_s 的提高往往不利于 S_1 态激子辐射跃迁速率的增加。为了获得激子束缚能强弱适中的新材料，研究人员提出了一种新的理论，即将 CT（电荷转移）态与 LE（局域）态杂化形成新的激发态——杂化局域 – 电荷转移态（HLCT）。这是一种突破激子统计规律（X_s=25%）的新策略。TADF 材料是通过 T_1 激发态到 S_1 激发态的 RISC 实现的激子利用率的提高，而 HLCT 材料是利用高能激发态（T_m–S_n，m，n > 1）的 RISC 过程来实现三线态到单线态的转换。在材料学上将利用低能激发态（T_1–S_1）的过程称为冷激子过程，而利用高能激发态（T_m-S_n，m，n > 1）的过程称为热激子过程，所以HLCT材料又叫作“热激子”材料。由于HLCT材料是通过独立的“hot-CT激子”通道实现RISC过程以增加单线态S_1激子的生成比例的，这种S_1激子就具有LE态的高辐射跃迁效率。理论上说这种材料的激子束缚能强弱适中，一方面能够得到最大化的实现T→S激子转化效率，另一方面又有利于$S_1 \rightarrow S_0$的辐射跃迁，解决了二者之间的矛盾。TADF和HLCT的路径不同，导致了产生的S_1激子的离域状况的不同，因此虽然两种方法都能够增加发生辐射的S_1态激子的比例，但得到的S_1态激子发生辐射跃迁的速率是不同的，通过HLCT途径获得的S_1态激子的LE性更强，发生辐射跃迁的效率更高。

分子设计需同时具LE和CT激发态特征，即HLCT态特征，且CT能量高于LE激发态：①S_1和T_1具有显著LE激发态特征，大的电子/空穴波函数重叠保证S_1态高的辐射跃迁几率；②S_n和T_m具有显著CT激发态特征，CT态小的电子/空穴波函数重叠保证足够小的ΔE_{ST}(S_n/T_m)，使得RISC（$T_m \rightarrow S_n$）能够高速进行。作为保证此机理生效的重要前提，T_m与T_{m-1}之间需要足够大的能隙，以有效降低内转换过程速率，使得RISC（$T_m \rightarrow S_n$）速率足够与T激子内转换过程速率IC（$T_m \rightarrow T_{m-1}$）抗衡竞争，最终导致三线态T激子的弛豫路径发生改变，偏离T_1态。

2008年，吉林大学马於光等人率先开展了HLCT材料的研究。首先是在三苯胺-蒽衍生物体系中提出了这一机理，表现出显著的电致发光效率和器件稳定性，X_s约为50%，与纯LE化合物相比，HLCT材料制作的器件外量子效率和寿命都有提高，理论计算表明这种效率的提高与蒽LE和三苯胺-蒽间CT两态共存的发射特征有关；2014年基于相似的体系，研究了三苯胺-萘并噻二唑材料TPA-NZP，发光波长632 nm，外量子效率为2.8%，X_s达到了93%，器件显示出高的稳定性，在高电流密度下效率滚降较小。2012年，以三苯胺-菲并咪唑（TPA-PPI）作为发射层材料制作了深蓝色电致发光器件。器件的最大电流效率为5.7 cd /A，外量子效率超过了5%，X_s为28%；2013年，研究者在TPA-PPI侧基苯环上引入—CN基团增强受体强度，以进一步提高激子的CT态成分，这种材料作为发光层材料，得到了最大流明效率达10 cd/A的饱和蓝色器件，器件外量子效率为7.8%，X_s=98%，作者认为具有离域性的低束缚能CT态激子，有利于增加X_s的值。另外，2014年，Ma等人研究了吩噻嗪-苯并噻二唑材料PTZ-BZP，发光波长700 nm，EQE_{max}=1.54%，X_s达48%。

HLCT是理想的激发态，高级CT态负责构建激子通道，提高激子利用率，而最低激发S_1态则只负责发光，这样既可以高的激子利用率和高的荧光效率分工进行，互不干涉；大的$\Delta E_{Tm\ Tm-1}$有效地降低了其间的系间穿越速率，减少了T态激子在T_1的聚集，降低了形成T-T湮灭的风险，在高电流密度下避免了滚降现象的发生；高能级之间的反系间穿越避免了延迟荧光现象的发生，这种分子器件可以不通过掺杂工艺得到较高的效率，操作简单，成本大大降低。但目前关于HLCT机理部分，只有理论计算的解释，无法从实验操作手段得到验证；且分子设计难度大，基于 HLCT 的器件效率虽然突破了传统荧光的极限，但仍未实现预期的 100% 内激子利用率。

1.6.4 其他新型的发光机制

由于自旋统计的限制，有机电致发光器件（OLED）的内量子效率的上限通常只有 25%。尽管有机磷光发光材料可以突破 25% 的限制，磷光发光器件的内量子效率能够达到 100%，但是由于磷光材料需要用到资源稀缺的重金属元素，以及高昂的价格，导致了 OLED 产品的高成本。因此在廉价的荧光发光材料中探索新的发光机制，突破 25% 的限制成为当前 OLED 研究的热点。

吉林大学李峰等人利用一种开壳有机中性共轭分子——中性 π 共轭自由基 TTM-1Cz，作为发光材料，制备了一种新型的基于双重态激子发光的 OLED（图 24）。TTM-1Cz 由一个三苯甲基自由基连接一个咔唑基团构成。由于 TTM-1Cz 的最高占有轨道只有一个电子，当这个电子被激发到最低未占有轨道后，最高占有轨道是空轨道，这就使得这种激发态往基态的跃迁是完全自旋允许的。由于一个电子只有两种自旋态，所以这种激发态被称为双重态。这一工作巧妙地绕过了 OLED 领域中的“三重态激子利用”问题，提供了一种新的可实现 OLED 内量子效率 100% 的途径。

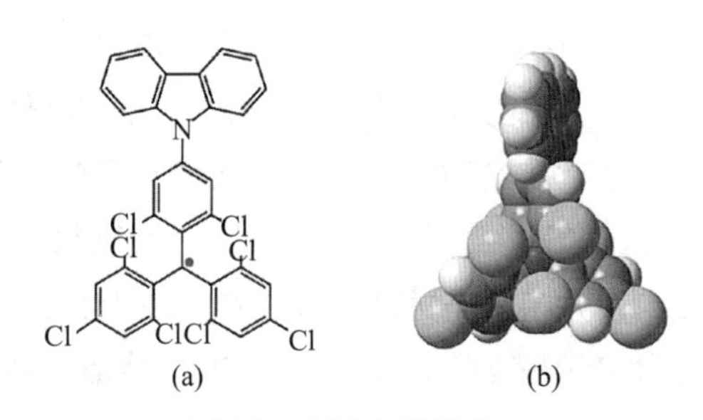

图 24 双重态发光分子

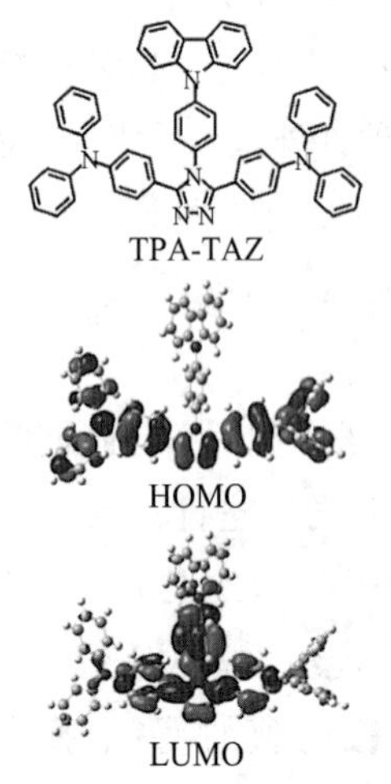

图 25 TPA-TAZ 分子的结构

吉林大学李峰教授与清华大学帅志刚教授合作提出了三线态 - 极化子相互作用诱导的分子之间的三线态至单线态上转换的新机理，分别从实验和量化计算两方面论证了该新机理可以突破内量子效率 25% 的限制，为获得高效率低成本的 OLED 提供了一种新的途径（图 25）。设计合成地材料 TPA-TAZ 如图所示，基于该材料的深蓝光器件外量子效率为 6.8%。

1.6.5 荧光红绿蓝器件的最高性能

台湾大学的吴忠帜和汪根欉等人设计合成了一系列基于三嗪 / 吖啶衍生物的 TADF 材料，分子具有较高的水平取向，从而能够提升器件的光取出效率，所得到天蓝光器件最高外

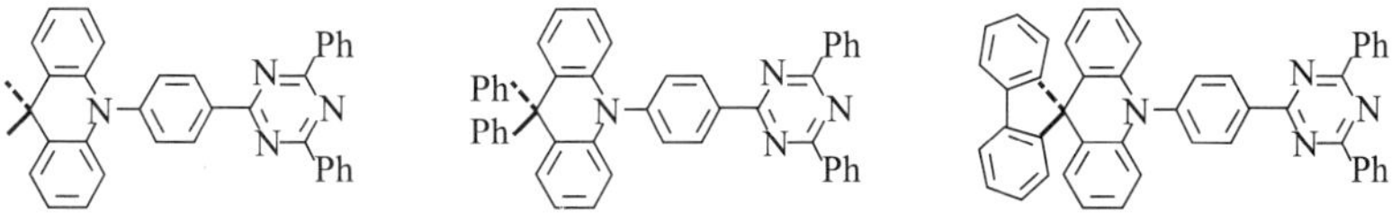

DMAC-TRZ　　DPAC-TRZ　　SplroAC-TRZ

图 26　最高效率蓝色荧光器件

量子效率达到了 37%（图 26）。

首尔国立大学的 Kim 等人利用激基复合物材料作为 TADF 绿光材料 DACT-Ⅱ的主体，通过激基复合物到 TADF 能量的传递增加了 TADF 染料上单线态激子的比例，从而提升了器件效率，最大外量子效率达到了 34.2%。

Adachi 等人采用具有强的吸电子特性、刚性平面结构的庚嗪环（HAP）作为电子受体，叔丁基取代的三苯胺作为电子给体，合成了红光分子 HAP-3TPA（图 27），其中，叔丁基不但可以增加给电子特性，其大的空间位阻效应还可以增大相邻分子间的距离，防止形成激基缔合物；分子的 ΔE_{ST} 为 0.17 eV，在甲苯溶液中的 λ_{PL} 为 560 nm，PLQY 为 95%；采用 26 mCPy 作为主体，掺杂 1 wt% HAP-3TPA 的 OLED 器件的 λ_{EL} 红移至 610 nm，EQE_{max} 为 17.5%。

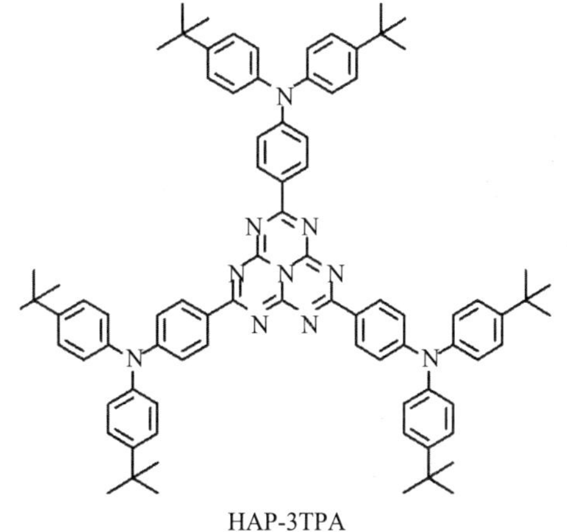

图 27　HAP-3TPA 分子的结构

1.7　磷光材料

自 1998 年马於光教授和 Forrest 分别报道了基于三线态激子发光的 OLED 以来，磷光材料得到了快速的发展。磷光来自物质的三重激发态。在室温固态下，一般有机化合物的磷光发射很微弱，而重金属如钌（ruthenium，Ru）、锇（osmium，Os）、铱（iridium，Ir）、铂（platinum，Pt）等配合物则具有较强的磷光发射，可用作 OLED 的磷光材料。

1.7.1　中性过渡金属配合物

自提出高效重金属配合物的有机电致磷光材料以来，利用三重态辐射发光的磷光材料包括铱、钌、铂、锇等过渡金属配合物，尤其是铱金属配合物磷光材料已经成为有机电致发光研究领域的焦点。此类配合物能够通过系间窜越，在电子 - 空穴复合后，增强分子的自旋 - 轨道耦合作用，使原来自旋禁阻变为局部允许，促使体系内原有的三重态增加，提高三重激发态到基态的辐射跃迁几率，实现混合单重态和三重态激子辐射发光，发光效率较荧光材料提高三倍，理论上内量子效率可达 100%。

1.7.1.1 铱配合物

2011 年，Suh 等人设计了以 2- 苯基喹啉为配体的一系列新的红色磷光材料，光致发光波长在 580~595 nm 范围内，如图 28。这几种染料由于配体中引入了甲基或叔丁基，造成位阻较大，从而减小了染料分子本身的自猝灭效应，所以制备的器件实现了较高的外量子效率，分别是 15.7%，19.8%，21.9%，22.2%，24.6%。后来，Kim 等人利用 Ir（phq）$_3$、Ir（mphq）$_2$acac、Ir（MDQ）acac、Ir（mphmq）$_2$tmd 为染料，以 B3PYMPM 这一具有水平取向特性的荧光材料为主体，制备的器件的 EQE 分别达到了 20.9%，27.6%，27.1% 和 35.6%。与不具有水平取向特性的 NPB 为主体制备的器件相比，性能有了大幅提高。

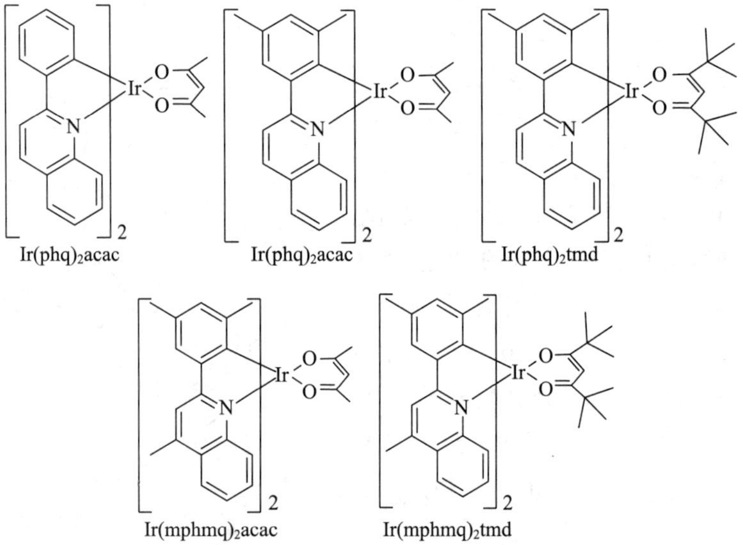

$Ir(phq)_2acac$　$Ir(phq)_2acac$　$Ir(phq)_2tmd$

$Ir(mphmq)_2acac$　$Ir(mphmq)_2tmd$

图 28　中性铱配合物红色磷光材料

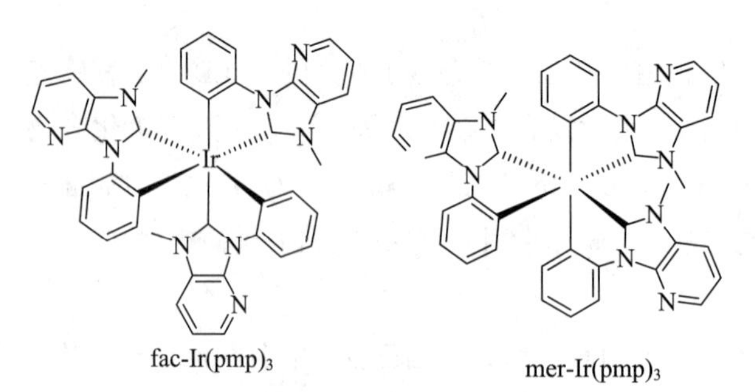

图 29　中性铱配合物蓝色磷光材料

制备具有良好单色性和热稳定性的蓝色磷光染料并不容易，研究者们开展了许多研究。Forrest 等人设计了氮杂卡宾（NHC）类配体的铱配合物，实现了高亮度的深蓝光发光。他们设计了如图 29 的两种同分异构配合物，fac-Ir（pmp）$_3$ 制备的器件实现了超过 7800 cd/m^2 的亮度和 CIE 坐标为（0.16，0.09），而 mer-Ir（pmp）$_3$ 的器件亮度超过了 22000 cd/m^2，CIE 坐标为（0.16，0.15）。亮度大幅提高的原因是该材料中 Ir-NHC 的键很强。这对蓝色磷光材料的设计和改进具有重要意义。2014 年，该课题组还报道了双发光层的叠层器件，同时在发光层中，染料的掺杂形式是梯度掺杂。这样的新型器件结构应用于蓝色磷光材料作为发光材料后，实现了 T_{80}=616 ± 10 h 的长寿命。

2013 年，Kim 等人利用具有良好水平取向的绿光染料 Ir（ppy）$_2$acac，同时以 B3PYMPM 与 TCTA 作为共主体，获得了 EQE 超过 30% 的器件。再次证明了水平取向的发光分子造成光取出效率的增加可以明显提高器件性能。

2009 年，吉林大学刘宇等人设计了带有 *N*, *N*– 二异丙基苄脒配体的铱配合物，后来又设计了相似配体，含有这两种配体的铱配合物（图 30）分别在 500 nm 和 605 nm 发光，该类材料的特点在于具有较高的迁移率和固态发光效率，将上述材料分别作为主体和染料制备成器件，得到了 EQE=26.3% 的红光器件。

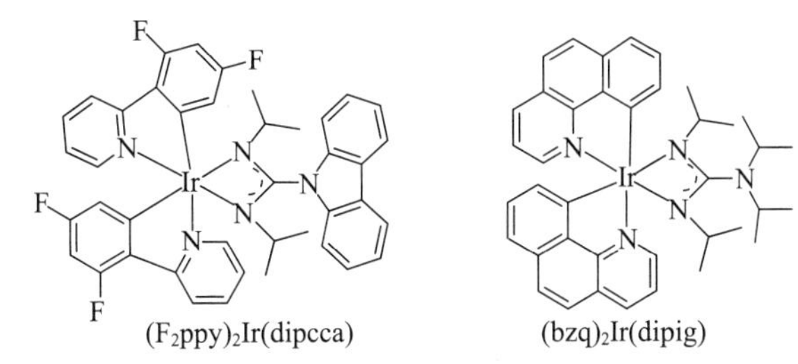

图 30　含 *N*, *N*– 二异丙基类配体的铱配合物

1.7.1.2　其他金属配合物

除了中性铱配合物之外，平面正方形的三价铂配合物在磷光 OLED 中也有广泛的应用，因为铂配合物具有半峰宽较窄、寿命较长的优点。2013 年，Arizona 的 Li 等人报道了利用甲基 -2- 苯基咪唑为配体的铂配合物 PtOO7、PtON1、PtON7，实现了较高的器件性能（图 31）。用 PtON1 制作的器件的 EQE 可达 23.3%（100 cd/m^2）、16.8%（1000 cd/m^2），CIE（0.15，0.13）；用 PtON7 制作的器件的最大 EQE 可达 23.7%，CIE（0.14，0.15）。这几种铂配合物的性能不仅大幅超过了含类似配体的铱配合物。支志明等人发表了关于深蓝光铂配合物的设计，R 分别代表氢、氟、甲基、叔丁基，如图 31（1）。R=Me 的配合物制作的 OLED 器件的 CIE 坐标（0.16，0.16），电压 15 V 下的最大亮度 1200 cd/m^2，对深蓝光发光具有重要意义。另外，该组还报道了一类带二齿希夫碱配体的发光良好的铂配合物，在配体的不同位置上分别取代了甲基、甲氧基、叔丁基而形成了一系列配合物，如图 31（2）。由于配体硬度足够大，这些配合物具有良好的热稳定性，转换温度超过 300℃。而且希夫碱的平面共轭结构有利于载流子注入和传输。

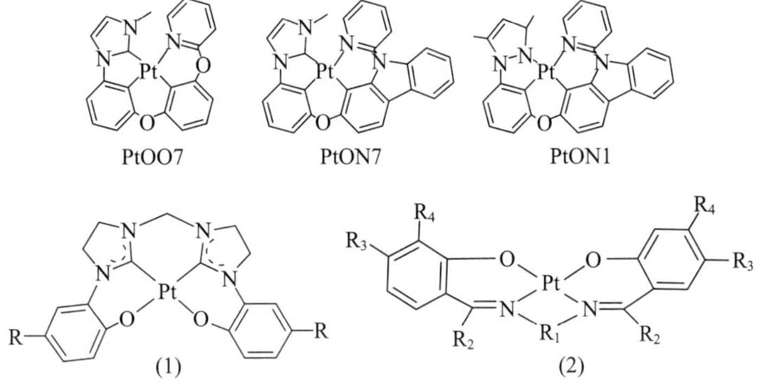

图 31　铂配合物磷光材料

亚铜配合物是一种重要的绿光金属磷光染料，因为其可靠性很高且具有良好的发光特性。但是，四面体亚铜配合物也会表现出较弱的发光强度，因为激发态的变形引发了非辐射衰变。一个解决这一问题的好方法是通过引入大配体来提高结构刚性。Deaton 等在 2010 年报道了用双核亚铜配合物来制作 OLED，得到了高的外量子效率 8.7%，最大发光位置在 512 nm。而且亚铜配合物还被发现可以具有热活化延迟荧光性质，Yersin 等人首先发现了这一现象并发现了多种具有这一性质的亚铜配合物。2012 年，该组报道了 Cu_2X_2（N^P）$_2$ 类双核配合物，其中 N^P 代表 2-（双苯基磷）-6- 甲基吡啶，X 代表氯、溴、碘，被证实具有热活化延迟荧光性质，最高达到了 92% 的光致发光效率。

钌有多个氧化态（Ⅱ ~ Ⅳ），当配合物进行可逆氧化还原反应时十分复杂。带有含氮碱基的钌配合物目前在 OLED 应用中十分流行。Zhu 等人报道了一系列光致磷光钌配合物，它们外部带有咔唑取代基和长的烷基链。这些配合物在 660 nm 发深红光，用电化学沉积法可以得到高质量薄膜。制作器件最大达到了电流效率 3.9 cd/A，功率效率 1.1 lm/W，最大亮度 293 cd/m^2。

1.7.2 离子型铱配合物

除了经典的中性过渡金属配合物之外，研究者们也致力于开发新型磷光材料体系，如离子型铱配合物。然而，目前关于离子型铱配合物的报道，多用于制备另一种类型的有机发光器件：发光电化学池（light-emitting electrochemical cell，LEC），在 OLED 中的应用研究较为匮乏，尚不成熟。离子型铱配合物可分为三类：阴离子型、阳离子型、“软盐”（soft salt）（图 32）。

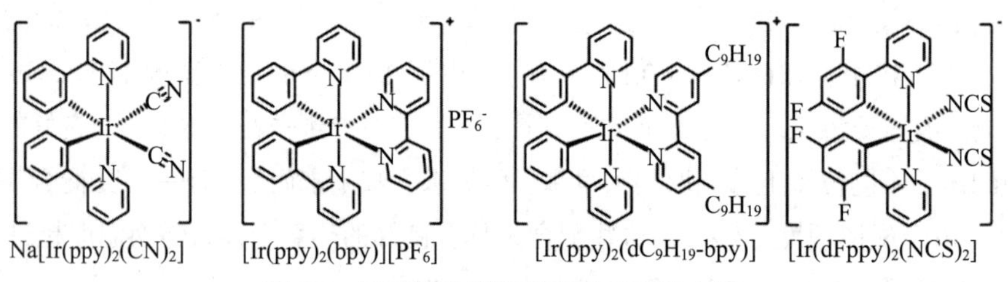

图 32　不同结构类型的离子型铱配合物

阴离子型铱配合物由六配位含铱阴离子和抗衡阳离子如钠离子、钾离子、四正丁基铵离子等组成，如 Na［Ir（ppy）$_2$（CN）$_2$］，其中 ppy 为 2- 苯基吡啶（2-phenylpyridine），CN 为氰基。

阳离子型铱配合物由六配位含铱阳离子和抗衡阴离子如六氟磷酸根、四氟硼酸根、三氟甲磺酸根等组成，如［Ir（ppy）$_2$（bpy）］［PF_6］，其中 ppy 为第一配体，2, 2′ – 联吡啶（2, 2′ –dipyridine，bpy）为辅助配体。

“软盐”则由六配位含铱阳离子和六配位含铱阴离子共同组成，如［Ir（ppy）$_2$（dC_9H_{19}–bpy）］［Ir（dFppy）$_2$（NCS）$_2$］，其中 dC_9H_{19}–bpy 为 4, 4′ – 二壬基 –2, 2′ – 联吡啶（4,

4′ -dinonyl-2, 2′ -dipyridine), dFppy 为 2-（2, 4- 二氟苯基）吡啶［2-（2, 4-difluorophenyl）pyridine］，NCS 为异硫氰基。

离子型铱配合物具有分子设计简单、易于合成提纯、量子产率高、发光颜色可调、光物理性质丰富、氧化还原稳定性强、易溶于极性溶剂等特点，已广泛用于制备高性能 LEC。

得益于 LEC 磷光材料体系的快速发展，十余年来，研究者们通过优化分子结构、调控配位基团，设计开发出一系列从深蓝光到近红外发射的高效离子型铱配合物，其中部分材料也开始用于制备磷光 OLED。

1.7.2.1 发光颜色调节

以经典的离子型铱配合物［Ir（ppy）$_2$（bpy）］［PF_6］为例，其最高占有分子轨道（highest occupied molecular orbital，HOMO）分布于中心金属铱原子的 5d 轨道和 ppy 第一配体的苯环，最低未占有分子轨道（lowest unoccupied molecular orbital，LUMO）则分布于 bpy 辅助配体。其他大多数离子型铱配合物也有类似的分子轨道分布；而对于少数含有强场配体的离子型铱配合物，HOMO、LUMO 则分别位于同一配体的不同基团。

因此，独立地修饰离子型铱配合物的第一配体、辅助配体，即可改变其 HOMO、LUMO 能级差，从而调节发光颜色。

（1）修饰第一配体：以含有最常见的 2- 苯基吡啶类第一配体的离子型铱配合物为例，在 2- 苯基吡啶上引入吸电子基团如氟、三氟甲基等，可有效削弱配体与金属铱之间的 σ 键作用，使中心铱原子电子云密度减小，配合物的 HOMO 能级降低，实现发光蓝移。

（2）修饰辅助配体：在辅助配体上引入给电子取代基，可有效升高配合物的 LUMO 能级，实现发光蓝移。如前所述，相比于［Ir（ppy）$_2$（bpy）］［PF_6］（在除氧乙腈溶液中 PL 波长为 585nm），在联吡啶类辅助配体中引入两个具有给电子性质的叔丁基，所得［Ir（ppy）$_2$（d*t*b-bpy）］［PF_6］的 PL 波长蓝移至 581 nm。在联吡啶类辅助配体中引入两个给电子效应更强的甲氨基，即以 4, 4′ - 二甲氨基 -2, 2′ - 联吡啶（4, 4′ -dimethylamino-2, 2′ -dipyridine，dma-bpy）为辅助配体的离子型铱配合物［Ir（ppy）$_2$（dma-bpy）］［PF_6］的主、次发光峰分别位于 520 nm、491 nm；若以 dFppy 作为第一配体，所得配合物［Ir（dFppy）$_2$（dma-bpy）］［PF_6］的发光则进一步蓝移，主、次发光峰分别位于 493 nm、463 nm。2011 年，Costa 等在联吡啶类辅助配体上引入甲基、苯基，分别开发出三种黄光离子型铱配合物［Ir（ppy）$_2$（Mebpy）］［PF_6］、［Ir（ppy）$_2$（dMebpy）］［PF_6］、［Ir（ppy）$_2$（dMedPhbpy）］［PF_6］，PL 波长分别为 576 nm、548 nm、559 nm。

反之，在联吡啶类辅助配体上引入吸电子取代基，可降低配合物的 LUMO 能级，实现发光红移。

2008 年，邱勇课题组使用含有给电子氮原子的 2-（1*H*- 吡唑 -1- 基）吡啶（2-（1*H*-pyrazol-1-yl）pyridine，pzpy）作为辅助配体，增大配体环上的电子云密度，从而升高材料的 LUMO 能级，报道了两种分别发射蓝光、蓝绿光的离子型配合物［Ir（dFppy）$_2$（pzpy）］［PF_6］、［Ir（ppy）$_2$（pzpy）］［PF_6］，PL 波长为 452 nm、475 nm。

（3）使用单齿配体：单齿强场配体如羰基、叔丁基异氰、膦烷等，也可用于开发深蓝光离子型铱配合物。

1.7.2.2　在有机发光二极管中的应用

早在 2005 年，Plummer 等首次报道了基于离子型铱配合物的磷光 OLED。他们将经典的配合物［Ir（ppy）$_2$（bpy）］［PF_6］掺杂在高分子主体材料聚（*N*– 乙烯基咔唑）［poly（*N*–vinylcarbazole，PVK）］里，成功制备了黄光 OLED，器件结构：ITO/ PEDOT：PSS（100 nm）/ PVK：［Ir（ppy）$_2$（bpy）］［PF_6］（70 nm）/ TPBi（60 nm）/ Ba（5 nm）/ Al（100 nm）。其中，起到空穴注入作用的导电高分子层聚（乙烯基二氧噻吩）：聚（苯乙烯磺酸）［poly（3, 4–ethylenedioxythiophene）：polystyrene sulfonate，PEDOT：PSS］和发光层 PVK：［Ir（ppy）$_2$（bpy）］［PF_6］均通过溶液旋涂法制备；空穴阻挡层 1, 3, 5– 三（1– 苯基 –1*H*– 苯并咪唑 –2– 基）苯［1, 3, 5–tris（1–phenyl–1*H*–benzimidazole–2–yl）benzene，TPBi］、钡铝（barium/aluminum，Ba/Al）阴极则通过真空蒸镀法制备。器件的电致发光（electroluminescence，EL）波长位于 560 nm，最大电流效率达到 22.5 cd/A。

随后，研究者们陆续开发出基于不同发光颜色的离子型铱配合物的高效 OLED。

2010 年，Park 等报道了基于离子型铱配合物［Ir（dFppy）$_2$（bpy）］［PF_6］的单层绿光 OLED，最大电流效率 12.0 cd/A，EL 波长位于 512 nm。

邱勇课题组先后使用前文所述的一系列含吡唑、咪唑类辅助配体的离子型铱配合物［Ir（dFppy）$_2$（pzpy）］［PF_6］、［Ir（ppy）$_2$（pzpy）］［PF_6］、［Ir（dFppy）$_2$（pyim）］［PF_6］、［Ir（ppy）$_2$（pyim）］［PF_6］、［Ir（dFppy）$_2$（pybi）］［PF_6］、［Ir（ppy）$_2$（pybi）］［PF_6］、［Ir（ppy）$_2$（qlbi）］［PF_6］、［Ir（ppy）$_2$（bid）］［PF_6］作为磷光染料，在 PVK 高分子主体中分别掺杂适用于蓝光、蓝绿光染料的电子传输材料 1, 3– 二［5–（4– 叔丁基苯基）–1, 3, 4– 噁二唑 –2– 基］苯（1, 3–bis［5–（4–*tert*–butyphenyl）–1, 3, 4–oxadiazol–2–yl］benzene，OXD–7）或适用于从绿光到红光染料的电子传输材料 2–（4– 联二苯基）–5–（4– 叔丁基苯基）–1, 3, 4– 噁二唑［2–（4–biphenyl）–5–（4–*tert*–butylphenyl）–1, 3, 4–oxadiazole，PBD］，使用溶液旋涂法制备了 OLED。器件结构：ITO/ PEDOT：PSS（60 nm）/ PVK：OXD–7 或 PBD：配合物（85 nm）/ TPBi（30 nm）/ Cs_2CO_3（2 nm）/ Al（100 nm），EL 波长从蓝光 458 nm 到红光 620 nm，色坐标介于（0.16，0.22）到（0.61，0.38）之间。其中，基于［Ir（dFppy）$_2$（pzpy）］［PF_6］的蓝光 OLED 的最大电流效率 2.5 cd/A，外量子效率 1.8%；基于［Ir（ppy）$_2$（pyim）］［PF_6］的绿光 OLED 的最大电流效率高达 25.3 cd/A，外量子效率 8.1%，最大亮度超过 38.5×10^3 cd/m^2；基于［Ir（ppy）$_2$（qlbi）］［PF_6］的红光 OLED 的最大电流效率 4.2 cd/A，外量子效率 3.2%。2012 年，Tang 等报道了两种含有 1, 10– 邻二氮杂菲类辅助配体的红光离子型铱配合物，将红光 OLED 的外量子效率进一步提升至 7.1%。

离子型铱配合物具有设计合成简单、发光颜色易于调节、光物理性质丰富、氧化还原稳定性好、易溶于极性溶剂等特点，但因难以蒸发而严重限制了其在真空蒸镀制备的高性能 OLED 中的应用。2007 年，浸会大学的黄维扬等使用 4, 4′ – 二甲基 –2, 2′ – 联吡啶（4, 4′ –dimethyl–2, 2′ –dipyridine, dMebpy）、4, 7– 二甲基 –1, 10– 邻二氮杂菲（4, 7–dimethyl–1, 10–phenanthroline，dMephen）作为辅助配体，含有树枝状大空间位阻基团的（9, 9– 二乙基 –7– 吡啶芴 –2– 基）二苯胺［（9, 9–diethyl–7–pyridinylfluoren–2–yl）diphenylamine, dpfd］作为第一配体，首次报道了两种具有良好的可升华性质的离子型铱配合物［Ir（dpfd）$_2$（dMebpy）］［PF_6］、［Ir（dpfd）$_2$（dMephen）］［PF_6］（图 33），并通过真空蒸镀法成功制备了黄光 OLED，EL 波长位于 565 nm，最大电流效率 19.7 cd/A，外量子效率 6.5%。2016 年，张付力等也报道了三种含有大空间位阻的配体的可升华离子型铱配合物，通过真空蒸镀法制备了黄绿光 OLED，EL 波长 540 nm，最大外量子效率 6.8%。

2016 年，邱勇课题组提出可蒸镀离子型铱配合物的通用分子设计策略：引入大空间位阻、电荷分散的四苯基硼类衍生物作为抗衡离子，可显著削弱离子型铱配合物中阴阳离子相互作用，有效改善其挥发性质，从而获得可蒸镀离子型铱配合物。该方法简单易行，通过常温下的离子交换反应，即可将目前报道的绝大多数离子型铱配合物变成可蒸镀磷光染料，突破了离子型过渡金属配合物在蒸镀有机发光器件的应用局限，丰富了光电材料体系。

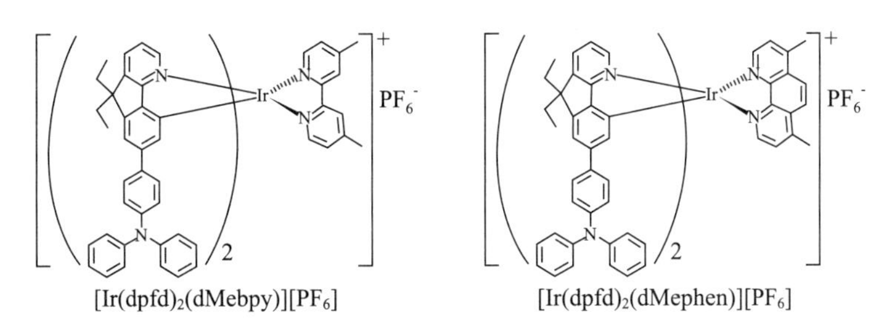

图 33　可蒸镀的离子型 Ir 配合物

1.7.3　磷光主体材料

Forrest 课题组在最初报道 Ir（ppy）$_3$ 时，是将这一绿光染料掺杂在 4, 4′ –*N*, *N*′ – 二咔唑 – 联苯（CBP）中，得到了 28 cd/A 和 31 lm/w。之后该课题组又研究了 BCP、OXD7、TAZ 这三个电子传输层作为主体材料，与 CBP 作为主体相比，器件性能得到了提高。后来，该组又研究了 mCP 作为主体材料，得到了（7.5 ± 0.8）% 的 EQE 和（8.9 ± 0.9）lm/W，对蓝色磷光器件的主体选择具有重要意义。

磷光材料使用激基复合物为主体制作的 OLED 器件的性能比较优越。J. J. Kim 等人曾利用 PO–T2T 与 mCP 形成的激基复合物作主体，在以 FIrpic 为染料的蓝色磷光器件中实现了 30.3% 的外量子效率。该组还利用 TCTA 与 B3PYMPM 形成的激基复合物作为主体，在以 Ir（mphq）$_2$acac 为染料的红光器件中实现了 25.7% 的外量子效率。J. J. Kido 等人利用 TAPC、BTPS 形成的激基复合物作主体，制作了 FIrpic 为染料的器件，实现了很低的启亮电压和 25.0% 的外量子效率。

另外，段炼等亦将热活化延迟荧光材料作为磷光器件的主体，使器件性能得到了显著提高。例如，以吲哚并咔唑与 1，3，5- 三嗪结合形成的一系列具有热活化延迟荧光性质的材料作为主体（图 34），将其用以敏化橙色磷光染料 PO-01，所制得的器件最高得到了 24.5% 的外量子效率，且均具有效率滚降较小的优点。

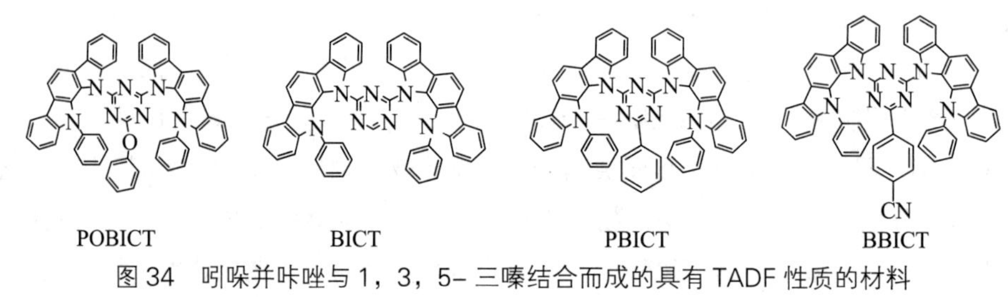

图 34　吲哚并咔唑与 1，3，5- 三嗪结合而成的具有 TADF 性质的材料

1.8　白光器件及光取出技术

1.8.1　全荧光白光器件

用传统荧光材料的全荧光白光 OLED 因为效率不高的问题近年来已经慢慢淡出了人们视线，对于大多数传统蓝色荧光材料而言，一般三线态非常低（如 DSA-ph，三线态能级仅有 2.0 eV），甚至低于某些红色磷光染料，这种从磷光染料向低三线态蓝色荧光材料的反向能量传输会严重淬灭激子，降低效率。现在大多是使用热敏化延迟荧光（TADF）材料来构建的 OLED。

2015 年，Adachi 等人使用新型蓝光 TADF 材料 bis［4-（9, 9-dimethyl-9, 10- dihydroacridine）phenyl］sulfone（DMACDPS），作为红色与绿色传统荧光材料的主体实现了超过 12% 的外量子效率。这项结果相对于传统全荧光白光 OLED，其效率有了巨大的提升，为后来全荧光白光 OLED 提供了新途径。但是相比于全磷光白光 OLED，在效率上还远远不及，而且如 CRI 值等其他参数也不尽如人意。

2015 年，韩国 Jun Yeob Lee 课题组报道了一种高效 TADF 材料 CzAcSF，作为传统荧光材料 TBPe 和 TBRb 的主体，成功构建一种全荧光白光 OLED。实现较为优秀的性能，最高外量子效率高达 15.2%。

2016 年，华南理工大学的苏仕健课题组使用黄绿色 TADF 材料 2-（4-phenoxazinephenyl）thianthrene-9, 9′, 10, 10′ -tetraoxide（PXZDSO2）与两种传统荧光染料相结合实现了 19.2% 的外量子效率和高达 95 的 CRI 值。

之后人们又开发了一系列可以应用于全荧光白光 OLED 的高性能主体材料，使得全荧光白光 OLED 又重新回到人们的视线当中来。

1.8.2 全磷光白光器件

1.8.2.1 单层全磷光白光 OLED

单发光层器件由于结构简单可以湿法制备，有着价格低、可量产等特点，已经日益受到人们的重视。D. Ma 等人报道了一种高效的全磷光白光 OLED，其中使用蓝色磷光染料 iridium（Ⅲ）bis（4, 6-（difl uorophenyl）pyridinato-*N*，C_{20}）picolinate（FIrpic）和橙色磷光染料 bis［2-（9, 9-diethyl-9*H*-fluoren-2-yl）-1-phenyl-1*H*-benzoimidazole-*N*，C_3）iridium（acetylacetonate）［（fbi）$_2$Ir（acac）］。最终实现了 42.5 lm/W 的功率效率，19.3% 的外量子效率和 52.8 cd/A 的电流效率。但是由于是使用两种互补色材料，所以器件无论是在 CRI 值还是在色稳定上表现都不尽如人意。所以之后 D. Ma 等人使用湿法制备的方法实现了三元色发光器件。其中使用的三种磷光染料分别为 iridium（Ⅲ）bis［4，6-（difl uorophenyl）pyridinato-*N*，C_{20}］picolinate（FIrpic），iridium（Ⅲ）bis（2-phenylpyridinato*N*，C_2'）（acetylacetonate）Ir（ppy）$_2$（acac）和 iridium（Ⅲ）bis（2-methyldibenzoquinoxaline）（acetylacetonate）Ir（MDQ）$_2$（acac）。最终实现了 15.7% 的外量子效率，CRI 值超过 80，CIE 坐标变化量仅为（0.004，0.001）的器件性能。

单层器件虽然目前已经实现较为理想的结果，但是器件制备要求较高。不仅需要对发光层中多种染料进行精确的控制，还需要对发光层中两种载流子进行严格的平衡。常见而有效的方法是使用分别含有电子传输材料和空穴传输材料的混合主体，通过平衡电荷、拓宽复合区域来得到更高的效率。

1.8.2.2 多层全磷光白光 OLED

相比于单层器件，多层器件可以实现更复杂的发光层结构，从而对发光层中的电荷和激子分布进行更精确的控制。尽管制备工艺相对更加复杂，但是由于对掺杂浓度精度要求不高，所以是一个被工业界广泛使用的可靠策略。

为了减少能量损失，提高染料的能量传递，不同发光层一般使用相同的主体。J. Halbert 等人使用蓝橙两种颜色的磷光染料制备器件来证明了这项结论，最终器件结果实现了 16.9% 的最高外量子效率，44.1 lm/W 的功率效率。

为了实现 100% 的激子利用效率，F. Wang 提出了一种实现高性能多层全磷光白光 OLED 的新方法。使用相同的主体，构建三元色材料体系并且对这三种染料进行合理优化。最终器件结果实现了 20.1% 的最大外量子效率和 41.3 lm/W 的功率效率，CRI 值高达 85。

由于 TTA（triplet-triplet annihilation）和 TPQ（triplet-polaron quenching）等过程，严重的效率滚降一直是限制白色磷光 OLED 发展的瓶颈。为了解决白光器件中高效率与低效率滚降难以同时实现的问题，马东阁课题组设计了一种新型发光层结构，降低了局部的激子浓度，最终实现了最大外量子效率为 22.4%，最大功率效率为 46.6 lm/W，电流效率

46.4 cd/A。在 1000 cd/m 亮度下仍然可以保持外量子效率 22.0%，功率效率 41.3 lm/W，电流效率 46.2 cd/A，实现了很低的效率滚降。

对于相关的白光照明应用，对在高亮度下的器件的效率与 CRI 值都有着很高的要求。为了满足以上要求，需要采用超过三种颜色的材料来实现更高的 CRI。Lu 等人使用四种发光材料全磷光材料实现了高效率和高 CRI 值。最终器件结果在 1000 cd/m^2 亮度下 CRI 为 81，外量子效率为 24.5%。5000 cd/m^2 亮度下 CRI 为 85，外量子效率为 20.4%。在高亮度下依然有着较为稳定的光色。

在白光磷光 OLED 中，蓝光部分一直是限制整体性能提升的瓶颈。为了实现更高的外量子效率和功率效率，廖良生课题组使用垂直分子构型的主体材料实现了外量子效率超过 25% 的蓝色荧光器件。并且最终实现了大面积（150 mm × 150 mm）白光器件的制备，最大功率效率高达 75.9 lm/W。

1.8.3 杂化白光器件

蓝色磷光材料由于其磷光寿命短和三线态能级要求较高，容易造成白光器件色稳定性差与影响器件寿命；采用蓝色荧光材料，混掺到黄色、红色、绿色磷光材料中，不仅可以避免三线态 - 三线态湮灭，还可提高白光器件的寿命。

4P-NDP 具有较高的发光效率和三线态能级，是非常好的蓝色荧光材料。马东阁等人采用 4P-NPD 作为蓝色荧光染料，设计了多发光层白光 OLED 器件。为防止 $Ir(ppy)_3$ 向 4P-NDP 三线态的能量回传，用 $Ir(MDQ)_2(acac)$ 红色发光层分隔绿色和蓝色发光层。4P-NDP 三线态激子能量可以传递到红色发光层从而被利用，因此可以实现接近 100% 的内量子效率。所制备白光 OLED 器件启亮电压 3.3 V，最大外量子效率达到 21.2%，最大功率效率 40.7 lm/W，最大电流效率 49.6 cd/A，在亮度为 1000 cd/m^2 时，外量子效率 20%，功率效率 37.1 lm/W，电流效率 49.5 cd/A。

尽管中间层在杂化白光器件中发挥了重要作用，但是仍然存在一些缺点。首先，中间层造成的电压降不可忽视，会导致器件功率效率的下降；其次，中间层增加了界面数量，增大了激基复合物形成的概率，对器件的效率和寿命均会造成影响；第三，三线态激子通过中间层的能量传输会造成能量损失，降低期间效率；第四，中间层会导致器件制备过程复杂。

马东阁等人设计制备了不采用中间层的杂化白光器件。采用具备双极性传输性能的混合主体来制备蓝光发光层，器件启亮电压 3.1 V，最大外量子效率、电流效率和功率效率分别为 19.0%、45.2 cd/A 和 41.7 lm/W。在 1000 cd/m^2 亮度下，器件的外量子效率、电流效率和功率效率分别为 17.0%、40.5 cd/A 和 34.3 lm/W。随着亮度变化，器件的发光光谱保持稳定。当把 4P-NDP 换成三线态能级更低的 DPAVBi 时，最大功率效率仍然达到 40.3 lm/W。

杂化白光 OLED 器件中激子利用率对器件效率有着巨大的影响。特别是对于采用低三线态的蓝色荧光染料的杂化白光器件，提高器件中蓝色荧光染料的三线态激子利用率是亟待解决的问题。段炼等人提出通过 TTA 发光来增加低三线态蓝色荧光染料的三线态利用率，并以 α,β－ADN 作为蓝色荧光染料，以 Ir（MDQ）$_2$acac 和 Irppy$_3$ 为红光和绿光磷光染料，以 BPBiPA 为电子传输层，构筑了杂化白光 OLED 器件。由于 BPBiPA 具有很好的电子传输性能和激子阻挡性能，使得发光层中 TTA 发生的概率增加，提高了器件效率。该器件电流效率、外量子效率和功率效率分别达到 65.7 cd/A、28.0% 和 57.3 lm/W，在 1000 cd/m^2 亮度下寿命超过 7000 小时。

蓝光 TADF 材料同样可以被用来构筑高效白光 OLED 器件。采用蓝光 TADF 材料作为主体，由于 TADF 材料的反向系间窜越，可以实现 100% 的内量子效率。段炼等人采用蓝光 TADF 材料 DMAC-DPS 同时作为主体和蓝光染料，用 PO-01 作为橙光染料，制备了单发光层杂化白光 OLED 器件，DMAC-DPS 的三线态激子可以通过反向系间窜越转化为单线态激子，并通过长程能量转移将能量传递到染料分子上，减小了三线态激子的损失，提高器件 Dongge Ma 效率的同时降低了效率滚降。该器件最大外量子效率和功率效率分别为 20.8% 和 51.2 lm/W。500 cd/m^2 亮度下 CIE 为（0.398，0.456）。

基于激基复合物体系的 TADF 材料同样可以用在杂化白光 OLED 器件当中。张晓宏等人将绿光染料 Ir（ppy）$_2$（acac）和红光染料 Ir（MDQ）$_2$（acac）掺入蓝光 TADF 激基复合物体系 CDBP：POT2T 当中制备了单发光层杂化白光 OLED 器件，该器件最大外量子效率、电流效率和功率效率分别为 25.5%、67.0 cd/A 和 84.1 lm/W，1000 cd/m^2 亮度下外量子效率、电流效率和功率效率分别为 14.8%、37.0 cd/A 和 24.2 lm/W。尽管具有较高的最大外量子效率，但是该器件效率滚降严重，同时随着亮度变化光谱有明显偏移，这些问题需要在后续的工作中解决。

段炼等人发现在单发光层杂化白光器件中，由于磷光染料的重原子效应，荧光染料单线态到三线态的系间窜越速率增大，荧光会发生猝灭，降低器件效率。但是当采用 TADF 材料替换荧光染料时，在磷光材料重原子效应作用下，由于 TADF 材料反向系间窜越速率增大，其发光效率不仅不会降低，反而会有所增大。段炼等人以 2CzPN 为蓝色 TADF 材料，以 PO-01 为黄色磷光染料，制备了杂化白光 OLED 器件，最大外量子效率 19.6%，功率效率 50.2 lm/W。

1.8.4 叠层白光器件

叠层白光器件有不止一个电致发光单元。它们通常由独特的电荷生成层，将发光单元串联起来。相比于传统的 OLED，叠层器件有着非常多的优势。叠层 OLED 的效率正比于发光单元数量。而器件的功率效率也随着电致发光单元的增加而线性增加。同时串联 OLED 的寿命比相同亮度下的 OLED 器件更长等。

Kido 等人用湿法设计了双发光单元和单电荷生成层的 OLED 器件。将 PEIE/ZnO 作为电子注入层。器件的驱动电压和效率为发光单元之和。说明溶剂法制备的电荷生成层同样能够很好地生成电子和空穴。这提供了新的叠层器件制备方法。

Kim 等人提出，在所有叠层白光器件中，将蓝光和橙红光发光单元通过电荷生成层连接起来最具前景。他们采用激基复合物用作绿色和红色磷光染料主体实现了高效的橙红光发光单元。再通过引入蓝光发光单元，最终在未含任何光取出结构的情况下在 1000 cd/m^2 下实现了高达 54.3% 的外量子效率。使用光取出时其外量子效率可以进一步提高到 90.6%。

当前，发展高性能串联 OLED 的主要挑战为找到合适的电荷生成层材料。早期电荷生成层使用 V_2O_5。后来，MoO_3 能够提供更好的透光性，且功率为 5.3 eV。最近，利用 HAT-CN/HAT-CN：TAPC/TAPC 实现了有效的电荷生成，因而实现了高的 EQE 和 CE，同时 PE 也获得了大幅提高。

1.8.5 光取出技术进展

对于 OLED 器件，由于空气、玻璃和有机层的折射系数不同，依据传统的辐射理论，很大部分的光都会因为内反射而不能离开器件。为了能够降低这些损失可以采用如下策略。如：平整表面、采用具有特定形状的基底、采用微透镜阵列、利用微腔效应、采用纳米图案化和纳米多孔薄膜等。其大体可以分为四类：内部光取出技术、外部光取出技术、内部和外部结合的光取出技术和调控分子水平取向。

相比其他三种方式，调控分子的水平取向进来逐渐成为了研究的热点。研究表明，当分子的跃迁偶极方向完全垂直于基底时，其光取出效率为 2% 左右。当分子跃迁偶极方向为各项同性时，其光取出效率最高约为 30% 左右。而当分子跃迁偶极方向为完全水平取向时，其光取出效率最高能够达到 45%。因此开发具有水平取向的新型分子对于提高 OLED 器件的效率至关重要。

Yokoyama 等人提出了水平取向分子的设计策略，如传统有机荧光分子为“碟形”或者“棒状”时，其往往具有较强的水平取向。主体材料、蒸发温度、基底温度等都会对荧光分子的水平取向产生较大的影响。

近来，一些磷光材料也发现具有水平取向，相应的磷光器件实现了超过 30% 的外量子效率。$Ir(ppy)_3$ 是一个典型的各项同性磷光材料，其水平取向偶极子占比为 67%。而 $Ir(ppy)_2acac$ 则具有一定的水平取向，其水平取向偶极子占比为 77%。由于水平取向的存在，基于 $Ir(ppy)_2acac$ 的器件效率相较 $Ir(ppy)_3$ 提高了 19%。随后，Kim 等人将 $Ir(ppy)_2acac$ 掺杂入激基复合物的主体材料 TCTA/B3PYMPM 中。由于激基复合物的主体能够提高三线态激子的利用率，同时结合磷光材料高水平取向，制备的器件外量子效率高达 30.2%。随后该组进一步掺杂具有水平取向的高光致发光效率绿色磷光材料 $Ir(ppy)_2tmd$ 于该激基复合物主体中，实现了高达 32.3% 的外量子效率。2015 年，Kim 小组将橙红光磷光材料 $Ir(mphmq)_2tmd$ 掺杂于 NPB/B3PYMPM 主体中，实现了 35.6% 的外量子效率。其高效率主要来源于 $Ir(mphmq)_2tmd$ 染料高的水平偶极取向（82%）和高的外量子效率（96%）。

随着越来越多具有水平取向的磷光分子被开发出来，影响磷光分子水平取向的原因也被广泛地进行了研究。Kim 课题组发现，磷光分子本身就应相对于基底有一个特定的取向，其次磷光分子三线态应具有水平的跃迁偶极矩。除此之外，主体分子的取向并不会影响客体分子的发射偶极取向。当主客体线性键合时，键合能大，且平行于跃迁偶极矩时，客体分子会具有水平的发射偶极取向。而当主客体相互排斥时，则会形成非线性结构，从而导致垂直的发射偶极取向。

除了磷光分子外，具有水平取向的 TADF 分子同样实现了超高效率的 OLED 器件。自 2012 年，Adachi 等人报道 4CzIPN 分子后，其就成为了绿光 TADF 的样板分子。随后的研究发现，4CzIPN 分子具有一定的水平取向（73%），同时其具有超高的光致发光效率（97%）。基于 4CzIPN 的器件效率已经超过了 30%。随后，一系列具有高光致发光量子效率和高水平取向的 TADF 分子被开发出来。Adachi 等人在 2014 年设计合成了有水平取向的 TADF 分子 PXZ-TRZ。同时考察了沉积温度对于器件效率的影响。结果表明，当沉积温度为 200 K，250 K 和 300 K 时，其效率分别为 9.6%、10.7% 和 11.9%。这和传统荧光分子的结果类似。近期，Kaji 等人设计了蓝光 TADF 分子、CCX- Ⅰ 和 CCX- Ⅱ。其水平偶极取向占比为 0.75 和 0.83，而其光致发光量子效率则高达 97.2% 和 104.0%。由于 CCX- Ⅱ 同时具有高的光致发光量子效率和高的水平取向，其外量子效率高达 25.9%。2016 年，Wong 和 Wu 等人报道了一系列基于嘧啶的深蓝光 TADF 材料。相比于其他材料，SpiroAC-TRZ 有着高达 100% 的光致发光量子效率和超高的水平取向（83%）。基于 SpiroAC-TRZ 的蓝光 OLED 器件实现了高达 36.7% 的外量子效率。这是目前 TADF 领域效率的最高值。

1.9 印刷 OLED 研究进展

OLED 的制备方法主要有真空蒸镀沉积法和湿法两种。目前在商业生产中，最常使用的是真空蒸镀沉积法。真空蒸镀沉积法是指在高真空度状态下通过对固态材料进行加热使其成为气态，再在器件基质沉积从而得到材料薄膜。这种方法对设备条件要求高，而且会对材料造成极大的浪费，提高生产成本。湿法有旋涂、印刷等多种方法，适合于制备大面积的 OLED 器件，并具有成本低、设备要求简单等诸多优点。其中，印刷 OLED 又分为丝网印刷法和喷墨打印法。

喷墨打印法是将载流子注入层、载流子传输层、发光层等材料分别分散在溶剂中制成墨水，并储存在不同的腔室之中。在电脑控制的外加电压下，腔室体积受压电材料作用影响，会将一定量墨水从喷嘴挤出，在重力和空气阻力的共同作用下掉落在基质上，之后溶剂挥发，在基质上形成薄膜图案。喷墨打印法具有非接触、图案化、无需掩膜版等诸多优点并且可以减少材料浪费，降低成本，适用于制备大面积器件。

目前许多课题组都在关注可用于印刷 OLED 的湿法材料的开发。山形大学 Kido 等人采用低温交联的高分子膜制备的湿法多层蓝光 OLED 器件，在 1000 cd/m^2 达到 18%，在 10000 cd/m^2 仍有 17% 效率。其制备的绿色磷光叠层 OLED 器件电流效率达到 94 cd/A，5000 cd/m^2 亮度下 EQE 达到 26%；白色磷光叠层 OLED 器件电流效率达到 69 cd/A，5000 cd/m^2 亮度下 EQE 达到 28%。华南理工大学的彭俊彪课题组采用喷墨打印方式将 Ag S/D 电极覆盖在一层 a–IGZO 上，发现当基质温度升高时，a–IGZO 与银电极之间的接触性编号，器件迁移率达到 0.29 cm^2·V^{-1}·s^{-1}；其基于凝胶状前驱体湿法制备的 InNdO TFTs 的迁移率随 Nd 浓度减小，达到 15.6 cm^2·V^{-1}·s^{-1}（Nd∶In=0.02∶1）。该课题组采用湿法制备得到了大面积白光 OLED 面板，面板面积达到 86×86 mm^2，发光区域达到 72×72 mm^2。在湿法 OLED 发光层材料方面，也有诸多相关研发工作。东南大学蒋伟等人开发了基于螺二芴 / 砜（SF–DPSO）、三嗪（TPCPZ）的主体材料，并将其应用于全湿法器件制备，绿光最高效率分别达到 30.2 cd/A 及 20.8 cd/A。

鉴于喷墨打印法相比于目前已有的 OLED 制备方法具有诸多优点，具有良好的发展前景，日韩和欧美的研究机构和相关企业都在积极开展这方面的相关研究。例如，三星和 LG 计划在 2017 年启动示范产线；日本 OLED 面板研发公司 JOLED 在 2017 年 5 月宣称已研发出全球首款采用印刷技术的 4K OLED 面板产品，将在 2018 年年初对外销售 OLED 面板产品。而我国在这方面的研究也不落于人，目前华星光电已研发出 31 英寸 FHD 彩色喷墨印刷 AMOLED 原理样机，京东方也研发出 30 英寸 FHD 彩色喷墨印刷 AMOLED 原理样机，并在合肥建立总投资约 10 亿元的打印 OLED 技术平台。

目前，喷墨打印法制备 OLED 由于受到功能性墨水、柔性基板等方面的影响，仍面临器件性能不够高、寿命较短以及成本较高等问题，仍处于研究阶段。如能突破印刷 OLED 的制备技术，得到性能好寿命长的 OLED 器件，将会为 OLED 的大规模批量生产奠定基础。

1.10 柔性 OLED 研究进展

随着市场对可穿戴设备的需求不断增大，柔性器件的研发方面也得到越来越多关注。OLED 作为纯固态薄膜器件，由于使用的是无定形的有机材料薄膜，当制备在柔软的基板上时，OLED 可以在弯曲折叠下保持正常工作，因而可以用于制备柔性器件。

从技术发展阶段来看，柔性显示从技术发展阶段来看，柔性显示可分为可弯曲屏幕、可折叠屏幕、自由柔性屏幕 3 个阶段。目前，OLED 显示技术的主流是有源驱动（AMOLED）技术，大部分的柔性 OLED 产品都还处在初级的可弯曲屏幕阶段。

柔性 OLED 的主要结构是柔性基板 / 阳极材料 / 有机功能层 / 阴极材料，因此所需要做的努力主要在以下几个方面：研发具有良好耐热性、较高的机械强度、能够阻隔水氧以及光学性质优异的柔性 OLED 基板；由于 ITO 在弯曲情况下容易断裂，需要研发新型替代 ITO 的阳极材料；具有高度阻隔水氧性能的封装材料及技术。目前，在这些方面都有大量的相关研究。

在基板方面，一般采用高分子材料，目前在这一方面也有利用纺织纤维布的基质，以实现柔性。例如，2016 年 Kim 等人将聚氨酯（polyurethane，PU）旋涂在布料上，之后再将制备在光滑表面的 PU 薄膜转移到布料之上，得到柔性基板。在阳极材料方面，一般采用金属薄膜、金属纳米线、金属纳米网、碳纳米管和石墨烯等，例如，Lee 等人成功制备了基于修饰石墨烯阳极的 OLED，该器件的柔性特性良好，且相比传统 ITO 器件性能在效率方面有所提升。在封装方面，目前最常见的是薄膜封装方法。为避免空气中水氧对器件性能及寿命造成影响，一般选用致密氧化物材料形成的薄膜，例如 Al_2O_3、MgO 等。

在商业化方面，2017 年，三星展出了其设计生产的可折叠手机，LGD 也展示了其生产的柔性手机及车载屏幕等。维信诺昆山 5.5 代 AMOLED 生产线也将在 2017 年下半年实现让柔性 AMOLED 批量生产，固安第六代 AMOLED 生产线也将在 2018 年开始柔性显示器的大规模量产。柔性 AMOLED 目前正逐渐成为 OLED 的发展主流。

2 OLED 产业现状及技术发展方向

2.1 OLED 显示

自 1997 年，日本先锋开发出一个车载 OLED 显示屏开始，OLED 显示产业化快速发展。根据驱动方式的差别，可分为 PMOLED 和 AMOLED 两种。由于 PMOLED 的技术相对简单，其产业化已相对成熟，中国大陆的维信诺和信利及台湾莱宝和群创、日本的先锋和 TDK 等公司是主要的 PMOLED 面板，其中我国的维信诺自 2012 年至今一直占据 PMOLED 出货量的首位；在 AMOLED 方面，韩国三星投入 AMOLED 行业十年，目前专利、产能、良率、技术方面绝对领先，在设备材料方面积累起非常大的先发优势。在技术壁垒最高的柔性屏领域，三星在前、后道工序积累了大量专利，在柔性基底 TFT、FMM 蒸镀和薄膜封装等关键工序优势非常明显，目前是全球唯一能量产软屏的面板厂。LG 切入 AMOLED 较早，因看好 AMOLED 在电视面板的应用，主攻大尺寸屏幕。我国的 AMOLED 的产业化相对较晚，但经过多年的技术积累，维信诺与和辉光电均于 2016 年实现了量产出货，并且包括维信诺、京东方、天马等多家公司正在建设规模更大、可实现柔性显示的 AMOLED 面板产线。

从技术方面来看，OLED 面板经历了从单色向彩色，从低分辨率至高分辨率，从单一产品向多元化，从硬屏向柔性显示发展。

（1）单色显示与彩色显示：目前，单色显示产品以 PMOLED 为主，其中白光是出货量最大品种。OLED 的彩色化按照实现红、绿、蓝三基色的方案主要分为“RGB 三色显示”和“白光 +CF”两种。

（2）高分辨率显示：由于 AMOLED 的 TFT 背板需要多个 TFT 集成在一个像素内，以及 FMM 的制作工艺，因此早期的 OLED 面板的分辨率仅为 200 ppi 左右。近年来，随着 LTPS TFT 的制备工艺水平的提高、像素排布方式的改善以及 FMM 的制造工艺的改进，AMOLED 的分辨率取得了长足的进步，目前已经量产的 Samsung 的 Galaxy S8 的像素密度达到 570 ppi(pentile)，分辨率为 2960 × 1440。昆山维信诺也成功研制出可实现 604 ppi(真实 RGB) 的技术。由于移动终端产品对显示性能的要求不断提高，高分辨成为 AMOLED 面板的主要发展方向之一。2017 年的 SID 展会上，除 Samsung 外，国内 BOE、天马等公司均展出了像素密度超过 400 ppi 的样品。

（3）多元化产品：OLED 产品可适用于多种终端产品。包括适用于手环、手表等可穿戴的小尺寸产品；适用于手机、PAD 的中小尺寸产品；适用于电视的大尺寸产品；以及适用于 VR 的微显产品。涵盖了工业、民用及军用多个领域。与 LCD 相比，使用 OLED 的微显产品具有真黑色、无频闪以及无运动模糊现象等优势。

（4）柔性显示产品：能够实现柔性显示是 OLED 区别于 LED 的最主要优点。根据显示屏弯曲性能的不同，可分为曲面显示、折叠显示以及全柔性显示等。目前，曲面显示已实现量产，成为高端手机的重要标志之一。包括三星、京东方、维信诺等国内外 AMOLED 面板生产厂商均已将折叠显示作为未来发展的重要方向。

OLED 屏幕具有柔性、轻薄、高刷新率等特点。随着 OLED 技术的成熟和成本的下降，未来 OLED 有望替代现有的 LCD 技术，成为下一代显示技术升级的主导技术。随着 VR(虚拟现实)、可穿戴设备等新电子产品的爆发趋势，OLED 将带来新的切入点。OLED 终端产品市场爆发迅速，带动 OLED 增长前景可期。

2.2 OLED 照明

作为照明光源，以平面发光为特点的 OLED 具有更容易实现白光、超薄光源和任意形状光源的优点，同时具有高效、环保、安全等优势。在照明领域中，OLED 不仅可以作为室内外通用照明、背光源和装饰照明等，甚至可以制备富有艺术性的柔性发光墙纸、可单色或彩色发光的窗户、可穿戴的发光警示牌等梦幻般的产品。另外，由于 OLED 屏体具有面光源、轻薄、可弯曲等特点，在车用照明领域，如汽车尾灯等，有着较为广阔的应用前景。因为 OLED 能够凸显汽车尾灯设计的立体感，尤其是柔性屏体的应用，能够呈现出更加夺人眼球的 3D 效果。

近几年，随着整个照明市场的发展，OLED 照明行业也发生了较大的变化。国际上，2015 年 OLED Works 收购飞利浦 OLED 业务。2016 年 LG 将 OLED 照明业务由 LG 化学转移到 LG 显示，并投资 1.2 亿美元建设 G5 量产线，预计 2017 年年底投产，此举表明，LG 对于 OLED 照明市场还是非常有信心，且随着 OLED 照明高世代线的投入生产使 OLED 照明的价格得到大幅度的降低。2017 年柯尼卡宣布投资 1 亿美元建设 roll to roll 量产线。在国内，翌光科技建设完成 G2.5 代线，并在 2016 年 11 月成功点亮，目前专注于白光通用照明及红光汽车尾灯领域。

在通用照明领域，OLED 屏体效率的进一步提升依然是面临的最主要的问题点，在影响效率的因素中蓝光材料以及内光取出效率的限制是影响效率进一步提升的最主要因素。

目前在实验室，如表 1 所示，2014 年松下及柯尼卡都基于全磷光体系及内取出技术，宣布开发出了效率大于 130 lm/W 的 OLED 屏体，寿命均大于 40000 小时 @1000 nit。2016 年，日本半导体能源实验室同样基于全磷光体系及内取出技术开发的屏体效率已经达到 149 lm/W，寿命大于 30000 小时 @1000 nit。

表 1　白光 OLED 屏体实验室效率

公司	发光区域	效率（lm/W）	色温（K）	色坐标	显色指数	寿命	发布日期	备注
半导体能源实验室	90 × 90 mm^2	149	2880	（0.48，0.47）	—	LT70 > 34000 h @1000 nit	2016	全磷光、全 ExTET
松下	100 × 100 mm^2	133	2600	（0.48，0.43）	84	LT70 > 40000 h @1000 nit	2014	全磷光、图形化内取出基板
柯尼卡	1500 mm^2	139	2857	（0.47，0.44）	81	LT50 > 55000 h @1000 nit	2014	双叠层全磷光

随着 OLED 屏体性能的持续提升，在通用照明领域，LG、OLED Works 持续推出多款 OLED 白光照明屏体，其效率均大于 60 lm/W，寿命大于 40000 小时，已经可以满足商用。但是目前依然存在着价格过高的问题，一旦成本得以降低，家用照明、工业照明、景观照明等会相应大幅增长。据 IDTechEX 预估，2026 年 OLED 照明市场将达到 150 亿元。

OLED 具有轻薄、透明、响应速度快及可挠性的特点，使得车灯造型更加灵活；加上其不发热的特性，也不需要反射结构来保证灯光效果，节省了制作散热及导光结构的工艺成本，简化了车灯的结构设计及组装环节，提高了车灯的可塑性，同时大大丰富了车身的造型。OLED 能够凸显汽车尾灯设计的立体感，尤其柔性屏体的应用，能够呈现出更加夺人眼球的 3D 效果。不仅如此，通过改变 OLED 的颜色和亮度可以实现更好的指示作用和更加多样化的设计，满足客户高度定制的动态图案设计需求，更好的体现品牌个性与品牌魅力。目前，OLED 照明技术在车载领域的应用和发展似乎要比 OLED 显示更为快速，在国际市场 BMW 的 M4 GTS 以及 Audi 的 TT RS 两款量产车型，尾灯都采用了 OLED 技术。在国内市场，翌光科技与国内众多车灯厂商合作推出了多款 OLED 概念车灯，且随着翌光 2.5 代线的建成，预计在 2017 年年底会和国内汽车品牌联合推出国内首款搭载 OLED 尾灯的量产车型。

光质柔和的 OLED 照明面板，通过独特的面发光形式将会更广泛地应用在人们生活的各个领域，其柔性、透明的属性也将会带来更多新奇、有趣的设计和应用。

2.3　OLED 蒸镀工艺

OLED 技术走向产业化，必须逾越“有机材料大面积成膜技术”这一技术难关。从现有的装备工艺上来说，目前 OLED 的制造工艺处理过程还很“粗糙”，特别是大面积的有机薄膜沉积远未达到优化，同时制造设备也尚未标准化。结果造成了目前每个 OLED 制造设备都属于客制化，面板加工商需要特加调整与内建的弹性来应付现实中不可避免的变化。在整个大面积真空沉积部件中，蒸发源是最关键部件之一，目前所采用蒸发源主要包括点源（point source）、线源（linear source）和面源（plance source）。下表 2 所示为三种蒸发方式的特点对比。

表 2　三种蒸发方式特点对比

	点源	线源	面源
基板移动方式	旋转	扫描	固定
优点	控制稳定	TACT Time 短	对位精确、掺杂稳定
缺点	材料利用率低、不适用大尺寸	均匀性较差	均匀性差
技术成熟度	量产	量产	R & D
示意图			

在大面积制备中采用最多的是线性蒸发源，这不仅仅是因为线性蒸发源能够降低单片产品的生产时间，同时还可以有效地提高蒸镀材料的利用率。但是目前线源存在的主要问题是大面积均匀性的问题。目前所采用的有机线源按照结构特点划分可分为：①线性喷嘴式蒸发源，其特点在于蒸发速率易控制，利于大规模生产，但是相对材料利用率不高；②线性阀式蒸发源，可以极大提高材料利用率，有机材料置于独立的加热单元内，通过管路接入蒸镀腔体内，管路上设有线性喷头，有机材料在腔体外部通过热蒸发的方式，以蒸汽的形式经过管路，由喷头蒸发出来。该设计可以在不破真空的条件下进行有机材料的添加，因此大大缩短了保养时间，提高生产连续工作的时间。但是这对材料的热稳定性要求很高；③蒸汽喷射式线源，其优点是材料热稳定性和利用率高，但是技术还不成熟。下表 3 所示为三种有机线性蒸发源特点汇总。

表 3　三种有机线性蒸发源特点汇总

	线性喷嘴式蒸发源（LNS）	线性阀式蒸发源（LVS）	蒸汽喷射式线源（VIS）
优点	控制稳定	材料利用率高	材料利用率较高
缺点	材料利用率较低	热稳定性差	技术不成熟
成熟度	量产	少量量产	开发中

3 其他新型显示技术研究进展

OLED 显示已在智能手机和智能手表等领域获得大规模应用，呈现出取代液晶成为主流显示技术的趋势。同时，OLED 中有机分子稳定性造成的器件寿命问题还有待提高，因此解决这一问题，研究者开发了基于无机材料的发光器件，如量子点发光材料和钙钛矿发光材料等。另外，OLED 应用于便携电子产品显示时，对降低器件功耗提出了更高的要求。针对这一问题，研究者开发了超低功耗的电子纸显示终端。以下将就量子点电致发光技术、钙钛矿电致发光技术和电子纸技术等新型显示技术的近期进展进行评述。

3.1 量子点发光材料及器件研究进展量

量子点（quantum dots，QDs），又名纳米晶。是尺寸在几纳米到几十纳米范围内无机半导体的微小晶体。QDs 具有核壳结构，由无机材料构成核和有机配体构成壳，结构如图 35 所示。

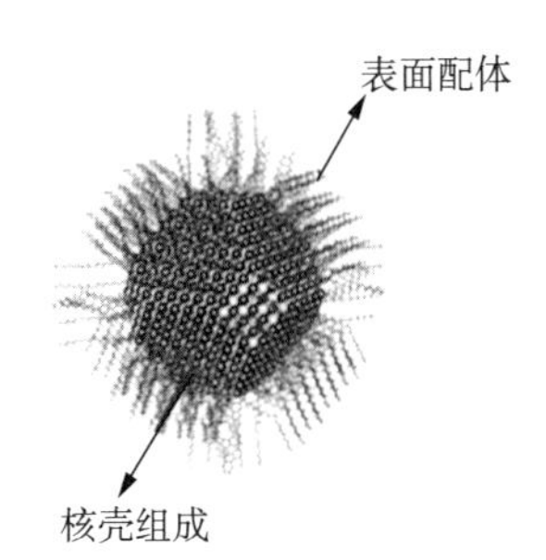

图 35 核壳结构量子点示意图

量子点的半径通常小于或接近其体相材料的激子波尔半径，此时出现明显的量子限域效应，使其能带结构由准连续逐渐演变成类似分子结构的分立能级，当受到光 / 电的激发的情况下，量子点会发出不同波长的荧光。量子点发光峰的半峰宽、发光颜色可通过材料组成和 QDs 尺寸调控，色域宽且发光效率高，非常适合用作显示器件的发光材料。

量子点发光二极管（quantum dot light-emitting diode，QLED）是以量子点为发光层的电致发光器件，其具有与 OLED 相似的三明治器件结构，QLED 包括阴极电极、电子注入 / 传输层、量子点发光层、空穴传输 / 注入层和阳极电极。量子点色纯度高，发射的半峰宽在 20~30 nm 左右，远低于传统的有机分子发射约 100 nm 的半峰宽。对比 OLED，QLED 具有理论发光效率更高、色域更广、色彩饱和度高等优点，使得 QLED 技术成为下一代新型显示技术的有力候选者。

应用于 QLED 的量子点通常分为含 Cd 的重金属量子点、无 Cd 量子点和钙钛矿量子点。CdSe 量子点作为经典的含 Cd 量子点材料，具有荧光量子效率高、光稳定性好、发光颜色可覆盖整个可见光波段、激发谱范围广、发光谱对称性好和半峰宽窄等优点。近 30 年来，对含 Cd 量子点从合成到量子点表面的修饰及其应用都取得了很大的进展。但是由于含重金属 Cd 的天生缺陷，使其实际应用受到严重的限制，无 Cd 和低 Cd 量子点材料近年获得极大关注，在合成方法、QLED 器件制备等方面都取得了很大的进步。钙钛矿量子点是近年来异军突起的另一个方向，由于具有极窄的半峰宽，可通过调节组分实现发光波长的调节，简单的合成条件，取得了飞快的发展。

自从 1994 年加州大学 Alivisatos 研究组首先在 *Nature* 上发表了基于 CdSe 量子点的 QLED 起，随着科研机构和企业不断地探索和研究，量子点材料和量子点器件已经在光电器件中占据着越来越重要的地位，尤其在显示领域有不小的突破，并表现出优异的显示性能。2002 年，类三明治结构有机无机杂化 QLED 的出现显著地增加了外量子效率。2006 年，华盛顿大学的 Zhao 等人使用热交联的空穴传输层，使量子点发光层的厚度可控，外量子效率得到了进一步的提升。2013 年，麻省理工学院的 Bawendi 课题组与 QD Vision 公司合作，采用 ZnO 作为电子传输层制备了倒置结构的红光 QLED 器件。由于量子点和 ZnO 之间较强的电子耦合，加上合理的能级排布，提升了电子注入，使得量子点发光层中的电荷平衡得到优化，使 QLED 器件发光效率达到 19 cd/A，与之对应的外量子效率达到 18%，接近 OLED 的水平。同时，实验表明 ZnO 的引入使得能级更加匹配，降低了该器件的工作电压（启亮电压约为 1.5 V），其发光功率效率超过 25 lm/W。引入 ZnO 纳米粒子作为电子传输层是 QLED 发展史上的一个重要里程碑。电子注入的效率首次高于空穴注入的效率，使 QLED 器件成为了一个电子为多子的器件。

2014 年，浙江大学的彭笑刚课题组通过在量子点发光层和 ZnO 电子传输层之间引入绝缘性的 PMMA，制备了红光 QLED，基于优化的电荷注入，使器件的 EQE 达到 20.5%，这也是目前红光 QLED 的最高效率。同时，器件的波长为 640 nm，半峰宽仅为 28 nm，色坐标十分接近 BT.2020 的要求，表现出了十分纯的深红色发光。另外，该器件还表现出较低的效率滚降，在 1~42 mA/cm^2 的电流密度范围内 EQE 都高于 18%。当电流密度提高到 100 mA/cm^2 时，EQE 也达到了 15.2%。这表明该器件能够在高功率显示中得到较好应用。经过简单封装的器件在 100 cd/m^2 的亮度下，工作寿命超过 10 万小时。以上结果表明该器件在效率和寿命方面已经逐渐接近应用水平。

2017 年，Nanophotonica 公司在 SID 会议上发布了高效率的绿光和蓝光 QLED。采用渐变式的核壳结构（$Cd_{1-x}Zn_xSe_{1-y}S_y$）。这种渐变式的结构能够有效消除壳和核之间由于晶格失配造成的应力，从而提高量子点的光致发光效率。绿光 QLED 器件的发光峰为 537 nm，半峰宽为 29 nm，最高 EQE 可以达到 21%，电流效率最高可以达到 82 cd/A，寿命可达到 9 万小时。蓝光量子点材料一直是 QLED 技术中的短板。受限于合成，其效率和寿命都明显低于红光和绿光量子点材料。采用更宽带隙的 $Cd_{1-x}Zn_xS$ 核结构，可以更有效抑制非辐射俄歇复合，使蓝光 QLED 最大电流效率和外量子效率分别达到 8.1 cd/A 和 12.3%，但是其寿命只有 1 千小时，原因可能是界面处的非辐射复合以及高的载流子注入势垒所引起的高驱动电压。

由于量子点是无机核和有机壳构成的纳米尺寸的颗粒，因此量子点材料只能采用溶液法制备，不能兼容蒸镀制备工艺。三星以及 QD Vision 公司采用了转印法（transfer printing）制备了 AMQLED 样机。转印法的核心是利用图案化的模板先吸附量子点层，然后将量子点层转移到背板像素区。2011 年，三星展示了转印法制备的四英寸全彩 AMQLED 原型样机，显示分辨率 100 ppi。QD Vision 在 2011 年同样展示 roll-to-roll 印刷工艺加工的 4 英寸 AMQLED 样机。Roll-to-roll 方式适用于连续高速的制备大尺寸产品，更具有量产性。随着喷墨打印技术在 OLED 器件制备上研发，由于良好的工艺兼容性和通用性，喷墨打印成为最具潜力的 AMQLED 量产技术。目前，三星、友达、华星光电和京东方等企业均在研发喷墨打印 QLED 技术，但受限于 QLED 材料 / 墨水技术以及 QLED 器件打印工艺技术的成熟度，该技术距离量产仍有一定距离。

3.2 钙钛矿发光材料及器件研究进展

有机 - 无机杂化钙钛矿（以甲胺基铅卤化合物 $CH_3NH_3PbX_3$，X=Br，I，Cl 为代表）材料是一种可溶液加工的直接带隙半导体材料，具有工艺成本低、可大面积制造、载流子迁移率高、光吸收系数大等特点，近几年来在太阳能电池领域展示出非常优异的表现。令人惊奇的是，钙钛矿材料还具有发光波长可调、发射光谱窄等优异的发光特性，使其在电致发光、激光、显示等领域中也有巨大的潜力并且得到了广泛的关注。本文从显示的角度简述钙钛矿材料的相关研究进展。

钙钛矿材料化学结构式可描述为 ABX_3，其中 A 和 B 为阳离子而 X 为阴离子。甲胺基铅卤化合物是目前光电领域被研究最多的钙钛矿结构材料，其化学组成为 $CH_3NH_3PbX_nY_{3-n}$，其中 X 和 Y 可以是 I、Br 或者 Cl 离子。这种结构的特点是在分子水平上实现有机基团在无机晶格内的杂化嵌入，在适当的成膜条件下可获得高晶体质量的钙钛矿薄膜。Xing 等人报道了溶液法生长的 $CH_3NH_3PbI_3$ 薄膜，缺陷密度可低至 5×10^{16} cm^{-3}。另外钙钛矿材料还具有很小的斯托克斯位移（< 20 meV）、高载流子迁移率（> 10 $cm^2 \cdot V^{-1} \cdot s^{-1}$）和长扩散长度（微米量级）等优点。这些优良的物理特性带来的一个突出优势就是高的发光效率。Felix 等人报道了 $CH_3NH_3PbI_{3-x}Cl_x$ 钙钛矿材料在 500~2000 mW/cm^2 的泵浦光照射下发光量子效率可以达到 70%。之后 Zhang 等人报道了 $CH_3NH_3PbX_3$ 钙钛矿量子点材料在室温和低激发密度下荧光量子产率也可达 70%。

钙钛矿材料适用发光特别是显示领域的另一个突出优点是其发光波长可调。多个研究组的结果表明，通过简单调节基团种类或者卤素比例，就能改变其禁带宽度进而实现不同颜色的发光。2013 年，Noh 等通过将 $CH_3NH_3PbI_3$ 和 $CH_3NH_3PbBr_3$ 混合来调节 $CH_3NH_3Pb(I_{1-x}Br_x)_3$ 中 I 和 Br 的比例，利用 UV-vis 吸收谱测得材料禁带宽度在 1.5~2.2 eV 之间，且其数值几乎随 Br 含量（x）线性变化，这为钙钛矿材料实现可见光范围内的多色发光提供了可能。随后 Eperson 等用甲脒基团 FA 或 Cs 替换甲胺基团 CH_3NH_3 获得了禁带宽度为 1.48 eV 和 1.73 eV 的钙钛矿材料，这表明钙钛矿材料 $APbI_3$ 的禁带宽度随着有机基团 A 的体积增大而减小，此外他们在利用甲脒基团的基础上通过调节 $FAPb(I_{1-x}Br_x)_3$ 中 I 和 Br 的比例实现了带隙在 1.48~2.23 eV 间的连续可调，并且获得了相应的发光波长 540~820 nm。2015

年，北京理工大学 Zhang 等人通过组分调控策略，制备了发光光谱可覆盖整个可见光区（400~800 nm）的 $CH_3NH_3PbX_3$，X=Br，I，Cl 钙钛矿量子点材料。南京理工大学的曾海波等人报道，结合阴离子种类与成分调节和材料尺寸调节方法获取了能发出蓝、绿和黄三色的全无机钙钛矿量子点材料 $CsPbX_3$，并且所发三色光色纯度高。最近，武汉光电国家实验室唐江课题组合成出铋基（$MA_3Bi_2Br_9$）新型钙钛矿量子点材料，其发光波长从 360 nm 到 540 nm 连续可调，相比于有毒铅基材料其无毒的环境友好性更利于今后的产业化应用。

在上述各种形态材料制备的基础上，有机无机杂化钙钛矿可选择制成传统有机发光器件（OLED）和无机量子点发光器件（QDsLED）。其实早在 1994 年 Saito 等人就曾用二维结构的（$C_6H_5C_2H_4NH_3$）$_2PbI_4$ 钙钛矿材料制备了电致发光器件，但是只能在液氮温度下才能点亮。2014 年 Tan 等人用 $CH_3NH_3PbI_{3-x}Cl_x$ 作为发光层材料制备出了近红外、红光和绿光钙钛矿电致发光器件（PeLED），近红外 PeLED 结构为 $TiO_2/CH_3NH_3PbI_3/F_8$，其中 TiO_2 和 F_8 分别作为电子和空穴传输层，而对于带隙更宽的绿光和红光 PeLED 器件，F_8 被用作电子传输层，空穴传输层材料选用的是 PEDOT：PSS，该工作中绿光器件的外量子效率为 0.1% 器件亮度达到 364 cd/m^2。随后使用不同电子空穴传输层材料提高 PeLED 量子效率的研究相继被报道，如采用聚乙烯亚胺（PEI）修饰的 ZnO 和 TFB 作为电子和空穴传输层，将近红外 PeLED 器件的外量子效率提高到了 3.5%，以及外量子效率达到 8.5% 的绿光 PeLED 器件。最近，南京工业大学的王建浦教授和黄维教授利用溶液自组装方法制备的多量子阱结构的 PeLED 器件，将器件外量子效率提高到了 11.7%，同时器件寿命较三维钙钛矿器件提高了两个数量级。Xiao 等人通过改进材料制备技术在钙钛矿溶液中添加有机卤化胺，尤其是长链有机卤化胺，使得钙钛矿晶体颗粒小很多，制成的薄膜更薄、更光滑，其器件外量子效率可达 10.4%。

钙钛矿材料的研究尽管在过去几年内取得了巨大的进展，但依然面临着一些严峻的挑战。这其中包括高质量材料的可重复制备、材料的稳定性问题和提升材料的环境友好性实现无铅化的优化等。钙钛矿发光材料在显示技术中的真正应用还有一段距离。

3.3 电子纸技术研究进展

电子纸技术（E-paper）具有超轻薄、可重写、便于携带、断电时也能保持显示等特性，被广泛应用于电子书、电子词典、广告牌等终端产品。实现电子纸的技术途径，根据显示实现原理大致可分为微胶囊型（micro emcapsulation）电泳技术、反转球技术（gyricon）、双稳态胆固醇液晶技术（Ch-LCD）、微杯（microcup）电泳技术和电子粉流体技术（QR-LPD）。其中微胶囊型电泳技术最为成熟，是目前采用最多的电子纸显示技术。

目前占据全球电子纸市场份额 95% 的 E-Ink 公司，采用的是微胶囊型电泳技术。该公司已量产多款不同尺寸黑白电子纸产品。另外，通过黑白电子纸上增加彩色滤光片的方式制造彩色电子纸，已应用于咖啡店广告牌等产品上。华南师范大学周国富教授在彩色显示方面取得了重大突破，研发出处于世界领先水平的彩色电子纸技术。该团队完成了用于“电子纸”彩色显示的颜料油的调制，让“电子纸”既能传承电子书已有的效果，同时也能实现彩色显示。2016 年 6 月，E-Ink 公司发布了先进彩色电子纸（advanced color epaper，ACeP），该彩色电子纸采用三种彩色粒子（蓝绿色、洋红色、黄色）和白色粒子，运用电压控制形成颜色。2017 年 5 月，SID 上展示的新款 20 英寸 ACeP 显示器，可自由拼接，色彩饱和度明显提升。但由于电压有限，且需要细微区分不同微观粒子，工艺十分复杂，屏体响应时间也会相对较长。因此量产时间预定在 2019 年第一季度，且主要应用在户外广告牌上。

另外，E-Ink 公司与 JDI 战略合作，结合 LTPS 背板技术，共同开发出分辨率为 400 ppi 和 600 ppi 的电子纸，可应用于电子书、智能手机与平板以及物联网电子装置上。同时，E-Ink 也在研发柔性 TFT 基板，通过将电子墨水层贴附于聚酰亚胺（polyimide）TFT 基板上，形成柔性电子纸显示屏。

2016 年 4 月 27 日，广州奥翼电子科技股份有限公司与重庆墨希科技有限公司发布全球首款石墨烯电子纸。该技术使用石墨烯薄膜替代 ITO 薄膜，并开发出相应的电子墨水配方和涂布工艺，使电子墨水能够涂覆在石墨烯薄膜上形成石墨烯电子纸。石墨烯的结构非常稳固，是已知的最薄最坚硬的一种材料，几乎完全透明，只吸收 2.3% 的光。并且具有极高的比表面积、超强的导电性和柔韧性等优点。由于石墨烯电子纸弯曲能力更强，强度更高，且材料更易获得，所以应用范围更为广泛。

由于电子纸技术的超低功耗，可重复写入和类纸式阅读感观，在货架标签、户外广告牌、展板、公共交通和教育领域有极大的发展空间。在响应时间方面，平板显示技术的不断发展与完善为电子纸技术奠定了基础。随着电子纸显示技术的彩色化和动态显示性能提升，未来市场预期广阔，市场潜力巨大。

参考文献

[1] Tang CW, Vanslyke SA. Organic electroluminescent diodes. Appl. Phys. Lett., 1987, 51（12）: 913–915.

[2] Helander MG, Wang ZB, Qiu J, et al. Chlorinated indium tin oxide electrodes with high work function for organic device compatibility. Science, 2011, 332（6032）: 944–947.

[3] Li N, Oida S, Tulevski GS, et al. Efficient and bright organic light-emitting diodes on single-layer graphene electrodes. Nat. Commun., 2013（4）: 2294.

[4] Morales-Masis M, Dauzou F, Jeangros Q, et al. An indium-free anode for large-area flexible OLEDs: defect-free transparent conductive zinc tin oxide. Adv. Funct. Mater., 2016, 26（3）: 384–392.

[5] Jaeho L, Han T H, Min-Ho P, et al. Synergetic electrode architecture for efficient graphene-based flexible organic light-emitting diodes. Nat. Commun., 2016（7）: 11791.

[6] Kim D, Lee D, Lee Y, et al. Work–function engineering of graphene anode by bis (trifluoromethanesulfonyl) amide doping for efficient polymer light–emitting diodes. Adv. Funct. Mater., 2013, 23 (40): 5049–5055.

[7] Wu TL, Yeh CH, Hsiao WT, et al. High–performance organic light–emitting diode with substitutionally boron–doped graphene anode. ACS Appl. Mater. Interfaces., 2017, 9 (17): 14998–15004.

[8] Sim H, Bok S, Kim B, et al. Organic–stabilizer–free polyol synthesis of silver nanowires for electrode applications. Angew. Chem., 2016, 128 (39): 11993–11997.

[9] Chang JH, Chiang KM, Kang HW, et al. A solution–processed molybdenum oxide treated silver nanowire network: a highly conductive transparent conducting electrode with superior mechanical and hole injection properties. Nanoscale, 2015, 7 (10): 4572–4579.

[10] Yong HK, Lee J, Hofmann S, et al. Achieving high efficiency and improved stability in ITO–free transparent organic light–emitting diodes with conductive polymer electrodes. Adv. Funct. Mater., 2013, 23 (30): 3763–3769.

[11] Jiao M, Lu C, Lee W, et al. Simple planar indium–tin–oxide–free organic light–emitting devices with nearly 39% external quantum efficiency. Adv. Opt. Mater., 2016, 4 (3): 365–370.

[12] Kim N, Kee S, Lee SH, et al. Highly conductive pedot: pss nanofibrils induced by solution–processed crystallization. Adv. Mater., 2014, 26 (14): 2268.

[13] Xu LH, Ou QD, Li YQ, et al. Microcavity–free broadband light outcoupling enhancement in flexible organic light–emitting diodes with nanostructured transparent metal–dielectric composite electrodes. ACS Nano, 2015, 10 (1) .

[14] Li L, Liang J, Chou SY, et al. A solution processed flexible nanocomposite electrode with efficient light extraction for organic light emitting diodes. Sci. Rep., 2014, 4 (3): 4307.

[15] Choi YJ, Gong S, Kang KM, et al. Enhanced hole injection into indium–free organic red light–emitting diodes by fluorine–doping–induced texturing of a zinc oxide surface. J. Mater. Chem. C., 2014, 2 (39): 8344–8349.

[16] Tan ZK, Vaynzof Y, Credgington D, et al. In–situ switching from barrier–limited to ohmic anodes for efficient organic optoelectronics. Adv. Funct. Mater., 2014, 24 (20): 3051–3058.

[17] Perumal A, Faber H, Yaacobi–Gross N, et al. High–efficiency, solution–processed, multilayer phosphorescent organic light–emitting diodes with a copper thiocyanate hole–injection/hole–transport layer. Adv. Mater., 2015, 27 (1): 93–100.

[18] Hinckley AC, Wang C, Pfattner R, et al. Investigation of a solution–processable, nonspecific surface modifier for low cost, high work function electrodes. ACS Appl. Mater. Interfaces., 2016, 8 (30): 19658–19664.

[19] Höfle S, Bruns M, Strässle S, et al. Tungsten oxide buffer layers fabricated in an inert sol–gel process at room–temperature for blue organic light–emitting diodes. Adv. Mater., 2013, 25 (30): 4113–4116.

[20] Liu J, Wu X, Chen S, et al. Low–temperature MoO3 film from a facile synthetic route for an efficient anode interfacial layer in organic optoelectronic devices. J. Mater. Chem. C., 2014, 2 (1): 140–153.

[21] Chai L, White RT, Greiner MT, et al. Experimental demonstration of the universal energy level alignment rule at oxide/organic semiconductor interfaces. Phys.Rev. B., 2014, 89 (3): 208–220.

[22] Deng YL, Xie YM, Zhang L, et al. An efficient organic–inorganic hybrid hole injection layer for organic light–emitting diodes by aqueous solution doping. J. Mater. Chem. C., 2015, 3 (24): 6218–6223.

[23] Jia Y, Duan L, Zhang D, et al. Low–Temperature evaporable Re2O7: An Efficient p–Dopant for OLEDs. J. Phys. Chem. C., 2013, 117 (27): 13763–13769.

[24] Bin Z, Duan L, Li C, et al. Bismuth Trifluoride as a low–temperature–evaporable insulating dopant for efficient and stable organic light–emitting diodes. Org. Electron., 2014, 15 (10): 2439–2447.

[25] Pecqueur S, Maltenberger A, Petrukhina MA, et al. Wide band–gap bismuth–based p–dopants for opto–electronic applications. Angew. Chem., 2016, 55 (35): 10493–10497.

[26] Zhang F, Dai X, Zhu W, et al. Large Modulation of charge carrier mobility in doped nanoporous organic transistors.

Adv. Mater., 2017, 29 (27) : 1700411-n/a.

[27] Kolesov VA, Fuentes-Hernandez C, Chou WF, et al. Solution-based electrical doping of semiconducting polymer films over a limited depth. Nat Mater., 2017, 16 (4) : 474-480.

[28] Kang K, Watanabe S, Broch K, et al. 2D coherent charge transport in highly ordered conducting polymers doped by solid state diffusion. Nat Mater., 2016, 15 (8) : 896-902.

[29] Tang CG, Ang MC, Choo KK, et al. Doped polymer semiconductors with ultrahigh and ultralow work functions for ohmic contacts. Nature, 2016, 539 (7630) : 536-540.

[30] Zhou Y, Hernandez CF, Shim J, et al. A universal method to produce low-work function electrodes for organic electronics. Science, 2012(336) : 327-332.

[31] Georgiadou DG, Vasilopoulou M, Palilis LC, et al. All-organic sulfonium salts acting as efficient solution processed electron injection layer for PLEDs. ACS Appl. Mater. Interfaces., 2013(5) : 12346-12354.

[32] Giordano AJ, Pulvirenti F, Khan TM, et al. Organometallic dimers: application to work-function reduction of conducting oxides. ACS Appl. Mater. Interfaces., 2015, 7: 4320-4326.

[33] Bin ZY, Duan L, Qiu Y. Air stable organic salt as an n-type dopant for efficient and stable organic light-emitting diodes. ACS Appl. Mater. Interfaces., 2015(7) : 6444-6450.

[34] Bin ZY. Liu ZY, Wei PC, et al. Using a precursor of organic radical as an electron injection material for efficient and stable organic light-emitting diodes. Nanotechnology., 2016(27) : 174001.

[35] Chen YH, Ma DG, Sun HD, et al. Organic semiconductor heterojunctions: electrode-independent charge injectors for high-performance organic light-emitting diodes. Light Sci Appl, 2016(5) : e16042.

[36] Tang CG, Ang MCY, Choo KK, et al. Doped polymer semiconductors with ultrahigh and ultralow work functions for ohmic contacts. Nature, 2016, 539 (7630) : 536-540.

[37] Xiang N, Gao Z, Tian G, et al. Novel fluorene/indole-based hole transport materials with high thermal stability for efficient OLEDs. Dyes Pigment., 2017(137) : 36-42.

[38] Liaptsis G, Meerholz K. Crosslinkable TAPC-based hole-transport materials for solution-processed organic light-emitting diodes with reduced efficiency roll-off. Adv. Funct. Mater., 2013, 23 (3) : 359-365.

[39] Limberg FRP, Schneider T, Höfle S, et al. 1-Ethynyl Ethers as efficient thermal crosslinking system for hole transport materials in oleds. Adv. Funct. Mater., 2016, 26 (46) : 8505-8513.

[40] Ye H, Chen D, Liu M, et al. Pyridine-containing electron-transport materials for highly efficient blue phosphorescent OLEDs with ultralow operating voltage and reduced efficiency roll-off. Adv. Funct. Mater., 2014, 24 (21) : 3268-3275.

[41] Shih CH, Rajamalli P, Wu CA, et al. A universal electron-transporting/exciton-blocking material for blue, green, and red phosphorescent organic light-emitting diodes (OLEDs) . ACS Appl. Mater. Interfaces., 2015, 7 (19) : 10466-10474.

[42] Yi S, Kim JH, Bae WR, et al. Silicon-based electron-transport materials with high thermal stability and triplet energy for efficient phosphorescent OLEDs. Org. Electron., 2015(27) : 126-132.

[43] Zhang D, Wei P, Duan L, et al. Sterically shielded electron transporting material with nearly 100% internal quantum efficiency and long lifetime for thermally activated delayed fluorescent and phosphorescent OLEDs. Acs Appl Mater Interfaces, 2017, 9 (22) : 19040-19047.

[44] Shizu K, Noda H, Tanaka H, et al. Highly efficient blue electroluminescence using delayed-fluorescence emitters with large overlap density between luminescent and ground states. J. Phys. Chem. C., 2015(119) : 26283-26289.

[45] Kawasumi K, Wu T, Zhu TY, et al. Thermally activated delayed fluorescence materials based on homoconjugation effect of donor-acceptor triptycenes. J. Am. Chem. Soc., 2015(137) : 11908-11911.

[46] Lee SY, Yasuda T, Park IS, et al. X-shaped benzoylbenzophenone derivatives with crossed donors and acceptors for

highly efficient thermally activated delayed fluorescence. Dalton Trans., 2015(44): 8356-8359.

[47] Hatakeyama T, Shiren K, Nakajima K, et al. Ultrapure blue thermally activated delayed fluorescence molecules: Efficient homo-lumo separation by the multiple resonance effect. Adv. Mater., 2016(28): 2777-2781.

[48] Cho YJ, Yook KS, Lee JY. High efficiency in a solution-processed thermally activated delayed-fluorescence device using a delayed-fluorescence emitting material with improved solubility. Adv. Mater., 2014(26): 6642-6646.

[49] Cho YJ, Jeon SK, Chin BD, et al. The design of dual emitting cores for green thermally activated delayed fluorescent materials. Angew. Chem. Int. Edit., 2015(54): 5201-5204.

[50] Lee SY, Adachi C, Yasuda T. High-efficiency blue organic light-emitting diodes based on thermally activated delayed fluorescence from phenoxaphosphine and phenoxathiin derivatives. Adv. Mater., 2016(28): 4626-4631.

[51] Lee SY, Yasuda T, Komiyama H, et al. Thermally activated delayed fluorescence polymers for efficient solution-processed organic light-emitting diodes. Adv. Mater., 2016(28): 4019-4024.

[52] Nikolaenko AE, Cass M, Bourcet F, et al. Thermally activated delayed fluorescence in polymers: A new route toward highly efficient solution processable oleds. Adv. Mater., 2015(27): 7236.

[53] DeRosa CA, Samonina-Kosicka J, Fan ZY, et al. Oxygen sensing difluoroboron dinaphthoylmethane polylactide. Macromolecules, 2015(48): 2967-2977.

[54] Uoyama H, Goushi K, Shizu K, et al. Highly efficient organic light-emitting diodes from delayed fluorescence. Nature, 2012(492): 234.

[55] Masui K, Nakanotani H, Adachi C. Analysis of exciton annihilation in high-efficiency sky-blue organic light-emitting diodes with thermally activated delayed fluorescence. Org. Electron., 2013(14): 2721-2726.

[56] Nishimoto T, Yasuda T, Lee SY, et al. A six-carbazole-decorated cyclophosphazene as a host with high triplet energy to realize efficient delayed-fluorescence oleds. Mater. Horizons., 2014(1): 264-269.

[57] Cho YJ, Yook KS, Lee JY. Cool and warm hybrid white organic light-emitting diode with blue delayed fluorescent emitter both as blue emitter and triplet host. Sci Rep., 2015(5).

[58] Zhang DD, Cai MH, Zhang YG, et al. Sterically shielded blue thermally activated delayed fluorescence emitters with improved efficiency and stability. Mater. Horizons., 2016(3): 145-151.

[59] Cho Y J, Chin BD, Jeon SK, et al. 20% external quantum efficiency in solution-processed blue thermally activated delayed fluorescent devices. Adv. Funct. Mater., 2015(25): 6786-6792.

[60] Zhang QS, Li J, Shizu K, et al. Design of efficient thermally activated delayed fluorescence materials for pure blue organic light emitting diodes. J. Am. Chem. Soc., 2012(134): 14706-14709.

[61] Zhang QS, Li B, Huang SP, et al. Efficient blue organic light-emitting diodes employing thermally activated delayed fluorescence. Nat. Photonics., 2014(8): 326-332.

[62] Wu SH, Aonuma M, Zhang QS, et al. High-efficiency deep-blue organic light-emitting diodes based on a thermally activated delayed fluorescence emitter. J. Mater. Chem. C., 2014(2): 421-424.

[63] Zhang QS, Tsang D, Kuwabara H, et al. Nearly 100% internal quantum efficiency in undoped electroluminescent devices employing pure organic emitters. Adv. Mater., 2015(27): 2096-2100.

[64] Lee SY, Yasuda T, Yang YS, et al. Luminous butterflies: Efficient exciton harvesting by benzophenone derivatives for full-color delayed fluorescence oleds. Angew. Chem. Int. Edit., 2014(53): 6402-6406.

[65] Hirata S, Sakai Y, Masui K, et al. Highly efficient blue electroluminescence based on thermally activated delayed fluorescence. Nat. Mater., 2015(14): 330-336.

[66] Kim M, Jeon SK, Hwang SH, et al. Stable blue thermally activated delayed fluorescent organic light-emitting diodes with three times longer lifetime than phosphorescent organic light-emitting diodes. Adv. Mater., 2015(27): 2515-2520.

[67] Kim M, Jeon SK, Hwang SH, et al. Correlation of molecular structure with photophysical properties and device

performances of thermally activated delayed fluorescent emitters. J. Phys. Chem. C., 2016(120): 2485-2493.

[68] Cui LS, Nomura H, Geng Y, et al. Controlling singlet-triplet energy splitting for deep-blue thermally activated delayed fluorescence emitters. Angew. Chem. Int. Edit., 2017, 56 (6): 1571-1575.

[69] Rajamalli P, Senthilkumar N, Gandeepan P, et al. A new molecular design based on thermally activated delayed fluorescence for highly efficient organic light emitting diodes. J. Am. Chem. Soc., 2016, 138 (2), 628-634.

[70] Lee SY, Adachi C, Yasuda T. High-efficiency blue organic light-emitting diodes based on thermally activated delayed fluorescence from phenoxaphosphine and phenoxathiin derivatives. Adv. Mater., 2016, 28 (23), 4626-4631.

[71] Sun JW, Lee JH, Moon CK, et al. A fluorescent organic light-emitting diode with 30% external quantum efficiency. Adv. Mater., 2014(26): 5684.

[72] Kim BS, Lee JY. Engineering of mixed host for high external quantum efficiency above 25% in green thermally activated delayed fluorescence device. Adv. Funct. Mater., 2014, 24: 3970-3977.

[73] Cho YJ, Yook KS, Lee JY. A universal host material for high external quantum efficiency close to 25% and long lifetime in green fluorescent and phosphorescent oleds. Adv. Mater., 2014(26): 4050-4055.

[74] Lee DR, Kim BS, Lee CW, et al. Above 30% external quantum efficiency in green delayed fluorescent organic light-emitting diodes. ACS Appl. Mater. Interfaces., 2015(7): 9625-9629.

[75] Xie GZ, Li XL, Chen DJ, et al.eVaporation- and solution-process-feasible highly efficient thianthrene-9, 9', 10, 10'-tetraoxide-based thermally activated delayed fluorescence emitters with reduced efficiency roll-off. Adv. Mater., 2016(28): 181.

[76] Wang H, Xie LS, Peng Q, et al. Novel thermally activated delayed fluorescence materials-thioxanthone derivatives and their applications for highly efficient oleds. Adv. Mater., 2014(26): 5198-5204.

[77] Tanaka H, Shizu K, Miyazaki H, et al. Efficient green thermally activated delayed fluorescence (tadf) from a phenoxazine-triphenyltriazine (pxz-trz) derivative. Chem. Commun., 2012(48): 11392-11394.

[78] Kaji H, Suzuki H, Fukushima T, et al. Purely organic electroluminescent material realizing 100% conversion from electricity to light. Nat. Commun., 2015(6).

[79] Kitamoto Y, Namikawa T, Ikemizu D, et al. Light blue and green thermally activated delayed fluorescence from 10h-phenoxaborin-derivatives and their application to organic light-emitting diodes. J. Mater. Chem. C, 2015(3): 9122-9130.

[80] Suzuki K, Kubo S, Shizu K, et al. Triarylboron-based fluorescent organic light-emitting diodes with external quantum efficiencies exceeding 20%. Angew. Chem.-Int. Edit., 2015(54): 15231-15235.

[81] Wang SP, Yan XJ, Cheng Z, et al. Highly efficient near-infrared delayed fluorescence organic light emitting diodes using a phenanthrene-based charge-transfer compound. Angew. Chem.-Int. Edit., 2015(54): 13068-13072.

[82] Li J, Nakagawa T, MacDonald J, et al. Highly efficient organic light-emitting diode based on a hidden thermally activated delayed fluorescence channel in a heptazine derivative. Adv. Mater., 2013(25): 3319-3323.

[83] Zhang QS, Kuwabara H, Potscavage WJ, et al. Anthraquinone-based intramolecular charge-transfer compounds: Computational molecular design, thermally activated delayed fluorescence, and highly efficient red electroluminescence. J. Am. Chem. Soc., 2014 (136): 18070-18081.

[84] Goushi K, Yoshida K, Sato K, et al. Organic light-emitting diodes employing efficient reverse intersystem crossing for triplet-to-singlet state conversion. Nat. Photon., 2012, 6 (4): 253-258.

[85] Liu XK, Lee CS, Zhang XH, et al. Prediction and design of efficient exciplex emitters for high-efficiency, thermally activated delayed -fluorescence organic light-emitting diodes. Adv. Mater., 2015(27): 2378-2383.

[86] Liu W, Lee CS, Zhang XH, et al. Novel strategy to develop exciplex emitters for high-performance OLEDs by employing thermally activated delayed fluorescence materials. Adv. Funct. Mater., 2016(26): 2002-2008.

[87] Kim KH, Yoo SJ, Kim JJ. Boosting triplet harvest by reducing nonradiative transition of exciplex toward fluorescent organic light–emitting diodes with 100% internal quantum efficiency. Chem. Mater., 2016, 28（6）: 1936–1941.

[88] Zhang D D, Duan L, Li C, et al. High–efficiency fluorescent organic light–emitting devices using sensitizing hosts with a small singlet–triplet exchange energy. Adv. Mater., 2014（26）: 5050–5055.

[89] Furukawa T, Nakanotani H, Inoue M, et al. Dual enhancement of electroluminescence efficiency and operational stability by rapid upconversion of triplet excitons in oleds. Sci Rep., 2015（5）.

[90] Nakanotani H, Higuchi T, Furukawa T, et al. High–efficiency organic light–emitting diodes with fluorescent emitters. Nat. Commun., 2014（5）.

[91] Zhang DD, Duan L, Zhang DQ, et al. Extremely low driving voltage electrophosphorescent green organic light–emitting diodes based on a host material with small singlet–triplet exchange energy without p– or n–doping layer. Org. Electron., 2013（14）: 260–266.

[92] Zhang DD, Duan L, Zhang DQ, et al. Towards ideal electrophosphorescent devices with low dopant concentrations: The key role of triplet up–conversion. J. Mater. Chem. C., 2014,（2）: 8983–8989.

[93] Chiang C, Turksoy F, Monkman AP, et al. Ultrahigh efficiency fluorescent single and bi–layer organic light emitting diodes: the key role of triplet fusion. Adv. Funct. Mater., 2013（23）: 739–746.

[94] Kim SK, Yang B, Ma Y, et al. Exceedingly efficient deep–blue electroluminescence from new anthracenes obtained using rational molecular design. J. Mater. Chem., 2008, 18（28）: 3376–3384.

[95] Kim SK, Yang B, Park YI, et al. Synthesis and electroluminescent properties of highly efficient anthracene derivatives with bulky side groups. Org. Electron., 2009, 10（5）: 822–833.

[96] Yang B, Kim SK, Xu H, et al. The origin of the improved efficiency and stability of triphenylamine–substituted anthracene derivatives for oleds: a theoretical investigation. Chem. Phys. Chem., 2008, 9（17）: 2601–2609.

[97] Li WJ, Pan YY, Xiao R, et al. Employing —100% excitons in oleds by utilizing a fluorescent molecule with hybridized local and charge–transfer excited state. Adv. Funct. Mater., 2014, 24（11）: 1609–1614.

[98] Li WJ, Liu DD, Shen FZ, et al. A twisting donor–acceptor molecule with an intercrossed excited state for highly efficient, deep–blue electroluminescence. Adv. Funct. Mater., 2012, 22（13）, 2797–2803.

[99] Zhang ST, Li WJ, Yao L, et al. Enhanced proportion of radiative excitons in non–doped electro–fluorescence generated from an imidazole derivative with an orthogonal donor–acceptor structure. Chem. Commun., 2013, 49（96）: 11302–11304.

[100] Yao L, Zhang S, Wang R, et al. Highly efficient near–infrared organic light–emitting diode based on a butterfly–shaped donor–acceptor chromophore with strong solid–state fluorescence and a large proportion of radiative excitons. Angew. Chem., 2014, 126（8）: 2151–2155.

[101] Obolda A, Peng QM, He CY, et al. Triplet–polaron–interaction–induced upconversion from triplet to singlet: a possible way to obtain highly efficient OLEDs. Adv. Mater., 2016（28）: 4740–4746.

[102] Peng QM, Obolda A, Zhang M, et al. Organic light–emitting diodes using a neutral pradical as emitter: the emission from a doublet. Angew. Chem. Int. Ed., 2015（54）: 7091–7095.

[103] Lin TA, Chatterjee T, Tsai WL, et al. Sky–blue organic light emitting diode with 37% external quantum efficiency using thermally activated delayed fluorescence from spiroacridine–triazine hybrid. Adv. Mater., 2016, 28（32）: 6976–6983.

[104] Moon CK, Suzuki K, Shizu K, et al. Combined inter– and intramolecular charge–transfer processes for highly efficient fluorescent organic light–emitting diodes with reduced triplet exciton quenching. Adv. Mater., 2017, 29（17）, 1606448–n/a.

[105] Baldo MA, O'Brien DF, You Y, et al. Highly efficient phosphorescent emission from organic electroluminescent devices. Nature, 1998, 395: 151–154.

[106] Tung YL, Chen LS, Chi Y, et al. Orange and red organic light-emitting devices employing neutral Ru（II）emitters: rational design and prospects for color tuning. Adv. Funct. Mater., 2006(16): 1615-1626.

[107] Shahroosvand H, Najafi L, Sousaraei A, et al. Going from green to red electroluminescence through ancillary ligand substitution in ruthenium（II）tetrazole benzoic acid emitters. J. Mater. Chem. C., 2013(1): 6970-6980.

[108] Shahroosvand H, Abbasi P, Mohajerani E, et al. Red electroluminescence of ruthenium sensitizer functionalized by sulfonate anchoring groups. Dalton Trans., 2014(43): 9202-9215.

[109] Jiang X, Jen AKY, Carlson B, et al. Red electrophosphorescence from osmium complexes. Appl. Phys. Lett., 2002(80): 713-715.

[110] Chien CH, Liao SF, Wu CH, et al. Electrophosphorescent polyfluorenes containing osmium complexes in the conjugated backbone. Adv. Funct. Mater., 2008(18): 1430-1439.

[111] Lee TC, Hung JY, Chi Y, et al. Rational design of charge-neutral, near-infrared-emitting osmium（II）complexes and OLED fabrication. Adv. Funct. Mater., 2009(19): 2639-2647.

[112] Lin CH, Hsu CW, Liao JL, et al. Phosphorescent OLEDs assembled using Os（II）phosphors and a bipolar host material consisting of both carbazole and dibenzophosphole oxide. J. Mater. Chem., 2012(22): 10684-10694.

[113] Du BS, Liao JL, Huang MH, et al. Os（II）based green to red phosphors: a great prospect for solution-processed, highly efficient organic light-emitting diodes. Adv. Funct. Mater., 2012(22): 3491-3499.

[114] Baldo MA, Lamansky S, Burrows P E, et al. Very high-efficiency green organic light-emitting devices based on electrophosphorescence. Appl. Phys. Lett., 1999(75): 4-6.

[115] Adachi C, Baldo MA, Forrest SR, Lamansky S, et al. High-efficiency red electrophosphorescence devices. Appl. Phys. Lett., 2001(78): 1622-1624.

[116] Tsuboyama A, Iwawaki H, Furugori M, et al. Homoleptic cyclometalated iridium complexes with highly efficient red phosphorescence and application to organic light-emitting diode. J. Am. Chem. Soc., 2003(125): 12971-12979.

[117] Su YJ, Huang HL, Li CL, et al. Highly efficient red electrophosphorescent devices based on iridium isoquinoline complexes: remarkable external quantum efficiency over a wide range of current. Adv. Mater., 2003(15): 884-888.

[118] Tsuzuki T, Shirasawa N, Suzuki T, et al. Color tunable organic light-emitting diodes using pentafluorophenyl-substituted iridium complexes. Adv. Mater., 2003(15): 1455-1458.

[119] Adachi C, et al. Endothermic energy transfer: A mechanism for generating very efficient high-energy phosphorescent emission in organic materials. Appl. Phys. Lett., 2001, 79 (13): 2082-2084.

[120] Chang CF, Cheng YM, Chi Y, et al. Highly efficient blue-emitting iridium（III）carbene complexes and phosphorescent OLEDs. Angew. Chem. Int. Ed., 2008(47): 4542-4545.

[121] Sasabe H, Takamatsu J, Motoyama T, et al. High-efficiency blue and white organic light-emitting devices incorporating a blue iridium carbine complex. Adv. Mater., 2010(22): 5003-5007.

[122] Chou HH, Cheng CH. A highly efficient universal bipolar host for blue, green, and red phosphorescent OLEDs. Adv. Mater., 2010(22): 2468-2471.

[123] Fan CH, Sun P, Su TH, et al. Host and dopant materials for idealized deep-red organic electrophosphorescence devices. Adv. Mater., 2011(23): 2981-2985.

[124] Lee J, Chen HF, Batagoda T, et al. Deep blue phosphorescent organic light-emitting diodes with very high brightness and efficiency. Nat. Mater., 2016(15): 92-98.

[125] Tao P, Li WL, Zhang J, et al. Facile synthesis of highly efficient lepidine-based phosphorescent iridium（III）complexes for yellow and white organic light-emitting diodes. Adv. Funct. Mater., 2016(26): 881-894.

[126] Che CM, Chan SC, Xiang HF, et al. Tetradentate Schiff base platinum（II）complexes as new class of phosphorescent materials for high-efficiency and white-light electroluminescent devices. Chem. Commun., 2004:

1484–1485.

[127] Ma B, Djurovich PI, Garon S, et al. Platinum binuclear complexes as phosphorescent dopants for monochromatic and white organic light-emitting diodes. Adv. Funct. Mater., 2006(16): 2438–2446.

[128] Chang SY, Kavitha J, Li SW, et al. Platinum (II) complexes with pyridyl azolate-based chelates: synthesis, structural characterization, and tuning of photo- and electrophosphorescence. Inorg. Chem., 2006(45): 137–146.

[129] Cocchi M, Virgili D, Fattori V, et al. N^C^N-coordinated platinum (II) complexes as phosphorescent emitters in high-performance organic light-emitting devices. Adv. Funct. Mater., 2007(17): 285–289.

[130] Unger Y, Meyer D, Molt O, et al. Green-blue emitters: NHC-based cyclometalated [Pt (C^C*) (acac)] complexes. Angew. Chem. Int. Ed., 2010(49): 10214–10216.

[131] Vezzu DAK, Deaton JC, Jones JS, et al. Highly luminescent tetradentate bis-cyclometalated platinum complexes: design, synthesis, structure, photophysics, and electroluminescence application. Inorg. Chem., 2010(49): 5107–5119.

[132] Graham KR, Yang Y, Sommer JR, et al. Extended conjugation platinum (II) porphyrins for use in near-infrared emitting organic light emitting diodes. Chem. Mater., 2011(23): 5305–5312.

[133] Cebrián C, Mauro M, Kourkoulos D, et al. Luminescent neutral platinum complexes bearing an asymmetric N^N^N ligand for high-performance solution-processed OLEDs. Adv. Mater., 2013(25): 437–442.

[134] Hang X C, Fleetham T, Turner E, et al. Highly efficient blue-emitting cyclometalated platinum (II) complexes by judicious molecular design. Angew. Chem. Int. Ed., 2013(52): 6753–6756.

[135] Fleetham T, Li G, Wen L, et al. Efficient "pure" blue OLEDs employing tetradentate Pt complexes with a narrow spectral bandwidth. Adv. Mater., 2014(26): 7116–7121.

[136] Ly KT, Chen-Cheng RW, Lin HW, et al. Near-infrared organic light-emitting diodes with very high external quantum efficiency and radiance. Nat. Photon., 2017(11): 63–69.

[137] Holder E, Langeveld BMW, Schubert US. New trends in the use of transition metal-ligand complexes for applications in electroluminescent devices. Adv. Mater., 2005(17): 1109–1121.

[138] Evans RC, Douglas P, Winscom CJ. Coordination complexes exhibiting room-temperature phosphorescence: evaluation of their suitability as triplet emitters in organic light emitting diodes. Coord. Chem. Rev., 2006(250): 2093–2126.

[139] Xu H, Chen R, Sun Q, et al. Recent progress in metal-organic complexes for optoelectronic applications. Chem. Soc. Rev., 2014(43): 3259–3302.

[140] Kim DH, Cho NS, Oh HY, et al. Highly efficient red phosphorescent dopants in organic light-emitting devices. Adv. Mater., 2011(23): 2721–2726.

[141] Kim KH, Lee S, Moon CK, et al. Phosphorescent dye-based supramolecules for high-efficiency organic light-emitting diodes. Nat. Commun., 2014(5): 4769.

[142] Lee J, Chen HF, Batagoda T, et al. Deep blue phosphorescent organic light-emitting diodes with very high brightness and efficiency. Nat. Mater., 2016(15): 92–98.

[143] Zhang Y, Lee J, Forrest SR. Tenfold increase in the lifetime of blue phosphorescent organic light-emitting diodes. Nat. Commun., 2014(5): 5008.

[144] Kim SY, Jeong WI, Mayr C, et al. Organic light-emitting diodes with 30% external quantum efficiency based on a horizontally oriented emitter. Adv. Funct. Mater., 2013, 23 (31): 3896–3900.

[145] Peng T, Bi H, Liu Y, et al. Very high-efficiency red-electroluminescence devices based on an amidinate-ligated phosphorescent iridium complex. J. Mater. Chem., 2009(19): 8072–8074.

[146] Li, G, Zhu, D, Peng, T, et al. Very high efficiency orange-red light-emitting devices with low roll-off at high luminance based on an ideal host-guest system consisting of two novel phosphorescent iridium complexes with

bipolar transport. Adv. Funct. Mater., 2014, 24 (47): 7420–7426.

[147] K Li, X Guan, Che CM, et al. Blue electrophosphorescent organoplatinum (II) complexes with dianionic tetradentate bis (carbene) ligands. Chem. Commun., 2011(47): 9075–9077.

[148] Che CM, CkWok C, Lai SW, et al. Photophysical properties and oled applications of phosphorescent platinum (ii) schiff base complexes. Chem. A. Eur. J., 2010(16): 233–247.

[149] Deaton J C, Switalski SC, et al. E–Type delayed fluorescence of a phosphine–supported Cu2 (μ–Nar2) 2 diamond core: harvesting singlet and triplet excitons in OLEDs. J. Am. Chem. Soc., 2010 (132): 9499–9508.

[150] Hofbeck T, Monkowius U, Yersin H, et al. Highly efficient luminescence of cu (i) compounds: thermally activated delayed fluorescence combined with short–lived phosphorescence. J. Am. Chem. Soc., 2015 (137): 399–404.

[151] Zhu Y, Gu C, Tang S, et al. A new kind of peripheral carbazole substituted ruthenium (II) complexes for electrochemical deposition organic light–emitting diodes. J. Mater. Chem., 2009(19): 3941–3949.

[152] Slinker J, Bernhard D, Houston PL, et al. Solid–state electroluminescent devices based on transition metal complexes. Chem. Commun., 2003, 19 (9): 2392–2399.

[153] Slinker JD, Rivnay J, Moskowitz JS, et al. Electroluminescent devices from ionic transition metal complexes. J. Mater. Chem., 2007(17): 2976–2988.

[154] Costa RD, Ortí E, Bolink HJ. Recent advances in light–emitting electrochemical cells. Pure Appl. Chem., 2011(12): 2115–2128.

[155] Costa RD, Ortí E, Bolink HJ, et al. Luminescent ionic transition–metal complexes for light–emitting electrochemical cells. Angew. Chem. Int. Ed., 2012(51): 8178–8211.

[156] Hu T, He L, Duan L, et al. Solid–state light–emitting electrochemical cells based on ionic iridium (Ⅲ) complexes. J. Mater. Chem., 2012(22): 4206–4215.

[157] Meier SB, Tordera D, Pertegás A, et al. Light–emitting electrochemical cells: recent progress and future prospects. Mater. Today, 2014(17): 217–223.

[158] Nazeeruddin MK, Humphry–Baker R, Berner D, et al. Highly phosphorescence iridium complexes and their application in organic light–emitting devices. J. Am. Chem. Soc., 2003(125): 8790–8797.

[159] Censo DD, Fantacci S, Angelis FD, et al. Synthesis, characterization, and DFT/TD–DFT calculations of highly phosphorescent blue light–emitting anionic iridium complexes. Inorg. Chem., 2008(47): 980–989.

[160] Kwon TH, Oh YH, Shin IS, et al. New approach toward fast response light–emitting electrochemical cells based on neutral iridium complexes via cation transport. Adv. Funct. Mater., 2009(19): 711–717.

[161] Chen HF, Wu C, Kuo MC, et al. Anionic iridium complexes for solid state light–emitting electrochemical cells. J. Mater. Chem., 2012(22): 9556–9561.

[162] Dumur F, Yuskevitch Y, Wantz G, et al. Light–emitting electrochemical cells based on a solution–processed multilayered device and an anionic iridium (Ⅲ) complex. Synthetic Met., 2013(177): 100–104.

[163] Wu C, Chen HF, Wong KT, et al. Study of ion–paired iridium complexes (soft salts) and their application in organic light emitting diodes. J. Am. Chem. Soc., 2010(132): 3133–3139.

[164] Dumur F, Nasr G, Wantz G, et al. Cationic iridium complex for the design of solft salt–based phosphorescent OLEDs and color–tunable light–emitting electrochemical cells. Org. Electron., 2011(12): 1683–1694.

[165] Costa RD, Ortí E, Bolink HJ, et al. Archetype cationic iridium complexes and their use in solid–state light–emitting electrochemical cells. Adv. Funct. Mater., 2009(19): 3456–3463.

[166] Slinker JD, Gorodetsky AA, Lowry MS, et al. Efficient yellow electroluminescence from a single layer of a cyclometalated iridium complex. J. Am. Chem. Soc., 2004(126): 2763–2767.

[167] Nazeeruddin MK, Wegh RT, Zhou Z, et al. Efficient green–blue–light–emitting cationic iridium complex for light–emitting electrochemical cells. Inorg. Chem., 2006(45): 9245–9250.

[168] Angelis FD, Fantacci S, Evans N, et al. Controlling phosphorescence color and quantum yields in cationic iridium complexes：a combined experimental and theoretical study. Inorg. Chem., 2007 (46)：5989–6001.

[169] Costa RD, Ortí E, Tordera D, et al. Stable and efficient solid–state light–emitting electrochemical cells based on a series of hydrophobic iridium complexes. Adv. Energy Mater., 2011 (1)：282–290.

[170] He L, Duan L, Qiao J, et al. Blue–emitting cationic iridium complexes with 2– (1H–pyrazol–1–yl) pyridine as the ancillary ligand for efficient light–emitting electrochemical cells. Adv. Funct. Mater., 2008 (18)：2123–2131.

[171] Chin CS, Eum MS, Kim S, et al. Blue–light–emitting complexes：cationic (2–phenylpyridinato) iridium (Ⅲ) complexes with strong–field ancillary ligands. Eur. J. Inorg. Chem., 2007 (3)：372–375.

[172] Li J, Djurovich PI, Alleyne BD, et al. Synthetic control of excited–state properties in cyclometalated Ir (Ⅲ) complexes using ancillary ligands. Inorg. Chem., 2005 (44)：1713–1727.

[173] Shavaleev NM, Monti F, Costa RD, et al. Bright blue phosphorescence from cationic bis–cyclometalated iridium (Ⅲ) isocyanide complexes. Inorg. Chem., 2012 (51)：2263–2271.

[174] Ham HW, Kim IJ, Kim Y S. The role of ancillary ligands in iridium (Ⅲ) complexes for blue OLEDs. Mol. Crys. Liq. Crys., 2009 (505)：368–376.

[175] Park SW, Ham HW, Kim YS. Synthesis and photophysical properties of blue mono–cyclometalated Ir (Ⅲ) complexes with phenylpyidine based ligands and phosphines. Mol. Crys. Liq. Crys., 2011 (539)：413–422.

[176] Plummer EA, Dijken A, Hofstraat HW, et al. Electrophosphorescent devices based on cationic complexes：control of switch–on voltage and efficiency through modification of charge injection and charge transport. Adv. Funct. Mater., 2005 (15)：281–289.

[177] He L, Duan L, Qiao J, et al. Efficient solution–processed electrophosphorescent devices using ionic iridium complexes as the dopants. Org. Electron., 2009 (10)：152–157.

[178] He L, Duan L, Qiao J, et al. Highly efficient solution–processed blue–green to red and white light–emitting diodes using cationic iridium complexes as dopants. Org. Electron., 2010 (11)：1185–1191.

[179] Tang H, Li Y, Zhao B, et al. Two novel orange cationic iridium (Ⅲ) complexes with multifunctional ancillary ligands used for polymer light–emitting diodes. Org. Electron., 2012 (13)：3211–3219.

[180] Wong WY, Zhou GJ, Yu XM, et al. Efficient organic light–emitting diodes based on sublimable charged iridium phosphorescent emitters. Adv. Funct. Mater., 2007 (17)：315–323.

[181] Zhang F, Guan Y, Wang S, et al. Efficient yellow–green organic light–emitting diodes based on sublimable cationic iridium complexes. Dyes Pigments, 2016 (130)：1–8.

[182] Park B, Huh YH, Jeon HG, et al. Solution processable single layer organic light–emitting devices with a single small molecular ionic iridium compound. J. App.l Phys., 2010 (108)：094506.

[183] Adachi C, et al. High–efficiency organic electrophosphorescent devices with tris (2–phenylpyridine) iridium doped into electron–transporting materials. Appl. Phys. Lett., 2000. 77 (6)：904–906.

[184] Holmes RJ, et al. Blue organic electrophosphorescence using exothermic host–guest energy transfer. Appl. Phys. Lett., 2003, 82 (15)：2422–2424.

[185] Lee JH, Kim JJ, et al. An exciplex forming host for highly efficient blue organic light emitting diodes with low driving voltage. Adv. Funct. Mater., 2015 (25)：361–366.

[186] Lee SH, Kim JJ, et al. Low roll–off and high efficiency orange organic light emitting diodes with controlled co–doping of green and red phosphorescent dopants in an exciplex forming co–host. Adv. Funct. Mater., 2013 (23)：4105–4110.

[187] Kido JJ, et al. High–performance blue phosphorescent OLEDs using energy transfer from exciplex. Adv. Funct. Mater., 2014 (26)：1612.

[188] Zhang DD, Duan L, Qiu Y, et al. Towards high efficiency and low roll–off orange electrophosphorescent devices

by fine tuning singlet and triplet energies of bipolar hosts based on indolocarbazole/1, 3, 5-triazine hybrids. Adv. Funct. Mater., 2014, 24（23）: 3551-3561.

[189] Higuchi T, Nakanotani H, Adachi C. High-efficiency white organic light-emitting diodes based on a blue thermally activated delayed fluorescent emitter combined with green and red fluorescent emitters. Adv. Mater., 2015, 27（12）: 2019-2023.

[190] Song W, Lee I, Lee JY. Host engineering for high quantum efficiency blue and white fluorescent organic light-emitting diodes. Adv. Mater., 2015, 27（29）: 4358-4363.

[191] Li X L, Xie G, Liu M, et al. High-efficiency WOLEDs with high color-rendering index based on a chromaticity-adjustable yellow thermally activated delayed fluorescence emitter. Adv. Mater., 2016, 28（23）: 4614-4619.

[192] Chen YH, Lin CC, Huang MJ, et al. Superior upconversion fluorescence dopants for highly efficient deep-blue electroluminescent devices. Chem. Sci., 2016, 7（7）: 4044-4051.

[193] Li XL, Ouyang X, Liu M, et al. Highly efficient single- and multi-emission-layer fluorescent/phosphorescent hybrid white organic light-emitting diodes with- 20% external quantum efficiency. J. Mater. Chem. C., 2015, 3（35）: 9233-9239.

[194] Wu H, Zhou G, Zou J, et al. Efficient polymer white-light-emitting devices for solid-state lighting. Adv. Mater., 2009, 21（41）: 4181-4184.

[195] Lee JS, Wang X, Luo H, et al. Fluidic carbon precursors for formation of functional carbon under ambient pressure based on ionic liquids. Adv. Mater., 2010, 22（9）: 1004-1007.479.

[196] Zheng Y, Eom SH, Chopra N, et al. Efficient deep-blue phosphorescent organic light-emitting device with improved electron and exciton confinement. Appl. Phys. Lett., 2008, 92（22）: 196.

[197] Wang Q, Ding J, Ma D, et al. Harvesting excitons via two parallel channels for efficient white organic leds with nearly 100% internal quantum efficiency: fabrication and emission-mechanism analysis. Adv. Funct. Mater., 2009, 19（1）: 84-95.

[198] Zhao Y, Chen J, Ma D. Realization of high efficiency orange and white organic light emitting diodes by introducing an ultra-thin undoped orange emitting layer. Appl. Phys. Lett., 2011, 99（16）: 226.

[199] Zhao Y, Zhu L, Chen J, et al. Improving color stability of blue/orange complementary white OLEDs by using single-host double-emissive layer structure: comprehensive experimental investigation into the device working mechanism. Org. Electron., 2012, 13（8）: 1340-1348.

[200] Wang Q, Ma D, Ding J, et al. An efficient dual-emissive-layer white organic light emitting-diode: Insight into device working mechanism and origin of color-shift. Org. Electron., 2015（19）: 157-162.

[201] Wang Q, Ding J, Ma D, et al. Manipulating charges and excitons within a single-host system to accomplish efficiency/cri/color-stability trade-off for high-performance WOLEDs. Adv. Mater., 2009, 21（23）: 2397-2401.

[202] Zhu L, Wu Z, Chen J, et al. Reduced efficiency roll-off in all-phosphorescent white organic light-emitting diodes with an external quantum efficiency of over 20%. J. Mater. Chem. C., 2015, 3（14）: 3304-3310.

[203] Sasabe H, Takamatsu J, Motoyama T, et al. High-efficiency blue and white organic light-emitting devices incorporating a blue iridium carbene complex. Adv. Mater., 2010, 22（44）: 5003-5007.

[204] Chang YL, Song Y, Wang Z, et al. Highly efficient warm white organic light-emitting diodes by triplet exciton conversion. Adv. Funct. Mater., 2013, 23（6）: 705-712.

[205] Ding L, Dong SC, Jiang ZQ, et al. Orthogonal molecular structure for better host material in blue phosphorescence and larger OLED white lighting panel. Adv. Funct. Mater., 2015, 25（4）: 645-650.

[206] Ma DG, et al. A hybrid white organic light-emitting diode with above 20% external quantum efficiency and extremely low efficiency roll-off. J. Mater. Chem., 2014（2）: 7494-7504.

[207] Ma DG, et al. High-performance hybrid white organic light-emitting devices without interlayer between fluorescent

and phosphorescent emissive regions. Adv. Mater., 2014 (26): 1617-1621.

[208] Duan L, et al. Highly efficient simplified single-emitting-layer hybrid woleds with low roll-off and good color stability through enhanced förster energy transfer. ACS Appl. Mater. Interfaces, 2015, 7 (51): 28693-28700.

[209] Lee CS, et al. Remanagement of singlet and triplet excitons in single-emissive-layer hybrid white organic light-emitting devices using thermally activated delayed fluorescent blue exciplex. Adv. Mater., 2015 (27): 7079-7085.

[210] Zhang DD, Duan L, Zhang YG, et al. Highly efficient hybrid warm white organic light-emitting diodes using a blue thermally activated delayed fluorescence emitter: exploiting the external heavy-atom effect. Light Sci. Appl., 2015 (4): e232.

[211] Gather MC, Köhnen A, Meerholz K, et al. White organic light-emitting diodes. Adv. Mater., 2011, 23 (2): 233-248.

[212] Jou JH, Kumar S, Agrawal A, et al. Approaches for fabricating high efficiency organic light emitting diodes. J. Mater. Chem. C., 2015, 3 (13): 2974-3002.

[213] Chiba T, Pu YJ, Kido J, et al. Solution-processed white phosphorescent tandem organic light-emitting devices. Adv. Mater., 2015, 27 (32): 4681-4687.

[214] Lee S, Shin H, Kim JJ, et al. High-efficiency orange and tandem white organic light-emitting diodes using phosphorescent dyes with horizontally oriented emitting dipoles. Adv. Mater., 2014, 26 (33): 5864-5868.

[215] Yokoyama D, et al. Molecular orientation in small-molecule organic light-emitting diodes. J. Mater. Chem., 2011, 21 (48): 19187-19202.

[216] Liehm P, Murawski C, Furno M, et al. Comparing the emissive dipole orientation of two similar phosphorescent green emitter molecules in highly efficient organic light-emitting diodes. Appl. Phys. Lett., 2012, 101 (25): 253304.

[217] Kim SY, Jeong WI, Mayr C, et al. Organic light-emitting diodes with 30% external quantum efficiency based on a horizontally oriented emitter. Adv. Funct. Mater., 2013, 23 (31): 3896-3900.

[218] Kim KH, Moon CK, Lee JH, et al. Highly efficient organic light-emitting diodes with phosphorescent emitters having high quantum yield and horizontal orientation of transition dipole moments. Adv. Mater., 2014, 26 (23): 3844-3847.

[219] Kim KH, Lee S, Moon CK, et al. Phosphorescent dye-based supramolecules for high-efficiency organic light-emitting diodes. Nat. Commun., 2014 (5): 4769.

[220] Moon CK, Kim KH, Lee JW, et al. Influence of host molecules on emitting dipole orientation of phosphorescent iridium complexes. Chem. Mater., 2015, 27 (8): 2767-2769.

[221] Sun JW, Lee JH, Moon CK, et al. A fluorescent organic light-emitting diode with 30% external quantum efficiency. Adv. Mater., 2014, 26 (32): 5684-5688.

[222] Komino T, Tanaka H, Adachi C. Selectively controlled orientational order in linear-shaped thermally activated delayed fluorescent dopants. Chem. Mater., 2014, 26 (12): 3665-3671.

[223] Miwa T, Kubo S, Shizu K, et al. Blue organic light-emitting diodes realizing external quantum efficiency over 25% using thermally activated delayed fluorescence emitters. Sci. Rep., 2017, 7 (1): 284.

[224] Lin TA, Chatterjee T, Tsai WL, et al. Sky-blue organic light emitting diode with 37% external quantum efficiency using thermally activated delayed fluorescence from spiroacridine-triazine hybrid. Adv. Mater. 2016, 28 (32): 6976-6983.

[225] 尤静，王世荣，李祥高．高性能印刷 OLED 显示关键材料与技术发展现状．天津科技，2016（11）：53-55，62.

[226] Singh M, Haverinen HM, Dhagat P, et al. Inkjet prlinting-process and its applications. Adv. Mater., 2010, 22 (6): 673-685.

[227] Aizawa N, Pu YJ, Chiba T, et al. Instant low-temperature cross-linking of poly (N-vinylcarbazole) for solution-processed multilayer blue phosphorescent organic light-emitting devices. Adv. Mater., 2014, 26 (45): 7543-7546.

[228] Chiba T, Pu YJ, Kido J. Solution-processed white phosphorescent tandem organic light-emitting devices. Adv. Mater., 2015, 27 (32): 4681-4687.

[229] Ning HL, Chen JQ, Fang ZQ, et al. Direct inkjet printing of silver source/drain electrodes on an amorphous ingazno layer for thin-film transistors. Materials., 2017 (10): 51.

[230] Lin Z, Lan L, Xiao P, et al. High-mobility thin film transistors with neodymium-substituted indium oxide active layer. Appl. Phys. Lett., 2015, 107 (11): 112108.

[231] Chen Y, Wang J, Zhong Z, et al. Fabricating large-area white OLED lighting panels via dip-coating. Org. Electron., 2016 (37): 458-464.

[232] Ban X, Xu H, Yuan G, et al. Spirobifluorene/sulfone hybrid: Highly efficient solution-processable material for UV-violet electrofluorescence, blue and green phosphorescent OLEDs. Org. Electron., 2014, 15 (7): 1678-1686.

[233] Huang B, Jiang, W, Tang J, et al. A novel, bipolar host based on triazine for efficient solution-processed single-layer green phosphorescent organic light-emitting diodes. Dyes Pigments., 2014 (101): 9-14.

[234] Henglein A. Small-particle research: Physicochemical proprieties of extremely small colloidal metal and semiconductor particles. Chem. Rev., 1989, 89 (8): 1861-1873.

[235] Niemeyer CM, et al. Nanoparticles, proteins, and nucleic acids: Biotechnology meets materials science. Angew. Chem. Int. Ed., 2001, 40 (22): 4128-4158.

[236] Zhang H, et al. All solution-processed white quantum-dot light-emitting diodes with three-unit tandem structure. Journal of the Society for Information Display, 2017.

[237] Xie R, et al. Synthesis and characterization of highly luminescent CdSe-core CdS/Zn0.5Cd0.5S/ZnS multishell nanocrystals. J. Am. Chem. Soc., 2005, 127 (20): 7480-7488.

[238] Hirose T, et al. High-efficiency perovskite QLED achieving BT.2020 Green Chromaticity. SID DIGEST, 2017: 284-287.

[239] Colvin V, et al. Light-emitting diodes made from cadmium selenide nanocrystals and a semiconducting polymer. Nature, 1994, 370 (6488): 354-357.

[240] Zhao J, et al. Efficient CdSe/CdS quantum dot light-emitting diodes using a thermally polymerized hole transport layer. Nano. Lett., 2006, 6 (3): 643-647.

[241] Muller AH, et al. Multicolor light-emitting diodes based on semiconductor nanocrystals encapsulated in gan charge injection layers. Nano. Lett., 2005, 5 (6): 1039-1044.

[242] Sullivan SC, et al. Nanotechnology for displays: a potential breakthrough for OLED displays and LCDs. Display Week, 2012.

[243] Dai XL, et al. Solution-processed, high-performance light-emitting diodes based on quantum dots. Nature, 2014, (515): 96-99.

[244] Titov A, et al. Quantum dot leds: problems & prospects. SID DIGEST, 2017: 58-60.

[245] Kazim S, et al. Perovskite as light harvester: a game changer in photovoltaics. Angew. Chem., 2014 (53): 2812-2824.

[246] Stranks SD, et al. Metal-halide perovskites for photovoltaic and light-emitting devices. Nature Nanotech., 2015, (10): 391-402.

[247] Sum TC, et al. Energetics and dynamics in organic-inorganic halide perovskite photovoltaics and light emitters. Nanotechnology, 2015 (26): 342001.

[248] Wang N, et al. Solution-processed organic-inorganic hybrid perovskites: a class of dream materials beyond

photovoltaic applications. Acta Chimica Sinica, 2015（73）：171.

[249] Xiao J, et al. Recent progress in organic–inorganic hybrid perovskite materials for luminescence applications. Acta Phys.–Chim. Sin., 2016（32）：1894–1912.

[250] Sutherland BR, et al. Perovskite photonic sources. Nature Photon., 2016（10）：295–302.

[251] Xing G, et al. Low–temperature solution–processed wavelength–tunable perovskites for lasing. Nature Mater., 2014（13）：476–480.

[252] Stranks SD, et al. Electron–hole diffusion lengths exceeding 1 micrometer in an organometal trihalide perovskite absorbe. Science, 2013（342）：341–344.

[253] Leijtens T, et al. Electronic properties of meso–superstructured and planar organometal halide perovskite films: charge trapping, photodoping, and carrier mobility. ACS Nano, 2014（8）：7147–7155.

[254] Xing G, et al. Long–range balanced electron– and hole–transport lengths in organic–inorganic CH3NH3PbI3. Science, 2013（342）：344–347.

[255] Deschler F, et al. High photoluminescence efficiency and optically pumped lasing in solution–processed mixed halide perovskite semiconductors. The Journal of Physical Chemistry Letters, 2014（5）：1421–1426.

[256] Zhang F, et al. Brightly luminescent and color–tunable colloidal ch3nh3pbx3（x=br, i, cl）quantum dots: potential alternatives for display technology. ACS Nano, 2015（9）：4533–4542.

[257] Noh JH, et al. Chemical management for colorful, efficient, and stable inorganic–organic hybrid nanostructured solar cells. Nano Lett., 2013（13）：1764–1769.

[258] Eperon GE, et al. Formamidinium lead trihalide: a broadly tunable perovskite for efficient planar heterojunction solar cells. Energ. Environ. Sci., 2014（7）：982.

[259] Song J, et al. Quantum dot light–emitting diodes based on inorganic perovskite cesium lead halides（cspbx3）. Adv. Mater., 2015（27）：7162–7167.

[260] Leng M, et al. Lead–free, blue emitting bismuth halide perovskite quantum dots. Angew. Chem., 2016（55）：15012–15016.

[261] Era M, et al. Organic–inorganic heterostructure electroluminescent device using a layered perovskite semiconductor（C6H5C2H4NH3）2PbI4. Appl. Phys. Lett., 1994（65）：676–678.

[262] Tan ZK, et al. Bright light–emitting diodes based on organometal halide perovskite. Nature Nanotechnology, 2014（9）：687–692.

[263] Wang J, et al. Interfacial control toward efficient and low–voltage perovskite light–emitting diodes. Adv. Mater., 2015（27）：2311–2316.

[264] Cho H, et al. Overcoming the electroluminescence efficiency limitations of perovskite light–emitting diodes. Science, 2015（350）：1222–1225.

[265] Wang N, et al. Perovskite light–emitting diodes based on solution–processed self–organized multiple quantum wells. Nature Photon., 2016（10）：699–704.

[266] Xiao Z, et al. Efficient perovskite light–emitting diodes featuring nanometre–sized crystallites. Nature Photon., 2017（11）：108–115.

撰稿人：段　炼　邱　勇

计算机直接制版技术与绿色印刷技术研究进展

计算机直接制版技术（computer to plate，CTP）已成为印刷业不可或缺的关键技术。与传统印刷技术相比，CTP 技术省去了输出胶片的过程，实现了高速度、高质量、低成本的信息传输和印前全过程数字化。CTP 技术的发展经历了银盐 CTP 技术、热敏 CTP 及其他类型的 CTP 几个阶段，相关材料如设备、版材、光源随之发生改变。CTP 技术推动了印刷业的发展。印刷业作为支柱产业之一，在世界各国经济文化发展中占有重要的地位。随着人们对生存环境的重视，如何推动印刷业向绿色环保发展成为全球性课题。确定绿色印刷技术的重要环节、突破绿色化的关键技术、制定相应的政策法规以保证绿色印刷技术的推广实施已成为世界各国印刷绿色化的手段。未来的绿色印刷技术将集中于环保材料的制备、节能、减排、增效等方面，并将成为全球印刷产业的发展趋势和方向。

1 计算机直接制版技术

计算机直接制版技术，是随着数字技术的飞速发展，在印刷领域发展起来的新兴技术。1995 年在德国杜塞尔多夫德鲁巴国际纸张和印刷展览会上（Drupa1995），由美国柯达公司为代表的国际印刷巨头推出后，在全球印刷界引起轰动，被认为是一场新的技术革命。

1.1 计算机直接制版技术的背景

1.1.1 计算机直接制版技术的概念

CTP 技术是将计算机排版的数字页面通过激光束直接扫描输出到 CTP 版材上，经过快速加工处理，即可进行上机印刷。与当时主流的激光照排制版方式相比，省去了输出印刷胶片等中间过程，实现了高速度、高质量、低成本及低污染的信息传输和印前全过程数字化，被认为是印刷业继激光照排技术之后取代传统铅字排版技术之后的一次新的技术革命。

CTP 技术起始于电子雕刻凹版，与 70 年代的 PostScript 技术密切相关，由电分机、照排机开始的印前自动化生产在具体硬件上实现。目前，主流 CTP 技术的工作流程为：将要输出到印刷版上的数字文件传输到 CTP 工作站，然后进行补漏白（trapping）、色彩管理，利用 OPI 服务器（以 PostScript 语言为基础的注解规范）集中管理大量图像数据，电子拼版后通过 CTP 制版机对 CTP 版材进行曝光处理，得到带有图文信息可以上印刷机印刷的 CTP 版材。

CTP 技术主要包括数字化流程、CTP 制版机和 CTP 版材，其中 CTP 制版机和 CTP 版材是发展的关键。CTP 制版机按照曝光方式的不同可分为外鼓式、内鼓式、平台式、曲线式。早期的 CTP 制版机大多采用外鼓式曝光，其过程是将版材安装在曝光辊筒的外面，曝光辊筒旋转的同时激光头水平移动，实现对版材的曝光。为了加快制版速度，通常采用多光束激光头曝光，采用大功率光源并将激光头尽可能靠近印版。内鼓式曝光采用单光束激光头曝光，将印版和激光系统装在鼓的内侧，依靠激光束的扫描实现对版材幅面的曝光。内鼓式曝光的优点是用单光束激光头，价格便宜，可同时支持多种打孔规格等。平台式曝光的制版机结构简单，机械可靠性高，但是距激光束曝光远近不同的区域存在激光畸变的缺点，更多用于对印刷精度要求不高的报业以及中小幅面的商业印刷，曲线式曝光设备则很少使用。

与 CTP 技术的发展密切相关的另一关键技术是激光器的选择。使用的激光器按照不同波长分类，有 Ar 离子（波长 488 nm）、ND–YAG 激光器（波长 1064 nm/532 nm）以及半导体激光器（波长为 410 nm 和 830 nm）等。不同的激光器具有不同的波长和输出功率，适合于版材表面不同的成像材料体系。

典型激光器功率与成像材料体系的关系曲线见图 1，图中 UV–LD（UV laser diode，波长 410 nm）指紫外激光、FD–YAG（neodymium–doped yttrium aluminum garnet；Nd：$Y_3Al_5O_{12}$）激

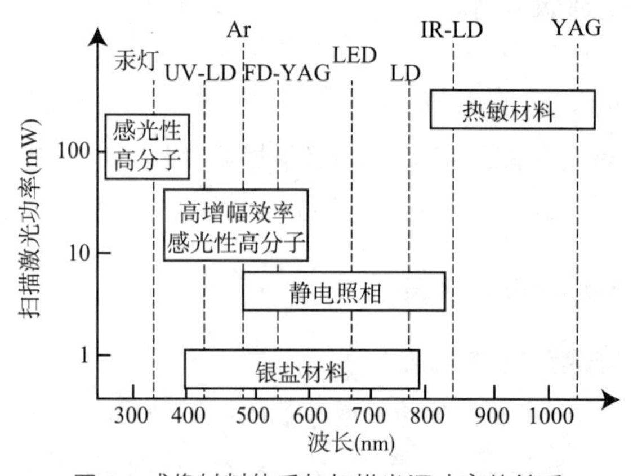

图 1　成像材料体系与扫描光源功率的关系

光光源指波长为 532 nm 的激光，LED 是发光二极管（light emitting diode，常用波长为 650 nm）；LD 指镭射二极管（laser diode，波长 780 nm）；IR-LD（infrared ray laser diode）是波长为 830 nm 的红外激光二极管；YAG（yttrium aluminum garnet）为波长 1064 nm 的激光。

激光技术在印刷领域的应用呈现两个重要发展趋势。一是激光器的种类由大型气体激光器向小型半导体激光器发展。传统的 YAG 激光器、He-Ne 激光器构造复杂，体积较大，成本高，稳定性差，而半导体激光器体积小，成本低，稳定性好。因此，近年来，主流制版机均采用了半导体激光器，无论是 830 nm 的热敏制版机还是 410 nm 的紫激光制版机。二是由可见光激光器向红外 / 紫外区发展，以适应用户对制版操作明室化的要求。最早出现的 CTP 制版机采用 488 nm 的激光，2000 年前主流的制版机采用 532 nm 的激光，进入 21 世纪以来，830 nm 和 410 nm 的激光成为制版机的主流光源，其中对 830 nm 敏感的 CTP 版材可以在日常办公照明的环境下操作，对 410 nm 敏感的 CTP 版材可以在亮黄灯下操作，改变了传统制版过程必须在暗室操作的不便，受到印刷企业的欢迎。经过多年的发展，CTP 技术主要由 830 nm 的热敏 CTP 技术和 410 nm 的 UV-CTP 技术占据绝大部分市场份额，相应的 CTP 版材也得到广泛应用。

1.1.2 计算机直接制版技术的发展历程

1995 年 Drupa 展会的主题是计算机直接制版，在行业技术发展史上也是颇具里程碑意义的一次展览，因为其标志着直接制版技术从实验室全面进入产业化实用阶段，因此 1995 年在行业内又被称为计算机直接制版的元年。到 1997 年世界市场又增加了 600 多台 CTP 制版机，但在美国市场上，已经更换原有设备改用 CTP 系统。其他国家和地区的 CTP 市场发展缓慢的主要原因是印刷企业印前技术投资较少，还没有建立起印前系统和数字化的工艺流程。我国 1996 年由中国标准出版社引进第一台银盐 CTP 系统，1998 年辽宁美术印刷厂引进第一台热敏 CTP 系统。CTP 技术的发展经历了银盐 CTP、热敏 CTP（阴图、阳图）、免处理 CTP 等几个阶段。

银盐 CTP 最早由柯达（Kodak）公司于 1964 年提出，并在欧洲申请了专利，推出了采用坚膜显影原理的产品 Verilith。这种版材印刷质量较差，耐印力低，但为快速印刷开辟了一条新路。1969 年，日本三菱（Mitsubishi）公司在日本推出另一结构的银盐 CTP 版材，它采用了银盐扩散转移的原理：卤化银层覆盖了物理显影核层，显影时银络合物向下扩散，制版时需经曝光、显影、水洗、蚀刻、漂白等几个过程，步骤繁多，未得到广泛应用。90 年代 3M 公司又研制出结构为向上扩散的版材，即聚酯片基的激光银盐直接制版版材。

1973 年爱克发（Agfa）公司和日本三菱公司开发了显影过程中银络合物向上扩散后，表面直接呈亲水（非图文部分）、亲油（图文部分）性，减少了制版步骤，但耐印力不高。自 70 年代起，生产银盐直接制版材料最成功的是日本三菱公司。在我国，中国科学院感光化学研究所（现为理化技术研究所），自 70 年代初研究银盐扩散转移体系用于高感、快速照相领域，是我国感光界唯一研究该体系的科研单位。基于多年学科积累，感光所80年代涉足印刷领域，研制银盐照相直接制版材料，以满足国家新闻出版署提出的任务需求。90年代初，感光所陈萍研究员带领团队开展计算机直接制版技术的研究。1997年首先为国家标准出版社的银盐CTP制版机解决了急需的冲洗药液难题；2000年完成了银盐CTP版材的中试生产；2003年与汕头日报社合作成立了汕头市中科银实业有限公司，于2004年在中科银实业有限公司建成了我国第一条具有自主知识产权的银盐CTP材料生产线；2005年，又按设计规模生产出绿激光（532 nm）和紫激光（410 nm）的银盐CTP版材及配套产品。产品提供给人民日报、北京日报、羊城晚报包括欧洲挪威等十多家报社使用，打破了跨国公司在中国市场的垄断，受到用户高度评价。近年来，由于银价上涨以及其制版条件严格，加之其他光敏CTP材料的改进，银盐CTP逐渐被其他CTP取代。

热敏CTP在银盐CTP之后出现。1996年柯达公司以Direct Image Thermal命名的热交联CTP印版商品化掀起了世界范围内的热敏CTP高潮，热敏CTP版材成为发展最为迅速的CTP版材。柯达公司最早开发的热敏版材使用显影前有预热的阴图热交联型CTP成像材料，此类版材借鉴了化学增幅抗蚀剂技术中加热进行化学增幅的原理，在显影前加热产生质子酸引发酸催化交联反应，使得图文部分在碱性显影液中耐受力增强，成膜树脂选用了含有残留活性点的酚树脂。

由于预热需要热处理耗能的同时，生产效率也受到影响。2000年3M公司推出显影前无预热阴图热交联型CTP版材，此时热敏CTP版材市场占有量已超过银盐CTP版材。无预热的阴图热交联型CTP版材采用了侧链带有乙烯基等基团或在高分子链中既带有环氧基又带有羧基或氨基，能够迅速发生交联固化。此类版材具有50 mJ/cm^{2}的高感度，但热稳定性较差。无预热热交联型与有预热热交联型CTP版材相比，商品化程度不尽如人意。

2002年，北师大余尚先研究员课题组推出热阻溶型阴图热敏CTP版材。此类版材采用线性酚醛树脂、低分子或高分子型的热致或酸致阻溶剂，经830 nm激光扫描后产酸，大幅提高了版材的阻溶性。为进一步改善阴图的热稳定性、耐印力等，阳图热敏CTP的开发成为热点。

阳图热敏CTP的发展以无预热热敏CTP版材最受关注。最初的阳图热敏CTP由3M公司、柯达公司推出，利用热致物理变化的原理，其组成与阴图的不同是在组成物中加入含羰基、内酯基及某些既有羰基又有醚键的低分子化合物，成像时与线性酚醛树脂的酚羟基发生氢键缔合，在碱显影液中难溶。当红外激光扫描时，光热转换物质使得版面被扫描部分发热，发生解缔合作用，实现版面成像。除热致物理变化成像外，阳图热敏CTP还开发了利用化学变化的感热成像体系，大致分为四种：①成膜树脂中高分子主链含有易于断裂的活性醚键或酯键；②用缩醛、缩酮保护成膜树脂中的酚羟基；③利用酯基保护成膜树脂中的羧基；④在红外染料分子中导入羰基、内酯基或醚键，使红外染料既作光热转换物质又作线性成膜树脂的阻溶剂，以上版材正在逐步完善。

阴图CTP和阳图CTP曾是热敏CTP体系的主旋律，但由于此两类版材均需要化学显影过程，在环境保护和制版速度方面有待提升，因此，免处理的 CTP 技术应运而生。在热敏免处理 CTP 版材领域处于垄断地位的是 Agfa、Kodak 和 Fuji Film 公司，国内北师大邹应全教授、中科院理化所周树云研究员课题组研究的阴图热敏 CTP、免处理紫激光 CTP，以及中科院化学所宋延林研究员的纳米材料绿色制版技术都产生了广泛的影响。国内其他单位如北京印刷学院就免化学处理的 CTP 版材进行了深入研究，乐凯华光等印刷版材龙头企业推出了低化学处理和免化学处理的 CTP 版材。

免处理的 CTP 技术指使用不需要专门显影设备、不需要显影等化学处理的版材，热敏免处理 CTP 版材使用 830 nm 的红外激光曝光，版材涂层中的红外染料吸收红外激光转换成热，利用热使版材表面组成发生物理或化学变化，实现图文的转移，印刷时用清水冲洗后即可上机印刷或在机显影；低化学处理指扫描成像后使用不含化学品的水或含少量化学品的处理液对 CTP 版材进行处理，也有将版材曝光后经简易处理如上胶即可上机印刷；免处理 CTP 版材无需任何处理直接上机印刷，用润版液或印刷油墨将非图文区的涂层去除。因此，免处理版材包括水显影、喷胶转印显影、相转变等类型的版材。

2006 年 Agfa 公司在 Ipex 展会上推出免化学处理紫激光 CTP 版，版材成像后预热，非图文区用保护胶除去。同年 Fuji Film 公司在上海全印展推出成像后上胶即可上机印刷的免处理阴图热敏 CTP。

从研发及市场情况可以看到柯达公司一直走在热敏 CTP 版材研制的前列，Agfa、Fuji Film、Presstek、KPG、Mitsubishi、Toray 等公司陆续开发出各种类型的如热烧蚀、热交联、热分解、热转移、热致相变化的 CTP 版材。至 2008 年，全球安装的 CTP 设备中 50% 以上的设备是热敏 CTP 设备，市场上有超过 15 种的热敏 CTP 版材供印刷商选择。目前市场上主要采用以下三种技术途径实现免处理：激光热烧蚀技术、热相变技术和热融熔技术。

激光热烧蚀技术使用热胶囊融合的版材，曝光区域的胶囊受热破裂，相互融合在一起，形成紧密的涂层，非受热区域胶囊保持不变。印刷前，为了使非曝光区的涂层被清除，需要使用含有清洁胶的清洁机辅助显影。因此，该版材并非真正意义上的免处理 CTP 版材，属于低化学处理 CTP 版。

Fuji Film 公司使用热相变技术，曝光时中间层的曝光区域发生热聚合反应，形成亲油的图文区域；印刷时，润版液将非图文区溶解下来，而图文区不被溶解留在版基上，形成阴图图像。此项技术的缺点是耐印力较低，且不能烤版。

Agfa 公司的 Azura TS 免处理版材是应用热熔融技术最成功的第三代免处理版材产品。近年来，Kodak 公司的 Sonora 版材在性能上实现突破，发展势头强劲。但是，热熔融免处理 CTP 版材也有版材价格和曝光能量较高等缺点，而且成像后需要涂清洁胶才能获得可印刷的版材，并不是真正意义上的免处理版材。

除热敏免处理版材外，光敏免处理 CTP 和喷墨 CTP 技术也逐渐引起广泛关注。光敏免处理 CTP 版材在曝光时，版材的图文部分发生光聚合，形成“硬化”的图像，非图文部分不发生变化；曝光完成后，不需要显影，可将印版直接上机印刷。爱克发的 N94-VCF 免化学处理版可以在全球所有报业印刷厂激光功率≥ 30 mW 的紫激光主流 CTP 制版机上使用，该版材也需使用少量洁版胶。乐凯华光的低化学处理紫激光 CTP 版材，所用显影液的 pH 值为 9.0 左右，比传统显影液的 pH 值（13.0）显著降低，减少了显影过程中碱性化学物质的使用。由于该版材仍然需要使用化学显影液，尚不能成为免处理版材。上述紫激光免处理版材并未完全实现免处理，而且，必须在黄色暗室内进行操作，阻碍了紫激光免处理 CTP 版材的推广使用。

喷墨 CTP 技术具有工艺简单、无化学处理环节、成本低等诸多优点，喷墨 CTP 版材是将墨水喷到经过砂目化、阳极氧化处理的空白铝版基上或在不经过砂目化、阳极氧化处理，涂布含纳米粒子的涂层的铝版基上形成图文影像，将墨层固化后，即可上机印刷。其类型包括基于 PS 版的喷墨 CTP、裸版型喷墨 CTP 及基于纳米材料的喷墨 CTP。基于纳米材料的喷墨 CTP 即纳米材料绿色制版技术（图 2），是将纳米复合转印材料以图文的形式打印在具有纳微结构的超亲水版材上，通过转印材料与版材在纳米尺度上界面性质的调控，在印版上形成亲油的图文区和亲水的非图文区，制得的版材可以直接上机印刷，无需曝光、显影等处理过程。由于摒弃了感光成像的思路，无需暗室操作，在大大简化制版的流程、消除环境污染的同时，大大降低了成本。该技术通过纳米结构超亲水版材和纳米粒子复合转印材料的制备和应用，有效地解决了喷墨 CTP 印版应用中的两个关键问题：印版精度和耐印力。

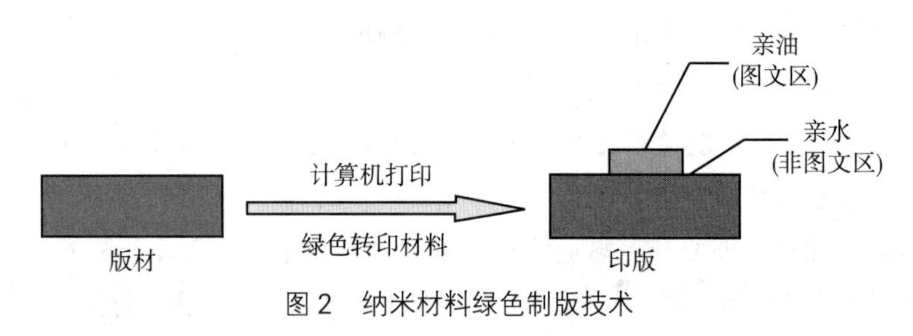

图 2　纳米材料绿色制版技术

从 CTP 的发展历程看，随着科技的发展和人们环保意识的增强，CTP 的发展方向为免处理、成本低廉、操作简单的制版方式，并最大限度降低整个印刷工艺对环境的影响。

1.1.3　计算机直接制版版材的分类

CTP 版材种类较多，常用分类方法是根据版材成像原理不同，分为光敏型 CTP 版材、热敏型 CTP 版材和喷墨 CTP 版材等。其中光敏型 CTP 版材按照材料类型包括银盐 CTP 版材、光敏高分子 CTP 版材等。

银盐 CTP 版材的制备过程是在经电解和阳极氧化处理后的铝版基表面涂布物理显影层，其上涂布卤化银乳剂层；银盐 CTP 版材的优点是高感光度、高反差和高分辨率，而且可采用相同的化学加工液处理不同厂家生产的版材，缺点是成像精度略逊于热敏 CTP 版材，由于金属银属于贵金属，使银盐版材的价格居高不下，过高的感度要求银盐版材的处理必须在暗室进行，保存必须严格避光，印刷适性差。紫激光 CTP 版材使用非银盐的高分子感光材料，其保存和操作条件相对宽松，由于紫激光光源具有体积小、速度快、分辨率高、寿命长等特点，紫激光 CTP 技术具有一定发展潜力，缺点是曝光激光头寿命短，版材生产商少。

光聚合型高分子版材是在经电解和阳极氧化处理后的铝版基表面涂布含感光性高分子、可聚合单体、光引发剂、交联剂及染料的感光胶；光酸分解型感光高分子版材的组成为在经电解和阳极氧化处理后的铝版基表面涂布含感光性高分子、成膜树脂、染料、光产酸剂及其他添加剂的感光胶；制版时利用光能成像，光源包括红色激光、蓝色激光、绿色激光、近红外半导体激光、紫激光、紫外光等。

传统版材的 CTP 版材（CTcP 版材）的优点是使用传统的 PS 版作为 CTP 版材，大幅降低了版材费用，同时采用普通的紫外光源曝光，操作简单；基于传统版材的 CTP 技术缺点是制版速度慢，光源功率大，耗电量大。

热敏 CTP 版材根据成像方式的不同，分为热烧蚀、热交联、热分解、热转移和热致相变型版材，其中热交联型和热分解型 CTP 应用最为广泛。热交联型 CTP 版材成像组成物为光热转换物质、成膜树脂、交联剂和产酸剂，曝光时光热转换物质把 830 nm 红外激光的光能转换成热能，使产酸源分解产生质子酸，在酸和热能的作用下，成膜树脂与交联剂发生交联反应，形成空间网状结构，显影时不溶于显影液，得到亲油墨的图文部分；未曝光的部分显影时除去，露出亲水的版基。热分解型 CTP 版材成像组成物也包含光热转换物质、成膜树脂和产酸剂，但需要将交联剂更换为带有羰基、内酯基以及其他既带有羰基又带醚键的低分子化合物，成膜后与线型酚醛树脂（成膜树脂）的酚羟基发生氢键缔合作用阻止涂层在碱性显影液中溶解。曝光时经红外激光扫描后的版材部分发热，被扫描的版材表面组成物发生解缔合作用，在碱性显影液中溶解度增大，显影后亲水性的铝版基为非图文部分。

热敏 CTP 版材解决了银盐版材的价格高、不易保存的问题，但曝光速度比较慢，对显影温度要求较高，而且体系相对复杂，不利于用户选择。

随着 CTP 技术的发展，为降低或减少版材在使用时对环境带来的污染，环保型 CTP 版材逐渐受到印刷业的认可。环保型 CTP 版材可以有三种分类方式：按成像方式、按对曝光后版材的处理方式、按版材成像的技术原理。按成像方式，环保 CTP 版材包括热敏型、紫激光光敏型、紫外型三类；按对曝光后版材的处理方式，包括免化学处理、低化学处理或免处理的版材；按版材成像的技术原理，可分为相变型、热烧蚀型、热熔型及在机显影型。

最早进入市场的环保版材是热敏的免处理 CTP 版材，之后是紫激光制版的免处理 CTP 版材。近年来喷墨打印技术发展迅速，使得喷墨 CTP 技术成为环保型版材的研究热点之一。喷墨 CTP 技术包括基于 PS 版的喷墨 CTP、裸版型喷墨 CTP 及基于纳米材料的绿色制版技术。PS 版型喷墨 CTP 版材是在普通的 PS 版上再涂一层透明的墨水吸收层，然后用喷墨打印机在墨水吸收层上打印图文，再经曝光、显影、水性处理后上机印刷。与传统的PS版相比省去了出软片、拼版的工艺，缩短了制版时间，制版成本大大降低。裸版型喷墨CTP不需要曝光，包括两种类型：①在已经电解阳极氧化的铝版基上涂布一层墨水吸收层，再喷墨成像；②直接在已经电解阳极氧化的铝版基上喷墨成像。基于纳米材料的绿色制版技术使用的喷墨制版设备是自主研发产品。该设备通过磁悬浮技术、大理石结构等创新手段以及喷头等核心技术的升级，在喷墨打印设备输出精度和速度方面取得突破，推出全球最高时速对开报业制版系统样机。产品的环保优势和技术突破获业内专家及企业的高度肯定。

喷墨CTP以中科院化学所宋延林研究员课题组的基于纳米材料的绿色制版技术为代表，结合喷墨CTP的优点，如低碳环保、方便快捷，并通过对版材、打印材料及设备的优化，提高了制版精度，形成从材料到设备的系统解决方案，解决了该技术推广应用的关键瓶颈问题。

1.2 计算机直接制版技术的市场现状

1995年，Drupa国际印刷展的主题是计算机直接制版技术，CTP彩色系统制版机首次推出。市场推广情况为：欧美或日本均是报社先使用CTP系统，由于报社必须在较集中的时间内完成许多的版面编辑，报业的迅猛发展，使得报纸的版面由黑色变为彩色、单面变为双面，压力大增。国内CTP市场最早于1996年由中国标准出版社引进一台只有8束激光的外鼓式CTP制版机，但后来由于各种原因没有真正使用。真正开始使用是1998年，羊城晚报购买了美国的Optronics CTP制版机和Agfa北极星CTP制版机各一台。1998年，辽宁美术印刷厂购买一台海德堡全胜CTP制版机，1999年北京日报印刷厂购买一台丹麦的宝禄德福CTP制版机。2000年，湖北日报社、浙江日报社、新民文汇报社印刷厂各买了一台Agfa CTP制版机，北京日报印刷厂又买了一台丹麦的宝禄德福CTP制版机。同时，广东一带非报业印刷厂也开始购买CTP制版系统，约有七八台。至2001年年底，全国印刷业拥有CTP制版机60台左右。2002年中国CTP设备安装总量143台，增势明显。2005年安装总量达514台，2009年增至2019台，2010年装机总量超3400台（表1）。且据2013年中国报业协会印刷工作委员会统计数据（图3），中国报业CTP制版量再攀新高，至2013年传统的PS版在地级市以上的报业印刷厂已基本被替代，全国报业重点印刷厂CTP制版工艺的改革基本完成。

表1　1996—2012年我国CTP设备装机量

年份	1996	2001	2002	2003	2004	2005	2006	2007	2008	2009	2010	2011	2012
装机数量（台）	1	64	143	226	312	514	726	1049	1449	2019	>3000	5500	7000

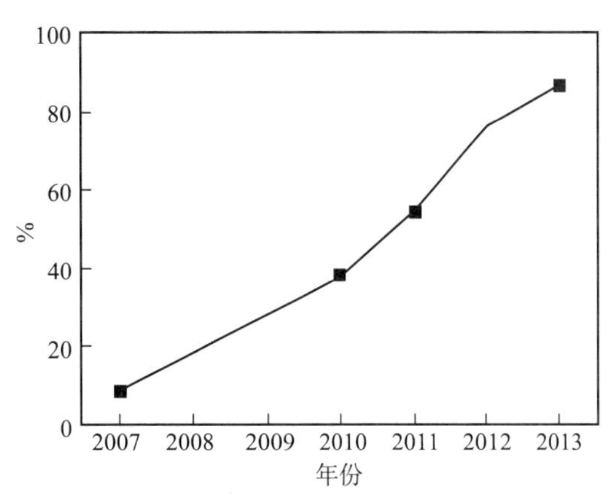

图 3　2007—2013 年全国报纸印刷制版中 CTP 制版量占总制版量的比例

从 CTP 版材的市场情况看，1996 年由中国标准出版社引进的 CTP 制版系统使用银盐 CTP 版材，1999 年辽宁美术印刷厂引进的 CTP 制版系统使用热敏 CTP 版材。在 2011 年金属银成倍涨价导致传统的 PS 版制版技术开始全面让位给 CTP 技术。"十一五" 期间，CTP 技术在全球得到推广应用，在我国以更快的速度发展。2005 年，世界印刷版材的销售量达到 5 亿平方米，其中 CTP 版材的销量已经达到 2.5 亿平方米，占版材市场的 50%；而到 2011 年，仅中国生产销售的印刷版材量已接近 4 亿平方米。据 2009 年情况统计，在英国、德国和美国等为代表的国外印刷产业发达国家，CTP 技术普及率已经超过了 90%。而我国当时正处在 CTP 技术高速发展期，预计几年内 CTP 版材的产量将逐渐超过 PS 版（图 4）。根据中国印刷及设备器材工业协会印刷器材分会对全国版材生产企业的统计，2010 年在我国本土生产的 CTP 版材突破 1 亿平方米大关，达到 12148 万平方米，比 2009 年增长了 50%，而销量也达 7490 万平方米，比 2009 年增长了 57%。

2012 年，全国 CTP 版材生产企业 61 家，生产热敏 CTP 版材 1.9 亿平方米、光敏 CTP 版 200 万平方米，UV-CTP 版材 0.57 亿平方米，合计达到 2.49 亿平方米，产值超过 65 亿元人民币。预计至 2020 年，中国 CTP 版材的产销量将突破 4 亿平方米，其中免处理 CTP 版材将占有越来越大的市场份额。

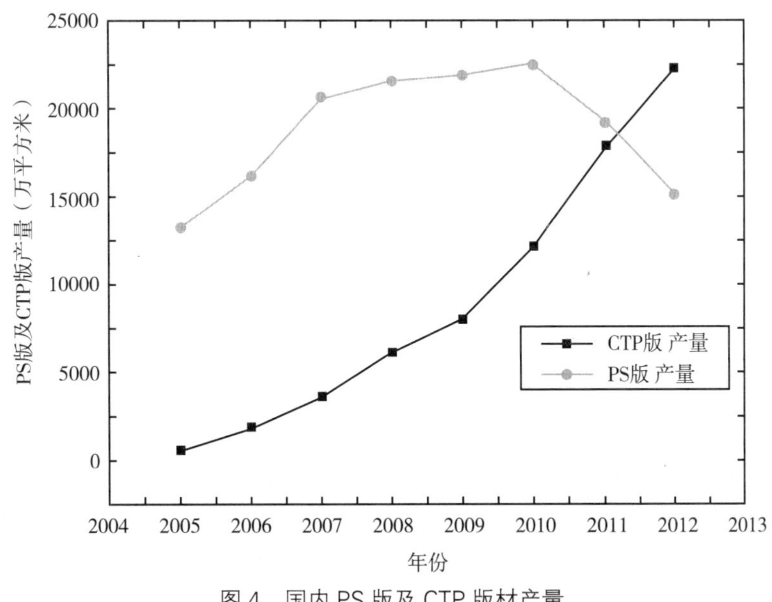

图 4　国内 PS 版及 CTP 版材产量

随着环保要求的提高，免处理 CTP 版材于 2003 年开始进入市场。美国 Presstek 公司采用热烧蚀技术于 2003 年推出 Anthem 免处理 CTP 版材和采用相变技术的 Freedom 免处理 CTP 版材。2004 年 Agfa 推出利用热熔技术成像的 Azura 免化学处理 CTP 版材，继 Agfa 之后，Kodak、Fujifilm、Screen 等公司相继推出光聚合型的免化学处理 CTP 版材。2008 年 Kodak 公司开发了不需要冲洗加工的免处理热敏 CTP 版材，2012 年 Kodak 公司又推出新一代免处理热敏 CTP 版材。

国内乐凯华光于 2011 年开发了免化学处理热敏 CTP 版材。乐凯华光推出的在机显影型环保型版材组成为铝版基、超细砂目层（亲水微孔层）、感红外激光相变层（感 UV 激光相变层）及抗氧保护层。版材经热敏制版机扫描成像后，形成亲水区和亲油区。在印刷过程中版材的非图文部分被润版液浸润而蓬松，与版基结合力降低；蓬松的非图文部分与印刷油墨接触后溶解并粘附，被转移到橡皮布上，随后橡皮布上的非图文部分被过版纸带走，完成在机显影。在推出在机显影型环保 CTP 板材的同时，乐凯华光还推出了水显影型环保 CTP 版材，其组成为铝版基、亲水微孔层、感红外激光相变层（感 UV 激光相变层）及抗氧保护层。版材经热敏制版机扫描成像后，用水冲洗，即得亲水区与亲油区（非图文部分和图文部分），随后版材可以直接上机印刷。

喷墨 CTP 版材也以其环保优势受到关注。早期的喷墨 CTP 是和 PS 版结合。日本的 Canon 公司将分散在水中的树脂型油墨喷墨打印到普通 PS 版上，然后经过曝光、显影完成印版的制作。北大方正也在 2000 年左右研发过喷墨打印胶片、再利用 PS 版曝光的喷墨 CTP 技术。德国的 HOECHST 公司则在经过电解和阳极氧化处理的版基上用喷墨设备喷墨后加热固化，并对印版的空白部分进行亲水处理，完成印版制作。美国的 Jet Plate Systems 公司在 2000 年的 Drupa 展会推出了喷墨 CTP 产品；丹麦的 Glunz & Jensen 公司、印度的 Technova 公司在 2004 年 Drupa 展会也分别推出了喷墨 CTP 产品。喷墨 CTP 技术填补了低价聚酯版 CTP 和价值 10 万美元以上的 CTP 制版设备之间的空白。2008 年 Drupa 展会上意大利 Digital Mind 公司和以色列 VIM 公司均推出了基于喷墨的 CTP 系统。国内较早从事 CTP 喷墨印版研发及产业化的单位是中科院化学所、北京中科纳新印刷技术印刷技术有限公司和北京普瑞特公司。

目前 CTP 技术市场现状是银盐 CTP 已经退出市场，热敏、光敏 CTP 技术快速向环保方向改进，喷墨 CTP 在出版印刷市场有待进一步提高技术水平，但其独特的环保优势面临新的机遇。

1.3 计算机直接制版技术的未来发展趋势

从 Drupa 印刷展会主题的变迁看：1995 年主题是 CTP 技术；2000 年为数字印刷；2004 年为计算机集成技术；2008 年是喷墨印刷；2012 年为绿色印刷；2016 年主题则为触摸未来。CTP 技术已经取代传统的 PS 版，尽管在 2016 年的 Drupa 展会，中国还有以超低价格出售给欧洲市场的胶印版材——PS 版。

从世界范围看，网络及电子产品的迅猛发展已在很大程度上影响了印刷行业的发展趋势，未来的印刷将转变为广泛意义的印刷，整个印刷工艺流程将发生重大的变化。信息的传播方式也开始多样化，计算机直接制版技术的市场势必会受到较大的冲击。

CTP 技术在中国已历经 20 多年的发展，此项技术已成为中国印刷业不可或缺的关键技术，还具有新的发展空间。未来中国 CTP 技术的发展将重点集中在几个方面：①国产 CTP 设备制造的高端化：国家支持科技进步和自主创新的政策为人才培养和企业技术创新提供了舞台，国产的 CTP 设备必须尽快吸收国外的先进技术，引进关键加工设备和相关部件，以期国产高端 CTP 能够与国际知名品牌争夺市场；②环保、低成本 CTP 设备及版材的研发：我国的企业已经拥有影响世界的版材生产能力，为了满足日益严格的环保要求，新型环保 CTP 版材及设备的研发迫在眉睫；③ CTP 流程和工艺控制：数字化的控制可以系统减少作业冗余、人员冗余和成本冗余，降低印刷企业生产成本，实现 CTP 技术核心竞争力的提高。

虽然印刷行业近年来面临巨大压力，但国内 CTP 技术及市场还在继续发展。CTP 技术作为印刷制版技术的变革性技术之一，对印刷产业的发展产生了重大影响。如何顺应世界潮流，开发紧跟时代步伐的新型绿色印刷技术，成为中国从印刷大国到印刷强国的挑战和机遇。

2 绿色印刷技术

科技的发展和社会的进步使得人们对环境问题日益重视。早在 20 世纪 80 年代，日本、欧美等发达国家率先提出“绿色印刷”的概念，并颁布相关标准和法律。中国印刷产业的绿色化最早开始于 2007 年，新闻出版总署发布《印刷业贯彻落实〈新闻出版业“十一五”发展规划〉实施意见》中，明确提出将环保要求作为印刷行业发展的指导方针，绿色印刷这一概念开始在中国印刷业提出。

2.1 绿色印刷技术的背景

印刷业作为传统的支柱产业之一，在世界各国经济文化发展中占有重要的地位。随着人们对生存环境的重视，如何使印刷业向绿色环保发展成为全球性课题。以美国为例，2011 年美国印刷产品年收入 1451.2 亿美元，油墨年销售额 456.1 亿美元，印刷耗材年销售额 102.8 亿美元，承印材料年销售总额 11901.6 亿美元，在全球印刷市场处于遥遥领先的位置。因此美国早在 1990 年就通过联邦空气清洁法修正案，目的是减少一般空气污染物质和其他可能引起空气污染的物质。2015 年我国的印刷业实现总产值 11246.2 亿元，产业规模位居全球第二，印刷产业的环保问题也引起广泛关注。继 2007 年确定印刷绿色化的指导方针后，2010 年，新闻出版总署和环境保护部联合发布《实施绿色印刷战略合作协议》，标志着我国正式启动绿色印刷工作。2011 年，新闻出版总署和环境保护部又联合发布《关于实施绿色印刷的公告》，标志着我国实施绿色印刷进入新阶段。

2.1.1　绿色印刷技术的概念

绿色印刷（green printing 或 sustainable printing）指采用环保材料和工艺，使得在印刷过程中对环境的污染小、节约资源和能源，印刷品废弃后易于回收再利用、可循环或可自然降解，印刷全过程不对人体及环境造成公害，实现可持续发展。绿色印刷具有环境友好和健康有益两个可持续发展的特征，不仅不破坏生态环境，不威胁人体健康，而且还要节约能源。绿色印刷以印刷品生产过程的绿色化为中心，再向整个印刷产业链上的其他环节扩展，数字化、网络化、智能化是实现绿色印刷的重要手段。绿色印刷包括了各种耗材及印刷品生产过程的绿色化，以及印刷品消费过程中产生的回收、利用等环节，各个环节可分为印前、印中和印后。绿色印刷的印前、印中、印后等环节应该对环境无害或损害最小、节约资源、保障消费者和印刷员工健康。绿色印刷既是科技发展水平的体现，同时也是替代产生环境污染和高能耗的传统印刷方式的有效手段。

2.1.2　绿色印刷技术的范围

绿色印刷技术范围与印刷中印前、印中及印后的主要污染环节相关，具体的，绿色印刷的印前指所选的原料环保，印前原料包括承印物、印版、胶片（CTP 无胶片）、显影液、定影液、润湿液、电镀液、橡皮布、印版和橡皮布的清洗剂、热熔胶和印后表面处理材料等（表 2）。印中的污染主要来自于油墨及处理版材时需要的润版液和洗版液。印后的污染则主要来自于废弃印刷品、废版及废液。

表 2　印刷的主要材料

<table>
<tr><th>承印物</th><th>印前</th><th>印刷方式</th><th>印刷</th><th>印后加工</th></tr>
<tr><td rowspan="4">纸张
纸板
薄膜
塑料
金属
织物</td><td>胶印版材
显影液</td><td>胶印</td><td>胶印油墨
润版液
橡皮布</td><td rowspan="4">热熔胶
薄膜
光油
电化铝
粘合剂
织物</td></tr>
<tr><td>凹印滚筒
电镀液
腐蚀液</td><td>凹印</td><td>凹印油墨
稀释剂
清洗剂</td></tr>
<tr><td>柔印版材
胶片
洗版液</td><td>柔印</td><td>柔印油墨
助剂</td></tr>
<tr><td>丝网 + 感光胶
胶片
清洗剂</td><td>丝印</td><td>丝网油墨
稀释剂
助剂</td></tr>
</table>

油墨在印刷原料环节中的污染中较为突出。这主要由于油墨中含有较多的挥发性溶剂如苯类、酮类、醇类等对人体有害的有机溶剂，油墨溶剂的挥发会造成大气污染，清洗油墨时会造成水质污染以及油墨容器等废弃物。油墨中的挥发性有机溶剂（volatile organic compounds，VOC）会对人体造成损害，还会与空气中的氮氧化物发生光化学反应，造成大气污染，含有油墨的废弃物燃烧对环境的危害也较大。使油墨绿色化的方式有：采用水性油墨、UV 油墨进行印刷，避免原辅材料 VOC 的排放，对设备或车间排气筒排放的 VOC 进行监控，实现印刷、包装产业生产过程的绿色化、低碳化。除油墨外，与印刷原料相关的污染还包括承印物、感光成像材料、印版、润版液、上光油、清洗剂及粘合剂等，它们的绿色化同样需要寻找可以替代的环保溶剂或可降解的材料以减少对环境的危害。

印刷中的制版环节也是突出污染源之一，主要体现在印前制版使用乙酸、甲醇、硝基苯、草酸、氯化锌、糠醛等化学成分，且制版环节用铝版基需要电化学氧化制备、制版过程需要曝光、显影、定影等化学处理环节。通过电解和阳极氧化工艺制备版基，会产生大量的废酸、废碱液，对环境造成较大损害。2013 年我国胶印版材的总产量达 3.46 亿平方米，生产过程排放的大量废酸、废碱及废渣对环境造成严重危害。此外，传统版材及 CTP 版材制版时均是基于感光成像的原理，采用曝光、显影、定影、冲洗的生产方式，造成材料的浪费和废液的排放。与之对应的绿色化方案包括新技术的开发如免处理版材、免电解处理的涂层版材、利用纳米材料特性的制版方式及相关法律法规的制定。

除油墨及制版环节外，印刷方式的不同也会对环境造成不同影响。如无水胶印方式。这种印刷方式结合免化学处理的热敏无水印刷版材，由于不使用润版液及不需调整水墨平衡，有效减少了废液的排放及纸张的浪费，没有润版液的参与，印刷质量优良。

其他可以绿色化的环节包括印刷品设计、承印物、印刷加工的其他材料、印后加工的材料、印刷机的设计、印后设备及包装印刷废弃物的处理等。印刷品的设计方面主要是因为我国存在过度包装的问题，采用的图案及花色复杂、增加包装层数、印后的整饰工艺多种多样，印刷品的设计是绿色印刷的源头。纸张是印刷中最主要的承印物，采用环保纸张即本色的或再生纸浆占 30% 以上的、或通过可持续森林认证的纸张。印刷加工的其他材料的绿色化包括使用免处理 CTP 版材、可回收再利用版材、免酒精润湿液、无醇润湿液、植物类喷粉、循环机油、T8 照明灯管取代 T5 照明灯管等。印后加工材料的绿色化包括使用水性上光油、UV 上光油代替溶剂型上光油，普及预涂膜工艺，PUR（聚氨酯）胶水代替 EVA（乙烯－醋酸乙烯共聚物）热熔胶，烫金箔和骑钉符合环保要求。印刷机设计的绿色化包括使用油墨温度可调、黏度可调的墨泵，采用在噪音、溶剂残留及节能方面效果明显的悬浮式烘箱。推广无水胶印机，实现印版环保、无润版液、机器的驱动设备无需润滑油。印刷机的设计方面，例如凹版印刷机，采用燃油、植物作为锅炉燃料，再利用锅炉加热导热油之后通过热交换的途径对承印物表面进行干燥，存在较大的能耗；针对传统胶印机的特点开发节墨软件、采用集中供墨、设计节能的干燥系统等。印后设备则需要更新，引进自动化设备，合理安排生产工艺，建立标准操作程序及标准印刷作业指导书，建立较完善的印后体制。包装废弃物涉及金属、塑料、纸张、木材、玻璃陶瓷等，处理方法如重复使用、材料循环再生或生物降解。

2.2 绿色印刷技术中关键技术的突破

绿色印刷中的关键环节主要包括制版及油墨，其中制版环节的绿色化以基于纳米材料的绿色制版技术、油墨以水性油墨的推广最为重要。

传统的印刷制版技术是基于感光成像的原理，类似传统胶卷照相过程，需要曝光、冲洗和避光操作，其中的化学处理过程带来严重的环境污染和资源浪费。为了克服印刷制版过程的感光废液污染，中科院化学所绿色印刷团队利用纳米材料构建了高反差的浸润性表面，发展了纳米材料绿色打印制版技术，实现印刷制版技术的信息数字化（空白区为亲水区“0”、亲油区为图文区“1”）：通过纳微米结构版材的制备，将亲油的纳米粒子复合材料直接打印到具有微纳米结构的超亲水印版上，就形成了亲油墨的图文区（“1”区）和亲水的空白区（“0”区），从而可以直接印刷。

实现基于纳米材料的绿色制版技术，需要解决系列科学问题，如液滴在固体表面干燥过程中的咖啡环效应（coffee ring effect）、马兰格尼效应（Marangoni effect）与液滴融合过程中的瑞利不稳定性（Rayleigh instability），这些科学问题的存在都极大影响了印刷技术的精度和适用性。需解决的关键科学技术问题及解决方案如下：

（1）材料表面浸润性的精细调控：材料表面微纳米结构和化学性质是决定其浸润性的关键因素。通过表面微纳米结构和形貌的构筑与化学修饰，实现表面浸润性的精确调控与油墨印刷适性的匹配，为印刷高精度图案提供理论依据和技术基础。

（2）液滴动态浸润性的调控与图案化：液滴在固体表面的收缩、铺展、融合与转移等行为，是由液滴在材料表面的浸润与粘附特性所决定，涉及 Wenzel 态和 Cassie 态等不同浸润模式。深入研究墨滴在不同材料表面的动态浸润行为，发现材料表面浸润性、液滴表面张力和粘附力与液滴扩散、粘附、移动及液膜破裂等过程控制的基本规律，可以实现墨滴从零维到三维图案化过程的精确调控。

（3）液滴内溶质或微粒的可控自组装：通过深入研究实现材料表面各向异性的可控浸润与粘附，控制液滴干燥过程中三相线的滑移，可以实现液滴内溶质或纳米粒子的均匀分布及可控组装，并通过各向异性的浸润性控制实现图案化与器件制备。

2016 年，绿色印刷制版技术隆重亮相世界顶级印刷盛会——德鲁巴国际印刷及纸业展览会（Drupa 2016）和 2016 年上海第六届中国国际全印展（All in Print China），展示了纳米绿色制版系统产品，受到国际行业专家的高度重视和国家新闻出版广电总局阎晓宏副局长高度评价。

使用水性油墨需要解决的关键技术是其在具有不同表面能的基材（纸张、塑料等）表面的铺展和粘附问题，同时还需要提高油墨的存储稳定性和印刷适应性。针对水性油墨在不同基材的铺展和粘附问题，中科院化学所绿色印刷团队通过对不同助剂的筛选、优化和油墨配方的深入系统研究，同时研究研磨树脂与成膜乳液间的配伍性，对研磨树脂和成膜乳液进行持续的性能优化和改进，使得不同类型油墨树脂间具有了良好的相容性。实现了绿色油墨从金属印版到其他印刷基材如塑料的良好转移，以及该油墨在低表面能塑料软包装材料上的均匀铺展，有效消除了“缩孔”“网点丢失”等印刷缺陷。

油墨的存储稳定性和印刷适应性与助剂、分散剂及颜料的粒度分布控制紧密相关，绿色印刷团队还研究了不同助剂选择对油墨颜料粒径分布影响的规律性，通过添加适量小分子研磨助剂有效缩短了颜料的研磨时间。利用多种非离子型润湿分散剂与阴离子型润湿分散剂的组合使用，显著降低了颜料的研磨粒径，同时提高了尺寸在微纳米级的颜料在色浆中的稳定性。解决了绿色油墨中试制备中颜料的粒度分布控制与分散稳定性问题。通过广泛调研薄膜质量情况，扩大试用厂家，丰富油墨印刷过程中积累的数据，开展油墨对应的调试和改进工作，进一步优化了油墨性能和普适性，研发的水性油墨的产品已出口10余个国家和地区。

传统胶印版材中版基的生产需要经电解氧化工艺形成砂目，因而也会产生严重的环境污染和能源消耗。中科院绿色印刷团队研发了无需电解氧化的纳米涂层，从源头解决了污染问题，并在承德天成印刷科技股份有限公司建成首条纳米绿色版材生产线。

以上具有自主知识产权的关键技术突破形成了“绿色版基、绿色制版、绿色油墨”完整的绿色印刷产业链技术，为绿色印刷技术进一步发展和推广应用奠定了坚实基础。

2.3 绿色印刷技术的国内外现状

世界各国根据本国情况，颁布了一系列的规定，以保证绿色印刷技术的推广实施，主要采取了环保认证和制定规则的方法。具体实例如下：北欧进行印刷企业环保认证，认证主要从纸张、减废技术、化学品、污染防治、挥发性有机溶剂的使用，以及使用其他环保标志的产品与服务等。德国通过对印刷企业颁发证书实现认证过程，例如欧洲生态标签和油墨认证的蓝色天使证书、ISO14001环境管理体系认证、生态管理和审核法案（EMAS）的测评证书等。德国工业协会制定了印刷业低碳发展指导方针，作为印刷企业评价能耗和效率的依据。英国印刷工业联合会推出碳排量计算器，用于指导印刷企业的节能减排。欧盟议会2014年制定《包装与包装废弃物指令》，要求欧盟各成员国以2010年的数据为基准，2017年前减少50%的轻便型塑料袋；2019年前减少80%的轻便型塑料袋，特别要求2019年之前将包裹水果、蔬菜和糕点糖果的塑料袋替换为纸袋或可降解的包装袋。

美国绿色印刷的发展体系相对完善，是各国学习效仿的对象。一方面，有完善的法律法规保驾护航，另一方面，各行业相关组织在政策的指导下，开展了标准制定、绿色印刷认证、宣传活动及教育等。美国绿色印刷的发展特色鲜明。在精益生产、采购、能源效率、污染防治、碳足迹、可持续印刷等6个方面积累了丰富的经验。不仅以企业认证、政府引导、税收优惠等方式引导企业进行绿色化，还规定禁止使用含苯的溶剂型油墨，建议将印刷机的溶剂型油墨换成水基油墨，降低挥发性有机化合物的含量，改进传统的丝网印刷网版的清洗方法，选择更加匹配的有机清洗溶剂和乳胶清除设备，减少有毒化学物质的排放，美国食品药品协会规定食品和药品的包装印刷必须使用水性油墨。

日本制定《胶版印刷绿色服务指导方针》和《绿色印刷认定制度申请指南》，用于对印刷企业进行绿色印刷认证。日本建立了全面完整的节能减排体系，在二氧化碳减排方面，制定了2020年以前将日本印刷产业联合会员企业的二氧化碳排放量控制在97.5万吨以内，在2013年提前实现了目标（图5）；对于工业废弃物的处理，日本采取措施希望2015年将工业废弃物的排放量减少到0.7万吨，在2010年就达到了目标（图6），在有机挥发物的控制方面也达到了既定目标。不仅如此，日本大量采用无水胶印、水性墨、UV墨等环保型油墨，为中小型印刷企业提供免费的测量和咨询服务，以促进绿色印刷的普及。

加拿大对印刷业的环保认证包括对平版印刷业从减费措施、污染防治及环境与品质管

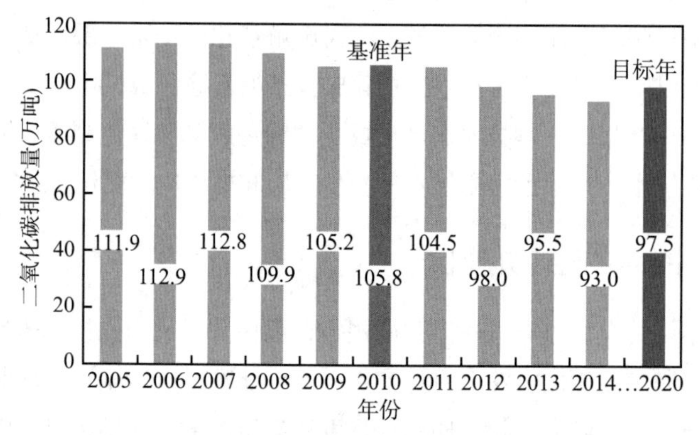

图5　日本印刷产业联合会会员企业二氧化碳排放情况

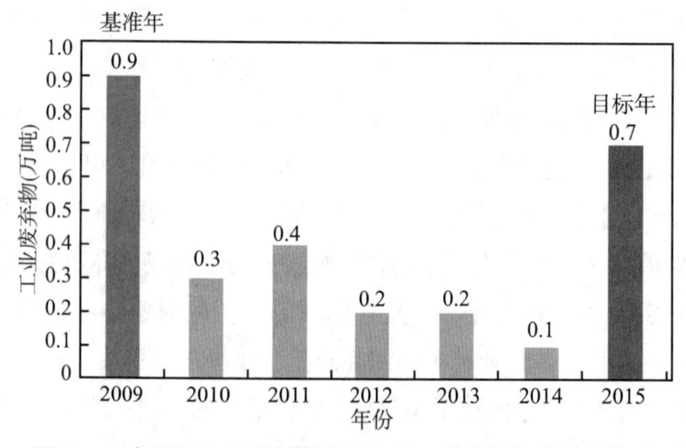

图6　日本印刷产业联合会会员企业工业废弃物的排放情况

理进行评估，数字印刷则比平版印刷多出两项内容：能源消耗及使用环保产品状况。

巴西规定教科书必须使用低碳节能环保、粘结强度优良、耐化学腐蚀性好、耐老化性和耐高温性优良的湿气固化反应型聚氨酯基油墨印刷。澳大利亚采用无水胶印工艺，减少废物排放，并严格规定开机准备时间和纸张的浪费。

中国绿色印刷的实施，正处于深化拓展阶段。需要进一步完善相关政策，凝聚全行业以及全产业链上下游的力量，推动绿色印刷的普及。我国自国家层面启动实施绿色印刷战略以来，在印刷行业中已逐步形成广泛共识，“绿色、创意、和谐”的产业发展理念已逐步被普遍接受。自 2007 年国家制定《印刷业贯彻落实〈新闻出版业〉“十一五”发展规划实施意见》，《环境标志产品技术要求 胶印油墨》《环境标志产品技术要求 凹印油墨和柔印油墨》等标准的发布，2010 年由北京市科委组织，北大方正、北人印刷机械股份有限公司、北京印刷学院、中科院化学所等 17 家单位参加的“北京绿色印刷产业技术创新联盟”成立。2011 年我国环保部发布了国家环境保护标准《环境标志产品技术要求 印刷 第一部分平版印刷》，此绿色印刷标准对印前、印中和印后过程的节约资源、降低能耗、污染物排放、回收利用等及使用的原辅材料提出要求，特别对产品中的重金属和挥发性有机化合物等危害人体健康的有毒有害物质提出明确要求。2012 年 12 月原新闻出版总署质检中心发布《2012 年“3・15”教材教辅产品和食品包装装潢印刷品质量监督检测活动总结》显示：绿色印刷的中小学教科书环保质量全部达到标准。2013 年新闻出版广电总局印刷发行司和环境保护部科技标准司联合召开绿色印刷推进会，启动绿色印刷宣传周，中国印刷技术协会第一次组织编写《中国绿色印刷企业生态发展年度调查报告》。2014 年中国印刷技术协会将绿色印刷领域第一个专业性数据库“绿色印刷信息库查询中心”在中国印刷行业网正式上线发布，为推动绿色印刷工作的重大举措之一。同年，全国印刷标准化技术委员会在北京召开“绿色印刷系列 4 项行业标准”起草工作会议，四项行业标准包括《绿色印刷 通用技术要求与评价方法 第 1 部分：平版印刷》《绿色印刷 产品抽样方法及制样总则》《绿色印刷 产品合格判定准则 第 1 部分：阅读类印刷品》《绿色印刷 术语》。2015 年，上述 4 项行业标准正式发布。“第三次中国绿色印刷企业调查暨行业共建绿色印刷林媒体见面会”在北京举行，会议宣布以绿色印刷技术应用能力及市场需求为导向，围绕应用现状与需求、对企业发展的影响、应用过程中的问题开展第三次调查活动。同年，《中华人民共和国环境保护税法》规定排放污染物高于规定的，加倍征收环境保护税，显影过程中产生的废液在 120 ml/m^2 以上，计入税费或废液处理成本。

截至 2015 年，我国获得绿色印刷环境标志产品认证的印刷企业共 153 家，国内制造商研发出多种环保油墨，大多数购买经过国际森林管理委员会（FSC）认证和符合环保要求的纸张。印刷工艺方面，我国自主研发的纳米材料绿色制版技术，彻底克服了感光冲洗过程中的化学处理带来的污染，大大降低了成本。

我国的绿色印刷体系已初步建立，但系统完善尚需时日。目前印刷行业技术标准修订已有十几项，体现了绿色印刷的技术要求。已经开始中国环境标志绿色印刷认证，且相配套的检测机构正逐步建立。有印刷企业估算，实施绿色印刷前后，印刷加工成本大约增加20% 左右。所以国家需要对实施绿色印刷的企业给予扶持奖励，形成由政策拉动到市场推动的机制。

绿色印刷已首先在中小学教材普及，随着人们环保意识的增加，未来要努力拓展绿色印刷品的覆盖面。印刷行业内已建立了绿色印刷示范企业，但绿色示范效应如何推广，是我国在下一阶段将要面临的艰巨任务。而且目前绿色印刷的认证是通过第三方认证，实现企业的自我约束，拓展绿色印刷的实施方式也是长期命题。

2.4 我国绿色印刷技术尚存在的问题

我国在绿色发展理念、市场格局、实施途径、节能减排方面取得了一定进展，但与欧美及日本等发达国家相比，仍存在一些问题包括绿色印刷实施的系统化，印刷车间的信息化、自动化与智能化，传统印刷行业的绿色化。

具体表现在：①国家环保战略在各部门及地方落实不平衡，未形成各部门和地方从国家环保战略角度落实的习惯；②印刷企业承担了过大的绿色化责任，由于绿色印刷涉及材料、设备、环保监测、出版等多环节，原材料供应商也应该承担相应责任；③国内制定的绿色印刷标准尚未与国际标准接轨；④推行绿色印刷的绩效评价量化体系，欧洲以碳足迹为核心，实现了归一化认证，美国则要求印刷企业必须对采购的原材料进行“尽职调查”，尽可能采用经过环保认证的纸张、油墨，我国由于印刷行业工艺繁杂、产品种类多，难以涵盖整个产业；⑤重视印刷过程中自身产品的能耗及排放数据，依靠第三方组织对印刷设备、器材的环保性能进行测试；⑥我国印刷行业过分依靠劳动力，生产效率低，需要普及数字化、网络化及智能化的生产方式；⑦由于我国 90% 以上为中小微印刷企业，面对绿色印刷的升级改造，缺乏实力。绿色印刷的升级改造包括印刷装备的改造、印刷工程增值服务、传统印刷设备的能效评价及提升印刷装备的可靠性，降低生产过程的损耗。印刷设备的改造包括开发无水胶印系统单元、短墨路供墨单元、印刷机预置单元、无溶剂复合单元等；⑧我国需要进行印刷产业链重构，目前处于微利的印刷企业难以投入资金，实行绿色印刷的生产方式；⑨相关的法律法规不健全，目前已颁布的标准条款不够明确、设定不够合理，导致企业没有准确的评估尺度；⑩绿色印刷认证难。印刷企业实现绿色印刷的前提是采购到绿色环保的印刷材料，但是国内绿色认证的材料供应商少，限制了绿色印刷材料的推广与企业的发展。另外，政策支持力度不够。绝大多数印刷企业面临人工成本高、原料价格上涨、利润降低等问题，市面上的环保材料价格远高于普通材料的价格，政府应加强政策支持，降低环保材料的价格。

2.5 绿色印刷技术的未来发展趋势

在欧美发达国家，绿色印刷不仅是科技水平的体现，也是替代传统印刷方式的有效手段。绿色印刷已成为21世纪普遍应用并日趋普及的印刷方式。绿色印刷的关键技术体现在环保材料的制备、节能、减排、增效等方面（表3）。

环保材料制备的绿色化主要体现在制版方式、油墨的改进。制版方面按印刷方式分为胶印制版、柔印制版、凹印制版及丝网制版。胶印制版未来发展聚焦于制版版材选用免化学处理的版材、无水胶印版版材或纳米版材，原因是免化学处理的版材废液生产量只有传统CTP版材的5%~10%；无水胶印版材不使用传统胶印的润版液，无VOC排放，减少了环境污染，节约了水资源；纳米喷墨制版技术实现了免冲洗、零排放，无需对版材砂目化处理，彻底解决了版材生产耗能大及污染严重的问题。

不同印刷油墨的发展趋势如下：胶印油墨将逐渐向无芳油墨、大豆油型油墨、混合型油墨、UV胶印油墨的方向改进；柔印油墨的水性油墨品种已从单一的纸箱墨向各种基材、多色套印发展；凹印的醇溶性油墨避免了甲苯和二甲苯的使用，将进一步向完全的水性墨发展；丝印油墨则需要推广高效空气净化和处理装置；喷印油墨未来以水性墨水和UV墨水为发展方向；新型环保油墨如UV油墨和电子束固化油墨（EB）由于VOC排放量少、固化效率高而存在较大发展空间。

表3 印刷业减排关键技术

技术名称	技术物理载体	技术成熟度	主要供应商或典型用户
集中供墨技术	集中供墨系统	A	
无水胶印技术	无水胶印机	B	日本东丽、东莞金杯
柔版印刷技术	柔版印刷机	A	航天华阳、陕西北人等
水性上光技术	水性上光机	B	
水性覆膜技术	水性覆膜机	B	
环保表面整饰技术	环保表面整饰设备	C	
油墨污水回收再利用技术	印刷车间专用污水处理装置	C	
溶剂回收技术	印刷车间溶剂回收装置	C	
粉尘回收技术	印刷机粉尘回收装置	A	
印刷车间降噪技术	印刷车间降噪装置	B	
CTP技术	CTP设备	A	杭州科雷
印刷业碳足迹及补偿	碳计算器	C	

注：A、B、C代表技术成熟的程度，A—C依次减弱。

利用激光烧蚀直接制备柔版技术因其制版精度高、网点形状规则、大量印刷时网点一致性好、无胶片制版被越来越多地使用，同时使用3D打印的方式制备柔版版材的技术也逐渐兴起。凹版逐渐采用的激光凹版制版不再受雕刻针限制，质量和效率都将有较大提高；凹版制版需要加强有害废液的回收和处理，减少排放。传统的丝网制版由于使用重铬酸类感光材料，排出毒性较大的 Cr^{6+} 离子，对环境及人类健康造成威胁。国内部分领域采用喷墨制备丝网版，但制版精度和速度有待于提高，国外丝网版直接制版发展较快，已形成集清洗、脱脂、涂布、干燥、晒版、脱膜、风干于一体的全流程自动化系统，未来需要加强网版制备的废液回收及无害化处理。

节能方面则需要完善节能关键技术及设备，包括智能控制节能技术及设备、环保干燥技术及设备、印刷装备能效评价、监测技术等。减排包括利用较先进的固化技术如UV-LED固化技术或水性油墨、植物性油墨、UV固化油墨减少油墨VOC的排放；选择不含或含少量VOC的原料及加工工艺、采用无水胶印、二次控制处理残留后排放；针对废水、废气、噪声等采用水循环过滤系统、废气燃烧系统、车间防噪声装置实现减排；印刷废弃物实现循环再利用。

增效主要体现在建立数字化工作流程，较完备的印刷服务工程如远程故障诊断技术服务，应用成熟的环保技术实现现有印刷设备增效如绿色化单元技术及装置开发。

绿色印刷已经成为印刷业今后发展的必由之路，也是全球印刷产业的发展趋势和方向。中国作为印刷大国，实施“绿色印刷”意义重大，并将对世界绿色印刷的发展产生重要影响。

参考文献

[1] 彭燕怀. 热敏CTP计算机直接制版. 中国印刷，1999（8）：33.

[2] 刘航英. CTP制版技术在我国的应用现状及发展前景. 今日印刷，2014（4）：63–64.

[3] Kodak Polychrom. 计算机直接制版机技术概述. 印刷技术，2000（11）：59.

[4] 贾文华. CTP技术的核心. 电子出版，2000（2）：16–17.

[5] 张桂兰. 对CTP发展的思考. 数码印刷，2006（7）：34–36.

[6] 臻峰. 计算机直接制版机的现状及发展（上）. 数码印艺，2009（2）：47–50.

[7] 蒲嘉陵. CTP技术的现状和发展趋势——热敏成像和光敏成像的比较. 今日印刷，2002（10）：2–9.

[8] 古月. CTP计算机直接制版技术概述. 广告人，1998（2）：36–37.

[9] 陈萍，胡秀杰，郑德水. 银盐直接制版技术的发展及CTP版材的现状. 中国印刷物资商情，1997（9）：9–10.

[10] 周树云，陈萍. 新型计算机直接制版印刷彩料. 新材料产业，2006（3）：37–39.

[11] 陈萍，周树云. 中国银盐CTP版材打破国外垄断. 印刷工业，2008（3）：45–47.

[12] 陈萍，胡秀杰，郑德水. 银盐直接制版技术的发展及CTP版材的现状（续）. 中国印刷物资商情，1998（1）：10–12.

[13] 周树云，陈萍．银盐计算机直接制版材料及有机光盘记录介质的研究．感光科学与光化学，2000（4）：373.
[14] 周树云，胡秀杰，盛丽琴，等．银盐 CTP 版材物理显影过程及银堆积形态的研究．感光科学与光化学，2000（4）：289–296.
[15] 余尚先，杨金瑞，顾江楠，等．热敏 CTP 版材用感热成像材料．今日印刷，2002（10）：13–16.
[16] 王雪飞，余尚先．从专利看热敏 CTP 版材的发展概况．影像技术，2002（3）：25–27.
[17] 王秀敏，汪渝栋，王世勤，等．热敏 CTP 版技术．感光材料，2000（3）：9–11.
[18] 张永斌．热敏 CTP 技术初探．影像技术，2009（5）：48–52.
[19] 赵伟建，余尚先．热敏 CTP 版材的研究与产业化概述．印刷技术，1998（8）：20–23.
[20] 沙栩正，邹应全．新型阻溶促溶酚树脂用于热敏 CTP 版的性能研究．影像科学与光化学，2008（4）：327–333.
[21] 施志雄，邹应全，余尚先．免处理型 CTP 版材研究进展．感光科学与光化学，2003（21），303–315.
[22] 邢晓坤．免化学处理紫激光版材的发展趋势．信息记录材料，2008（9）：39–42.
[23] 王茂生．热敏 CTP 的优势及发展．印刷质量与标准化，2008（6）：57–60.
[24] Haihua Zhou, Yanlin Song. Green plate making technology based on nano-materials. Adv. Mater. Res., 2011（174）：447–479.
[25] 周海华，刘云霞，宋延林．纳米材料绿色制版技术的版材研究．中国材料进展，2012（1）：26–29.
[26] 周海华，刘云霞，宋延林．纳微米结构版材研究进展．中国印刷与包装研究，2013（5）：1–8.
[27] 陈萍，胡秀杰，郑德水．CTP 版材概述．今日印刷，1997（4）：11–14.
[28] 陈萍，胡秀杰．银盐 CTP 版材的市场现状与前景．今日印刷，2007（10）：2–3.
[29] 杨丽平．各种 CTP 技术的优势与缺陷．中国包装报，2010–08–16.
[30] 臻峰．计算机直接制版版材的现状与前景．影像材料，2001（4）：4–9.
[31] 智文广．CTP 技术及直接制版版材．印刷世界，1999（2）：1–3.
[32] 余尚先，童晓，赵伟健．利用传统 PS 版的计算机直接制版技术——CTcP 技术．今日印刷，2000（4）：113–115.
[33] 余尚先，杨金瑞，张改莲．PS 版的感度与 CTcP 技术的推广使用．今日印刷，2004（8）：41–43.
[34] 赵恒亮．热敏 CTP 版材介绍．印刷世界，2006（12）：16–17.
[35] 王延，杨青海，臻峰．环保型 CTP 版的现状和前景（一）．影像技术，2013（6）：44–46.
[36] 李三保．裸版型喷墨 CTP 胶印版．影像技术，2008（3）：23–24.
[37] 童贞．CTP 在中国．中国印刷，2002（10）：92–95.
[38] 王强．CTP 在中国．印刷杂志，2011（7）：1–4.
[39] 刘航英．CTP 制版技术在我国的应用现状及发展前景．今日印刷，2014（4）：63–64.
[40] 张冬娟，王廷婷．2013 年中国报业 CTP 制版量再攀新高．印刷技术，2014（11）：11–14.
[41] 王延，杨青海，臻峰．环保型 CTP 版的现状和前景（二）．影像技术，2014（1）：59–60.
[42] 蒋文燕，嵇俊．CTP 技术的新秀——喷墨 CTP．今日印刷，2005（9）：24–25.
[43] 徐世垣．CTP 制版新途径——喷墨．2013（4）：50–52.
[44] 陈浩杰，韩丽丽．国内外喷墨 CTP 系统及版材的研发状况．今日印刷，2007（10）：24–25.
[45] 程康英．从 Drupa 看中国印刷设备制造业．印刷杂志，2016（7）：6–8.
[46] 蒲嘉陵．德鲁巴：去与不去，您都应该知道的那些事．中国包装，2016（11）：81–83.
[47] 戴宏民，等．包装与环境．印刷工业出版社，2007.
[48] 张双儒．绿色印刷是中国印刷业“十二五”发展的主攻方向．印刷杂志，2011（3）：7–12.
[49] 吴鹏，汤礼军．绿色印刷发展问题与对策研究．北京印刷学院学报，2013，21（1）：7–10.
[50] 钟海燕．绿色印刷在中国．印刷质量与标准化，2013（4）：21–25.
[51] 张双儒．绿色印刷是中国印刷业“十二五”发展的主攻方向．印刷杂志，2011（3）：7–12.

[52] 张冬娟. 国际印刷业现状及发展趋势. 今日印刷，2013（12）：43–44.
[53] 周建平. 绿色印刷是印刷业转型发展的必然选择. 印刷杂志，2013（1）：1–4.
[54] 陆长安，等. 中国印刷产业技术发展路线图（2016~2025）. 科学出版社，2016.
[55] 黄蓓青. 印刷油墨与环境. 今日印刷，1998（6）：46–47.
[56] 魏先福. UV 油墨及应用技术. 中国印刷与包装研究，2010（6）：1–8.
[57] 宋延林. 纳米技术引领绿色印刷制造. 新材料产业，2015（8）：35–38.
[58] 丁然. 无水胶印，实现高质量绿色印刷. 印刷杂志，2015（2）：33–34.
[59] 钟祯，王旭红. 浅谈绿色印刷现状. 中国包装工业，2015（20）：84–85.
[60] 李平舟. 深度透析绿色印刷技术. 印刷质量与标准化，2014（8）：8–15.
[61] 多多印网. 国外绿色印刷发展现状及趋势研究. http://info.duoduoyin.com/yinshuajishu/103650.html，2016.1.29.
[62] 石桥邦夫. 日本印刷业的绿色印刷概貌. 印刷技术，2017（2）：11–13.
[63] 王丽杰. 绿色印刷进行时——从 2010 到 2014. 印刷经理人，2014（11）：22–25.
[64] 中国绿色印刷发展大事纪略及要闻回顾——记录中国绿色印刷之路. 中国印刷，2015（S1）：88–89，92–93.
[65] 康锐. 李娟，CTP 版材：印刷行业的绿色先锋. 中国印刷，2015（10）：78–80.
[66] 邹翔. 我国印刷产业“绿色化”的若干思考. 企业技术开发，2015（36）：138，141.
[67] 谭文辉，万勇. 绿色印刷的发展现状及趋势. 今日印刷，2016（6）：16–18.

撰稿人：周海华　宋延林

光催化技术研究进展

光催化剂是指在光的辐照下，自身不发生变化，却可以促进化学反应的物质。促进化合物的合成或使化合物降解的过程称为光催化反应。光催化剂可催化光解附着于其表面的各种有机物及部分无机物，特别适用于除去空气及水中的污染物质、微生物，使各种制品表面产生杀菌、消臭、自洁及超亲水等功能，因此光催化技术广泛应用于交通、建筑以及环保等领域。我国在光催化基础研究领域一直处于世界的先进行列，且由于其绿色及可利用太阳能等优势，光催化净化技术目前已在局部领域和地区得到实际应用，其适用范围还在不断拓展。本报告将从以下几个方面介绍光催化技术的最新进展：①光催化技术简介；②空气污染的光催化净化技术；③光催化自清洁性能研究进展；④光催化技术展望。

1　光催化技术简介

1.1　光催化基本定义

1.1.1　光催化剂和光催化反应

光催化剂中目前研究和应用最广泛的是半导体光催化，其代表是 TiO_2。半导体在光激发下，电子从夹带跃迁到导带位置，在导带形成光生电子，在价带形成光生空穴（图 1）。利用光生电子 – 空穴对的还原和氧化性能，可以光解水制备 H_2 和 O_2，还原二氧化碳形成有机物，还可以使氧气或水分子激发成超氧自由基及羟基自由基等具有强氧化力的自由基，降解环境中的有机污染物，不会

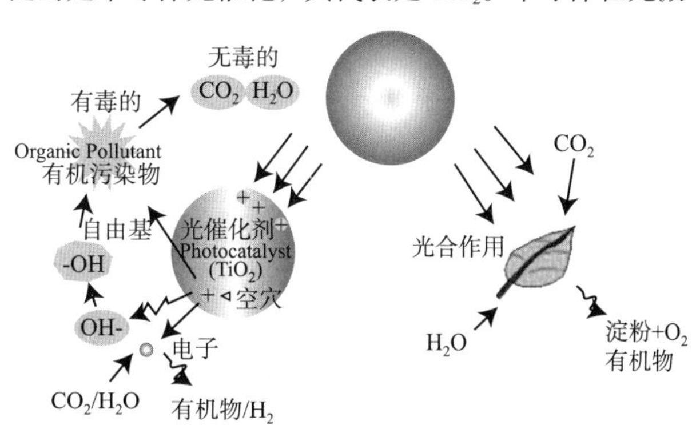

图 1　光催化反应和光合作用示意图

造成资源浪费与形成二次污染。

1.1.2 光催化技术

光催化技术是通过催化剂利用光子能量，将许多需要在苛刻条件下发生的化学反应转化为在温和的环境下进行反应的先进技术。它作为一门新兴的学科，涉及半导体物理、光电化学、催化化学、材料科学、纳米技术等诸多领域，在能源、环境、健康等人类面临的重大问题方面均有应用前景，一直是前沿科学技术领域的研究热点之一。

1.2 光催化原理

1.2.1 光催化反应的基元过程

光催化反应是一个复杂的物理化学过程，主要包括光生电子和空穴对的产生、分离、再复合与表面捕获等几个步骤。具体来说，以常用的 TiO_2 光催化剂为例，Hoffman 等总结了其中的基元反应过程，可用反应式（1）~（8）表示：

（1）光生电子 – 空穴对的产生

$$TiO_2+h\nu \rightarrow h+vb+e-cb\ (fs) \quad (1)$$

（2）载流子迁移到颗粒表面并被捕获

$$h+vb+>Ti^{IV}OH \rightleftarrows [>Ti^{IV}OH\cdot]^{+} \quad 快（10\ ns）(2)$$

$$e_{cb}^{-}+>Ti^{IV}OH \rightleftarrows [>Ti^{III}OH] \quad 浅层捕获（100\ ps）(3)$$

$$e_{cb}^{-}+>Ti^{IV} \rightarrow >Ti^{III} \quad 深层捕获（10\ ns）(4)$$

（3）自由载流子与被捕获的载流子的重新结合

$$e_{cb}^{-}+[>Ti^{IV}OH\cdot]^{+} \rightarrow >Ti^{IV}OH \quad 慢（100\ ns）(5)$$

$$h_{vb}^{+}+[>Ti^{III}OH] \rightarrow >Ti^{IV}OH \quad 快（10\ ns）(6)$$

（4）界面间电荷转移，发生氧化 – 还原反应

$$[>Ti^{IV}OH\cdot]^{+}+Red \rightarrow >Ti^{IV}OH+Red\cdot^{+} \quad 慢（100\ ns）(7)$$

$$e_{tr}^{-}+Ox \rightarrow >Ti^{IV}OH+Ox\cdot_{r}^{-} \quad 很慢（ms）(8)$$

其中：$>Ti^{IV}OH$ 表示 TiO_2 的表面羟基官能团，e_{cb}^{-} 表示导带电子，e_{tr}^{-} 为被捕获的导带电子，h_{vb}^{+} 为价带空穴，Red 为电子给体（还原剂），Ox 为电子受体（氧化剂），$[>Ti^{IV}OH\cdot]^{+}$ 是在颗粒表面捕获的价带空穴，$[>Ti^{III}OH]$ 是颗粒表面捕获的导带电子，反应式后的时间是通过激光脉冲光解实验测定的每一步骤的特征时间。

1.2.2 光催化反应过程

1.2.2.1 半导体光催化剂吸收光子——吸收效率

光通过固体时，与固体中存在的电子、激子、晶格振动及杂质和缺陷等相互作用而产生光的吸收。其中，导带上的电子吸收一个光子跃迁到价带上的过程被称为本征吸收。半导体光催化剂产生本征吸收是发生光催化反应的先决条件。其吸收的效率与材料本身的性质有关，如材料的消光系数和折射率等。材料的反射率（R）与消光系数（k）和折射率（n）有如下关系：

$$R=[(n-1)2+\kappa^2]/[(n+1)^2+\kappa^2] \tag{9}$$

消光系数反应的是光的强度被削弱的大小，是材料的本征性质。在描述固体对光的吸收效率时，吸收系数 $\alpha = 4\pi\kappa / \lambda_0$ 也是一个常用的特征物理参数，反映的是物质对光的吸收的大小值，其数值由物质的性质与入射光的波长而定。在固体内深度为 x 处的光的强度 I_x 与入射光的强度 I_0 与吸收系数 α 关系如下：

$$I_x(x) = I_0\exp(-\alpha x) \tag{10}$$

吸收的效率还与催化剂对光的散射程度和受光面积有关。它们受到材料的尺寸、结构形状和材料的表面粗糙度等因素的影响。

1.2.2.2 光子对半导体能级的激发，产生电子和空穴过程——激发几率

当入射光子能量 hν 大于或等于半导体的禁带宽度 E_g 时，才有可能发生本征吸收现象。因此本征吸收存在一个波长极限，即 $\lambda \leqslant ch/E_g$。波长大于此值，不能产生光生载流子。波长小于此值，光子的能量大于能带间隙，从而是一个电子从价带激发到导带时，在导带上产生带负电的高活性电子（e^-），在价带上留下带正电荷的空穴（h^+），这样就形成电子－空穴对，这种状态成为非平衡状态。处于非平衡状态的载流子不再是原始的载流子浓度 n_0，p_0，而是比它们多出一部分，多出的这部分载流子称为非平衡载流子（也称为过剩载流子）。由于价带基本上是满的，导带基本上是空的，因此非平衡载流子的产生（激发几率）G 不受 n_0 和 p_0 的影响。非平衡状态下，空穴和电子浓度（n 和 p），它仅是温度的函数并与半导体的电子结构等有关

$$n = N_c \exp\left(-\frac{E_c - E_F^n}{k_0T}\right) = n_0 \exp\left(-\frac{E_F^n - E_F}{k_0T}\right) = n_i \exp\left(-\frac{E_i - E_F^n}{k_0T}\right) \tag{11}$$

$$p = N_v \exp\left(-\frac{E_F^p - E_v}{k_0T}\right) = p_0 \exp\left(\frac{E_F - E_F^p}{k_0T}\right) = n_i \exp\left(\frac{E_i - E_F^p}{k_0T}\right) \tag{12}$$

其中：N_c 和 N_v 分别表示导带和价带的有效态密度；n_i 表示本征载流子浓度（n_i 只是温度的函数）；E_F^n 和 E_F^p 分别表示电子和空穴的准费米能级，代表了非平衡状态下空

穴和电子浓度，与外加作用的强度有关（如光的强度，外加电压等）；E_i 代表了本征费米能级。

1.2.2.3　半导体中电子 - 空穴的分离过程——分离效率

半导体吸收一个光子之后，电子由价带跃迁至导带，但是电子由于库伦作用仍然和价带中的空穴联系在一起，这种由库伦作用相互束缚着的电子 - 空穴对，被称为激子。由半导体中空间电荷层内产生的内建电场是影响光生载流子分离的主要因素，而电荷层的厚度取决于载流子的密度，同时催化剂中载流子的积累会进一步影响其分离，使得光催化过程的光生电子和空穴的分离效率降低。半导体中空间电荷层内产生的电场分布受材料结构与形状的影响。例如层状光催化材料由于层间的电场作用，有利于电子和空穴的分离，通常展现出良好的光催化活性。与此同时，被激活的电子和空穴可能在颗粒内部或表面附近重新相遇而发生湮灭，将其能量通过辐射方式散发掉，这种几率称为再复合几率。分离的电子和空穴的再复合可以发生在半导体体内，称为内部复合；也可发生在表面，称为表面复合。当存在合适的俘获剂、表面缺陷态或其他作用（如电场作用）时，可抑制电子与空穴重新相遇而发生湮灭的过程，更容易实现分离。

分离效率可以用半导体的载流子的寿命来直观表达。当外界作用消失后，非平衡载流子在导带和价带中有一定的生存空间，其平均存在时间成为非平衡载流子的寿命（τ），理论推导为非平衡载流子浓度衰减到原来数值 1/e 所经历的时间。在稳态下复合率等于产生率，产生率（激发几率）G 与光电子寿命和非平衡载流子浓度（Δn）关系如下：

$$G = I\alpha\beta = \Delta n/\tau \tag{13}$$

其中，I 为单位时间内通过单位面积的光子数，α 为吸收系数，β 为每个光子产生的电子 - 空穴对的量子产额，因此电子 - 空穴对激发几率为 $I\alpha\beta$，复合速率为 $\tau/\Delta n$。

1.2.2.4　电子 - 空穴在半导体内的迁移过程——迁移效率

与分离过程紧密联系的是电子 - 空穴在半导体内的迁移过程。根据电子和空穴在半导体内的浓度不同，其迁移的主要形式是扩散运动和漂移运动。其中扩散电流是少子的主要电流形式，漂移电流是多子的主要电流形式。无外加电场时，扩散是非平衡载流子在半导体内迁移的一种重要运动形式，尽管作为少数载流子的非平衡载流子的数量很小，但是它可以形成很大的浓度梯度，从而能够产生出很大的扩散电流。定义扩散电流密度为单位时间内通过垂直于单位面积的载流子数，用 S_p 表示。则在半导体内深度为 x 处的电流密度 S_p 为：

$$S_p(x) = -D_p \frac{\mathrm{d}\Delta p(x)}{\mathrm{d}x} \tag{14}$$

其中：D_p 为扩散系数，其大小与材料本身特性，如杂质多少、载流子的有效质量和载流子的迁移率有关。在半导体中扩散系数与载流子迁移率之间复合爱因斯坦关系式：

$$\frac{D}{\mu}=\frac{k_0T}{q} \tag{15}$$

扩散运动的能力同样也可以用扩散长度来表示。扩散长度就是指非平衡载流子从注入浓度（Δp）$_0$，边扩散复合降低到（Δp）$_0$/e 所经过的距离，其大小为：

$$L_p=\sqrt{D_p\tau_p} \tag{16}$$

对于光催化过程来说，光激发载流子（电子和空穴）扩散至半导体的表面并与电子给体/受体发生作用才是有效的，而对同一材料来说扩散长度是一定的，因此减小颗粒尺度使其小于非平衡载流子的扩散长度，可有效减小复合，提高迁移效率，从而增大扩散至表面的非平衡载流子浓度，提高光催化活性和效率。

1.2.2.5　空穴－电子被底物的俘获过程——界面迁移几率

光激发产生的电子和空穴通过扩散迁移到表面捕获位置，可能发生下面几类反应：①自身同其他吸附物发生化学反应或从半导体表面扩散到溶液参与溶液中的化学反应；②发生电子与空穴的复合或通过无辐射跃迁途径消耗掉激发态能量。这几类反应之间存在相互竞争，即界面迁移（化学反应复合；光催化或光分解）和表面复合两个相互竞争的过程。当催化剂表面预先吸附有给电子体或受电子体时，迁移到表面的光生电子或空穴被供体或受体捕获发生光催化反应，减少电子－空穴对的表面复合。

在多相光催化体系中，半导体粒子表面吸附的 OH^- 基团、水分子及有机物本身可以充当空穴俘获剂。脉冲辐射实验证明，在 TiO_2 表面上 OH^- 的生成速率为 6×10^{11} M·s^{-1}，不受 O_2 的影响。氘同位素实验和顺磁共振（ESR）研究结果证明，OH^- 是一个活性物质，无论在吸附相还是在溶液相都能引起物质的化学氧化反应，是光催化中主要的氧化剂，可以氧化包括生物难以转化的各种有机物并使之矿化，对作用物几乎无选择性，对光催化氧化反应起决定作用。光生电子的俘获剂主要是吸附于半导体表面上的氧，其即可抑制电子与空穴的复合，同时也是氧化剂，可以氧化已经羟基化的反应产物。O^{2-} 经过质子化作用之后能够成为表面 OH^- 的另一个来源：

$$e_{cb}^- + O_{2\,(ads)} \rightarrow O_2^- \cdot \tag{17}$$

$$O_2^- \cdot + H^+ \rightarrow HO_2 \cdot \tag{18}$$

$$2HO_2 \cdot \rightarrow O_2 + H_2O_2 \tag{19}$$

$$H_2O_2+O_2^- \rightarrow OH \cdot OH^- + O_2 \tag{20}$$

半导体表面氧的吸附量影响光催化反应速率，例如：无氧条件下，TiO_2 光催化降解受到抑制。

因为载流子的复合比电荷转移快得多，这大大降低了光激发后的有效作用。对于一个理想的系统，半导体的催化剂作用可以用量子效率来评价。量子效率 ϕ 指每吸收一个光子体系发生的变化数，实际常用每吸收 1 mol 光子反应物转化的量或产物生成的量来衡量。它决定于载流子的复合和界面电荷转移这对相互竞争的过程，与载流子输运速率 k_{CT}、复合速率 k_R 有如下关系：

$$\phi = \frac{k_{CT}}{k_{CT} + k_R} \tag{21}$$

2 空气污染的光催化净化技术

2.1 空气光催化技术领域的简介

空气环境安全是人类赖以生存的根本保证之一。近年来，我国雾霾、酸雨等区域性大气污染问题日益突出，严重威胁群众健康，影响空气环境安全。《中国环境分析》报告显示世界上污染最严重的 10 个城市有 7 个在中国，全国 500 个城市中，空气质量达到世卫组织推荐标准的不足 5 个，经济发达地区（如华北、长江中下游和华南地区）污染趋势增加，且存在持续时间长、范围广、影响大、污染重等特点。研究表明，空气环境污染物含有高毒、持久、生物积累性和远距离迁移性的物质，能累积持久存在于环境中，对人类健康造成持久的伤害。因此，治理空气污染已成为我国的重大民生问题。

对于室内空气质量的研究基本上始于 1962 年，丹麦奥尔胡斯大学成立室内气候研究所（Indoor Climate Research Group，ICRG），经过 50 余年的发展，目前世界上主要国家和地区都有大量的研究人员及机构从事相关领域的研究，该领域涉及化学、材料、环境、建筑等多个学科，也是基础研究与实践应用紧密结合的中心点。研究关注的重点也由最初的热舒适性、湿度等基本性质，转移到环境相关的化学物质上，由二氧化硫、氮氧化物、颗粒物等外源性污染物，向挥发性有机污染物（VOCs）、半挥发性有机物（semi-volatile organic compounds，SVOCs）、异味物质以及这些物质在室内的化学反应、二次污染物（譬如细微颗粒物）等领域扩展。

与此同时，研究关注的场所也由普通的居室空间，向办公室、商城、体育馆、地下停车场等人员更密集、空气组成更复杂的空间延伸，由此也暴露出除上述问题外，如运动场馆消毒剂残留污染物、地下停车场氮硫氧化物、潜艇和空间站等密闭空间空气净化等一系列更为复杂的问题。同时，从国防安全的角度出发，如何安全、高效地处理一些高毒性气体，也是保证国家安全迫切需要解决的问题。这些问题不仅仅对现有分析手段提出了新的要求，也对空气净化技术提出了全新的挑战。

2.2 气相体系的光催化反应原理

挥发性有机污染物是大气环境的主要问题之一，有关用光催化技术处理气相有机污染物的研究近来越来越受到重视。并早在 1985 年，Formenti 等就曾对气相烃类的光催化氧化进行了系统研究。相比于液相光催化氧化反应，气相光催化反应的应用范围要广得多，例如室内空气净化、食品保鲜等。实验研究表明，大多数的有机物在气相条件也能被光催化氧化成无机物，但不同于液相光催化反应的是，气相反应的体系简单，副反应少，矿化较容易，光利用效率高。而且气相光催化反应也不存在像液相反应中那样光线不易穿过反应溶液的问题，这就使反应器的设计要相对简单许多。

对 TiO_2 的研究表明，气体混合物中水蒸气的含量直接影响气相光催化反应的速率。如果无水蒸气或水蒸气含量很少，那么催化剂表面羟基就会逐渐消耗而得不到补充，导致活性物种的缺失，催化剂活性很快消失；如果水蒸气含量过多，就会与底物形成吸附竞争，同样会导致催化剂的活性降低。因而一般认为，气相光催化反应要在混合气中保持一个合适的水蒸气浓度。然而由于有些有机物能矿化产生水，所以也可以不引入水蒸气。例如在甲苯的光催化反应中，以前的研究认为对甲苯在 TiO_2 上的光催化反应来说，水蒸气是必需原料。

2.3 室内空气光催化技术研究现状及进展

活性炭吸附是目前常用的室内空气净化技术，该技术是依靠吸附材料巨大的表面积，吸附处理有害气体，常用的吸附剂有颗粒活性炭、活性炭纤维、凹凸棒和分子筛混合物等，其中又以颗粒活性炭和活性炭纤维最常用。这种固体吸附方法是静态的吸附作用，净化有害气体的效果不太明显，因此，仅能用于小范围例如抽屉、柜子等。另外，这个吸附作用是一种可逆的物理作用，吸附饱和后就会原位释放，反而造成更大的污染。如何让活性炭、活性炭纤维等与纳米催化活性材料结合，使吸附的有害物质在吸附剂表面发生不可逆降解反应，从而达到“吸附 - 降解 - 消除”的效果，成为目前有效处理室内环境污染的一个重要研究方向。

光催化技术在净化室内空气方面有着独特的优势，它是一种始于 20 世纪 80 年代的高级氧化技术，无需任何其他化学试剂，无二次污染，可以在常温常压温和光照的条件下，无需二次能源，直接将饱和烷烃、烯烃、卤代烃、芳烃、醇、醛、酮等挥发性有机污染物催化降解为二氧化碳和水或其他无机、安全的形式。光催化技术净化室内空气具有高效、无毒无害、成本低等优势。不仅如此，光催化空气净化技术的研究目标，也由传统的室内污染物，向结构更复杂、毒性更高的化学毒物，如糜烂性毒剂（芥子气等）、神经性毒剂（沙林、维埃克斯等）拓展。研究表明，光催化剂可以以较高的反应活性和量子效率，实现快速矿化、降解毒物分子，反应生成的挥发性产物基本无毒。因此，光催化空气净化技术现已成为研究热点，很可能在今后的日常生活、工业生产、国防战争中发挥重要作用。

2.3.1 可用于空气净化的光催化材料种类大大丰富

经过 40 余年的发展，半导体光催化剂材料的研究得到了长足的进步，材料种类大大丰富，由传统的无机 TiO_2 发展到 Bi 系含氧酸盐、Fe_2O_3、ZnO、ZnS、CdS 等其他半导体无机金属化合物，再到 g-C_3N_4、高分子聚合物等不含金属的光催化材料，直至当前的苝酰亚胺纯有机半导体光催化材料；由一元光催化剂到二元 / 多元复合光催化剂；由单紫外光响应的光催化剂发展到可见光甚至全光谱响应的光催化剂；由单一功能光催化剂发展到多功能光催化剂。可以预见，在未来很长一段时间内，对于新型光催化剂的设计与开发，依然是该领域的研究热点。新材料的发展，也势必带动相关应用领域的进步。

具体而言，作为目前研究最为深入，使用最为广泛，催化活性最高的光催化剂，TiO_2 在光照下可以有效氧化或还原表面吸附的 VOCs 等气体污染物，把它们转化为低分子量的产物。例如 Sang 等利用纳米 TiO_2 光催化剂降解了可挥发性溶剂甲苯、甲醇、三氯乙烯等；Kang 等在 254 nm 紫外光下，以 500 ml/min 的 O_2 吹泡速率，进行氯仿的催化降解实验；Twigg 等证实大量的短链烷烃可被 TiO_2 完全催化氧化为 CO_2 和 H_2O；Li 等研究了多种羰基化合物在 TiO_2 表面的反应行为，同时建立了 TiO_2 表面 VOCs 的降解机理等；挥发性有机酸，如甲酸、乙酸等是目前 VOCs 的主要来源之一，研究表明，在有氧气的存在下，TiO_2 亦可将该类物质光解为 CO_2 和 H_2O；对于芳香烃类物质，以甲苯为例，大量研究表明在经过苯甲醇、苯甲醛、苯甲酸等中间氧化产物后，甲苯最终也可被 TiO_2 完全催化氧化为 CO_2 和 H_2O。基于我国室内装修材料甲醛及其他 VOCs 释放量较大的现状，以 TiO_2 为主体的各类光催化空气净化剂，近年来有着巨大的市场。另一方面，主要来自化石燃料燃烧所释放的氮氧化物，除了造成威胁人类健康的城市环境问题外，也是光化学污染的主要元凶，因此，对于氮氧化物的去处也十分重要。Zhang 等在大面积的流动体系中研究了 TiO_2 光催化降解 NO 的过程，给出了最适宜的反应条件；Brouwers 等的研究也表明，TiO_2 在空气中氮氧化物去除方面，也有巨大的潜力，在光照条件下，TiO_2 可将空气中的氮氧化物催化氧化为硝酸根离子，实现减排和消毒。这种方法可以有效解决汽车密集度高的封闭环境（如地下停车场）中的空气净化问题。

为了突破 TiO_2 自身的许多缺陷，对于非 TiO_2 光催化剂的探索也在同步进行，钽铌钙钛矿结构光催化材料是研究关注的一类材料，Kudo 等发现的新型钽酸盐光催化剂以及邹志刚等研究的 $InTaO_4$ 可见光催化剂体系成为光催化研究领域内新的热点。这些新型的钽铌化合物光催化剂一般具有 ABO_3 的钙钛矿结构，与传统的 TiO_2 光催化剂相比，无论是阳离子还是阴离子均具有更大的结构容忍度，可以较大程度地调控光催化剂的结构和性能，从而提供较好的光催化活性，特别是其中的碱金属、碱土金属钽酸盐复合氧化物如 $NaTaO_3$、$Ba_5Ta_4O_{15}$ 等，都表现出较好的甲醛降解性能。另一类研究热点则集中在钨钼钒系光催化材料，而该类钨酸盐都具有一个共同点：具有层状的钙钛矿结构，因其特有的结构和物理化学性质，也表现出良好的光催化性能。2006 年 Finlayson 等报道了 Bi_6WO_{12} 在波长大于 440 nm 的可见光下具有较好的活性。进一步的研究表明，Bi_2WO_{12}、$Bi_2W_2O_9$、Ag_2WO_4 等都具有较好的可见光活性。由于钨和钼两元素在周期表中是同一族，具有一定的相似性，因此 Bi_2MoO_6 与 Bi_2WO_6 有着几乎相同的性质。已有研究报道证实，这种具有层状结构的多元氧化物往往具有较高光催化活性，该材料的光量子效率甚至高于 TiO_2。此外，也有大量报道指出部分金属氧化物如 ZnO、Fe_2O_3、CuO、Bi_2O_3 等，金属硫化物如 ZnS、CdS 等，金属卤氧化物如 BiOCl、BiOBr、BiOI 等均有较好的光催化性能，但其目前在室内空气净化相关领域的应用还较少。

目前，石墨烯结构氮化碳（$g-C_3N_4$）是另一类热门的新型可见光非金属光催化剂，无论是在环境污染物治理，还是清洁能源生产，都有巨大的应用前景，而且目前已经实现了部分商业化应用。Fan Dong 等报道了 $g-C_3N_4$ 在光催化氧化氮氧化合物方面的性能，并通过实验探明了其氧化机理；Guohui Dong 等通过复合有机化合物的方法，进一步提高了 $g-C_3N_4$ 在 NO 氧化方面的能力；朱永法等报道了形貌改性后的多孔 $g-C_3N_4$ 对于污染物的降解能力。在这些大量工作的基础上，人们继续进行了各种努力，如过渡金属掺杂、半导体复合、形貌调控等，以进一步提高 $g-C_3N_4$ 的光催化活性，使其满足大规模实际应用的要求。更进一步，朱永法等报道了纯有机苝酰亚胺自组装纳米线光催化材料，利用 $\pi-\pi$ 堆积形成快速的电子传输通道，显著增加了空穴 – 电子分离程度，提高了光催化活性。相比于传统的无机金属光催化剂和 $g-C_3N_4$，有机半导体光催化材料易于设计，能带结构便于调控，对目标污染物分子可以指向性合成等优势使其在未来的环境治理光催化中也必将占有一席之地。

相比于单一晶形的 TiO_2，锐钛矿和金红石异质结复合而成的商品化 Degussa P25-TiO_2 具有更高的活性，也由此引起了研究者对于多元复合光催化剂的兴趣。在此思路的启发下，为了解决活性不高、光谱响应窄等问题，大量二元、三元甚至多元光催化剂被开发出来。由于复合半导体具有两种或多种不同能级的价带和导带，在光激发下电子和空穴分别迁移至一种材料的导带和复合材料的价带，从而使光生载流子有效分离或产生新的催化性能。复合半导体可分为半导体 – 绝缘体复合及半导体 – 半导体复合。绝缘体如 Al_2O_3、SiO_2、ZrO_2 等大多起载体作用，TiO_2 负载于适当的载体后，可获得较大的表面结构和适合的孔结构，并具有一定的机械强度，以便在各种反应床上应用。复合半导体的互补性质能增强电荷分离，抑制电子 – 空穴的复合和扩展光致激发波长范围，从而显示了比单一半导体具有更好的稳定性和催化活性。

总而言之，随着研究的进一步深入，大量组成丰富、性能优良的光催化材料已经被逐步开发出来，部分性能突出的材料如 P25-TiO_2、$g-C_3N_4$ 甚至已经走向了市场化，在空气污染物净化领域发挥出作用。我们也有理由相信，在可以预见的将来，必将会有越来越多的、性能更为优异的、环境相容性更好的光催化空气污染物治理材料问世。

2.3.2 多种原理技术实现光催化材料能效的大幅提高

虽然，目前已经有大量的光催化材料被人类所认识，但是，这些已知的光催化材料或多或少都存在着一些缺陷或问题，亟待科学家去进一步解决。例如，对于 TiO_2 类光催化材料，受限于其约 3.2 eV 的禁带宽度，对应于约 390 nm 的响应阈值波长，只能在能量较高的紫外光下激发，量子效率较低（低于 1%），对太阳光全光谱的利用率较低，这一点严重制约着其更自然、更方便的应用。与 TiO_2 类似，ZnO 对于光谱的利用率也相对较低，量子效率低；而其他具有可见光响应性能的无机金属盐、氧化物等光催化材料，在可见光激发下的光催化性能则变得较差，很难与 TiO_2 媲美。此外，CdS 还因为毒性较大，催化过程中可能会有硫化物放出，更无法在环境治理中大规模应用。相比之下，非金属光催化材料虽然易于设计和调控，可以实现可见光甚至全光谱的响应，但是其对光生 – 电子空穴对的复合作用则较金属材料更为强烈，同时该类结构往往不够稳定，循环重复性能差，在实际应用中仍有很多困难。如何提高光催化剂量子效率和稳定性以使该技术在经济上、环境相容性上能为人们所接受，也同样成为了世界范围内的科学工作者的普遍兴趣。经过科学家长期的努力和钻研，目前对于光催化材料能效提高的主要思路，主要集中在离子掺杂，染料敏化，半导体异质结复合、结构和形貌调控等方法。

（1）离子掺杂是利用物理或化学方法，将离子引入到催化剂晶格内部，从而在其晶格中引入新电荷，形成缺陷或改变晶格类型，影响了光生电子和空穴的复合或改变了半导体的能带结构，最终促使光催化材料的光催化活性发生改变。

（2）染料敏化技术则主要是利用 TiO_2 等无机光催化材料对光活性物质的强吸附作用，添加适当可被可见光激发的光活性敏化剂，吸附于催化剂表面。在可见光照射下，吸附态的光活性分子吸收光子后，产生自由电子并注入到无机催化材料的导带上，从而拓展了材料的波长响应范围，使之实现利用可见光进行有机物污染物的催化降解。结合我国当前的具体国情，纺织印染和染料生产目前在我国的工业结构中依然占有较大的位置，如果能够充分利用在现阶段在染料方面积累的技术，把可能造成环境污染的染料用于光催化剂的敏化，则该方面的研究更具有特殊的意义。目前，文献报道的几种常见敏化剂有无机敏化剂、有机染料、金属有机配合物和复合敏化剂。

（3）除上述两种方法外，半导体的异质结复合也是一种提高光催化剂催化能力的有效手段，在异质结界面处，光生载流子可以发生有效的分离和传输，从而材料的光催化性能得到提高。复合型半导体纳米粒子是指由两种或两种以上物质在纳米尺度上以某种方式结合在一起而构成的复合粒子，复合的结果不仅能有效地调节单一材料的性能，而且往往会产生出许多新的特性。复合两种不同的半导体主要考虑不同半导体的禁带宽度、价带、导带能级位置及晶型的匹配等因素。复合半导体的互补性质能增强电荷分离，抑制电子 – 空穴的复合和扩展光致激发波长范围，从而显示了比单一半导体具有更好的稳定性和催化活性。

（4）形貌调控是除上述方法外，另一种常见的能效调控的手段。从本质上讲，形貌直接决定着催化剂材料的暴露晶面、晶粒尺寸等结构性能：晶面因素会直接影响材料对污染物分子的吸附性能，界面电荷分离能力，不同的晶面，其氧化、还原能力完全不相同；晶粒尺寸，则影响到光生载流子的传输性能，更小的晶粒尺寸，有助于光生载流子由体相向表面传输。

2.3.3 多种光催化净化室内空气的技术和产品的研发

在一般民用技术方面，福州大学光催化研究所多年来一直致力于光催化净化室内空气的技术和产品的研发，研制开发出多功能光催化空气净化器及其工业生产技术，设计建成了年产 30 万台光催化空气净化器的生产线，并已投入市场，并开发出室内空气净化器、车用空气净化器、医用空气消毒器等多个系列，可满足各种空间环境的空气净化需求，部分产品还实现了出口。此外，光催化净化空气工艺灯也是一项基础科研与产业应用相结合背景下开发出的空气净化产品，将光催化技术与装饰性灯具结合在一起，使普通工艺灯赋予光催化净化空气功能，从而实现产品的多功能化。工业生产方面，在“863”项目“高效降解有机污染物的可见光光催化纳米材料的关键技术研究”支持下，科研人员开发出 $InVO_4/TiO_2$、PS/TiO_2、$In(OH)_yS_z$、$N-SiO_2/TiO_2$ 等 3 个系列 10 余种可见光诱导的高效光催化剂。其中，$Pt/TiO_{2-x}N_x$ 在 400~800 nm 可见光作用下对苯的降解率为 83%，比标准 $TiO_{2-x}N_x$ 高 3~4 倍，而且可以实现年产 200 吨的生产规模。军用技术方面，在与海军有关部门合作下，相关机构成功设计并构建用于舱室密闭空间气体综合净化、催熟剂－乙烯清除与果蔬保鲜的装置样机，目前已作为新一代制式型号装备于 2015 年正式列装。该光催化系统装置同等条件下的净化指标明显优于目前海军列装净化器及部分国际商用产品，还可作为密闭空间生命支撑系统的重要组成单元发挥技术优势，该成果获军队科技进步奖一等奖一次。朱永法等开发了一系列复合纳米薄膜光催化剂（SnO_2/glass、TiO_2/glass、TiO_2/SnO_2/glass、SnO_2/TiO_2/glass），利用 SnO_2/TiO_2 复合半导体之间光生载流子的输运与分离，大大提高了复合光催化剂薄膜对于室内甲醛的气相光催化氧化反应性能。此外，利用加热回流、解胶分散以及重结晶的方法，制备了在水溶液中可以稳定分散、纳米晶粒大小为 4~8 nm 的 TiO_2 活性溶胶。该溶胶可以稀释后直接喷涂，在固体表面形成活性涂层。由于纳米颗粒比较小，并具有丰富的羟基，很容易在固体表面形成强结合，不会被气流和水流冲刷掉。从而建立了批量生产纳米光催化材料的新工艺，并利用纳米光催化材料研制了适合喷涂的喷剂材料，喷涂在金属丝网可以应用于家庭、医院和公共场所杀菌和空气净化。此外，利用壳聚糖、石墨烯气溶胶及碳气凝胶等构建了三维网络结构复合光催化剂，可以实现对室内低浓度污染物的吸附富集和光催化降解，从而实现对室内空气的持久净化。

2.4 大气光催化净化研究现状及进展

从污染物的种类来看，目前主要的大气污染物有：含硫化合物：SO_2、H_2S、$(CH_3)_2S$、

H_2SO_4 等；含氮化合物：NO、NO_2、NH_3、N_2O、HNO_3 等；含碳化合物：CO、CO_2、挥发性有机物 VOCs 等；光化学氧化剂：O_3、PAN、H_2O_2 等；含卤素化合物：HF、HCl、CFCs 等；持久性有机污染物 POPs；颗粒物：硫酸盐、硝酸盐、多环芳烃、含碳组分、重金属等。其中 NO_x、SO_x、VOCs、POPs 等属于人为一次排放污染物。在复合污染过程中，这些一次气态污染物经过复杂的物理和化学反应生成二次污染物，如大气细颗粒物 $PM_{2.5}$、臭氧及酸雨。因此，只要一次污染物（NO_x、SO_x、VOC_S、POPs 等）仍处于高排放、高浓度的状态，复合型的大气污染问题就不会解决，所以“十三五”的环保新思路指出，要在治理末端污染物的同时，控制一次污染物的排放。

治理大气一次污染物主要依靠控制排放和末端治理的方法。针对不同的污染物必须使用不同的处理办法。如对 SO_2 的治理，控制源头排放可以取得良好的效果。通过采用煤炭洗选、燃用低硫煤、洁净煤燃烧等技术手段可使 SO_x 的排放水平得到明显控制（200 mg/m^3 以内）。在减排治理 NO_x 中，前端控制一般采用低氮燃烧技术（包括分级燃烧、烟气再循环、低过剩空气系数、注入水或蒸汽等）。但仅仅依靠前端控制很难实现 NO_x 的高效去除，如美国 Exxon 公司发明的 Thermal De NO_x 工艺，在 870~1200℃范围内用于燃油和燃煤电站锅炉脱氮，其 NO_x 去除率只有 50% 左右。必须通过后端净化技术［包括选择催化还原法（SCR）、选择非催化还原法（SNCR）、SCR/SNCR 混合法、活性炭吸附法、光化学净化法等］实现对 NO_x 的高效去除。一般的末端净化方法还包括：吸收法、吸附法、催化转化法、燃烧法、冷凝法等。

相比较上述传统净化技术，光化学净化法属于低能耗、低投入、高效、安全的新技术。大气光化学净化主要分为高能紫外线净化技术和光催化净化技术。高能紫外线净化技术主要依靠高能紫外线直接作用于大气污染物分子，在高能光子的作用下直接分解污染物。该方法对仪器设备有一定要求，且容易造成臭氧的二次污染。光催化净化技术主要依靠光催化剂在紫外光或可见光的照射下产生光生电子 – 空穴对还原或氧化大气污染物。光催化净化技术对 NO_x、VOCs 有较好的去除能力，也可用于部分 POPs 的去除。

2.4.1 光催化氧化 – 还原实现 NO_x 的光催化净化

（1）NO_x 化合物的分类和来源：氮氧化物指的是只由氮、氧两种元素组成的化合物。常见的氮氧化物有一氧化氮（NO，无色）、二氧化氮（NO_2，红棕色）、一氧化二氮（N_2O）、五氧化二氮（N_2O_5）等，其中除五氧化二氮常态下呈固体外，其他氮氧化物常态下都呈气态。作为空气污染物的氮氧化物（NO_x）常指 NO 和 NO_2。

氮氧化物（NO_x）是造成大气污染的主要污染源之一，NO_x 产生的原因可分为两个方面：自然发生源和人为发生源。自然发生源除了因雷电和臭氧的作用外，还有细菌的作用。自然界形成的 NO_x 由于自然选择能达到生态平衡，故对大气污染的贡献不大。人为发生源主要是由燃料燃烧及化学工业生产所产生的。例如：火力发电厂、炼铁厂、化工厂等有燃料燃烧的固定源和汽车等移动源以及工业流程中产生的中间产物，排放 NO_x 的量占到人为排放总量的 90% 以上。据统计，全球每年排入到大气的 NO_x 总量达 5000 万吨，而且还在持续增长。

（2）光催化氧化消除 NO_x：光催化材料的电子和空穴被光激发后，一方面，空穴本身具有很强的得电子能力，可夺取 NO_x 体系中的电子，使其被活化而氧化。另一方面，电子与水或者空气中的氧发生反应生成氧化能力更强的 $^{\cdot}OH$ 及 $O_2^{\cdot -}$ 等，将 NO_x 最终氧化生成 NO_3^-。氧化 NO_x 生成的 NO_3^- 会残留在催化剂的表面，当累积到一定浓度时会使催化剂活性低，所以需要水的洗净、再生。而通过催化剂流出的水几乎是没有酸性的，完全可以被空气中的粉尘中和而无害化。

用于 NO_x 光催化氧化的催化剂主要以 TiO_2 基为主，不过近年来也有新进展。如：Ti-MOF（有机金属框架结构）光催化剂在修饰纳米金属后也显示出对 NO_x 的光催化氧化能力。采用钛酸四丁酯为有机钛源，*N*, *N*- 二甲基甲酰胺与乙醇为混合溶剂，2- 氨基对苯二甲酸为配体，原位合成了一种可见光驱动具有高催化氧化 NO 活性的 Ag 负载型 MOF 结构的有机金属钛聚合物新型光催化剂。原位掺杂银纳米颗粒后，由于 Ag 纳米粒子不仅能够促进 NH_2-MOP（Ti）的组装，还有利于提高对可见光的捕获能力，同时，Ag 纳米粒子促进了光生电子的快速传导，降低其与空穴的复合，提高了光催化氧化 NO 的效率，且有良好的稳定性。

（3）光催化还原法消除 NO_x：光催化还原反应是使 NO_x 在光催化剂的作用下直接分解生成完全无害的 N_2。以 TiO_2 为催化剂的反应条件比较特殊，一般需要加入还原剂，如需要加入 NH_3 才可将 NO 降解为 N_2，加入甲醇可将 N_2O 降解为 N_2；有些反应还可以在低温下进行。另外，特定的光催化剂也可将 NO_x 还原。与光催化氧化 NO_x 相比，光催化还原反应具有不产生 NO_3^-、不需要水的洗净及再生等优点。其主要存在问题是在还原过程中，如控制不当，除生成 N_2 外，还会生成诸如 CO、N_2O 之类的有害副产物。如果是用 NH_3 作还原剂，仍存在腐蚀、堵塞设备和运输储存的安全性等问题。同时还原方法对 NO_x 的去除效率相比于氧化方法明显较小。

（4）光催化氧化净化 NO_x 的应用现状：NO_x 能够被光催化剂产生的自由基物种氧化为 NO_3^- 和 HNO_3 吸附在催化剂表面，最终在雨水冲刷下被大气颗粒物中碱性组分中和而去除。日本、欧洲等地将开发的光催化剂应用在路面、隧道和建筑物表面，能够有效去除 20% ~60% 的 NO_x。在意大利米兰的道路上，使用 TiO_2 光催化材料，光催化净化汽车排放的二氧化氮。经过数月的研究分析发现，NO_x 污染数降低了 60%~70%。我国上海已经在城区部分路面铺设了含有光催化剂的材料，这样的路面能吸收 45% 的汽车尾气污染。

2.4.2 VOCs 的光催化氧化净化

挥发性有机化合物是大气中普遍存在的一类相对分子量小、沸点低、亨利常数较大的含碳有机化合物，它是形成光化学烟雾的前驱体。VOCs 可分为自然排放和人为排放。其中人为排放源的主要污染物包括：醛类（甲醛、乙醛）、苯系物（苯、甲苯、乙苯、二甲基苯）、C_2~C_4 烯烃类（乙烯、丙烯、丁烯）、烷烃（异戊烷、庚烷、辛烷）。VOCs 的人为排放较为复杂，大致可分为燃料燃烧、溶剂使用、农村生物质燃烧、机动车尾气、装修装潢和餐饮油烟，也是目前主要需要控制和净化的 VOCs 污染源。

VOCs 的去除目前主要依靠吸附法和吸收法。其中吸收法适用于气量大、中等浓度的含 VOCs 废气的处理。光催化氧化法作为一种反应条件温和、不需要额外化学助剂，且使用后的催化剂可用物理和化学方法再生后循环使用的新技术，是对吸附法和吸收法的有益补充。依靠光催化剂上产生的电子 – 空穴对生成·OH 等氧化物种，氧化吸附在催化剂表面的 VOCs，生成 CO_2 和 H_2O。光催化氧化法对 VOCs 的降解率可达到 90%~95%。

光催化氧化 VOCs 的研究主要以甲苯、甲醛、乙烯等模型污染物在光催化剂上的光化学降解行为进行研究。对苯乙烯的研究发现，大气中苯乙烯与 OH 的反应对二次有机气溶胶的形成具有重要贡献。通过使用 TiO_2 光催化剂，吸附到 TiO_2 表面的苯乙烯极容易被光催化原位生成的表面 OH 进攻发生降解反应，加速苯乙烯的降解。将苯系物如甲苯、邻甲苯胺和邻氯苯胺降解中间产物的化学质谱分析与其毒理学评价相结合，可进一步阐释 VOCs 在 TiO_2 催化剂上的安全脱毒机制。同时研究发现醛类与 NO_2 反应形成高致癌致突变性二次气溶胶重要前体物亚硝酸，而卤代醛类与卤素反应可形成臭氧分解剂 ClO，同时 SiO_2 的存在将加速醛类与 NO_2 的非均相反应和降低其大气污染浓度。这些研究为光化学净化 VOCs 的安全排放提供了一种高效的评价方法，也为正确理解大气层物理化学反应机制提供理论支持。

光化学净化 VOCs 的研究开始逐渐涉及实际工业。通过开展典型工业行业排放 VOCs 的污染特征研究，可以有效地明晰特征污染物及其潜在风险，从而为典型工业行业排放 VOCs 的大气迁移转化机制和污染控制机理提供科学理论研究基础。日本大金公司于 1996 年利用光催化脱臭技术开发出空气净化除臭机，日本石原公司与丰田汽车公司、Equos 研究公司联合开发成功的 TiO_2 光催化技术，可高效去除空气中的 NO_x、甲醛等。国内空气净化器厂家也在 2000 年后陆续将光催化技术应用于 VOCs 的降解，并已形成以光催化技术为核心的成套工艺应用于多种行业废气处理，如喷涂废气（包含各类烯烃、醛类、脂肪酸类、甲基酮类、芳香族化合物）。

2.4.3 POPs 的光催化氧化净化

根据联合国环境规划署 1995 年 18/32 号决议，12 种物质被定义为需要首先消除的持久性有机污染物（POPs），包括：艾氏剂、狄氏剂、异狄氏剂、滴滴涕、七氯、氯丹、灭蚁灵、杀毒芬、六氯苯、多氯联苯、多氯代二苯并二噁英和多氯代二苯并呋喃。POPs 中有 9 种农药、1 种工业化学物（多氯联苯）和 2 种排放物（多氯代二苯并二噁英和多氯代二苯并呋喃）。农药和工业化学品可以通过限制生产和使用替代品逐步解决。而 2 种排放物则需要通过后续净化手段加以消除。

传统的紫外光解消除 POPs 是利用二噁英污染物可强烈吸收紫外光的特性实现其降解的目的。脱毒机理主要有二种：① C—Cl 键直接断裂；②发生分子结构重排或错位。该方法易于原位化处理二噁英，被认为是最有潜力实现大规模工业化的二噁英治理技术之一。目前存在的问题是体系杂质的存在对光分解反应产生副作用。

目前，国内中科院和高校的研究人员利用光催化技术分解二噁英类化合物。研究表明，二噁英类化合物在中亚汞灯的照射下可以被 TiO_2 降解，在两小时的反应时间内对二氯代二噁英的降解率达到 98.3%。美国，日本和俄罗斯也对利用光催化氧化降解二噁英类化合物进行了大量研究，研究表明：除催化剂外，光催化反应器的设计和反应器内光学特性对二噁英类化合物的去除也非常关键。

2.4.4 光催化净化实现了大量的工程实践

将光催化降解 VOCs 的基础理论进行延伸与拓展，在充分明细工业污染源 VOCs 排放特征的基础上，在油漆生产行业、电子垃圾拆解行业等开展了光催化集成技术净化有机废气的工程实践。如采用水喷淋耦合高压静电 – 光催化氧化一体化联用设备（流量 10000 m^3/h）开展了为期两个月的电视机线路板高温拆解资源化过程排放有机废气的现场净化中试。研究结果表明：该联用设备对总悬浮颗粒物、PM_{10} 和 $PM_{2.5}$ 的去除率分别为 70.1%、90.9% 和 93.3%，同时对 VOCs 的最高处理效率接近 70%，且经过处理后 VOCs 的致癌和非致癌风险均大幅度降低，达到安全标准，表明了该光催化集成技术对 VOCs 具有很高的处理效率及良好的稳定性。值得指出的是，除了 VOCs 和颗粒物之外，光催化集成技术还被证明能够同时有效地去除颗粒物上的持久性有机物，包括多环芳烃和多溴联苯醚和邻苯二甲酸酯。如在 30 天内，袋式除尘 – 光催化氧化 – 生物滴滤联用设备对采用家用煤炉拆解电视机线路板过程排放的 VOCs、多环芳烃和多溴联苯醚的平均去除率分别为 83.7%、87.2% 和 94.1%，同时工人的健康风险在经过联用设备处理后也大幅度降低。

由于大气污染物在排放过程中存在成分多样化问题，针对实际问题需要选用不同的方法和光化学净化技术耦合，以最大限度地实现对排放物的彻底消除。利用光催化系统、吸附剂喷射系统和光伏 / 光热一体化系统，在电厂尾部烟道中喷射自行开发的碳基 / 非碳基吸附剂，通过光催化促进氮氧化物（NO_x）和重金属汞（Hg）氧化，提高吸附剂吸附效率及脱硫塔（WFGD）液相吸收效率，可达到高效脱除燃煤电厂烟气多种污染物的目的。目前已经实现 300 MW 级机组进行技术示范，并在国电宿迁热电有限公司、宝钢有限公司电厂、烟台龙源电力股份有限公司等得到了应用推广，进行电厂烟气 NO 和 Hg 等多种污染物脱除。

此外，光催化自清洁外墙涂料先后在广汽丰田、福州大学行政楼、浙江绍兴加油站、公交候车亭、银行大楼等公共建筑得到应用。为了进一步提高光催化涂料的广适性和施工性能，相关研究机构和企业在原有技术的基础上，成功开发出一种新型耐酸碱、防腐、耐候和自清洁性能涂料，并且表现出较优的保色和防粉化性能，几乎可适用于包括深色的各种有机、无机基底涂层表面，大大拓宽了光催化涂料的适用范围。不仅如此，这种新型的光催化自清洁涂料还具有光催化氧化去除 NO_x 和 SO_2 的功能。若将此材料用于城市建筑物表面，可有效降解汽车尾气排放的污染物，从而对因 NO_x 二次光化学反应而形成的雾霾起到抑制作用。

3 光催化自清洁性能研究进展

自清洁技术在防污、防腐蚀、节能环保等领域重要的应用前景引起广泛关注。

1972 年 Fujishima 等发现了光照的 TiO_2 表面能发生水的氧化还原反应，从而开始了光催化的研究。1997 年东京大学的 Wang 等报道了 TiO_2 薄膜的超双亲（同时亲水和亲油）原理，即紫外光照射前，钛原子间通过氧桥键连接，这种结构为疏水结构，经紫外光照射后，部分氧桥键脱离形成氧空位，并与空气中的水分子结合形成化学吸附水，在 TiO_2 表面形成均匀分布的纳米尺寸亲水微区，氧桥键未脱离部分则形成亲油微区，使表面同时具有油水双重亲和性。润湿表面停止紫外光照射后，化学吸附的羟基被空气中的氧取代，重新回到原来的疏水状态，再加紫外光照射后又恢复到亲水性。因此，TiO_2 薄膜的自清洁原理主要体现在两方面：TiO_2 的光催化作用，可以降解表面的有机污染物和一些无机污染物，达到自清洁的效果；另外，TiO_2 薄膜的超亲水性使附着在其表面的水分形成水膜，并深入污垢与 TiO_2 的界面，大幅降低污垢的附着力，在受到雨水等水的冲刷力等作用后，污垢能自动从 TiO_2 表面脱离下来，从而达到防雾的效果。

经过多年的研究结果表明：光致超亲水的 TiO_2 薄膜在黑暗中长时间放置以后，当水在 TiO_2 表面的接触角小于 15°时具有高的流动型，当接触角小于 10°是有自清洁效果，小于 7°时有防雾的效果，且接触角越小防雾效果越好。利用 TiO_2 的这个功能制备的建筑材料，如玻璃、瓷砖等，可具有防雾自清洁的功能，同时还具有耐磨、耐溶剂等功能，从而开辟了功能性建材的新领域。

3.1 光催化超亲水性能的应用

3.1.1 表面防雾、防露性

建筑物窗玻璃、汽车的窗玻璃、挡风玻璃及后视镜、浴室镜子、眼镜片、测量仪器的罩玻璃等物品，在其表面涂覆一层 TiO_2 超亲水膜，冷凝水不会形成单个水滴而构成均匀的水膜，所以表面不会发生光散射的雾，从而可维持高度透明性，确保视野和能见度。

3.1.2 防污自洁效应

实验表明：涂覆有 TiO_2 薄膜的表面与未涂覆 TiO_2 薄膜的表面显示出自清洁效应。

3.1.3 提高表面的热交换效率

将 TiO_2 表面的超亲水效应施用于热交换的辐射翼片，可以防止热交换介质的流体通道发生冷凝物堵塞，从而提高热交换效率。另外，由于超亲水效应可使表面粘结的水扩散成均匀的水膜。因此，将其用于平面镜、透镜、窗玻璃、挡风玻璃或道路上时，也可以加快水润湿后表面的干燥过程。

光催化的发明者，现任日本东京理科校长的大学藤嶋昭教授曾经预言："光催化的四大功能中（水净化、空气净化、抗菌及自清洁），光催化自清洁功能将是最有应用前景的一项功能。"现实的发展状况也证实了他的预言。目前，在国外，如日本、欧洲各地以及美国等，高层建筑物外表面涂覆光催化自清洁涂料，实现建筑物自清洁效果已成为许多建筑商提升建筑物高附加值的重要卖点。值得一提的是，光催化的自清洁效果不仅可以应用到建筑物外表面，达到自清洁效果，其本身具备的光催化氧化分解功能，还能将其周围一定范围内的空气中的污染物除去，达到净化空气的目的。据日本光催化国际研究中心的研究报告表明：光催化自清洁涂层对 NO_x、SO_x 的去除率分别超过 1.00 $\mu mol/m^2 \cdot min$（ISO22197-1），1000 m^2 涂层每天可去除 80 台轿车排放的 NO_x；欧盟 PICADA 项目在 2002—2005 年项目期内研究发现：光催化 TiO_2 涂层对 NO_x 的去除率可达到 30 $\mu mol \cdot m^{-2} \cdot h^{-1}$；美国劳伦斯国家实验室则发现 TiO_2 对 NO_x 的去除率达到 60 $mg \cdot m^{-2} \cdot d^{-1}$；等等。因此，对于光催化自清洁涂层在各种材料表面的应用开发与基础研究工作方兴未艾。

近年来，我国在光催化自清洁领域的基础研究和市场齐头并进，本报告将从基础研究领域和产业化两个方面进行归纳总结。

3.2 基础研究领域

我国科学家在近两年（2015—2017 年）内共发表相关研究论文 29 篇。主要集中在光催化复合材料的制备研究，亲水性机理研究以及超亲水和超疏水之间的转换等方面的研究。

一直以来，对于光催化二氧化钛的超亲水的机理研究一直争执不断。一个主要的认同是：在光照射下，存在于 TiO_2 表面的水分子被氧化分解产生 OH- 自由基，这些极性的 OH 分子形成了 TiO_2 的超亲水效果。2017 年，北京大学的量子物质国际研究中心的 Tang 等与德国、日本等合作发表的在对超亲水机理的研究论文，他们认为：光催化 TiO_2 的光诱导致的超亲水性二氧化钛表面，其水在锐钛矿的二氧化钛界面的分子结构存在弱和强的两个 O—H 氢键子系，弱的氢键是化学吸附导致的，即形成羟基官能团，其氢原子指向本体吸附水的方向，而强的氢键 O—H 基团与化学吸附的水中的氧原子相互作用，属于物理吸附，它的氢原子指向 TiO_2 侧，两个氢键子系之间的强的相互作用导致了 TiO_2 的超亲水效果。具有自清洁的减反涂层，在太阳能面板、绿色建筑领域的应用日益广泛。四川大学的江波等制备了 SiO_2-TiO_2、TiO_2 和 TiO_2-SiO_2 分别作为底层、中层和上层的三层干涉宽波段减反涂层，该涂层在 500~700 nm 之间的透明率可达 99.4%。该三层构造的涂层展示了极好的超亲水性能，接触角可达 2°，且在缺少紫外光辐射条件下可持续 30 天。

中科院理化技术研究所的贺军辉等设计构建了有序的大孔和介孔的 SiO_2/TiO_2 纳米结构，由其构成的薄膜具有高性能的自清洁减反（antireflection）性能。这种大孔–介孔的 SiO_2/TiO_2 涂覆的薄膜基板，其在 400~1200 nm 的平均反射只有 3.45%，同时 3~4 nm TiO_2 可以分散到大孔–介孔结构内，使薄膜具有明显的光催化性能，同时大孔–介孔结构可以增强超亲水性能及超亲水的耐久性，具有应用前景。

上海应用物理所的方海平等，尝试了在 TiO_2 超亲水表面构建减阻（friction reduction）表面。一般认为超亲水的表面较超疏水表面具有高的摩擦力，为了获得既有超亲水性能且有低摩擦力的表面，他们利用分子动力学模拟发现：当超亲水表面的水分子的有序排列及带电图形（pattern）存在时，可以有效减少亲水界面的摩擦力，达到减阻的目的。该研究的模拟计算的结果，将会对今后的超亲水减阻界面的设计提供重要的理论根据。

3.3 目前市场上的基于光催化技术的自清洁产品

在国内，有关自清洁涂料及制品有一些专利报道，目前能够见到的产品如自清洁玻璃、自清洁瓷砖等。这些自清洁建材能够利用阳光、空气、雨水，自动分解其表面有机物和一些无机物，以净化空气，且催化空气中的氧气使之变为负氧离子，从而使空气变得清新，同时能杀灭玻璃表面的细菌和空气中的细菌。自清洁玻璃解决了玻璃清洁所带来的环境污染和水源浪费。

4 光催化技术展望

4.1 空气净化学科发展政策建议与措施

（1）光催化大气净化属于环境化学、光化学和催化化学的交叉学科，还会涉及科学、工学、建筑学等多个学科。增大基础研究领域对光化学大气净化学科的研发投入，设立专项研究计划，设立多学科交叉的平台，加速该学科在基础理论上的创新和突破，为进一步应用化研究奠定坚实的基础。

（2）光催化净化技术本质上是一门应用技术，通过出台相关优惠政策，引导环保企业更多地加入到光化学净化技术的研发和应用工作中来，加快光化学净化技术的产业化速度，形成产业示范效应和规模效应。

（3）光催化属于技术密集型产业，结合我国目前对“大众创业，万众创新”的支持，政府可以从政策上予以支持，从经济上予以帮助，鼓励有能力的相关科研人员，加入产业化的队伍，积极促进和加速科研的成果转化，让光催化技术不仅仅生存在论文中、实验室中，更应该走向社会，走入寻常百姓家。

（4）鼓励有条件的地区在汽车尾气处理、电厂尾气处理、餐饮油烟试点采用单一或集成式光催化净化技术，形成地区示范效应，加速光催化净化技术的实用化。

（5）光催化技术不仅仅是一项民用技术，在未来战场上，特别是涉及化学武器、生物武器的战争中，同样会发挥出巨大的作用。因此，对于光催化环境净化技术的研究，应该积极吸纳军方的力量，鼓励军队科研机构开展有关研究和应用，实现光催化技术的全面发展和应用。

4.2 光催化技术展望

（1）光催化净化技术属于近年来发展起来的大气污染物净化新技术。该技术有其自身的优势（如能耗低、净化条件温和、二次污染物较少），但也有其阶段性的缺点（如需要紫外光、降解效率不够高、无法彻底分解难降解污染物）。预计未来 20 年，光催化技术的基础研究将日趋成熟，光催化剂的效率将有明显提高，伴随而来的将是如光伏发电被广泛使用一样，光催化技术在污染物治理领域将得到大面积应用。

（2）面对我国目前较为严重的空气污染问题，光催化因其低能耗、绿色环保、高效的特点，必将成为环境治理、守护人民健康安全的有利工具。传统光催化材料的推广应用，也势必成为环保、家居、健康行业的热点。可以预见在不久的将来，将会有越来越多的商品化光催化空气净化材料走入寻常百姓家。

（3）经过几十年的发展，光催化材料的种类得到大大丰富，但是对新型高效、廉价、稳定、易得的光催化剂的开发与探索，依然还将是相关研究的热点与重点。同时，对于光催化净化机理的深入研究，也将继续进行下去。因此，可以预见，随着光催化机理的进一步探明以及更多新材料得到开发，未来光催化材料的能效必将大幅度提高。

（4）面对我国现阶段大气污染的严重形式，通过与其他净化方法的耦合，可以充分发挥光化学净化技术的优势，有效增强对大气污染物的尾端去除效率。光化学净化技术是现阶段对其他大气污染物净化技术的有益补充。将来有望在 NO_x、VOCs 及 POPs 的处理上发挥重要作用。

（5）光催化净化技术目前已在局部领域和地区得到实际应用，其适用范围还在不断拓展。通过局部示范效应，光化学净化技术的影响力将得到提升，并吸引一批中小企业加入到应用研发中来，提高光化学净化技术的发展速度。

参考文献

[1] 黄昆. 固体物理. 高等教育出版社，1988.
[2] 刘恩科，朱秉升，罗晋生，等. 半导体物理学. 电子工业出版社，2003.
[3] 王志刚. 现代电子线路. 北方交通大学出版社，2003.
[4] 李金平. 模拟集成电路基础. 北方交通大学出版社，2003.
[5] 高濂，郑姗，张青红. 纳米氧化钛材料及其应用. 化学工业出版社，2002.

[6] Schiavello M. Heterogeneous Photocatalysis. Photoelectrochemistry, Photocatalysis and Photoreactors. Springer, 1985.

[7] 黄燕娣，胡玢，王栋，等. 国内外室内空气污染研究进展. 中国环保产业，2002（12）：44.

[8] 韩世同，李静，习海玲，等. 化学武器及其模拟剂的光催化消除研究进展. 化工科技，2005（5）：49.

[9] Asahi R，Morikawa T，Irie H，et al. Nitrogen–doped titanium dioxide as visible–light–sensitive photocatalyst：designs，developments，and prospects. Chem Rev，2014，114（19）：9824.

[10] Chen H，Nanayakkara CE，Grassian VH. Titanium Dioxide Photocatalysis in Atmospheric Chemistry. Chem Rev，2012，112（11）：5919.

[11] Xie H，Zhang Y，Xu Q. Photodegradation of VOCs by C–TiO_2 nanoparticles produced by flame CVD process. J Nanosci Nanotechnol，2010，10（8）：5445.

[12] Zhang N，Ciriminna R，Pagliaro M，et al. Nanochemistry–derived Bi_2WO_6 nanostructures：towards production of sustainable chemicals and fuels induced by visible light. Chemical Society Reviews，2014，43（15）：5276.

[13] Salih H，Patterson C，Sorial G. Adsorption of VOCs by activated carbon in the presence and absence of Fe_2O_3 NPs and humic acid. Abstracts of Papers of the American Chemical Society，2011（241）.

[14] Zhu BL，Xie CS，Wang WY，et al. Improvement in gas sensitivity of ZnO thick film to volatile organic compounds（VOCs）by adding TiO_2. Materials Letters，2004，58（5）：624.

[15] Choi YI，Lee S，Kim SK，et al. Fabrication of ZnO，ZnS，Ag–ZnS，and Au–ZnS microspheres for photocatalytic activities，CO oxidation and 2–hydroxyterephthalic acid synthesis. Journal of Alloys and Compounds，2016（675）：46.

[16] Li X，Yu J，Jaroniec M. Hierarchical photocatalysts. Chemical Society Reviews，2016，45（9）：2603.

[17] Han MY，Huang W，Quek CH，et al. Preparation and enhanced photocatalytic oxidation activity of surface–modified CdS nanoparticles with high photostability. J Mater Res，1999，14（5）：2092.

[18] Ong WJ，Tan LL，Ng YH，et al. Graphitic carbon nitride（g–C_3N_4）–based photocatalysts for artificial photosynthesis and environmental remediation：are we a step closer to achieving sustainability?. Chem Rev，2016，116（12）：7159.

[19] Muktha B，Madras G，Gururow TN，et al. Conjugated polymers for photocatalysis. J Phys Chem，2007，111（28）：7994.

[20] Liu D，Wang J，Bai X，et al. Self–assembled PDINH supramolecular system for photocatalysis under visible light. Adv Mater，2016，28（33）：7284.

[21] 朱永法，姚文清，宗瑞隆，等. 光催化：环境净化与绿色能源应用探索. 分析化学，2015（3）：393.

[22] Brigden CT，Poulston S，Twigg MV，et al. Photo–oxidation of short–chain hydrocarbons over titania. Applied Catalysis B–Environmental，2001，32（1–2）：63–71.

[23] Li P，Perreau KA，Covington E，et al. Heterogeneous reactions of volatile organic compounds on oxide particles of the most abundant crustal elements：surface reactions of acetaldehyde，acetone，and propionaldehyde on SiO_2，Al_2O_3，Fe_2O_3，TiO_2，and CaO. Journal of Geophysical Research–Atmospheres，2001，106（D6）：5517.

[24] Ardizzone S，Bianchi CL，Cappelletti G，et al. Photocatalytic degradation of toluene in the gas phase：Relationship between surface species and catalyst features. Environ Sci Technol，2008，42（17）：6671.

[25] Zhang JL，Ayusawa T，Minagawa M，et al. Investigations of TiO_2 photocatalysts for the decomposition of NO in the flow system–The role of pretreatment and reaction conditions in the photocatalytic efficiency. Journal of Catalysis，2001，198（1）：1.

[26] Ballari MM，Hunger M，Husken G，et al. NO_x photocatalytic degradation employing concrete pavement containing titanium dioxide. Applied Catalysis B–Environmental，2010，95（3–4）：245.

[27] 张前程，张凤宝，张国亮，等. 室内空气中有机污染物的光催化净化. 环境科学与技术，2003（3）：56.

[28] Zou ZG，Ye JH，Arakawa H. Structural properties of $InNbO_4$ and $InTaO_4$：correlation with photocatalytic and

photophysical properties. Chemical Physics Letters, 2000, 332 (3-4): 271.

[29] Fu H, Zhang S, Zhang L, et al. Visible-light-driven $NaTaO_{3-x}N_x$ catalyst prepared by a hydrothermal process. Materials Research Bulletin, 2008, 43 (4): 864.

[30] Xu TG, Zhang C, Shao X, et al. Monomolecular-layer $Ba_5Ta_4O_{15}$ nanosheets: Synthesis and investigation of photocatalytic properties. Advanced Functional Materials, 2006, 16 (12): 1599.

[31] 张立武，朱永法，等．钨钼酸盐复合氧化物新型可见光光催化研究．中国材料进展，2010 (1): 45.

[32] Finlayson A P, Tsaneva V N, Lyons L, et al. eValuation of Bi-W-oxides for visible light photocatalysis. Physica Status Solidi A-Applications and Materials Science, 2006, 203 (2): 327.

[33] Lin Z, Li J, Zheng Z, et al. Electronic reconstruction of alpha-Ag_2WO_4 nanorods for visible-light photocatalysis. Acs Nano, 2015, 9 (7): 7256.

[34] Dumrongrojthanath P, Thongtem T, Phuruangrat A, et al. Glycolthermal synthesis of Bi_2MoO_6 nanoplates and their photocatalytic performance. Materials Letters, 2015 (154): 180.

[35] Liu D, Yao W, Wang J, et al. Enhanced visible light photocatalytic performance of a novel heterostructured $Bi_4O_5Br_2/Bi_{24}O_{31}Br_{10}/Bi_2SiO_5$ photocatalyst. Applied Catalysis B-Environmental, 2015 (172): 100.

[36] Liu C, Zhang Y, Dong F, et al. Easily and synchronously ameliorating charge separation and band energy level in porous g-C_3N_4 for boosting photooxidation and photoreduction ability. Journal of Physical Chemistry C, 2016, 120 (19): 10381.

[37] Dong G, Yang L, Wang F, et al. Removal of nitric oxide through visible light photocatalysis by g-C_3N_4 modified with perylene imides. ACS Catalysis, 2016, 6 (10): 6511.

[38] Zhang M, Xu J, Zong R, et al. Enhancement of visible light photocatalytic activities via porous structure of g-C3N4. Applied Catalysis B-Environmental, 2014 (147): 229.

[39] Wang J, Shi W, Liu D, et al. Supramolecular organic nanofibers with highly efficient and stable visible light photooxidation performance. Applied Catalysis B: Environmental, 2017 (202): 289.

[40] Shang J, Yao WQ, Zhu YF, et al. Structure and photocatalytic performances of glass/SnO_2/TiO_2 interface composite film. Applied Catalysis A-General, 2004, 257 (1): 25.

[41] 何俣，朱永法，喻方，等．玻璃珠负载中孔 TiO_2 纳米薄膜光催化研究．无机材料学报，2004 (2): 385.

[42] He ZG, Li JJ, Chen JY, et al. Treatment of organic waste gas in a paint plant by combined technique of biotrickling filtration with photocatalytic oxidation. Chem Eng J, 2012 (200): 645.

[43] Chen JY, Huang Y, Li GY, et al. VOCs elimination and health risk reduction in e-waste dismantling workshop using integrated techniques of electrostatic precipitation with advanced oxidation technologies. J Hazard Mater, 2016 (302): 395.

[44] Liu RR, Chen JY, Li GY, et al. Using an integrated decontamination technique to remove VOCs and attenuate health risks from an e-waste dismantling workshop. Chem Eng J, 2016, DOI: 10.1016/j.cej.2016.05.004.

[45] Li GY, Sun HW, Zhang ZY, et al. Distribution profile, health risk and elimination of model atmospheric SVOCs associated with a typical municipal garbage compressing station in Guangzhou, South China. Atmos Environ, 2013 (76): 173.

[46] Chen JY, Zhang DL, Li GY, et al. The health risk attenuation by simultaneous elimination of atmospheric VOCs and POPs from an e-waste dismantling workshop by an integrated de-dusting with decontamination technique. Chem Eng J, 2016 (301): 299.

撰稿人：朱永法　只金芳

辐射固化技术研究进展

辐射固化亦称UV/EB固化，是指以紫外光或电子束为能量源，辐照高分子或低聚物使其快速发生化学交联固化的技术，分别称为光固化和电子束固化。前者作为工业技术发端于20世纪60年代德国，后者发端于欧美50年代的高能电子束加工技术，并逐渐演化为适用于薄层有机材料的低能电子束固化技术。辐射固化因其交联速率快、节能、环保、加工结果高性能等综合优势而在诸多工业领域广泛应用，产品主要包括辐射固化涂料、油墨、胶粘剂、聚合物复合材料、高分子膜材等，已形成较大产业规模。我国在该领域从事基础及技术研究的机构主要包括清华大学、中国科技大学、北京师范大学、中山大学、四川大学、北京化工大学、江南大学、同济大学、广东工业大学、武汉大学等。至2016年，我国辐射固化产业市场已达149亿元人民币，全球辐射固化市场产值超过240亿美元，并以接近10%复合年增长率增长。辐射固化已成为全球薄层高分子材料固化加工的主流趋势。

1 辐射固化的定义和基本原理/过程

1.1 定义

辐射固化，国际通称UV/EB固化，是指高分子低聚物或高聚物等有机材料在紫外光或电子束辐照下快速发生交联固化的一种高效、环保、高性能工业技术，主要形成辐射固化涂料、辐射固化油墨、辐射固化胶粘剂等工业产品类型，另外在塑料交联强化加工方面也已形成产业。以紫外光为辐照能量源的辐射固化又称紫外光固化，或称UV固化，形成产品如UV固化涂料、UV固化油墨、UV固化胶粘剂。以电子束为能量源的辐射固化又称电子束固化，或称EB固化，形成产品包括EB固化涂料、EB固化油墨、EB固化胶粘剂等。辐射固化产品形式如图1所示。

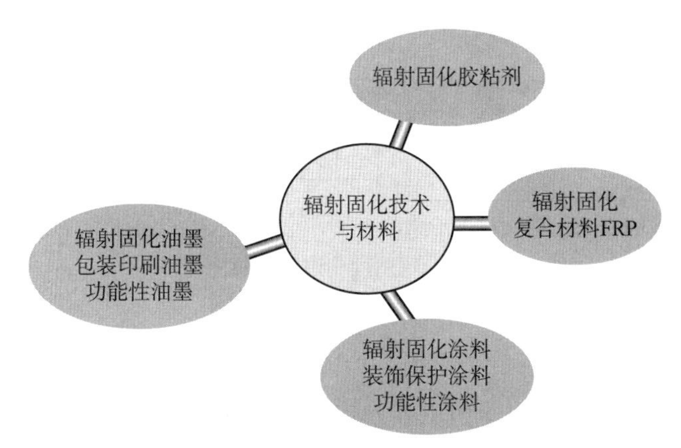

图 1 辐射（UV/EB）固化产品形式

辐射固化技术主要适用于厚度约数微米至上百微米薄层材料的快速交联固化，少数新型应用也包括厚层材料，甚至体型材料的固化加工。辐射固化技术具有 5E 特征，如图 2 所示。

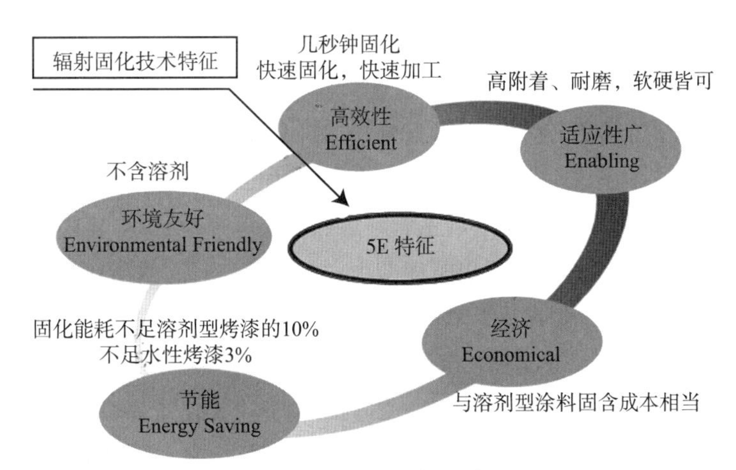

图 2 辐射固化技术 5E 特征

1.2 基本原理 / 过程

辐射固化是依赖配方中对外来射入体系的能量源（紫外光或电子束）敏感的成分，高效率吸收能量后发生快速化学转变，产生高活性的自由基、阳离子、阴离子、离子化自由基或其他激发态活性基团，引起链式聚合或偶联反应等，形成交联结构，赋予材料良好的综合性能。辐射固化过程可以用图 3 表示。

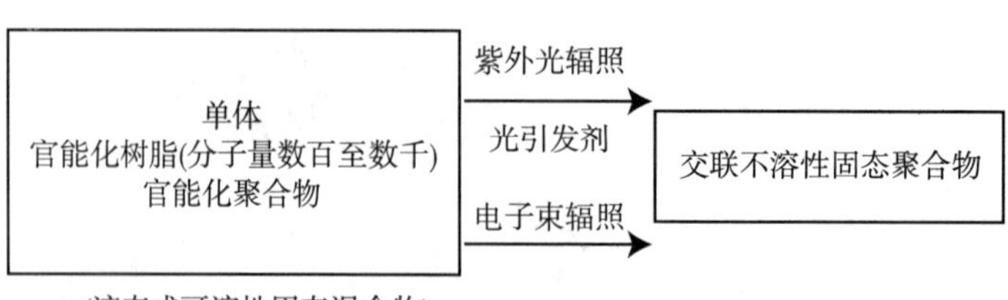

图 3　辐射固化过程示意图

1.2.1　辐射固化能量源

辐射固化所利用的能量源有别于传统热固化的能量源，当前辐射固化技术采用的能量源包括紫外光源（UV）和电子束（EB）两大类。

1.2.1.1　汞灯紫外光源

紫外光按其波长范围不同，可划分为 UVA（400~315 nm）、UVB（315~280 nm）、UVC（280~200 nm）。紫外光固化采用的紫外光源一般为中压汞灯，少数情况下会配备低压汞灯。中压汞灯的灯管为石英材料制成，对紫外光具有良好的透过性。灯管内充有约 1 个大气压的汞蒸气和氩气混合气体，在瞬间高压激发下，处于激发态的汞原子跃迁发射出特定波长的紫外光。

工业生产上采用的中压汞灯其单支灯管功率可从几百瓦至数千瓦不等，光固化设备一般配置单支或多支中压汞灯灯管并排安装，光强叠加以产生足够高而均匀的紫外光辐照强度，促进 UV 固化进行迅速及完善，通常在辐照面上可产生 UVA 至 UVB 波段光强达每平方厘米数十至数千毫瓦。光强乘以时间即为样本在设定时间内所接受到的紫外辐照能量（单位 mJ/cm^2）。中压汞灯输出紫外光的波长呈带状分布，因功率和参数设计不同，各输出谱带的相对强弱有所差异，但几个较强的输出波长比较固定，最强紫外输出位于 365 nm 处，其次在 313 nm、303 nm、280 nm、254 nm 附近也有较强紫外输出。在蓝光波段的 405 nm、436 nm、546 nm 附近也有较强输出，使中压汞灯肉眼视觉发黄绿光。

传统中压汞灯一般配备变压器产生瞬间高压，以启动紫外光输出，中压汞灯光源需要在点灯后预热 20 分钟左右以获得稳定工作状态。工业用中压汞灯灯管工作寿命大多为 1000 小时左右，其间输出光强缓慢衰减，至后期进入加速衰减阶段，后期虽然仍能点亮，但紫外波段输出已极其微弱，失去使用价值。

另一种相对先进的紫外光源为无极灯，即采用中间细长的无电极石英灯管，灯管本身不接触电源，内充汞蒸气和氩气，灯管在装置微波共振激发下发射紫外光。根据灯管尺寸、汞蒸气压力等参数设计差异，可调整灯管发射紫外光谱带的分布强度，以适应不同 UV 固化场合。无极灯具有即开即用、无需预热、工作寿命长、光强输出稳定的特点。

1.2.1.2　UV LED 光源

UV LED 光源是以半导体芯片发射紫外光，当前获得市场应用的这类半导体光源主要为 UVA 光源，即发射光波长大多位于 315~400 nm 区间。依据芯片带隙宽度不同，可发射中心波长分别位于 365 nm、375 nm、385 nm、395 nm、405 nm 等处的窄带光，是一种免除汞灯潜在汞污染、输出光强稳定、发热相对较低、电能转化效率更高的新型紫外光源。375 nm、385 nm、395 nm、405 nm 等长波输出 UV LED 模组光源，其输出光强已经超过 20000 mW/cm^2，但 365 nm 输出的 UV LED 光源其辐照光强较低。UVB（280~315 nm）和 UVC（200~280nm）波段的半导体光源由于制造技术难度太大，成本极高，输出光强太弱，预计短时间内难以获得规模化市场应用。

1.2.1.3　电子束装置

实际为一种电子加速器，由阴极发射出来的电子经电场加速，获得不同等级的能量，即由阴极电子枪射出的电子获得足够能量按照一定方向飞行，即电子束（EB），并打击到待加工材料表面乃至内部，通过能量电子对材料化学键的作用，引起一系列化学反应，包括交联固化。电子加速器依据其能量高低，一般分为高能电子束、中能电子束和低能电子束，高能、中能电子束由于电子飞行速度太快，能量过高，不适合包层聚合物材料交联固化，EB 固化通常采用低能电子束装置，其加速电压（或称电子能量）多为 150~500 keV，结合电子束中电子束流密度，低能 EB 的功率为数十至数百千瓦，更多厂商划定的低能 EB 设备电子能量范围 80~300 keV，功率可达 10~600 kW。小型低能 EB 设备为密封装置，加速电子通过极薄的金属钛膜窗口射出，打击到待加工材料中，引起固化交联。EB 功率一般 0.5~4 kW，适用于 EB 固化油墨、涂料加工。依据电子束输出时所展现的形态，低能 EB 设备的工作方式有几种，包括斑点输出扫描式、幕帘式和多阴极式。

1.2.2　辐射固化材料组成

对于辐射固化涂料、油墨、胶粘剂，其配方产品首先都需要足够低的黏度，以保证涂装、印刷、上胶工艺的应用施工性能。组成材料还需具备一定的结构，以保证辐照固化交联后赋予材料足够的引用性能。组成材料还应当对入射 UV 能量或 EB 能量有较高的吸收性，并高效率转化为活性种结构，从而快速引发交联固化。

1.2.2.1　UV 固化配方基本组成

UV 固化配方基本组成包括光固化树脂、活性稀释单体、光引发剂、其他添加成分等。

（1）光固化树脂主要包括：分子量为几百至数万，具备相对较高黏度和可聚合交联反应基团的低聚物，对固化交联的膜层材料提供基本的的物理性能。

适用于自由基光固化的树脂包括丙烯酸酯化的环氧树脂、聚氨酯丙烯酸酯、聚酯丙烯酸酯等。

适用于阳离子光固化的树脂包括携带缩水甘油基的各种树脂（交联反应活性较低而已，如常见双酚 A 环氧树脂、酚醛环氧树脂等）、氧化环己烯结构的各种环氧树脂（即所谓脂环族环氧树脂，交联反应活性较高）等。

（2）活性稀释单体是指自身黏度不高、挥发性低、分子量相对较小、能够较快聚合的单官能或多官能单体，对配方提供低黏度，降低整体黏度，便于涂装印刷施工；其次还高效率参与光固化交联，全部转化为交联固化膜的一部分，对成膜结构提供改性；再者，还调节光固化速度，低官能度活性稀释剂一般固化速度偏低，但降黏作用显著。高官能度活性稀释聚合速度快，但自身黏度偏高。活性稀释主要包括：甲基丙烯酸羟乙酯（HEMA）、三丙二醇二丙烯酸酯（TPGDA）、1, 6- 己二醇二丙烯酸酯（HDDA）、三羟甲基丙烷三丙烯酸酯（TMPTA）等。

除上述提到光固化树脂和活性稀释单体，还有很多不同结构、不同官能度及性能各异的光固化材料，以满足各种性能所需。

阳离子光固化配方采用的活性稀释单体主要包括低分子量的环氧化合物与乙烯基醚等。

（3）光引发剂（photoinitiator，PI）是光固化体系的关键组分，它关系到配方体系在光辐照时，低聚物及稀释剂能否迅速由液态转变成固态，即交联固化。其基本作用特点为，引发剂分子在紫外光区间（250~420 nm）有一定吸光能力，吸收紫外光能量后，获得激发态，再经由一定反应途径，迅速产生活性自由基或阳离子，引起光固化和单体聚合交联，完成固化。按其作用机理可分为感光裂解型（激发态裂解产生活性自由基，引发聚合交联）和感光夺氢型（感光激发态从其他分子夺氢，间接产生自由基，引发聚合交联）。

阳离子光引发剂吸光跃迁至激发态，裂解产生超强质子酸或其他高活性阳离子，引发环氧基团或乙烯基醚基团聚合交联，达成固化。主要的阳离子光引发剂包括碘鎓盐和硫鎓盐两大类。

1.2.2.2　EB 固化配方基本组成

UV 固化配方去掉光引发剂后，即可作为 EB 固化配方，即为 UV 树脂加活性稀释单体的组合，这些材料在电子束打击下本身即可产生活性自由基、阳离子，引发聚合固化。此外，很多原本不属于 UV 树脂、也不含聚合基团的惰性聚合物也能参与 EB 交联固化，在 EB 作用下裂解产生链自由基而进行交联。如 PE、PP、PS、PVC、PVA、EVA、聚偏氟乙烯（PVDF）、聚乙烯基甲醚、聚丁二烯、苯乙烯 - 丙烯腈共聚物、天然橡胶、聚酰胺、聚酯、聚氨酯、聚丙烯酸酯、聚丙烯酰胺、聚二甲基硅氧烷、乙烯 - 四氟乙烯共聚物、酚醛树脂、脲醛树脂、密胺 - 甲醛树脂等。另有一些聚合物主链含有较多叔碳结构、偕碳二取代、高极性取代的，在电子束作用下容易发生主链裂解，一般不适合于 EB 固化配方应用。

1.2.3　辐射固化机理——自由基光固化

光固化机理过程依赖配方中关键的光引发剂吸收紫外光能量，获得激发态，再经由化学键裂解或分子间夺氢产生高活性自由基，引发树脂及单体上的丙烯酸酯双键聚合，进而交联为固化网络。

对于夺氢型光引发剂的作用机理，如二苯甲酮系列、硫杂蒽酮系列等，可在相对较大波长位置吸收紫外光能，在其激发态夺取活性胺等其他分子上的氢原子，间接产生自由基，同样引发自由基聚合，并交联固化。

自由基光固化过程容易受到空气中氧分子的阻聚干扰，即存在氧阻聚现象，导致整体聚合速率有所下降，甚至表面固化不彻底而表现为黏性或表面硬度太低。叔胺结构的活性胺可以大幅缓解这种氧阻聚，加速 UV 固化。自由基 UV 固化过程不受潮气和水分干扰，因而可以拓展形成水性 UV 固化技术应用。相对来说，自由基机理的 UV 固化研究较为透彻，原材料开发较为完善，应用也比较宽泛而成熟。

1.2.4 辐射固化机理——阳离子光固化

与自由基光固化相似，阳离子光固化体系中的阳离子光引发剂作用至关重要，阳离子光引发剂包括二芳基碘鎓盐、三芳基硫鎓盐、烷基硫鎓盐、铁芳烃盐、磺酰氧基酮及三芳基硅氧醚，但以碘鎓盐和硫鎓盐为主，其他阳离子光引发剂研究虽多，应用太少。其基本作用特点是光活化到激发态，分子发生系列分解反应，最终产生超强质子酸（也叫布朗斯特酸，Brönsted acid）或路易斯酸（Lewis acid），之所以称为超强酸，是因为与酸中心配对的阴离子亲核性非常弱，酸中心束缚很小。酸的强弱是阳离子聚合能否引发并进行下去的关键，酸性不强，说明配对的阴离子具有较强亲核性，容易和碳正离子中心结合，阻止链增长，或者聚合不能引发，也可能得到低聚物。质子酸和路易斯酸都是引发阳离子聚合的活性种。适用于阳离子光聚合的单体主要有环氧化合物、乙烯基醚，其次还有内酯、缩醛、环醚等。

和自由基光引发聚合比较，阳离子光聚合具有如下特点：①假如体系中没有胺、硫醇等亲核性较强的物质，质子酸或路易斯酸活性种在化学上是稳定的，不会像自由基那样偶合消失，只能加到单体上引发聚合，并保持这种离子活性；②自由基聚合速率快，几乎不受温度限制，活性自由基一旦产生，就能迅速引发聚合；阳离子聚合不同，在光照同时或光活化后，有时需要适当升温，以加速聚合；③自由基光聚合虽然较快，但在光聚合进行过程中如将光源突然切断，聚合速率迅速下降，聚合转化率仍有少许缓慢增长，最终趋于恒定，可以认为，对自由基光聚合，光停，聚合几乎马上停止；阳离子光聚合过程中如将光源突然切断，聚合速率并没有迅速降低，而是继续以较快速率增长，通过后期暗反应最终也能达到较为完全的聚合转化，换句话说，阳离子光聚合是不死聚合，只要初期接受光辐照，后期暗聚合照样顺利进行；④自由基光聚合对分子氧特别敏感，容易发生氧阻聚，对水、胺碱等亲核试剂不敏感；阳离子光聚合则不存在氧阻聚问题，但水汽、胺碱等亲核物质将会与阳离子活性中心稳定结合，导致阻聚；⑤阳离子光聚合完成后，涂层中仍可能残存有质子酸，这对涂层本身和底材可能有长期危害；⑥阳离子光固化体系具有收缩率较低、收缩应力小的特点，相比于自由基光固化，能够获得更好的界面黏附性和长期力学强度，比较适合于光固化胶粘剂。

阳离子光解产生的活性种是超强质子酸和路易斯酸，其中，超强路易斯酸一般是光解的直接产物，超强质子酸通过超强路易斯酸或光解所得碳正离子与醇类等活性氢物质反应间接获得。超强质子酸容易引发环氧或乙烯基醚单体聚合。这些超强质子酸和路易斯酸引发环氧、乙烯基醚开环聚合过程和传统的环氧阳离子聚合反应基本相同，我们所关心的其实是如何通过光照产生这些活性种。

1.2.5 EB 固化机理

EB 固化实际上是较高能量的电子束流飞行打击到材料内部的作用过程，能量电子接触到材料中的各种化学键，将同时产生一系列复杂的化学变化。

尽管聚合物材料对 EB 的响应多种多样，但一般存在主流反应，即小分子量的活性稀释单体在 EB 作用下可产生自由基或离子化自由基，对双键、环氧基团进行加成引发聚合交联；对低聚物或高分子量可能主要发生主链的裂解反应或交联反应，并且同时发生，但存在相互竞争关系，所占权重不同，总体表现侧重于裂解，或侧重于交联。主链有 alpha–H，倾向于交联；主链具叔碳结构或偕碳二取代或高极性取代时，聚合物倾向于降解；主链具单侧链或无侧链，倾向于交联占优势。以 G_x 代表 EB 作用下的聚合物链交联反应量子效率，以 G_s 代表 EB 作用下的聚合物链裂解反应量子效率，则每种聚合物的 G_x 与 G_s 大小不同，EB 打击下，最终聚合物的分子量可用方程（1）描述。

$$\frac{1}{M_n}=\frac{1}{M_n^0}+\left[0.1036\times10^{-6}\times D\times(G_s-G_x)\right] \tag{1}$$

EB 作用下，配方体系中产生自由基和其他离子化自由基，作用于单体、树脂上的双键、环氧基等，高效率发生交联聚合，形成固化。与此同时，在添加的大分子量聚合物链上和新生的聚合物网络上，也会因 EB 打击而不断产生链自由基，导致接枝聚合协同发生，促进交联转化，有利于 EB 固化效果。PP 和 PVC 材料可以添加到 EB 固化配方中改善性能，但纯粹的 PP 和 PVC 材料在 EB 作用下以主链裂解为主，但在 EB 配方中，含有大量多官能丙烯酸酯单体或其他多双键交联剂，则会协同发生 PP、PVC 链的交联，有助于 EB 固化材料性能提高。对于芳环含量太高的聚合物，由于苯环对入射电子的捕捉减速作用，将削弱 EB 作用效果，降低 EB 反应效率，如 PS、PET、PC 等。

相对 UV 固化技术，EB 固化技术能够获得更高性能的交联材料，双键转化率更高，交联更彻底，固化膜玻璃化转变温度更高，材料抗老化性能更优异，户外耐老化性能可满足大部分应用要求，这是 UV 固化暂时不及的。除了 EB 所导致的聚合交联固化效果，某些聚合物材料在 EB 作用所产生的高效率裂解、高效率接枝反应，也在工业领域找到合适的应用。EB 固化的效果更为完善，产品生命力更强，只是电子加速器造价过高，限制应用。另外，EB 固化过程中存在严重表面氧阻聚现象，因而常规 EB 固化加工需要在辐照平面上通氮气以克服氧阻聚。EB 固化的电子能量与涂层中穿透深度密切关联，电子穿透深度与材料的密度又密切关关联。

根据 EB 装置电压，产业化开发的领域，不同能量的低能 EB 适用于不同工业场合。70~150 keV 用于薄膜涂层、印刷油墨、硅酮离型涂层材料、薄层胶粘剂、消毒灭菌等。165~180 keV 用于家具薄膜贴面、压敏胶固化等。180~250 keV 用于纸板、木板、拼木地板、塑料板、层压板，以及其他基材平板的涂层固化。250~300 keV 用于复合材料的涂层固化。EB 固化油墨、涂料、胶粘剂最大优势在于能耗低、固化转化完全、残留极低、卫生安全性最为可靠、户外耐候性有保障等。

2 国内外技术现状及发展趋势

2.1 辐射固化技术发展概况

辐射固化包含 UV 固化与 EB 固化两方面，其各自技术发展历程并无太多关联性，尤其在发展早期。后期发展出现局部竞争与互补关系。

2.1.1 UV 固化技术发展历程

UV 固化技术最早可追溯到 1826 年法国约瑟夫的一次照相发明，使用低黏度优质沥青涂覆玻璃板，预干后，置于相机暗盒内，开启曝光窗，沥青涂层感光逐渐交联固化，形成潜像，再经溶剂清洗定影，获得最早的沥青成像图案。到 1943 年，美国杜邦公司提交了世界第一份有关光引发剂的发明专利，尽管这种二硫代氨基甲酸酯化合物感光活性较低，后来也未能转化为实际应用，但确实开启了一种全新的聚合物材料加工技术。到 1948 年，美国专利中出现了第一个光固化油墨配方和实施技术的专利，这为 40 年后兴起的 UV 固化油墨技术和产业应用提供了重要启示。

虽然从 20 世纪 40 年代初开始光聚合研究并不很多，但在 50 年代初美国兴起的微电子半导体产业带领下，Eastman-Kodak 公司于 1954 年研发推出的光敏剂增感的肉桂酸酯化聚乙烯醇（polyvinyl cinnamate）成为第一个光固化性能的光刻胶，成功应用在当时刚刚萌芽的集成电路（即后来的微电子芯片）规模化制造上。可以说，如果没有当时柯达公司研制的微电子光固化技术，微电子时代的来临可能还要延迟很多年。因而光固化性能的第一款光刻胶对 20 世纪的微电子工业发展起到了至关重要的作用。

UV 固化技术真正实现产业化规模发展是在 1963 年，由当时德国 Bayer 公司研发推出光固化木器涂料，开始规模化应用于木器家具和木器零件涂装，首次实现了无溶剂快速、环保涂装，获得很好的固化涂层效果，在国际上名噪一时，此即为第一代光固化涂料，开启了光固化技术规模化工业应用新时代。UV 木器涂料发展至今，因木器家具流水作业和环保的需要，美国已有约 700 条大型光固化涂装线，德国、日本等大约有 40% 的高级家具采用光固化涂料。中国 UV 家具涂料涂装在过去几年发展进入快车道。

随着光固化技术应用面不断扩大，市场体量逐步增加，越来越多的科研机构和知名公司加入到光固化新型材料的研发中，在 20 世纪 70—90 年代，越来越多高性能的光固化材料得到研发推广应用，包括美国 Merck 公司推出的 Darocur 1173 光引发剂，以及原瑞士 Ciba 公司推出的 Irgacure 184、Irgacure 907、Irgacure 369、Darocur TPO、Irgacure 819 等热稳定性好、光引发效率高的光引发剂。光固化树脂和单体方面也发生了巨大变革，基本抛弃了低活性的不饱和聚酯体系和挥发性较强的苯乙烯单体，研发除了光固化速率更快、固化性能更加优异的丙烯酸酯化低聚物和丙烯酸酯多官能活性稀释单体，基本形成了当今UV 固化原材料的主体结构。使得光固化涂料的综合性能更加优异，市场应用接受程度越来越高，从最初的家具木器涂料涂装，发展到各种装饰塑料基材、金属器具、电子电器产品、玻璃、陶瓷、复合材料、石材的快速、环保、高性能涂装。

到 20 世纪 80 年代末至 90 年代中期，由于 ITX、TPO、819 等长波吸收高效光引发剂的问世，UV 固化油墨得到实质性的应用发展，日本东洋油墨公司等出现了非常适合高密度印刷电路板（PCB）光刻制造的感光线路油墨和感光显影阻焊油墨，对 PCB 产品精度、质量提升和制造效率提高产生了巨大推动作用。PCB 油墨可能是最早期工业应用成功的光固化油墨产品。同时代的欧美、日本多家企业还研发推出了 UV 固化丝印油墨，到 2000 年后研发成功 UV 胶印油墨、柔印 UV 油墨，广泛应用在包装印刷等领域。2000 年以后出现的 UV 喷墨印刷在海外中高端市场替代了原来耐水性差、展色性能低、干燥慢的水性喷墨和高污染的溶剂型喷墨。实现了喷墨印刷的高效、快速、精准、环保特性。但 UV 喷墨印刷要求墨水黏度极低，传统 UV 活性稀释单体根本无法满足，需要新型特种超低黏度活性稀释剂，而这方面核心技术与关键原材料基本为国外少数企业封锁。

光固化胶粘剂也是光固化家族中重要一员，尽管其市场规模不大，但对电子、医疗、汽车、家具、建筑等行业制造作用巨大。有关 UV 胶粘剂市场应用的起源已很难考证，20 世纪 90 年代在国内外就已出现规模化的 UV 胶粘剂应用，目前主要应用包括 UV 胶粘接玻璃家具、电子元器件组装、牙科修复材料、汽车部件组装、一次性注射器装配、光纤接驳、触摸屏光学填充胶（LOCA）等。最近 10 年左右在欧洲发展起来的 UV 固化城市下水管道在线修复技术使用大量 UV 胶与玻纤软管复合，目前处于市场成长初期，预计未来市场成长后，每年需要消耗数以千吨的 UV 胶。

中国 UV 固化技术发展大约始于 20 世纪 70 年代，主要在印刷制版、非银盐成像等小众领域展开，规模很小。到 80 年代，由于中国电子制造业的迅猛发展，日本的一些企业将 UV 固化 PCB 油墨技术带到国内，形成小有规模的 UV 固化市场，并带动国内研发机构和企业自主研发 UV 固化 PCB 线路油墨和阻焊油墨，当时的佛山市化工实验厂、中科院感光化学研究所杨永源教授课题组就走在该行业前列。这一时期的研发应用，催生出了后来的番禺环球化工，以及后来成长起来的中国光固化 PCB 油墨代表性企业——广信材料（上市）、深圳容大（上市）、佛山三求等企业。

到 90 年代初，国外 UV 材料供应商 Sartomer、UCB 等在中国市场推广光固化技术，加上国内中科院、中科大、清华、北大、北京化工学院、中山大学等一批 UV 领域老专家的合力推动，首先于湖南株洲成立华兴 UV 材料研发基地，培育了大批人才和工艺技术。1991 年在长沙诞生了由谭昊涯先生主导的湖南亚大公司，实现部分材料自主合成，完成多个 UV 固化涂料产品调制研发，包括 UV 固化木地板涂料、UV 固化摩托车漆、UV 固化装饰塑料扣板涂料等，后续几年很快实现了年销售过6000万元的规模，亚大也被称为中国UV涂料的“黄埔军校”，为中国UV行业培养了大批人才，开拓了较多有规模的应用市场。此后紧接创立的长沙新宇高分子材料有限公司为国内UV固化产业发展提供了关键的光引发剂材料。1992年，在金有铠等多位业内老专家倡导下，中国辐射固化专业协会宣布成立，后经变迁，现正式名称为中国感光学会辐射固化专业委员会。中科院金有铠、中科大施文芳、中山大学杨建文相继担任该专委会主任。

包装印刷油墨有别于前述PCB电子油墨，我国包装印刷UV油墨技术和市场发展有赖于境外技术和产品输入，带动国内企业和高校院所的自主研发，从20世纪90年代初开始，日本、欧美企业相继在中国市场推广使用丝印UV油墨，主要用于各类商品印刷装饰和包装印刷，日企株式会社T&K Toka在华设立的杭华油墨成为国内UV印刷油墨领域的标杆企业。国内早期发展起来的深圳美丽华油墨涂料有限公司行业知名度较高，为业内培养了大批专业人才。印刷UV油墨技术层面，早期研制推广的UV丝印油墨其技术和市场已进入成熟期，介入门槛已相对较低；UV胶印油墨和柔印油墨作为后起之秀曾一度成为UV油墨市场主流；UV凹印油墨由于技术层面原因一直没有大规模进入印刷市场，近期开始有少数企业研制形成小规模应用的UV凹印油墨，并有快速增长的趋势。UV印刷油墨使用过程常伴随UV罩光，因此，UV油墨研制供应一般都与UV光油涂料协同推进。

2.1.2 EB固化技术发展历程

EB固化即采用电子加速器作为能量源辐照有机材料使其产生自由基、活性阳离子或阴离子等活性种，导致材料迅速聚合交联固化的过程。电子束设备按照其加速电场强弱，即加速获得的射出电子能量大小，可以分为：高能电子束（5~10 MeV）；中能电子束（300 keV~5 MeV）；低能电子束（80~300 keV）。

EB固化使之采用低能电子加速器对涂层、油墨、胶粘剂进行辐照固化加工的技术，高能与中能电子加速器不适用于薄层固化。20世纪50—70年代，早期出现EB加工装置，大多为斑点扫描方式作用于待处理材料，因能量较高（500 keV~10 MeV），需要外周的安全屏蔽，建立水泥防护墙，设备庞大。主要应用于航天航空、核能、医疗、农业等领域的材料加工处理，由于射出的电子能量太高，并不涉及涂层、油墨的EB固化。20世纪70—80年代，低能（150~300 keV）电子束装置，即自屏蔽电子帘加速器取得技术突破，用于包括热收缩包装的聚乙烯薄膜交联、压敏胶、硅酮离型涂料等应用在内的许多领域。自屏蔽加速器也可用于油墨、涂层、胶粘剂表面固化。

20世纪80年代EB技术在欧美日市场取得了迅速增长，80年代市场增长的势头并没有持续多久。90年代，EB固化只限于欧美特大型加工开发商的小众市场。此后，自屏蔽EB装置市场出现过零增长，甚至负增长，EB装置市场低迷的主要原因来自多方面，EB装置整体尺寸过于庞大，而且价格昂贵，对于诸如软包装、涂装印刷等一些成本敏感行业难以接受。EB装置产生的电子穿透性高于所需要的穿透性。这些电子有可能损伤对辐射敏感的一些基材，如使聚氯乙烯塑料（PVC）褪色，使纤维材料和纸质材料因分子链断裂而损失物理性能，使某些聚烯烃材料产生异味（off-odor）。化学供应商由于缺乏合适的EB装置，难于开发出有效的EB固化配方满足市场更广泛的需求。当时市场虽然也提供一些EB固化的油墨、涂料和胶粘剂，然而只限于小众市场的应用，而且价格高昂。

20世纪90年代初期，市场出现新一代能量为80~125 keV的小型EB装置，这种能量适合于油墨、涂层、胶粘剂表面固化。第一代和第二代产品，其结构都是真空多灯丝EB装置。20世纪90年代后期至本世纪初期，市场出现了另一种类型的EB装置——电子束发射灯管。日本产品为能量30~70 kV密封型电子束发射灯管，欧洲产品为能量80~200 kV电子束发射灯管，可以进行模块式的组装，为EB固化今后市场开辟了新的应用机会。

由于EB固化比UV固化、溶剂型固化成膜更为彻底，涂层强度更有保障，配方不使用光引发剂，固化涂层内原料残留极少，保证了涂装层的卫生清洁性，也大大提高了涂层户外使用耐候性，具有更加可靠的使用性能。最近10余年里，EB固化技术逐渐民用扩展，主要在卫生安全油墨印刷、卫生用品PSA与离型纸制造、清洁安全涂装（如室内装修墙纸涂装）、车内仿皮涂层固化、室内装修墙布涂层、医疗用品涂层等方面获得高附加值应用市场。但无论如何，EB固化所需的低能EB加速器制造成本太高，下游产业介入门槛过高，限制了EB固化产业的快速发展，国内市场公开的EB固化加工企业信息极少。目前为止，适用于薄层材料EB固化交联的低能EB加速器只有少数几家企业能够生产，先进可靠的低能电子束设备制造基本还是由国外几家公司垄断，我国少数企业和机构近几年开始正追赶研制。

2.2 辐射固化各细分领域代表性企业

辐射固化技术产业可以从光固化和EB固化两个领域进行了解，对于光固化技术产业，其结构包括原材料制造、配方产品研制生产和涂装印刷应用三个产业环节，形成由上至下的产业供应环节，最后一道产业环节实际已渗透到建材、电子、包装印刷、医疗器械、油气储运、市政工程等大宗产业制造领域。EB固化产业领域主要包括低能EB加速器制造、EB配方产品研制生产和涂层油墨EB固化加工三个产业环节，由于EB固化加速器成本太高，国内外实际进行EB固化加工的企业可能出于自我市场保护，避免潜在恶性竞争风险，对外信息极为封闭。

2.2.1 UV固化原材料企业

（1）光引发剂企业：

国内部分企业：

天津久日　　　　常州强力新材（上市）

北京英力（IGM）　　　　江苏三木

湖北固润　　　　台湾奇钛科技（Chetic）

长沙新宇
深圳有为
江苏双键化工（台企，收购大丰）
吉安东庆精细化工
浙江扬帆新材（上市）

（2）光固化树脂和活性稀释单体企业：

国内部分企业：

Sartomer（广州）
张家港东亚合成
湛新 Allnex（上海）
DIC 中国
江苏三木
无锡赛特
台湾长兴（珠海）
中山科田
江苏利田
深圳丰湖
中山千佑
DSM（台湾）
广东博兴新材
长润发
中山杰士达
陕西喜莱坞实业
天津久日（原天骄部分）

2.2.2 UV 光源与设备企业

国内部分企业：

深圳润沃机电
麦科勒（滁州）新材料科技（UV LED）
涿州蓝天特灯
青岛杰生（UV LED 芯片制造，被圆融收购）
深圳蓝谱里克（UV LED 模组）
三安光电（UV LED 芯片制造）
深圳仁为光电（UV LED 模组）
华灿光电（UV LED 芯片制造）
上海臻辉光电（UV LED 模组）
中科优唯（UV LED 芯片制造）
鸿利光电（UV LED 芯片封装）

2.2.3 UV 涂料企业

国内部分企业：

广东希贵光固化涂料
珠海东诚光固化材料
湖南松井新材
上海长悦
苏州明大
贝格涂料（广州）
上海飞凯
阿克苏诺贝尔涂料（中国）
深圳美丽华油墨涂料
PPG 中国
台湾东周涂料
DSM 中国
江苏海田化学
BASF 中国
番禺龙珠
江苏宏泰
大宝漆
广州申威新材

叶氏涂料
华润涂料（Valspar）
嘉宝莉
展辰
浙江佑谦特种材料
乐凯集团
湖南本安亚大
松辉 / 万辉 / 卡秀
湖南阳光新材
武藏中国
湖南邦弗特
上海有行鲨鱼（上市）
湖南金海科技

2.2.4 UV 油墨企业（包括 UV 电子油墨、PCB 油墨）

国内部分企业：

深圳美丽华油墨涂料
深日油墨（中国）
深赛尔
上海 DIC 油墨
番禺龙珠
叶氏油墨
广信新材（上市）
珠海乐通（上市）
深圳容大（上市）
深圳美联兴
佛山三求
深圳立美特
天津东洋油墨
深圳海中辉
杭华油墨化学
中山中益油墨
苏州科斯伍德（上市）

2.2.5 UV 胶粘剂企业

国内部分企业：

东莞派乐玛
3M 中国
成都博深高技术材料
亨斯迈中国
回天胶业（上市）
HB 富乐中国
乐泰中国
德佑威
思高（Henkel 中国）
永大（中山）

2.2.6 EB 固化企业

（1）EB 设备厂商（低能电子加速器）：

国内企业：

中国工程物理研究院 CAEP（绵阳九院）
无锡爱邦
中广核江苏达胜加速器

（2）EB 固化材料配方企业（主要为 EB 固化印刷油墨、涂料）：

境外已知企业：

DSM
Toyo Ink Co.
Allnex
Siegwerk

Sartomer	INX International Ink
3M	Tokyo Printing Ink
AkzoNobel	Flint Group
Prime Coatings	Huber Group
BASF	DIC Corporation
Sun Chemical Corporation	T&K Toka
Collins（EB inkjet inks）	

TechnoSolutions Business Venture [Antilhas（package printer）+ Saturno（ink manufacturer）+ Comexi（press manufacturer）]

境内企业:（暂未公开）

2.3 辐射固化产业规模

辐射固化产业技术形式主要包括紫外光固化与EB固化，应用配方产品形式包括涂料、油墨（含各种功能油墨）、胶粘剂（含各种功能胶）、纤维增强复合材料（市场刚起步）等，全球辐射固化配方产品（包括EB和UV固化）2016年市场规模在统计基础上推算为240亿美元，其中UV配方产品约80亿美元。原材料主要包括光固化树脂、活性稀释单体、光引发剂等。配方其他助剂、印刷涂装设备一般不包括在本行业统计调查范围，EB固化产品由于市场信息高度封闭性，也不在本报告叙述范围。

自20世纪90年代以来，全球辐射固化产业的市场规模多以10%~25%的速度增长，2008年左右开始，增长有所放缓，但也保持接近10%的增长率。我国的辐射固化市场增长率总体略高于世界其他地区。据国际商业调查公司Markets&Markets公布的数据，全球光固化涂料市场规模在2013年达到42.2亿美元，预计到2019年接近76亿美元。其他渠道显示的数据为，2015年全球辐射固化涂料已超过53亿美元，实际可能更高。据中国感光学会辐射固化专业委员会的逐年调查统计，近几年国内辐射固化产业规模分别为：2013年约128亿元（包括全部主要光固化产品，下同),2014年约138亿元,2015年约144亿元，2016年约149亿元。配方产品形式主要为光固化涂料，油墨次之，UV胶粘剂市场规模太小，但光固化油墨和胶粘剂的市场毛利空间相对较大。

2013—2016年，国内辐射固化产品产量（表1、图4）及产值（表2、图5）如下所示。

表 1　2013—2016 年辐射固化产品总产量及分类产量比较

产量（吨）	2013 年	2014 年	2015 年	2016 年
总量	319938	346434	361642	404748
单体	121032	121561	128446	140297
低聚物	72755	80614	88296	103923
光引发剂	23430	32354	32430	33393
涂料	66294	68659	68176	74399
油墨	34860	41496	42345	50416
粘合剂	1567	1750	1949	2320

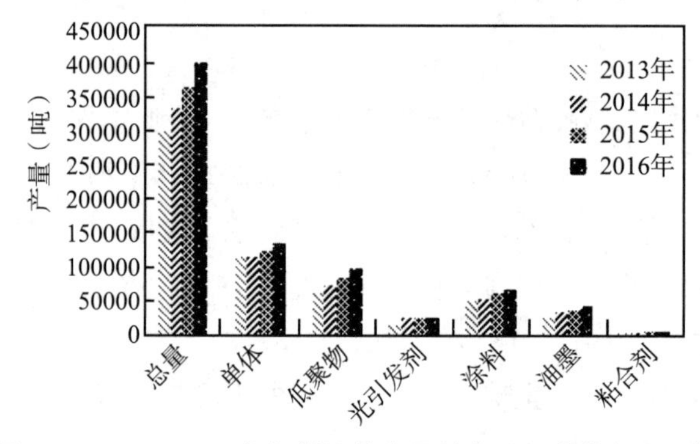

图 4　2013—2016 年辐射固化产品总产量及分类产量比较

表 2　2013—2016 年辐射固化产品总产值及分类产值比较

产值（万元）	2013 年	2014 年	2015 年	2016 年
总值	1288429	1382536	1447310	1496363
单体	247954	264538	250895	283044
低聚物	164633	195557	225589	244525
光引发剂	189950	199061	193710	206855
涂料	286101	302123	339937	328420
油墨	201983	222259	223756	241550
粘合剂	33944	35080	36537	40760
其他（光源、设备、印刷版材）	163864	163918	176886	151209

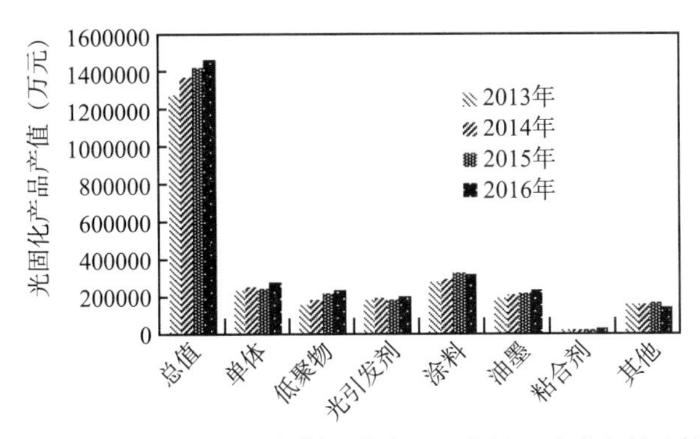

图5　2013—2016年辐射固化产品总产值及分类产值比较

随着国际和国内环保形势趋紧，占据市场绝对大头的高污染性溶剂涂料和油墨将面临压缩，我国近两年开始由政府主导大规模社会工业环境治理整顿和严格环保法规出台，国内大量低端高污染的涂料、油墨产量受到抑制，这为环保的辐射固化、水性涂料/油墨快速增长腾出了空间，而且这种空间在未来数年将逐步得到释放，可以预期，未来3~7年，我国辐射固化涂料、油墨将出现一个快速增长时代，产量年增长率有望从当前年均10%左右提高到15%~20%，辐射固化材料连同配方产品的综合平均价格也将从36.4~40.1元/kg波动区间内，继续缓慢下行至合理区间。按照15%的年均增长速度，至2020年，我国辐射固化产业规模预期超过257亿元。上述预期还不包括未来5~8年左右可能迅速崛起的EB固化应用市场，随着瑞士雀巢清单逐步落实和日趋严苛的欧洲印刷油墨协会卫生安全法规实施，高度环保卫生的EB固化爆发式增长存在可能。

EB表面固化市场情况，据欧美辐射固化组织调查，2007年全球各类EB加工产值达500亿美元（图6），其中涉及低能电子束的涂料、油墨、胶粘剂固化市场规模约为150亿美元，中国市场由于产业技术和市场隐秘性，产值不能统计公开。

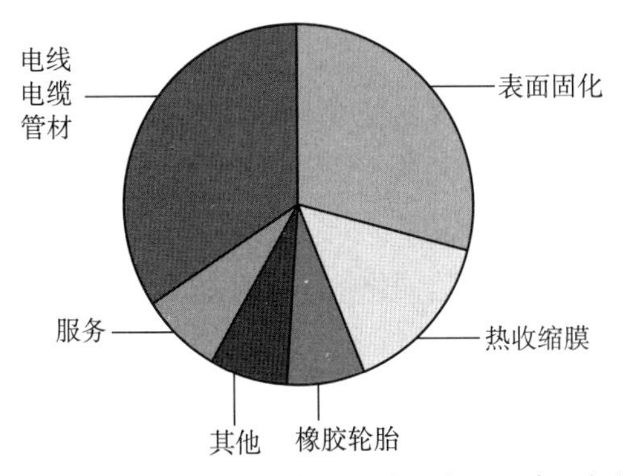

图6　全球2007年EB加工市场规模及各工业应用领域占比

2.4 辐射固化技术的研发与应用趋势

辐射固化技术在应用于各个领域过程中需要解决不同的技术问题，新材料、新光源、新型固化技术、新的应用模式等都为推动辐射固化技术应用产生动力。

2.4.1 UV/EB 固化技术研发进展

（1）UV LED 光固化技术：当前光固化技产业主要采用中压汞灯（国内通常商称高压汞灯）作为辐照光源，而汞灯自身存在工作寿命短（一般 800~1500 小时）、潜在汞污染、电光能量转换效率不够高、发热严重、紫外光强输出不稳定等瓶颈。UV LED 作为一种新型光源最近 10 年里获得了快速发展，极大克服了上述缺陷，UV LED 模组输出光强已超过 20000 mW/cm^2，耗电量约为汞灯的 1/3，消除潜在汞污染，不产生臭氧，工作寿命长，即开即用免预热。价格也降到市场完全可接受水平。产业界已逐步开始以更为环保节能、高稳定的 UV LED 光源替代传统汞灯，推进产业升级，剔除光固化技术中不够环保节能高效的元素。推动 UV LED 应用发展，最关键在于消除了潜在汞污染，符合即将实施的《关于汞的水俣公约》。当前主流配置为 395/385/375/365 nm 输出的 UV LED 光源，位于 UV-A 波段，输出强，价格低。而输出波长位于 UV-B、UV-C 波段的更短波 UV LED 芯片（315/300/280/254 nm），其制造成本过高，输出光强极低，短期内难以应用在光固化产业上。

虽然光固化产业转型 UV LED 光源已成趋势，但因主流芯片发射波长较大，与现有光引发剂吸收激发的匹配度不高，光引发剂效率降低，容易导致涂层表面氧阻聚严重，膜层内部固化不完全，研发优化适用匹配的高效光引发剂成为该方向上的竞争焦点。

（2）光固化 3D 打印：3D 打印是当下技术领域热点，具有精准可控，高度智能化特征，非常符合未来工业 4.0 主要技术特征要求，其实施方式很多，但与光固化相关的 3D 打印方式包括极细束激光点式扫描固化的 SLA、切片图形投影光固化的 DLP、UV 喷墨 3D 打印、区域喷胶 UV 粘粉 3D 打印以及成型速度极高的 CLIP 等。其光源包括发射 325 nm 的 He-Cd 激光器（SLA）、发射长波紫外至蓝光的 LED 面光源（DLP）、UV LED 点光源（喷墨、喷胶 3D 打印）等。打印固化过程采用纯粹自由基光固化设计常常遇到表面氧阻聚较严重的问题，辅以多巯基组分材料可以较大程度克服氧阻聚。当前国内外较多配方设计采用了自由基 / 阳离子杂化光固化配方，同时也较好解决了固化体积收缩和应力积累问题。由于 3D 打印涉及体型器件逐层快速固化，固化应力、体积收缩、材料强度等都是必须重点考虑的要素。

（3）巯 - 烯点击光固化技术：巯基对碳碳双键的加成聚合在室温暗条件下也能非常缓慢地进行，以碱作催化剂也可稍快加速反应。而在自由基光引发剂作用下经紫外光辐照，巯基可以极快速度完成对碳碳双键加成聚合，实现快速固化，且巯基作用过程对氧阻聚抑制作用显著，巯基 - 烯光固化体系具有抑制氧阻聚、固化收缩小、附着性强等综合性能优势。但含多巯基配方体系通常暗储存稳定性差，需要设法提高稳定性。加成固化后形成的大量硫醚结构对材料抗老化耐黄变性能不利，脂肪族硫醚在光氧环境中易氧化。

（4）光产碱剂研究：有机感光前驱体在紫外光辐照下经光化学作用产生碱性离子或分子的过程称为光产碱，光反应前基本不显示碱性，光解后产生的碱性物种可催化多重交联聚合反应，包括催化环氧树脂的阴离子聚合交联、光产碱剂 / 过氧化物组成的光致氧化还原聚合等。基于该新型感光材料，可衍生形成多种新型光固化技术与实用新材料，包括高深宽比的微电子光刻胶。

（5）多米诺光固化技术：基于光致氧化还原聚合机理形成的一种新型快速自蔓延固化技术，光产碱剂光解产生的碱性胺类产物在材料体系中快速扩散蔓延，所到之处快速催化分解过氧化物，引发快速聚合交联，实现光照一隅，全域快速固化，此为多米诺光固化机理。以上多米诺光固化基于光产碱剂与过氧化物组合，另有光产碱 / 碱增殖 / 过氧化物组合形成的更为高效多米诺光固化技术。该技术为彻底解决厚层材料、高着色材料、完全不透光材料的、仅局域见光材料的有效光固化光提供了创新方案。

（6）生物基光固化材料研发：生物基材料是指基于天然生物易再生资源进行改性获得的高性能材料，以此为理念开展的各类制造与研发符合国际循环经济、生态制造的指导思想，也是国际制造业未来发展趋势所在。辐射固化领域生物基材料主要包括植物油、纤维素、木粉等天然来源材料的改性，以适应辐射固化加工应用需求。甘油三酯基植物油改性转化为光固化树脂和 EB 固化材料的研究已有较多，大量植物油基丙烯酸酯材料、环氧化植物油应用在 UV 印刷油墨配方中，增强颜料润湿，改善展色表现力与固化墨层柔性。

（7）光固化纳米材料研究：纳米尺度的无机材料通常经改性修饰后，与光固化体系混合固化，形成杂化形态固化膜层材料，赋予某种特定功能。主要包括硅、钛、锆、铝、锡、银的纳米氧化物、石墨烯、碳纳米管、剥离蒙脱土，以及其他无机纳米材料，其外在形态有纳米颗粒、纳米薄片、纳米线、纳米管等，光固化获得的杂化涂层可能在表面高硬度、耐磨、抗刮擦、折光率、表面哑光、导电 / 抗静电、电磁屏蔽、高阻隔、滤阳光红外、抑菌灭菌、表面超疏等方面性能突出，成为功能性光固化纳米涂层。纳米组分材料的本身性质、外在形态、内外结构（晶态）、表面改性等，都对固化涂层性能有影响。部分光固化纳米涂料已在工业上获得实际应用。

（8）高折射率光固化材料研究：绝大多数有机材料的折光率介于 1.39~1.55 之间，钛、锆等金属氧化物晶体和单晶锗等部分无机材料可能具有较高折光率，至 2.0 以上。少数含硫、溴及多环芳烃、稠环芳烃有机化合物可以表现高折光率。基于以上结构 – 性能关系原则设计研发的高折光率光固化树脂或单体经固化后可形成高折光率的光学涂层或胶粘剂，折光率可高于 1.58，表现出透镜聚光、减反增透、降低内反射、菲涅尔成像等功能，可以应用在光学成像、平板显示器、光纤通信、发光照明等领域中，属于 UV 光学材料范畴，具有先进材料特征与较高附加值。

（9）低折光率光固化材料：硫、硒、溴等原子和芳环结构富含容易极化形变的电子，有利于材料表现出高折光率。而结构中不含上述疏松基元，且富含高电负性元素的有机材料常具有较低折光率，主要包含氟碳材料等，大量氟原子以其高电负性强烈吸引住外围电子云，使其难以受极化变形，故而对入射光线响应极小，折光率较低，可达 1.27~1.38。以此为基础形成的低折光率光固化材料已有较多有机材料中含有较多研究报道，主要是氟碳结构丙烯酸酯、氟碳环氧化合物等。另有一些硅氧化物纳米结构材料和有机硅材料也表现出低折光率特性。低折光固化材料主要应用在光学显示、光通信、发光照明等领域。

（10）大分子化光引发剂研究：大分子光引发剂通常是指光引发剂本身分子量大于 1000，或小分子量光引发剂连接聚合物结构后总体分子量大于 1000。常见大分子光引发剂是将经典小分子光引发剂接入聚合物链侧基，一般光引发活性不高，基团运动受限。末端修饰的支化型大分子光引发剂可以表现出较高引发活性。大分子光引发剂可以部分规避欧洲瑞士雀巢清单及欧印油墨对光引发剂的使用限制，已在 UV 印刷油墨、涂料上得到实际应用。

（11）有机硅光固化材料研究：基于二甲基聚硅氧烷结构的有机硅以及聚硅烷材料具有较好的疏水疏油特性，所形成涂层材料和胶粘剂具有综合较优的耐老化性能。通过硅氢加成、硅氧烷缩合、双键改性、巯基改性、氨基改性等多种手段，可以获得丙烯酸酯化聚硅氧烷和聚硅烷、环氧化聚硅氧烷和聚硅烷等光固化材料，应用于双疏、耐油易清洁、高阻隔性功能涂料和胶粘剂，目前在耐污易清洁、电子器件隔水阻氧等方面获得应用。在户外耐候光固化涂料方面潜力巨大。

（12）光固化氟碳材料：氟碳聚合物材料以其低表面张力、高耐候性著称，以相应官能化氟碳聚合物和单体改性获得的光固化氟碳材料可应用于户外耐候性光固化涂料、耐污易清洁 UV 涂料等方面。广东博兴与珠海东诚等企业创新研发的 UV 氟碳树脂及 UV 氟碳耐候漆取得该领域技术领先，后者技术产品获得国际专利发明奖。

（13）光固化超支化树脂：基于聚丙烯酸酯、聚酯、聚氨酯、迈克尔加成等结构的超支化结构，经端基改性后获得超支化光固化树脂，具有大分子量低黏度特性，固化收缩率较低。用于光固化配方可增加固化速度，降低体系黏度，减少固化收缩，增强固化膜综合性能等。

（14）新型高性能活性稀释剂：辐射固化常规活性稀释剂以不同官能度丙烯酸酯为主，普遍气味较大，有的甚至还有一定皮肤刺激性，单官能度丙烯酸酯固化收缩率低，但固化反应速度慢，残留气味较重。多官能度丙烯酸酯单体反应快，但收缩率也太高，黏度一般较高。丙烯酸酯单体其自身黏度、稀释能力、固化反应活性、抗收缩性都已极为有限。具有饱和杂环结构单官能丙烯酸酯一般活性较高，且收缩较小。很多酰胺类单体，官能度低，但气味小，甚至完全无味，固化反应速度远高于一般单官能丙烯酸酯，且固化转化率高，残留低。这类低黏度、高活性、低气味新型单体已逐步在无溶剂 UV 喷涂、UV 喷墨印刷、UV 固化 3D 打印、UV 凹印油墨等领域获得应用。

（15）光引发分散聚合制备聚合物均匀微球：在水 / 醇混合溶剂环境中，以油水双亲聚合物作为包裹稳定剂，丙烯酸酯单体（或其他单体）协同光引发剂在紫外光照下，较快发生分散光聚合，原本均匀透明体系逐渐析出白色悬浮细颗粒，实为粒径极其均匀（粒径数百至数微米间可控）的聚合物微球，已实现微球交联、微球内在改性、微球表面官能化等衍生技术。相较于传统热聚合制造聚合物微球，光聚合法快速高效，球体圆度更高，粒径分布更为均匀，废料少。但适用单体种类受限。技术及产品已在生物医药制造、个人护理化妆品、异方性导电材料等领域获得应用。

（16）光固化氧阻聚克服技术研究：氧阻聚普遍存在于自由基光固化体系中，有时可能成为固化产品性能缺陷的主要原因，如表面发黏、表面硬度较差、耐刮擦性差等。使用传统经典的活性胺助引发剂可很大程度克服氧阻聚，但同时带来严重黄变问题，影响固化产品品质。研究发现部分二甲氨基苯甲酸酯，某些含磷、含硫化合物可以有效克服氧阻聚，并避免次生缺陷出现。

（17）光－暗双固化技术：完全光固化的涂料、油墨、胶粘剂、复合材料等由于光照穿透性限制，或固化太快来不及应力释放，或重度着色难透光，或部分区域遮蔽难见光等原因，其固化可能存在缺陷，如固化收缩应力太大、固化不完全等。采用光－暗双固化工艺可先完成涂层的快速固化定型，然后依赖慢速热固化、潮气固化、氧气固化等非光固化过程，实现涂层、油墨、胶粘剂的进一步固化，完善其性能。双固化技术方便了快速加工，已在模内装饰注塑（IMD）油墨涂层、组装 PCB 板保形涂料、手机 2D 玻璃面板油墨印刷、高遮蔽 UV 色漆和油墨领域得到应用。

（18）新型阳离子光引发剂研究：传统阳离子光引发剂以二芳基碘鎓盐和三芳基硫鎓盐为主，配对阴离子为极弱亲核性的复合阴离子结构，由于芳环结构简单，碘鎓盐往往具有毒性，已经通过引入长碳链降低毒性，增加溶解性。芳环结构过于简单，也导致其吸光波长太短，不能有效利用现有光源，对于颜料着色体系也不利于有效吸光固化。以较大共轭芳环形成的鎓盐光引发剂吸收波长大大提高，可有效吸收 395 nm UV LED 光源，且可通过吸收光谱红向拖尾控制，抑制阳离子光引发剂黄度。目前长波吸收阳离子光引发剂实际应用较少，成本可能是主因。

（19）光固化过程中的光致脱羧技术：某些特定结构分子在光化学过程中可以脱去羧基，产生二氧化碳，简称光致脱羧。机理和待脱羧分子结构有多种，如 $N-CH_2COOH$、$S-CH_2COOH$ 等结构中杂原子具有易拔取孤对电子，通过光致电子转移（PET）容易快速脱去羧基。该技术潜在应用于可膨胀 UV 胶粘剂，缓解固化收缩应力，推荐用于 UV 牙科材料。另外，将 UV 水性涂料、油墨主题树脂设计成光致脱羧结构，在光固化同时，有可能脱去亲水性的羧基负离子，改善 UV 水性涂料的耐水性。

（20）夺氢光交联体系：活泼 C—H 结构在二苯甲酮等夺氢型光引发剂作用下容易发生氢原子转移反应，及光致夺氢过程，研究发现很多活泼氢化合物都能发生高效夺氢反应，基于此机理设计了很多产品材料，主要是含有光引发剂的聚合物，体系可以完全不含双键，可以高温处理去除小分子杂质，保证其卫生安全性，应用在 UV 胶粘剂、压敏胶、高黏度 UV 油墨体系等。

（21）非异氰酸酯聚氨酯（NIPU）材料：传统聚氨酯制造采用异氰酸酯与醇反应，残留异氰酸酯存在一定毒性。新的研究显示，以氨基对环碳酸酯（碳酸乙二酯、碳酸丙二酯等）进行开环反应，获得带有羟基的氨酯结构，可进一步反应，合成所需结构光固化材料。该技术避免了异氰酸酯原料，卫生安全性能得到提高。

（22）光引发活性聚合研究：热引发的活性自由基聚合是高分子领域研究热点。在光引发剂存在下，协同自由基反应调控试剂，可以实现光引发活性自由基聚合，对聚合产物分子量大小及分布宽度实施控制，例如三硫酯和常规自由基光引发剂协同下的光引发 RAFT 聚合，潜在应用于涂料油墨助剂制造等。

（23）光固化涂层耐老化研究：光固化涂料由于使用对紫外光敏感的光引发剂，且在固化过程中大多没有彻底消耗，包裹于固化涂层中，使得涂层抗光老化性能不佳，制约光固化涂料户外扩大应用。针对该问题的研究包括配方中光稳定剂优选、感光潜伏性紫外光吸收剂合成设计、光引发剂浓度缩量优化等。

（24）生物酶催化合成光固化材料：光固化材料丙烯酸酯通常采用磺酸、锡盐等催化剂加速丙烯酸与醇的酯化反应，有研究表明，采用特定脂肪酶可以高效催化简单丙烯酸酯与多元醇的酯交换反应，获得复杂丙烯酸酯，该技术有望用于高度卫生安全光固化材料合成。

（25）水性 UV 固化技术：光固化树脂合成过程中引入羧基等亲水基团，叔胺中和后，可以自乳化分散于水中，配以单体、光引发剂、助剂等，形成水性光固化涂料。相对于传统油性 UV 涂料，水性 UV 体系的树脂分子量可以很高，固化残留小分子极少，涂层卫生安全性较高，黏度较低，适于无溶剂喷涂和薄喷涂装。固化后涂层耐水性有待改善。

（26）LCD CF 油墨光引发剂研究：LCD 的彩色滤光膜由黑色框阵油墨与 RGB 彩色像素油墨构成，采用特种光引发剂方可实现有效固化，如长波紫外吸收的大芳环肟酯结构光引发剂等，原主要由瑞士 Ciba 公司（现已并入 BASF 公司）研制提供，国内有企业从事这方面研发制造。

（27）无引发剂自固化树脂：Beta- 二羰基化合物（戊二酮、乙酰乙酸乙酯）含有活泼亚甲基，在碱性催化剂作用下，可对丙烯酸酯进行迈克尔加成，形成季碳二羰基结构，对紫外光敏感，无需外加光引发剂，可直接光照脱乙酰基，产生活泼自由基，引发丙烯酸酯聚合固化。美国 Ashiland 公司率先研发推广，国内有产。

（28）Baylis-Hillman 反应合成光固化树脂：Baylis-Hillman 反应是碱性催化下醛和吸电子双键之间的加成反应，获得含羟基双键产物，可以进行自由基聚合，用于合成新型光固化材料。为 BASF 公司研究成果，待推广。

（29）光交联水凝胶技术研究：亲水性单体或预聚物在光引发剂作用下可含水快速交

联固化，获得吸水保水特性，并具备一定机械强度。相较于热引发聚合，光固化速度快，条件温和，固化区域可控，可原位成型，潜在应用于医疗、农业等领域。

（30）阻燃光固化材料研究：含磷或富含氮原子（如三聚氰胺）的分子结构往往具有阻燃性，可合成衍生为丙烯酸酯、环氧产物，赋予光固化反应性，阻燃光固化涂料可应用于装饰建材涂装。

2.4.2 UV/EB 固化技术应用新进展

UV 固化技术已规模化应用于木地板涂装、电子产品制造加工、包装印刷、工业粘接等很多领域。其他有价值新型应用还有：

（1）UV LED 光固化涂料油墨胶粘剂：UV LED 固化在油墨和胶粘剂方面应用发展较快，涂料固化领域应用发展相对较慢，但后发优势显著，技术工艺成熟后将形成放量发展，预期 2017 年全球 UV LED 固化产业将达到 2.7 亿美元规模，未来几年都将是快速增长期。

较早开展 UV LED 光固化技术和配方产品研发企业：AGFA、BASF、Becker Acroma、CHIMIGRAF、Collano、Collins Ink、Allnex、Deco Chem、Flint Group、Ink Mill、INX International、KUEI、IGM、MANKIEWICZ、Marabu、NAZDAR、NORCOTE、Pelikan、Polymeric Imaging INC.，RUCO、Sartomer、Siegwerk、Sherwin-Williams、SUN JET、TRITRON、Wiloff Color 等。目前国内已有较多企业、高校开展这方面工作。

（2）光固化凹印油墨：UV 丝印、胶印油墨技术都已相对成熟，UV 凹印油墨技术难度相对较大，目前只有少数企业研发推出了这类产品，应用附加值较高，占领印刷行业技术高点。

（3）城市下水管道的 UV CIPP 修复技术：多层玻纤布套管浸渍 UV 胶粘剂，拖入下水管道中，充气胀管，顶住水泥管内壁，串行紫外灯辐照固化，辅以次生热固化，实现玻纤复合管材厚壁快速固化，修边后完成下水管道快速修复。技术源于德国，已在欧洲、中国、日本、美国、南美部分国家得到大量应用，我国该领域应用主要来自国内德企产品和整套技术。

（4）输油气管道接口的 UV GFRP 保护性片材：国际流行的管道接口维护技术，国内有企业生产推广。

（5）C/G-FRP 复合材料壳体的 UV/EB 固化成型：中小型舰船壳体、骨架快速制造，美国海军 20 世纪 90 年代试探性技术研发，可能用于无人舰、无人机壳体制造。其他相关应用包括汽车骨架壳体、汽车防弹内衬、防弹背心等。

（6）玻璃 UV 涂料、油墨：主要对玻璃建材进行装饰保护，关键克服耐水附着力不高问题。另外在手机平板显示领域，对玻璃面板进行 UV 涂附保护，防止玻璃磨削过程中受损，起临时保护作用，已形成较大产业规模。

（7）高铁车头与车厢的高硬、耐磨刷、超耐候 UV 涂装 2017 年进入实测阶段，富士康参与，非主导。

（8）LCD 显示屏制造过程 UV 固化技术综合应用：一般 14 道工序应用了 UV 固化技术与材料，包括背光源反光油墨、扩散膜、增亮膜、减反增透涂层、耐磨硬涂层、液晶池密封胶、彩色滤光膜、相位膜、TFT 列阵制作等。

（9）UV 固化柔性透明导电膜：Metal mesh、PEDOT/PPS、AgNW 等技术实施过程与光固化涂料、光固化转印胶配合。

（10）聚合物固态锂电池的光固化制造：固态锂电池替代现有液态锂电池是电源产业未来趋势，已有国外少数企业实现阳极涂附、阴极涂附、聚合物电解质层、密封粘接的一体化 UV 固化制造。

（11）风力发电机叶片的辐射固化加工：EB 固化交联制造玻纤复合叶片壳体材料已取得初步应用进展。叶片壳体内层胶衣涂层大量采用 UV 固化。

（12）UV 喷墨印刷：主要形成个性化彩色喷墨市场，平面印刷广告业颇受欢迎，环保、快速、色彩表达丰富准确是其优势，欧美、日本市场发展较快，我国有低端的溶剂型喷墨和低廉水性喷墨先期占领市场，高性能的 UV 喷墨没有价格优势，其国内市场价格大约为溶剂墨的 3~4 倍，应用发展缓慢。

（13）EB 固化印刷涂装：鉴于欧洲瑞士雀巢清单和欧印协对传统各类油墨日益严厉的限制，原本已形成主流的 UV 油墨也面临诸多原材料禁用的尴尬，其中光引发剂品种受打击较大。而改用 EB 固化油墨，配方不再含有受怀疑的光引发剂，小分子组分大幅减少，在氮气抑氧帮助下，联合配方优化，已在欧美等地完全实现卫生安全的高性能印刷。正因严苛的印刷卫生标准，EB 固化油墨印刷也将成为辐射固化工业领域高增长的方向。随着低能 EB 加速器的小型化发展，欧美越来越多的印刷设备安装了 EB 固化装置。尤其成熟的是 EB 固化多色胶印与柔印工艺，EB 胶印套色生产线已在诸多软包装印制上规模应用，EB 柔印油墨应用也相当成功，欧美市场上柔版印刷在软包装中的应用十分普遍。除了成功的 EB 固化印刷油墨应用，在一些非印刷领域的表面交联加工中也有不少规模应用，包括塑料薄膜 EB 交联提升性能、无毒高性能压敏胶和离型层交联（尿不湿、卫生巾）、多层复合包装膜无迁移粘合、高档环保装饰转移膜生产、基膜浮雕图案 EB 固化制造等。

此外,EB 固化获得的高耐候、高环保、功能化效果使 EB 固化涂装产业获得较大发展。主要应用如图 7 所示。

2.5 辐射固化技术存在短板和应对措施

如同绝大多数高技术一样，UV 固化与 EB 固化技术也存在一些短板，影响环保节能、高效的辐射固化技术扩大应用。

（1）UV 涂层的户外抗光老化问题：UV 固化配方为克服氧阻聚，不得不使用过量光引发剂，固化后约 2/3 光引发剂残留于固化涂层内，加上部分残留未能反应聚合的丙烯酸酯双键，固化涂层的抗光老化稳定性通常较差。光固化涂料户外抗老化性能不佳是制约该

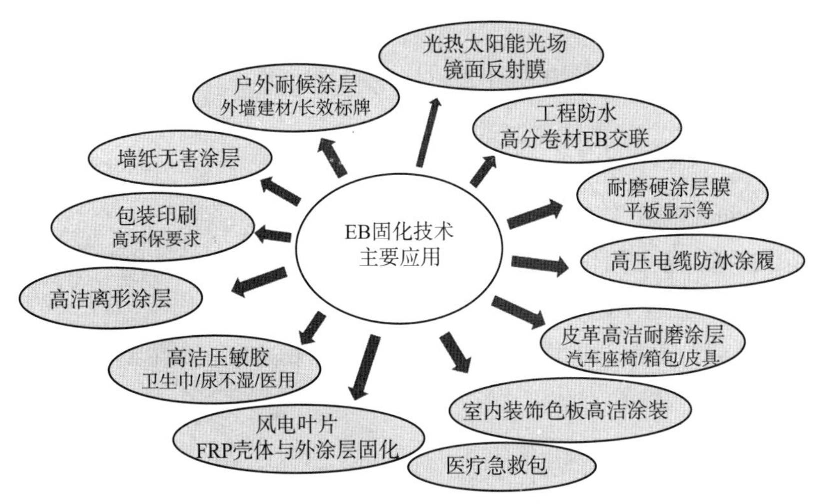

图 7　EB 固化主要应用领域

技术大规模户外应用的瓶颈。

应对的措施很多，包括避氧固化，降低光引发剂浓度；创新研发潜伏性紫外光吸收剂；优化光稳定剂；研发新型光引发剂组合，在光固化后可通过其他简易方式清楚残留光引发剂，如光引发氧化－还原固化等；采用 EB 固化，无光引发剂，EB 辐照彻底固化，清除转换双键和其他所有弱键结构，增强固化涂层材料抗老化性能。这方面工作还需组织攻关。

（2）厚层深色体系光固化难以进行彻底：由于紫外光的穿透性限制，重度着色和厚层材料光固化不彻底，里层固化较多缺陷，影响基本使用性能。应对措施包括双固化技术、EB 固化、多米诺光固化等。

（3）自由基光固化的氧阻聚问题：氧阻聚普遍存在于自由基光固化中，其危害已做前述。对付氧阻聚有很多方案，如还原性添加剂（叔胺只是这种方案中的一种）；石蜡隔氧；氮气保护；二氧化碳保护；涂层镜面压辊，背面辐照固化；多巯基组分抗氧等。

（4）固化应力收缩问题：辐射固化过程迅速，体积收缩来不及达到平衡，或多或少伴随收缩应力，影响涂层、渐层长期性能。对付方案包括：自由基－阳离子杂化光固化，利用阳离子光固化体积收缩小的优势；增加树脂分子量；使用超支化树脂；多考虑体积收缩小的高活性单体、多脂环结构单体与树脂等。

（5）水性 UV 涂料的耐水性问题：克服耐水性差的措施：光致脱羧技术应用；多官能吖啶交联剂应用，吖啶环与羧基负离子进行封闭反应，转化消耗亲水的羧基。

（6）EB 设备成本高昂：随着 EB 固化应用推广，国产设备日趋成熟，设备成本逐步降低，一台中型规模的低能电子加速器价格已由 10 年前的上千万元，降到现在的 400~600 万元，且有更为小型、低成本的 EB 加速器逐渐成熟，EB 设备大量装配于印刷机械上只是时机问题。

3 我国发展趋势及对策与建议

3.1 大力发展辐射固化产业的原因

（1）技术特征：高效、环保、节能、高性能、精准。

（2）核心技术：辐射固化技术在某些行业成为无可替代的核心技术（如光纤、LCD、汽车灯杯制造等），且越来越多领域将成为核心技术。

（3）国际潮流：欧美、日本技术、产业规模、增长速度、所在大领域占比等均领先中国。

3.2 我国辐射固化行业存在问题

（1）应用市场创新不足，小圈子恶性竞争。

（2）原材料和配方工艺创新力度落后国外，制约新应用。

（3）企业规模普遍偏小，难以和传统污染性的涂料、油墨企业抗争。

（4）企业人才不足，高学历人才多不愿意从事化工制造业，技术创新水平不高。

（5）辐射固化产品在所属大类产品中所占权重远低于国际水平，全国 UV 涂料产量与全国涂料产量比值多年徘徊于 0.4%~0.5%，国际平均水平 2.8%~3.2%。说明我国对先进环保涂料技术利用水平很低。

（6）尚不具备参与国际高端竞争的实力（信息、人才、技术创新水平、资金、规模等）。

3.3 技术创新和产业拓展应紧扣政策、法规与国际规则

（1）绿色环保产业政策。

（2）涂料行业 VOC 税收法规。

（3）《中国工业制造 2025 规划》。

（4）国际工业 4.0 理念。

（5）国家供给侧改革（上游低端材料制造供给过剩，下游创新需求不足，市场扩张欠佳）。

（6）瑞士雀巢清单、EuPIA Suitability List。

以上这些都是有利于推动辐射固化技术扩展应用的利好因素。

3.4 顶层技术瓶颈需解决，扩大应用之关键

引导企业和高校诚心联手，争取国家大型科研项目前期投入，后期借力资本，推动市场。

（1）UV 固化产品耐老化问题。

（2）遮光深层光固化问题。

（3）UV 固化残留和微毒性问题。

（4）超低黏度高活性树脂单体。

（5）EB 固化涂料、油墨、胶粘剂的关键技术工艺性问题。

（6）加速 UV LED 光固化技术研发，尽快革除汞灯紫外光源。

（7）应对新需求的树脂、单体、光引发剂综合创新研究。

3.5 追赶既有高端市场：参比国外，自主创新，掌握前端核心技术

（1）UV LED 光固化：使 UV 固化技术变得更加环保、节能，运作成本更低。解决芯片制造、高效散热模组、高效率光引发剂问题，促使我国 UV 固化产业在《关于汞的水俣公约》生效前达到要求。

（2）LCD 产业：UV 固化技术与 LCD 各组件制造的结合十分普遍，包括背光源反射膜、扩散膜、增光膜、滤光膜彩色光阻、黑胶光阻、液晶池间隔子、薄膜加硬涂层、ITO 光刻胶、LOCA 胶、玻璃切割临时保护油墨、液晶池边框胶等。特别突破 LCD 中 CF 的彩色光刻胶与黑框光刻胶制造技术等，实现 LCD 核心技术国产突破，打破日韩供应商对我国巨量 LCD 产业的行业垄断。

（3）OLED 产业：作为下一代的先进显示器，当前 OLED 发光材料主流采用传统的网版遮蔽蒸镀法形成像素点，材耗浪费巨大，成本高居不下。UV 喷墨打印形成像素列阵的工艺技术很可能成为主流，包括电子传输层、空穴传输层、发光层在内的重要部件制造及材料与光固化技术相结合，亟待突破，并引领产业。

（4）食品与卫生用品的包装印刷（EB 固化）：食品、药品及个人卫生用品的包装印刷与粘接市场巨大，传统的溶剂型材料明确不符合环保与卫生要求，水性材料在性能和工艺上常常难以满足要求，UV 固化包装印刷材料在欧洲基本可达到严苛的卫生要求，但稍有不慎，即出现小分子残留，超过限制标准。以 EB 固化材料形成涂层与包装印刷产品都可达到严格的标准要求，在欧美已形成巨量市场，我国在这方面近乎空白。

（5）高性能 PCB 油墨：UV 固化油墨在 PCB 行业具有重要应用价值，而我国线路油、阻焊油受制于质量水平，大多只能应用于中低端 PCB 制造，而高精度、多层板的制造仍大部分采用日本油墨，此行业技术瓶颈有待突破。

（6）柔性透明导电膜：正在形成的各种柔性电子产品、光电产品对柔性透明导电材料的需求越来越强烈，ITO 薄膜因其无机膜特征而容易弯裂，以 UV 固化技术辅助成型的各种柔性透明导电涂层与膜材正受追捧，包括 AgNW 薄膜、UV 固化 PEDOT：PPS 油墨、UV 转印金属网格涂层、UV 固化石墨烯导电膜等，国内机构与企业继续赶上，抢占尖端制造核心高地。

（7）城市排水工程 UV-CIPP：以原位 UV 固化玻纤复合材料制造的城市下水管道修复技术正在国内兴起，但均以德国企业和技术作为主导，预计国内将形成每年近百亿元的市

场规模，我国企业有必要从技术、工程、设计管理多方位追赶该领域先进。

（8）光纤制造：光纤拉制过程的高效、高性能涂覆保护是该产业技术关键，已经完全离不开 UV 固化技术，我国在该领域虽已有仿制企业占据少部分光纤涂覆市场，但技术水平总体较低，市场份额太小，缺乏自主创新，应当克服上述问题，争取光纤涂覆制造领域的主导地位。

3.6 开创性重型应用：创新技术支撑，多领域联合，创新重型产业应用

（1）油气管道工程：以 UV 固化玻纤管道对长距离油气管道进行加固修复以及用 UV 固化涂料对新修油气管道进行内壁涂覆保护是大幅降低管道成本、提高工程效率的有效技术，欧美已有成功案例，配合我国的国际能源战略工程，研发 UV 技术在长距离油气管道上的高效应用无疑具有重要意义。

（2）高铁建设：高铁建设已成我国对外经济合作的重要名片，辐射固化技术已开始介入到高铁车头与车厢的制造环节，技术瓶颈的突破无疑将对更高环保要求的制造标准提供保障。

（3）高压电力输送设施：高压输电线缆长期以来遭遇结冰断裂危险，参考国外先进经验，在已安装的高压输电线缆上以机器人高空作业，UV 固化涂装低表面张力防结冰涂层，实现高压电线的环保、高效、高性能改造。国内企业亦可借鉴上述案例，开展技术攻关，提升我国高压输电系统抗冰灾能力。

（4）大型工程防水：EB 交联处理过的聚烯烃防水卷材已在欧美、日本大型建筑工程中应用多年，具有长寿命、高耐候、高强度特征，为大型建筑的防水性能、延长使用寿命提供关键保障。而我国 EB 交联高分子防水卷材产业基本空白，行业长期沿袭热挤出成膜的陈旧工艺，卷材的性能和寿命均属低档次，难以满足我国越来越多的隧道、涵洞、房屋防水要求。

（5）汽车制造：辐射固化技术越来越多应用在汽车制造领域，不仅包括已渐成熟的反光灯杯、内饰部件的 UV 涂装上，更多高品质、高附加值的应用也已在国外出现，包括汽车轮毂高性能 UV 涂装、座椅皮革 EB 固化涂饰、车体外壳底涂与中涂 UV 固化、新能源汽车复合材料车体 EB 固化与焊接等。

（6）舰船飞机制造和修复：美国海军早期已实现 UV 固化舰船船体制造，近年来空客、波音飞机制造采用 CFRP、GFRP 机壳 EB 固化强化技术无疑都给辐射固化技术在飞机制造中的应用提供了广阔空间，由此技术制造飞机净重大幅降低，飞行距离和载重量大幅提升。

（7）公路交通设施制造与安装：EB 固化印刷油墨早已应用于欧美高速公路指示牌制造，未来可能形成以 EB 固化强化技术生产高速公路复合材料防护挡板与滑轮组，替代笨重易锈，且撞击安全性较低的钢铁波形防护栏，提高车祸撞击生还率。

（8）新能源产业配套（光伏、风电、光热、锂电等）：太阳能电池导电线路印刷、背板密封涂装等技术环节都给辐射固化技术应用提供了机会。风力发电叶片制造已开始采用UV固化胶衣涂料对叶片复合材料壳体进行强化保护，复合材料壳体制造也已有机构尝试采用EB固化技术，如能大规模推展应用，将大幅提高风电叶片生产效率，降低排放。新出现的太阳能技术产业——聚光光热发电技术也给辐射固化提供应用机会，其反射镜制造采用UV固化技术制作膜上加硬耐磨、抗老化涂层，以及镜面反射层保护涂层、压敏胶层等，所形成的综合技术有望取代现有昂贵易损的玻璃反射镜。随着多国禁售燃油车计划出台，UV固化技术将在液态锂电池及更新颖的聚合物固态锂电池上得到广泛应用，这也是UV固化技术扩张的良机。

（9）医疗健康产业：光固化胶粘剂已应用于一次性注射器制造，其他应用还包括医疗电极贴导电压敏胶、血液收集器粘接、呼吸面罩粘接、导尿管接头粘接、一次性手术刀刀片与刀柄粘接、海绵绵药签粘接等。另外，手术室防污易清洁整体UV涂装也已有成功案例。

（10）农业生态技术：包括农用PE地膜与大棚膜的UV/EB交联强化、保水水凝胶的UV固化成型、生物可降解光固化肥料颗粒、生物可降解光固化杀虫药包埋颗粒等。

参考文献

[1] 陈用烈，曾兆华，杨建文. 辐射固化材料及其应用. 北京：化学工业出版社，2003.

[2] 杨建文，曾兆华，陈用烈. 光固化涂料及应用. 北京：化学工业出版社，2005.

[3] 聂俊，肖鸣，等. 光聚合技术与应用. 北京：化学工业出版社，2009.

[4] 金养智. 光固化材料性能及应用手册. 北京：化学工业出版社，2010.

[5] Felipe Wolff-Fabris, Volker Alstadt, Ulrich Arnold, et al. Electron beam curing of composites. United States：Hanser Gardner Publications, 2010.

[6] Brian Sullivan, Alejandro Teodoro：EB technology helps advance offset printing. 2015, http://www.flexpackmag.com/articles/87671-eb-technology-helps-advance-offset-printing?v=preview.

[7] John Salkeld. Ebeam technology: a 40-year-old secret. 2016. http://www.pcimag.com/articles/101997-ebeam-technology-a-40-year-old-secret.

[8] Anthony Carignano. Electron beam laboratory systems. 2015. http://www.pcimag.com/articles/101173-electron-beam-laboratory-systems.

[9] 杨建文. EB curable materials// 中国感光学会辐射固化专委会第二届电子束固化技术研讨会论文集，成都，2009.

[10] Mikhail Laksin. Electron beam curing in packaging: challenges and trends. RadTech Report, 2010: 12-13.

[11] 中国感光学会辐射固化专业委员会. 中国辐射固化产业2013年经济信息统计报告（内部资料），2014.

[12] 中国感光学会辐射固化专业委员会. 中国辐射固化产业2014年经济信息统计报告（内部资料），2015.

[13] 中国感光学会辐射固化专业委员会. 中国辐射固化产业2015年经济信息统计报告（内部资料），2016.

[14] 中国感光学会辐射固化专业委员会. 中国辐射固化产业 2016 年经济信息统计报告（内部资料），2017.
[15] 杨建文. 辐射固化技术在能源产业中的应用 // 中国感光学会辐射固化专业委员会 2017 年第十八届年会报告论文集，山东烟台，2017.
[16] Reinhold Schwalm. UV coatings–basics, recent developments and new applications. England: Elsevier Science, 2006.
[17] Atul Tiwari, Alexander Polykarpov. Photocured materials, in RSC smart materials series publications. Edited by Hans–Jörg Schneider, Mohsen Shahinpoor. Cambridge UK，2015.
[18] 冯海霞. CIPP 紫外线固化修复技术在排水管道修复应用中的现状及前景 // 中国感光学会辐射固化专业委员会 2016 年第十七届年会报告论文集，安徽安庆，2016.
[19] David Harbourne. Overview of current and future markets for UV EB curing technology// 中国感光学会辐射固化专业委员会 2016 年第十七届年会报告论文集，安徽安庆，2016.
[20] Marketsandmarkets. UV coatings market by composition(monomers, oligomers, photoinitiators & others), type(wood, plastic, paper, conformal, display, OPV) , end–user (industrial coatings, electronics, graphic arts) & geography–trends and forecasts to 2019, Report Code: CH 2777, 2014.
[21] Robert W. Hamm. Accelerators and instrumentation for industrial applications//Proceeding for 9th ICFA Seminar, Menlo Park, CA, 2008.

撰稿人：杨建文　梁红波　包芬芬

3D打印技术研究进展

3D 打印技术以“增材制造”和“数字制造”的方式改变着制造行业，并且迅速影响着人们的生产和生活方式。本文围绕 3D 打印的工艺原理、核心技术以及产业化进程等方面进行了系统阐述。重点介绍了我国 3D 打印的发展历程，以及 3D 打印核心技术包括材料、设备及其应用技术的研究进展情况，分析了我国 3D 打印市场规模趋势、专利申请分布以及具有代表性的 3D 打印企业概况。研究表明，我国在 3D 打印研究领域尽管起步较晚，但目前研发和应用较为活跃，发展进步很快。最后，分析讨论了发展我国 3D 打印产业的战略意义以及我国 3D 打印产业发展中存在的问题，提出了支持我国 3D 打印产业发展的政策建议。

1 3D 打印概述

3D 打印是一种增材制造技术，相对于传统的等材制造（注塑等）和减材制造（车、铣、磨等），增材制造是一种自下而上的材料累加的制造工艺。3D 打印的工作原理与喷墨打印类似，区别仅限于材料和数量，3D 打印使用的不是墨水，而是成品所需的材料，3D 打印过程包含若干甚至成千上万个喷墨打印过程。事实上，3D 打印是从 1976 年喷墨打印机诞生之后，一直到了 1984 年，随着喷墨打印技术的发展和进步，才促使 3D 打印技术从使用墨水阶段演变到使用各种材料阶段。此后又经数十年，3D 打印技术依托信息技术、精密机械、材料科学等多学科领域的顶尖技术，不断发展和完善，在不同行业中的各种应用不断发展，成为了当今最热门的前沿技术之一。

3D 打印技术本质上是一种数字化的新兴制造技术，它是以计算机三维设计模型为蓝本，通过软件分层离散和数控成型系统，利用激光束、热熔喷嘴等方式将金属粉末、陶瓷粉末、塑料树脂、细胞组织等特殊材料进行逐层堆积粘结，最终叠加成型，制造出实体产品。由于这种技术加工过程不需要模具，理论上可制造形状近似无限复杂的零件。更为重要的是，3D 打印也让设计师从传统加工方法的束缚中解放出来，设计出更多新奇、功能更强、更优化的产品，实现设计思路的转变。这将给医疗、消费品、工业、航空航天、汽车、模具等行业带来变革。3D 打印技术免除了传统工艺需要多道加工程序的繁琐工程，增材制造的加工方式可以迅速、精确地制造出产品，更使得产品具有更精密的物理属性，它可以改变过去的流水线生产模式，降低企业对劳动力和生产空间的依赖，对产品的加工模式产生了强烈的冲击和革命性的影响。2012 年美国奥巴马将增材制造技术列为国家 15 个制造业创新中心之一，英国著名杂志《经济学人》也发表专题报告《3D 打印推动第三次工业革命》，推动 3D 打印发展的政治、经济力量正式形成。

2　3D 打印的主要类型和原理

目前，已经有了很多种类的 3D 打印技术，形成了丰富的打印工艺及打印设备，本报告主要介绍熔融沉积快速成型、光固化成型、选择性激光烧结、分层实体制造的技术原理。

2.1　熔融沉积快速成型

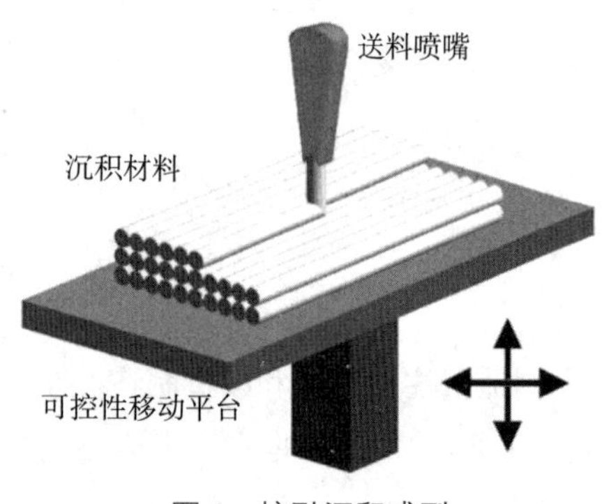

图 1　熔融沉积成型

熔融沉积型（fused deposition modeling，FDM）3D 打印原理是：利用电加热将原材料加热至熔点以上，将材料熔融后根据模型分层的二维轮廓信息粘结在已打印的模型表面，并以固定的速率进行熔融沉积（图 1）。其优点是系统构造原理简单，操作方便，成本低，材料利用率高，材料种类多（多为热塑材料，如 ABS、PC、蜡、尼龙等）；缺点是成型件表面有明显条纹，沿成型轴垂直方向的强度比较弱，需要设计和制作支撑结构。

2.2　光固化成型

光固化打印机（stereo lithography appearance，SLA）的工作原理是，在光敏树脂表面聚焦一束紫外光，紫外光输一次只能绘出 3D 模型的一个薄层，当光打到树脂液体的表面上时，固化 3D 模型的最后一个切片。这样一层一层构建，一层一层叠加，最终可以得到一个完整的高分辨率的三维模型。未固化的树脂，可以回收到一个干净的空瓶中，用于下一次打印（图 2）。其优点是成型过程自动化程度高，尺寸精度高，表面质量优良，可以制作结构复杂的模型等；缺点是制件易变形，适用的材料种类少，普遍适用的液态树脂有气味和毒性，制件较脆弱等。

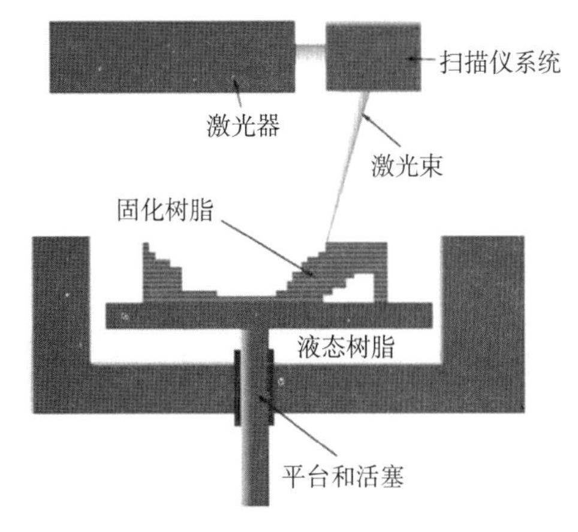

图 2　立体光固化原理图

2.3　选择性激光烧结

选择性激光烧结（selective laser sintering，SLS）是材料广泛的3D打印工艺，其工作原理是：先将材料粉末铺设在已烧结得到的模型表面，使用工具将粉末刮平，然后采用激光根据模型分层轮廓有选择地分层烧结固体粉末，使烧结成型的固化层叠加在一起，生成所需形状的零件（图3）。其优点是工艺简单，适用材料种类广泛，无需支撑结构，材料利用率高；缺点是表面粗糙、烧结过程挥发异味，制作过程需要比较复杂的辅助工艺等。

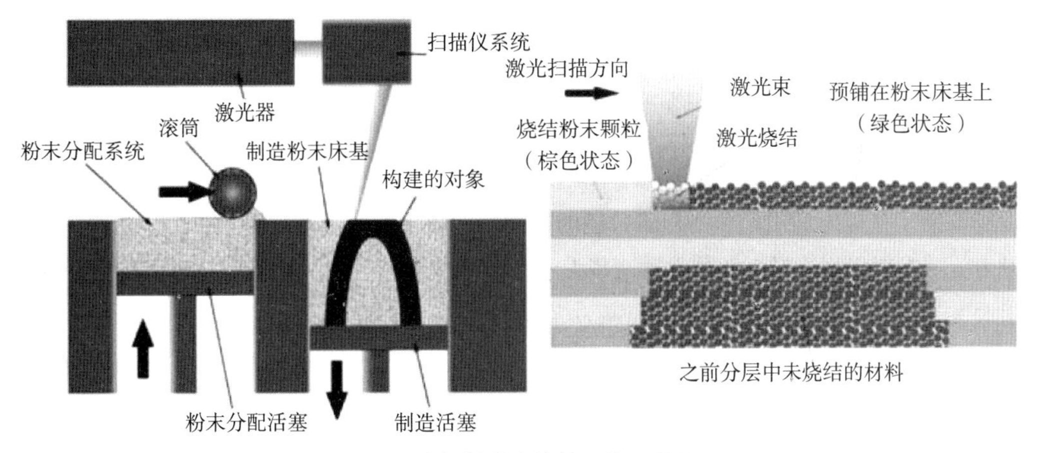

图 3　选择性激光烧结工作原理图

2.4　分层实体制造

分层实体制造（laminated object manufacturing，LOM）主要使用纸、金属箔、塑料薄膜等作为打印材料。其工作原理如图4所示：打印材料首先涂布了一层热熔胶，打印过程中，打印材料受到热压就与下面的底基粘结在一起，激光切割器根据模型分层得到的横截面轮廓进行切割，一层切割完成以后，送料机会将新的一层叠加上去，而后又是新一轮的切割和粘结，直到所有的二维分层均被切割和粘结，得到最终的三维模型。分层实体制造方式可以直接制造模具、结构件和功能键，其材料廉价，成本低。其优点是原料价格便宜，制作尺寸大，无需支撑结构，操作方便等；缺点是工件表面有条纹，工件的抗拉强度和弹性差，易吸湿膨胀等。

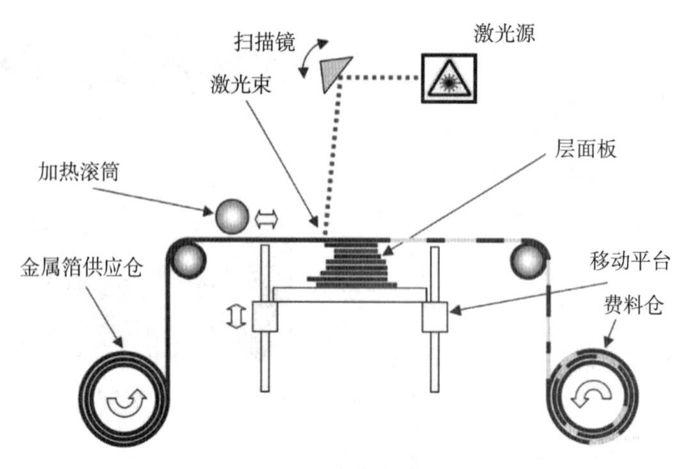

图 4　分层实体制造原理图

3　我国 3D 打印的发展历程

3.1　艰难起步阶段

中国的 3D 打印技术兴起于 20 世纪八九十年代，也正是美国、日本 3D 打印产业真正成规模发展的时期。1988 年 10 月，中国快速成型技术的先驱人物之一，清华大学颜永年教授结束了在美国加州大学洛杉矶分校的访问，回国之后开始主攻 3D 打印技术，曾多次邀请美国学者来华讲学，并建立了清华大学激光快速成形中心。由于从美国引进设备的费用太贵，颜永年教授找到美国 3D Systems 的代理商——香港殷发公司进行合作，清华大学提供人员和场地，香港殷发公司提供设备，由此成立了国内第一家 3D 打印公司——北京殷华快速成型模具技术有限公司。

1992 年，另一位国内 3D 打印业的先驱人物，西安交通大学教授卢秉恒院士，在美国做高级访问学者，发现快速成型技术在汽车制造业中的具有较大应用潜力，回国后随即转向这一领域。1994 年，西安交通大学成立了先进制造技术研究所，从做软件开发起步，进而试制紫外激光器、材料开发，最终研制出一台具有基本功能的样机。1995 年 9 月 18 日，在国家科委论证会上，卢秉恒院士的样机获得了很高的评价，同时也争取到了“九五”国家重点科技攻关项目 250 万元的资助。1997 年国内第一台光固化快速成型机由卢秉恒团队推向市场。从此，依托西安交通大学的陕西恒通智能机器有限公司成为国内供应 SLA 光固化工业型成型机的唯一一家企业。

同一时期，华中科技大学的王运赣教授在美国参观访问中，接触到了刚问世不久的快速成型机。最初，王运赣教授想从最早出现的基于光敏树脂原料的光固化立体成型技术做起，但鉴于液态光敏树脂和快速成型的设备价格高昂，转而在时任校长、已故著名机械制造专家黄树槐的主持下，于华中科技大学成立了快速制造中心，转攻基于纸基原料的LOM分层实体制造技术。1994年，国内第一台基于薄材纸的LOM样机由快速制造中心研制出，1995年在北京机床博览会上引发重大反响。LOM技术制作冲模，大大缩短生产周期，相比传统方法，节省了大约二分之一的成本。此阶段，光固化技、分层实体制造等技术蹒跚起步，在打印产品模型和铸造用蜡模等领域开始使用，但尚未直接做出功能零件。

3.2 直接制造阶段

1995年，西北工业大学的黄卫东教授在学生做激光熔覆实验上得到启发，提出了一个新想法：结合3D打印技术和同步送粉激光熔覆，促使新技术的形成，能够用于直接制造致密金属零件，并可以承载高强度力学的载荷，并想用这种方法生产飞机发动机零件。1997年，航空科学基金首次设立重点项目，在评审组长左铁钏的支持下，黄卫东团队的“金属粉材激光熔凝的显微组织与力学性能研究”项目，顺利通过。

同年，国家自然科学基金也对黄卫东教授的激光定向凝固研究项目进行了资助。2000年以后，对于激光立体成型的立项，国家自然科学基金、“863”计划、“973”计划等也开始支持。这个研究成果，很快应用在新型航空发动机的研制中。2001年，关于激光立体成型的源头创新，黄卫东教授的团队申请了中国的第一批专利。到目前，已获授权十多项激光立体成形的材料、工艺和装备相关的国家发明和实用新型专利。

对于这方面的研究工作，基于快速自由精确成型和高强度控制的目标，以同步实现这两个目标为总体思路，北京有色金属研究总院、华中科技大学、清华大学、北京工业大学和北京航空航天大学等先后开始展开。1998年，华中科技大学快速制造中心引进选择性激光烧结技术和选择性激光熔化技术，这两项技术由史玉升专门负责。目前这是能够直接得到金属件最成功的方法，具有典型的代表性就是美国3D Systems公司采用的粉末烧结技术——金属粉末和有机黏结剂相混合。史玉升使用聚苯乙烯粒料替代尼龙粉末作为激光烧结材料从而解决了研发激光烧结设备及其合适的粉末材料，并于1999年造出了第一个产品——计算机鼠标外壳。2010年，史玉升研制出工业级的1.2米 ×1.2米快速制造装备，超越了美国3D系统公司和德国EOS公司的同类产品，成为全球该类装备的最大工作面。

另外，基于航空发动机和大型飞机等国家重大战略需求的考虑，对于相关关键构件激光成型工艺、成套装备和应用关键技术，北京航空航天大学教授王华明团队在国际上实现了首次的全面突破，使得中国成为目前全球唯一掌握大型整体钛合金关键构件激光成型技术，并对装机工程成功实现应用的国家。

1998年，清华大学的颜永年又将生命科学领域引入快速成形技术，“生物制造工程”学科概念和框架体系即由其提出。2001年生物材料快速成型机被研制出，为制造科学提出一个新的发展方向。之后，生物制造被西北工业大学、华中科技大学等多家单位看成重要的方向。2001 年，西安交通大学与第四军医大学合作完成了世界首例人类下颌骨 3D 打印修复手术。

3.3 产业化难题阶段

相对于科研的艰难推进，3D 打印技术在中国的商业推广更为艰难。华中科技大学史玉升教授最开始推广 3D 打印技术时，举步维艰，还曾一度被当作是“骗子”来对待。经过多次参加各种交流会，史玉升教授的团队派教师、博士后和研究生到生产现场，寻求与企业通力合作，努力与企业里的技术人员一起攻关，使得这项成果逐步获得企业的认可。到 2011 年，史玉升团队的 3D 打印设备才被更多企业接纳，尤其是被欧洲空客公司等单位选中，联合承担了欧盟框架七个项目，为欧洲航天局和空客等单位制作卫星、飞机、航空发动机用大型复杂钛合金零部件的铸造蜡模。截至当前，滨湖机电已经销售出 200 多台设备，部分销售海外，销售额每年以 15% 的增速上升。

2010 年，中国 3D 打印机的装机总量为 400 台，之后几年增速曾达到 70% 左右。即使这样，2011 年中国装机量仅占全球 9% 的份额。虽然中国的 3D 打印技术在某些领域已经领先全球，但目前商业化仍然滞后、规模较小，尚未形成完善的产业链。近年来，我国 3D 打印市场规模的年均复合增长率将保持在 40% 左右，且有望超出预期。预计到 2020 年，市场规模有望达到 300 亿到 450 亿元。虽然我国 3D 打印起步较晚，但拥有全球最大的 3D 打印潜在市场，未来我国 3D 打印市场规模增速有望高于全球水平。

4 3D 打印核心技术研究进展

4.1 核心材料研究进展

3D 打印的材料多为高分子材料。用于熔融沉积成型的高分子材料多为热塑性高分子材料，主要有聚乳酸（PLA）、聚碳酸酯（PC）、丙烯腈 – 丁二烯 – 苯乙烯塑料（ABS）等，这类聚合物一般具有优良的加工性能，将材料改性后可以有效提高其力学性能、尺寸稳定性等。用于立体光固化成型的材料主要是光敏树脂。用于选择性激光烧结技术的主要是金属和高分子粉末材料。

PLA 材料来源广泛、成本低、易加工，具有优良的生物相容性，可降解性和低生物毒性，但直接用于 3D 打印具有质脆和复合强度低的缺点，提高 PLA 的性能重点是提高材料本身的韧性。张向南将 PLA 和不同的刚性添加粒子、增韧剂及协同增韧剂进行熔融共混，大大提高 PLA 的韧性。汤一文在 PLA 中分别添加了无机增韧剂和有机增韧剂，不仅可以提高 PLA 的刚性，还可以一定程度上提高 PLA 的韧性。改性后的 PLA 用于 3D 打印，可保证产品的尺寸稳定性，不易发生尺寸收缩和翘曲变形。

PC在3D打印时受到高温容易释放出双酚A，应用于医疗和食品等行业会对人体产生危害。2014年，我国傲趣电子科技有限公司利用德国拜耳集团生产的食品级PC制备了线材，在255~280℃下熔融压延，在120~150℃的打印平台上进行成型，所得的3D打印模型尺寸稳定性高，并且这种食品级的PC不含双酚A，可用于医疗和食品行业。

ABS树脂的尺寸稳定性低，在打印过程中容易发生翘曲变形和尺寸收缩，且不能生物降解。为提高ABS树脂的尺寸稳定性，方禄辉将苯乙烯－丁二烯－苯乙烯嵌段聚合物（SBS）与ABS树脂进行掺杂，当SBS质量分数为10%时可制备出满足3D打印的ABS树脂，并且弯曲强度和拉伸强度均可保持在纯ABS树脂的80%~85%，进一步加入增塑剂和共混增容剂，还可以提高其韧性，从而成功应用于熔融沉积3D打印。Weng Zixiang制备出了纳米有机蒙脱石复合ABS材料，并将其应用于熔融沉积成型3D打印技术，与传统的ABS树脂相比，该ABS纳米复合材料的力学强度提高了约43%。

光敏树脂用于光固化3D打印中，主要由单体、预聚物和光引发剂组成，在光照条件下聚合单体或预聚物发生进一步聚合或固化，从而实现立体成型。光敏树脂改性后需要使打印工件具有较高的力学性能和尺寸稳定性能。刘甜通过对温度、催化剂浓度及种类的优化，利用丙烯酸和二缩水甘油醚制备了低黏度的预聚物，并将其应用于立体光固化3D打印，所得物件尺寸误差可控制在5%以内。唐富兰利用自由基和阳离子制备了混杂型光敏树脂，并利用纳米二氧化硅对其进行改性，改性后的光敏树脂用于立体光固化后所得物件的力学强度和尺寸稳定性都得到了提高。Carbon公司的CEO Joe Desimone的同门师弟海伦在美国弗吉尼亚理工大学博士毕业后，2016年回北京创办了塑成科技。塑成科技针对光固化3D打印市场材料普遍存在的包括硬度、抗拉伸强度、耐磨程度、耐温性等方面的问题，研发具备功能性的新型材料。塑成科技研发的高硬树脂、高韧树脂两大类光固化3D打印材料，有着非常明显的优越性能。

应用于3D打印的高分子粉末主要由尼龙、PC、聚烯烃等粉末材料，为满足打印构件强度和尺寸精度，一般要求高分子粉末具有烧结温度低、强度高、尺寸稳定性高、流动性好、内应力小等特点。徐林利用碳纤维素增强尼龙12粉末材料，在3D打印过程中，产品的强度和弹性模量都得到了提高。另外，通过不同方法得到聚乙烯和聚丙烯粉末材料以及与其他粉末材料共混的材料均具有良好的烧结性能，并且具有优异的力学性能和尺寸稳定性，可广泛应用于高精度产品的3D打印。

4.2 3D打印设备研究进展

4.2.1 金属3D打印设备

金属3D打印技术是目前3D打印体系中最为前沿和最具潜力的技术，也是先进制造技术的重要发展方向。目前可用于直接制造金属功能零件的快速成型方法主要有选区激光熔化（selective laser melting，SLM）、电子束选区熔化（electron beam selective melting，

EBSM）、激光近净成形（laser engineered net shaping，LENS）。

（1）华中科大具有锻件性能的金属零件 3D 打印：2016 年 7 月，华中科技大学通报，由该校数字装备与技术国家重点实验室张海鸥教授主导研发的金属 3D 打印新技术“智能微铸锻”（图 5），成功 3D 打印出具有锻件性能的高端金属零件，有望改变国际上由西方国家领导的金属丝 3D 打印格局。

图 5 华中科技大学“智能微铸锻”技术

这种以金属丝为原材料的“智能微铸锻”技术，无需模具，LENS 自由近净成形，且全数字化、高柔性，打印的零件材质全致密、没有宏观偏析和缩松，具有较高的性能。同时，该技术的材料利用率达到 80% 以上。由于这一技术能同时控制零件的形状尺寸和组织性能，大大缩小了产品周期。制造一个两吨重的大型金属铸件，过去需要三个月以上，现在仅需十天左右。

（2）华南理工大学金属 3D 打印设备及工艺优化：华南理工大学激光加工实验室自 2002 年开始追踪国外金属零件的 3D 打印技术，经过十几年的研究，在设备研发、工艺过程及设计、质量控制等方面均取得卓有成效的进展。2004 年、2007 年分别研发了 DiMetal-240、DiMetal-280。2012 年开发了一款商业化设备 DiMetal-100（图 6），采用光纤激光器 200 W，扫描速度小于等于 7000 mm/s。

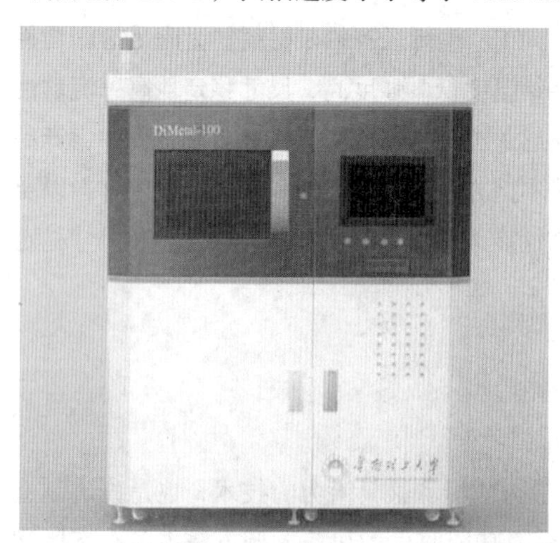

图 6 华南理工大学研发的 DiMetal-100 金属 3D 打印设备

华南理工大学杨永源教授团队针对 SLM 工艺的优化包括：①致密度优化：SLM 成型过程中，高能量密度的激光束将金属粉末瞬间熔化，然后又快速冷却，此过程非常不稳定，造成成型件表面和内部产生大量气孔，导致成型件致密度不高的现象。提出用层间错开扫描策略，通过优化激光功率、扫描速度、扫描间距和铺粉厚度等工艺参数，可以极大地提高零件的致密度，经过优化的零件致密度能够达到 98% 以上，与熔模铸造金属零件的致密度相差无几；②表面质量优化：SLM 成型零件的表面粗糙度一般在 15~50 μm，相比传统方式加工的零件有不小的差距。通过工艺、粉末选择、特殊的扫描策略等方面的改善，采用大间距且相邻层间扫描线错开的扫描方式，能够将粗糙度（Ra）控制在 8 μm 以下；③悬垂结构优化：悬垂结构（预先添加的支撑）是 SLM 成型零件的局部形状精度、尺寸精度不能达到要求，通过优化成型过程，尽量减少支撑。

（3）铂力特公司的激光立体成形设备：2014 年，薛蕾带领研发团队历时 6 个月，自主研发出了 C600 激光立体成形装备与 S300 选区激光熔化成形装备。这一装备在珠海航展一经亮相，便引发轰动。过硬的品质，让铂力特在欧美选手林立的金属 3D 打印世界舞台上占据了一席之地。目前，铂力特已有两个系列、6 款设备面向市场销售。公司业务涵盖打印设备、耗材等全产业链，涉及航空航天、医疗、模具、汽车等多个领域。随着实力和口碑的拓展，主动找上门的客户越来越多，逐渐改变了以前“上门推销”的局面。而这背后，是公司团队多年的技术积累和不懈努力。

4.2.2 光固化 3D 打印设备

光固化成型 3D 打印技术在国内也有较大进步。中科院福建物构所 3D 打印工程技术研发中心的林文雄课题组宣布在国内首次突破了可连续打印的三维物体快速成型关键技术，并开发出了一款超级快速的连续打印的数字投影（DLP）3D 打印机。具体的打印技术原理是：利用 DLP 投影系统提供照射光源，照射树脂槽底部的构建区域形成固化区域；同时通入氧气或空气，氧气或空气透过半渗透性透明元件进入树脂槽，在内底面和固化区域之间形成一层几十微米厚的抑制固化层。由于液态抑制固化层的存在，固化区域与树脂槽底部能轻松无损伤分离，实现全程固化的高速连续性，福建物构所称他们获得最大打印速度超过 600 mm/h，比美国 Carbon 3D 公司发布的连续 3D 打印设备速度快约 20%。

杭州先临三维科技股份有限公司研发的先临三维自主研发的 Rapidise 光固化快速成型机，是基于公司深厚的 3D 打印技术应用经验而设计开发，更加贴近客户实际需求，设备更稳定，操作更容易，效果更精细，成型精度高。具体特性有：自适应分层，有效提高成型精度及减少后处理工作量；紫外激光自动检测聚焦，光斑直径一般为 0.1~0.15 mm 左右；振镜精度自动标定，保证更好的成型质量。成型细节好，表面光洁度高（表面 Ra 小于 0.1 μm），可制作任意复杂结构的零件（如空心零件），负压吸附式刮板，涂层均匀可靠。成型过程高度自动化，后处理简单；激光在线测量，工艺参数全自动设置；软件具备强大的中断处理能力，可实现接续打印；可选材料丰富，满足不同实际应用需求，例如透明、不透明、高强度、耐高温等不同的光敏树脂材料可供选择。

4.2.3 熔融沉积型（FDM）3D 打印设备

我国研制和生产 FDM 3D 打印机的厂家很多，但一般规模比较小。深圳市极光尔沃科技股份有限公司是 FDM 3D 打印机厂家的代表。该公司成立于 2009 年，是中国首批专业的 3D 打印机研发及制造商，致力于建设 3D 打印数字化生态系统，业务领域以 3D 打印机的研发、制造、销售为主，延伸到 3D 打印耗材、3D 教育课程服务、3D 网络云平台服务及 3D 打印一体化服务等。目前已成为中国 3D 打印行业最具影响力的大型高新技术企业之一，研发、生产、销售、服务保障能力等多方面均处于业界领先水平。2014 年，极光尔沃荣登全球 3D 打印机制造商排行榜前二十，国内排名前三（中国科学院《互联网周刊》评选）；2015 年，极光尔沃成为中国科技馆、中国科技馆发展基金会指定的 3D 打印设备供应商；2017 年 7 月 26 日通过国家新三板上市审核，成为中国 FDM 3D 打印第一股。

4.3 生物医学 3D 打印研究进展

4.3.1 北京大学第三医院的关节融合器 3D 打印技术

寰枢关节脱位（atlantoaxial dislocation，AD）是指颈椎的第一节（寰椎）、第二节（枢椎）之间的关节失去正常的对合关系，从而引起延髓、高位颈脊髓受压，椎动脉走向和血流动力学改变；轻则出现眩晕或晕厥，严重情况下可以导致四肢瘫痪，甚至呼吸衰竭而死亡。由于其致残、致死率高，寰枢关节脱位在世界范围内是脊柱外科研究的热点和难点之一。

北京大学第三医院提供的一种能够仅通过一次手术完成固定融合且融合生物力学好的关节融合器，在 2016 年 2 月获得专利局的生效批准。该发明的托块上设置融合孔，可方便置入松质骨或供植入部位相邻的骨质长入，从而实现骨与植入物的融合，一次手术实现固定和融合，而且采用楔形块结构，使得松质骨受压应力，利于融合。

4.3.2 清华大学 DNA 水凝胶人工器官打印材料

清华大学化学系刘冬生课题组与英国瓦特大学舒文淼等人合作，将 DNA 水凝胶材料成功地用在活细胞 3D 打印中。这项成果被 *Nature* 的研究亮点报道，*Nature* 评价该材料是“一种非常有前景的打印三维组织和人工器官的材料”。这种水凝胶材料同时满足多项细胞 3D 打印的需求，能够秒级成型，打印过程完全在生理条件下完成，打印尺寸可以达到厘米级以上的尺度，且该材料具有良好的触变性和自修复性能，不仅能保证细胞生长所需的营养输送，还能保证对细胞提供足够的支撑，更重要的是可以根据需要迅速分解不残留。该材料为将来 3D 打印器官的活体移植创造了条件。

4.4 全彩色 3D 打印技术研究进展

华南理工大学的陈广学教授团队从 2011 年开始研究彩色 3D 打印技术，学科带头人陈广学教授研究方向涉及地图制图和数字印刷等方面，研究团队设立在轻工科学与工程学院，依托制浆造纸工程国家重点实验室，充分发挥团队的优势，重点突破彩色 3D 打印技术及其 3D 打印在文物复制及文创领域的应用，目前在 UV 喷墨彩色 3D 打印和纸基彩色 3D 打印领域取得了阶段性成果。

4.4.1 基于UV喷墨的彩色3D打印

UV喷墨3D打印具有与3D打印技术相同的原理与属性，陈广学教授团队在前人的研究基础上，应用Mimaki UV喷墨打印机具有高程控制机制，将传统设备拓展至三维打印应用领域。UV喷墨彩色3D打印的基本原理是：预先在纸张上均匀打印一层白色实地色块，然后通过打印多层白色油墨来实现3D模型高程信息的打印，最后在白色油墨表面需要呈现色彩的地方打印单层彩色油墨来实现3D模型的色彩呈现。其中预先打印一层白色油墨的作用是排除第一层油墨给高程带来的误差，因为第一层油墨与纸张（或油画布）之间的渗透和铺展作用会引起模型的高度误差，并且，白色油墨具有较好的色彩再现性，有利于增大后续UV喷墨打印的色域范围；采用白色油墨来实现模型高程，采用单层彩色油墨来实现模型的色彩，原因是多层彩墨的叠加会导致亮度下降、色相偏离。王焕美使用UV四色油墨通过分层打印的方式打印出了台湾地形图。陈晨博士经过大量测试与研究，应用UV喷墨3D打印技术成功复制出了立体油画，油画表面含有丰富的笔触和高低起伏细节。

团队通过对UV喷墨3D打印进行了深入研究和探讨，发现UV喷墨3D打印在打印喷头与承印物表面的距离处于1.5~2.5 mm之间时，得到的3D打印产品在高程精度、色彩饱和度、图像分辨率的方面达到最佳效果。陈晨博士在利用UV喷墨打印3D油画研究中，发现在自下而上的3D打印顺序基础上，如果调换模型分层的打印顺序，可以很大程度上消除3D打印的条纹现象，效果如图7和图8所示。上述研究成果申报并获得了多项国家专利。

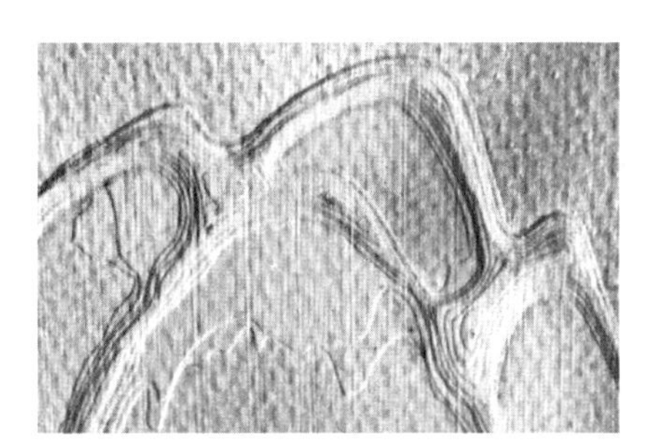

图7　正序打印

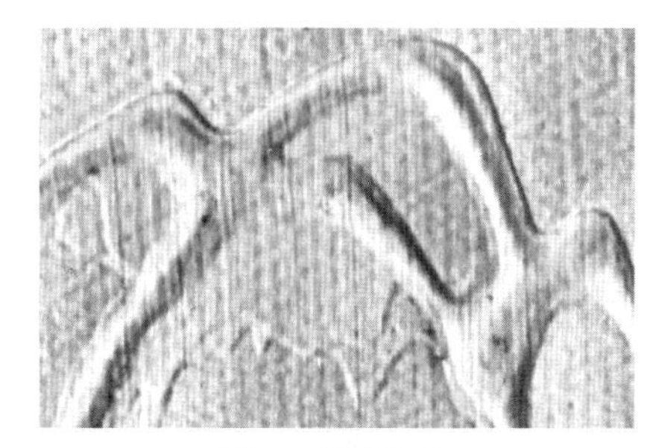

图8　倒序打印

陈广学教授积极推进UV喷墨3D打印技术的产业化应用，目前已经在深圳3D印刷技术工程实验室中进行了初步产业化应用。

4.4.2 华南理工大学纸基彩色3D打印

纸基3D打印技术最早亮相于2014年9月1日至7日在北京举办的第十二届北京国际图书节，“北京市绿色印刷工程”展区的三维图像体验区参展的上海域达三维图像技术有限公司带来了真正意义上的全彩色的纸基3D打印机Matrix 300A，以纸张为原材料，通过对纸张的双面彩色打印和轮廓切割与粘结而得到彩色3D打印模型。

华南理工大学陈广学教授课题组2014年引入该纸基3D打印设备，并借助团队在印刷领域的优势，实现了彩色3D地形图的打印，其基本原理是：对数字高程模型（digital elevation model，DEM）进行三角网格模型构建，获取高低起伏的三维地形模型，然后通过三维模型的深度图映射原理进行模型高程的色彩映射，获得彩色的三维地形图模型。由于纸基3D打印技术对于色彩的呈现，主要是依靠油墨对纸张的渗透结果，而纸基3D打印模型大部分的彩色部分都是由纸张侧面边缘的色彩所组成，所以打印得到的纸基三维模型颜色饱和度不够，色彩不鲜艳。团队通过涂布实验发现，纸基3D打印输出后的模型经过表面水性白胶的涂布后，油墨进一步渗透，模型表面的颜色饱和度具有较大提高，与纸张正面颜色的色差控制在5NBS以内，并且，模型的强度也有一定程度的增加。因此，可通过水性白胶的涂布来提高纸基3D打印模型的色彩精度和物理强度。

2017年陈广学教授团队申报的《纸基材全色彩3D打印系统研制及其在文创领域的应用》获得了广东省科技计划重点项目，将自主研发A3幅面纸基材全彩色3D打印机，并借助于三维扫描技术进行文物的三维数据采集，并通过彩色三维点云处理技术获取文物的彩色三维数字模型，最后得到纸基彩色3D文物模型。项目的研制在大幅面地理模型沙盘制作、城乡小区规划模型、建筑模型等领域也具有广泛的应用前景。

5 我国3D打印市场、专利及企业概况

目前中国3D打印技术发展面临诸多挑战，总体处于新兴技术的产业化初级阶段，未来3D打印技术最有可能在美国和中国率先大规模产业化。国内的3D打印主要集中在家电及电子消费品、建筑、教育、模具检测、医疗及牙科正畸、文化创意及文物修复、汽车及其他交通工具、航空航天等领域。2013年4月，科技部近期公布的最新《国家高技术研究发展计划（863计划）、国家科技支撑计划制造领域2014年度备选项目征集指南》，首次将3D打印产业纳入其中。《指南》中提到，突破3D打印制造技术中的核心关键技术，研制重点装备产品，并在相关领域开展验证，初步具备开展全面推广应用的技术、装备和产业化条件。2010年，中国3D打印机的装机总量为400台，近两年来，年增速均在70%左右，2013年，中国3D打印机的装机总量超过2000台；2014年中国3D打印机的装机总量达3500余台。

5.1 我国3D打印市场规模

根据中国产业信息网报道的数据，2012—2016年我国3D打印市场规模如图9所示。

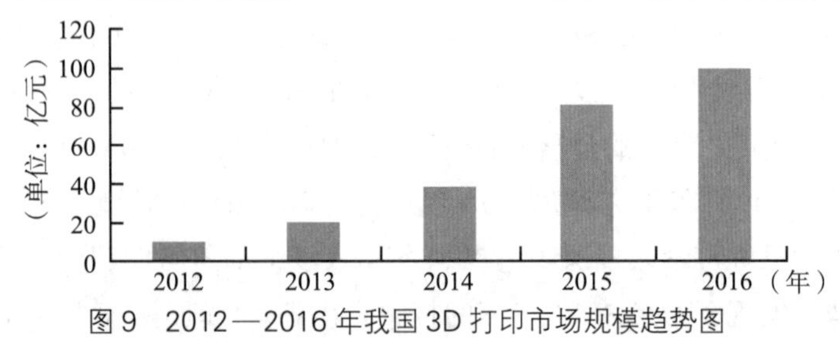

图9 2012—2016年我国3D打印市场规模趋势图

5.2 我国3D打印专利申请情况

5.2.1 国内专利申请地区分布情况

从我国3D打印申请区域来看，专利申请量居前8位的地区如图所示，主要集中在科研机构发达和3D打印企业聚集的地区。北京、陕西、广东、江苏、湖北五个地区的专利申请量达到全国的67%，其中北京地区申请3D打印专利量占我国总专利数的近五分之一（图10）。

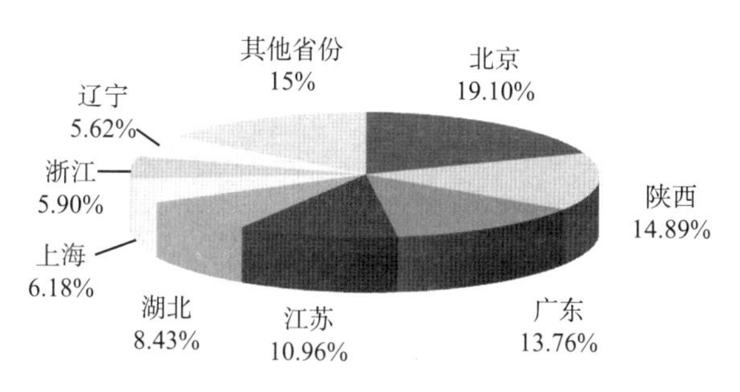

图10 我国3D打印技术专利申请分布情况

5.2.2 技术领域分布情况

从技术领域分布情况看，我国3D打印专利主要分布在特定制造工艺、材料技术以及成型设备生产等方面，如图11所示，从我国3D打印技术申请专利排名前6位的IPC小组中可以看出，对成型技术研究得最多，专利数量高达79件，以金属粉末为原料的烧结技术研究次之，为44件专利。

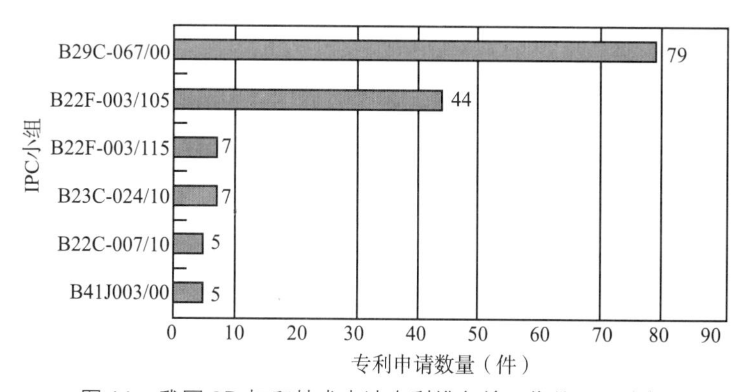

图11 我国3D打印技术申请专利排名前6位的IPC小组

5.2.3 主要申请人分布

从主要申请人分布情况看，一半以上的3D打印技术专利申请属于科研机构；在专利申请数量排名前10位的申请人中，科研机构占了7成，这7家占专利总量的24.20%。其中，西安交通大学围绕激光快速成形制造技术（PR&M）的开发、产业化及工程化应用，申请的 3D 打印专利数量最多，达 32 件，占我国总数量的 7.98%；北京殷华激光快速成形与模具技术有限公司和华中科技大学分别拥有 22 件专利，位居第二（表 1）。

表 1　我国 3D 打印技术申请排名前 10 位的专利权人

排名	专利权人	申请数量（件）	比例	研发能力		
				活动年期	发明人数	平均专利年龄
1	西安交通大学	32	7.98%	12	73	5
2	北京殷华激光快速成形模具技术有限公司	22	5.49%	7	29	8
3	华中科技大学	22	5.49%	9	52	5
4	华南理工大学	12	2.99%	6	30	4
5	清华大学	12	2.99%	6	31	12
6	江苏固立得精密光电有限公司	8	2.00%	1	7	1
7	南昌大学	7	1.75%	4	19	2
8	中国科学院沈阳自动化研究所	6	1.50%	3	12	5
9	宁波快科工业成型技术有限公司	6	1.50%	1	1	0
10	沈阳航空航天大学	6	1.50%	4	11	3

5.3　中国十大 3D 打印企业

（1）武汉滨湖机电技术产业有限公司：武汉滨湖机电技术产业有限公司，由华中科技大学 80 年代的老校长黄树槐先生所创办，是国内最早从事快速成型技术（3D 打印）研究的高新技术企业之一。2006 年推出了国内外最大加工尺寸和一机多材的粉末烧结设备，并快速成长为国内快速成型设备最齐全、成型材料最齐全、成型台面最大的高新技术企业。2014 年经过市场化改制，公司由依托华中科技大学的快速制造中心逐渐改制为股份制企业，生产快速成形系统，提供快速成形 / 快速制模成套技术，并进行相关技术服务和咨询。公司可向社会提供 HRPS（基于粉末烧结）、HRPM（基于粉末熔化）、HRPL（基于光固化）、HZK（真空注型）和 HRE（三维反求）系列、多种型号的成套快速成形制造系统。目前，同类设备的市场化已由国内延伸至国外的越南、新加坡、俄罗斯、巴西、英国等欧亚国家。

（2）杭州先临三维科技股份有限公司：杭州先临三维科技股份有限公司，是一家专业提供三维数字化技术综合解决方案的国家火炬计划高新技术企业。公司专注于三维数字化与 3D 打印技术，融合这两项技术，为制造业、医疗、文化创意、教育等领域的客户创造价值。公司成立于 2004 年，于 2014 年 8 月 8 日在新三板挂牌上市（830978），为中国三维数字化与 3D 打印行业上市第一股，公司以杭州为总部，在上海、北京、南京、广州、成都等地设有分支机构。公司申请和授权专利近 50 项，软件著作权 20 项，在综合实力、销售规模、技术种类、服务保障能力等多方面均处于行业领先水平。公司的三维数字技术综合解决方案已经成功运用于众多行业，如汽车制造、航空航天、模具制造、电子电器、消费品、牙科、骨科、文物古建、雕刻、建筑、能源、科研、职业教育等，帮助这些行业的客户提高效率、提升品质，并降低损耗。

（3）北京隆源自动成型系统有限公司：北京隆源自动成型系统有限公司注册于北京市海淀区中关村科技园区。1993 年开始研发 AFS 系列选区粉末烧结激光快速成型机并取得自主知识产权，1994 年正式投产和销售。是北京市科委认定的高新技术企业，2002 年通过 ISO9001：2000 国际质量体系认证。公司生产销售的 AFS 系列选区粉末烧结激光快速成型机被广泛应用于科研院校、航空航天、船舶兵器、汽车摩托车、家电玩具和医学模型等行业的设计试制部门。公司所属对外加工服务中心凭借自有的技术和设备，首创快速成型蜡模和树脂砂型，并与传统的精密铸造紧密衔接，走通了一条独特的快速铸造工艺路线，为诸多企业新产品试制阶段的单件小批量生产提供了一条成熟的无模具生产工艺方案。

（4）北京殷华激光快速成型与模具技术有限公司：北京殷华激光快速成形与模具技术有限公司是清华大学企业集团下属的高科技企业，主要从事快速成形系统，软硬件研发，快速制模设备以及专用耗材的开发、生产和销售。公司联合上游的机械产品三维设计软件供应商和下游的真空注型、逆向工程设备厂商，为客户提供全面的产品开发、试制、小批量生产解决方案。公司研发力量主要依托清华大学激光快速成形中心，有强大的科研队伍，生产的设备精度高，安全可靠性强，已拥有数十项发明专利、实用新型专利。同时，公司非常注重科研成果商品化，形成了强大的销售及服务体系，在上海、广东建立了分支机构，在韩国设有代理机构，以便更好地提高服务质量。北京殷华公司在现代制造业内的实力得到普遍认可，公司设备已远销韩国、泰国等地区，并将其高品质的产品和技术服务于大型企业、外企及军工等单位。

（5）沈阳新松机器人自动化股份有限公司：新松公司隶属中国科学院，是一家以机器人独有技术为核心，致力于数字化智能高端装备制造的高科技上市企业。在中国产业转型升级发展的关键阶段，新松致力于提供核心装备支撑，引领产业智能转型。新松现已形成以自主核心技术、关键零部件、领先产品及行业系统解决方案为一体的完整产业链，并将产业战略提升到涵盖产品全生命周期的数字化、智能化制造全过程。新松是国内最大的机器人产业化基地，在北京、上海、杭州、深圳及沈阳设立五家控股子公司。在建的杭州高端装备园与沈阳智慧园将会成为南北两大数字化高端装备基地，也是全球最先进的集数字化、智能化为一体的高端智能加工中心，用机器人生产机器人，率先开展制造模式根本性变革。投产后产能将达到 15000 台 / 年，首期产能达到 5000 台 / 年。公司在 3D 打印智能装备方面的产品包括 PDL-2000T 激光增材制造系统、P-FDM 3D 打印机、SLM 金属 3D 打印机等。

（6）中航天地激光科技有限公司：中航天地激光科技有限公司（以下简称中航工业激

光）为世界五百强企业中航工业集团的成员单位，由中航重机股份有限公司与北京航空航天大学、北京市共同发起设立，负责实施激光快速成形技术的产业化。中航激光 2011 年 12 月注册成立，主要从事大型钛合金、高强钢等高性能金属结构件激光快速成型技术的研发、生产加工及销售。产品主要应用于先进战机、大型飞机、高推重比航空发动机、重型燃气轮机、航天、船舶等重大工业装备。公司以北京航空航天大学国际领先的大型金属构件激光直接制造技术为基础，依托北京航空航天大学航空科学与技术国家实验室、大型整体金属构件教育部工程研究中心和北京市大型关键金属构件激光直接制造工程技术研究中心雄厚的研究基础。

（7）湖南华曙高科技有限责任公司：湖南华曙高科技有限责任公司位于长沙国家高新技术产业开发区麓谷，创建于 2009 年，是一家集研发、生产、销售、服务于一体的高新技术企业，专业从事不同材料产品（包括塑胶、金属、陶瓷等）的 3D 打印（增量制造）技术研究，公司主攻选择性激光烧结（SLS®）设备制造、材料生产和加工服务三项主营业务，服务于汽车、军工、航空航天、机械制造、医疗器械、房地产、动漫、玩具等行业。公司的许小曙博士是 3D 打印技术专家，在他的领导下，集合一批具有国际一流水平的专业从事增量制造、高分子材料、计算机软件、机械制造等行业拥有丰富经验的专家及海外留学归国人才，组成了具有行业领先水平的技术研发与生产团队。公司既制造设备，又生产材料，还从事终端产品加工服务，独立构成了选择性激光烧结技术（SLS®）完整产业链的企业。在创新成为核心竞争力的现代市场，华曙高科把握国内外产业发展机遇，以产品高性价比优势进军海外市场，以标准化、高品质产品引领国内市场，提升国内先进制造业水平。

（8）飞而康快速制造科技有限公司：飞而康快速制造科技有限责任公司成立于 2012 年 8 月，致力于生产符合国际标准的航空级钛合金粉末，同时利用增材制造技术（即 3D 打印）及热等静压技术，近净成形加工复杂部件，并为熔模铸造加工精密模具。产品主要应用于航空航天、汽车、石油化工与天然气行业，也可用于医疗器械、电子器件等行业。公司由国家科技部牵头，引进了来自英国、澳大利亚的研发团队，凝聚了世界材料研究和加工领域顶级的专家和人才，并建立了航空材料测试中心。

（9）南京紫金立德电子有限公司：南京紫金立德电子有限公司（以下简称紫金立德）隶属于江苏紫金电子集团有限公司，是一家中以合资企业，注册地为南京经济技术开发区。紫金立德公司成立于 2008 年 9 月，是中国 3D 打印技术产业联盟副理事长单位及江苏省 3D 打印产业技术创新战略联盟理事长单位。公司专业从事 3D 打印机（三维快速成型机）及其耗材的开发、生产、销售，并提供相关服务。紫金立德公司现拥有年产 5 千台桌面式 3D 打印机的生产能力，产品市场遍布美国、英国、法国、德国、中国、荷兰、日本、韩国等 30 多个经济技术发达的国家和地区。

（10）陕西恒通智能机器有限公司：陕西恒通智能机器有限公司，作为教育部快速成型工程中心的产业化实体，注册资金 2796 万元。公司以西安交大先进制造技术研究所为技术支持，主要研制、生产和销售各种型号的激光快速成型设备、快速模具设备及三维反求设备，同时从事快速原型制作、快速模具制造以及逆向工程服务。公司产品及服务在全国各院校、汽车电器等企业销售开展十多年，客户近万家，近年已在多个地区成功开展产学研结合的推广基地、制造中心等项目。公司拥有多项专利，并荣获国家科技进步奖二等奖、国家重点新产品以及省部级的多项奖励。公司产品及服务遍及世界各地，已成为集快速成型装备制造及快速原型服务于一体的快速成型行业领军企业。

6 问题与建议

6.1 发展我国 3D 打印产业的战略意义

发展 3D 打印产业，可以在提升我国工业领域的产品开发水平的同时有助于攻克技术难关，并且易形成新的经济增长点，促进就业。当前，全球正在兴起新一轮数字化制造浪潮。发达国家面对近年来制造业竞争力的下降，大力倡导“再工业化、再制造化”战略，提出智能机器人、人工智能、3D 打印是实现数字化制造的关键技术，并希望通过这三大数字化制造技术的突破，巩固和提升制造业的主导权，加快 3D 打印产业发展，推动我国由“工业大国”向“工业强国”的转变。

（1）发展 3D 打印产业，可以提升我国工业领域的产品开发水平，提高工业设计能力。传统的工业产品开发方法，往往是先开磨具，然后再做出样品，而运用 3D 打印技术，无需开磨具，可以把制造时间降低为以前的 1/10 到 1/5，费用降低到 1/3 以下。一些好的设计理念，无论其结构和工艺多么复杂，均可利用 3D 打印技术短时间内制造出来，从而极大地促进了产品的创新设计，有效克服我国工业设计能力薄弱的问题。

（2）发展 3D 打印产业，可以生产出复杂、特殊、个性化产品，有助于攻克技术难关。3D 打印可以为基础科学技术的研究提供重要的技术支持。在航天、航空、大型武器等装备制造业，零部件种类多、性能要求高，需要进行反复测试。运用 3D 打印，除了在研制速度上具有优势外，还可以直接加工出特殊、复杂的形状，简化装备的结构设计，化解技术难题，实现关键性能的赶超。

（3）发展 3D 打印产业，可以形成新的经济增长点，促进就业。随着 3D 打印的普及，“大批量的个性化定制”将成为重要的生产模式。3D 打印与现代服务业的紧密结合，将衍生出新的细分产业、新的商业模式，创造出新的经济增长点。如自主创业者可以通过购置或者租赁低成本的 3D 打印设备（一些 3D 打印设备已低于 1 万元），利用电子商务等平台提供服务，为大量消费者定制生活用品、文体器具、工艺装饰品等各类中小产品，激发个性化需求，形成一个数百亿甚至数千亿元规模的文化创意制造产业，并增加社会就业。

6.2 我国 3D 打印产业发展中存在的问题

（1）缺乏宏观规划和引导：3D 打印产业上游包括材料技术、控制技术、光机电技术、软件技术，中游是立足于信息技术的数字化平台，下游涉及国防科工、航空航天、汽车摩配、家电电子、医疗卫生、文化创意等行业，其发展将会深刻影响先进制造业、工业设计业、生产性服务业、文化创意业、电子商务业及制造业信息化工程。但在我国工业转型升级、发展智能制造业的相关规划中，对 3D 打印这一交叉学科的技术总体规划与重视不够。

（2）企业对技术研发投入不足：我国虽已有一些企业能自主制造 3D 打印设备，但企业规模普遍较小，研发力量不足。在加工流程稳定性、工件支撑材料生成和处理、部分特种材料的制备技术等诸多具体环节，存在较大缺陷，难以完全满足产品制造的需求。而占据 3D 打印产业主导地位的美国 3Dsystems、Stratasys 等公司，每年都投入 1000 多万美元研发新技术，研发投入占销售收入的 10% 左右。两家公司不仅研发设备、材料和软件，而且以签约开发、直接购买等方式，获得大量来自企业外部的相关细分技术、专利，已掌握一批关键核心技术。

（3）产业链缺乏统筹发展：3D 打印行业的发展需要完善的供应商和服务商体系、市场平台。供应商和服务商体系中，包含工业设计机构、3D 数字化技术提供商、3D 打印机及耗材提供商、3D 打印设备经销商、3D 打印服务商。市场平台包含第三方检测验证支持、金融支持、电子商务、知识产权保护等支持。而目前国内的 3D 打印企业还处于“单打独斗”的初步发展阶段，产业整合度较低，主导的技术标准、开发平台尚未确立，技术研发和推广应用还处于无序状态。

（4）缺乏教育培训和社会推广：目前，企业购置 3D 打印设备的数量非常有限，应用范围狭窄。在机械、材料、信息技术等工程学科的教学课程体系中，缺乏与 3D 打印相关的必修环节，3D 打印停留在部分学生的课外兴趣研究层面。

6.3 支持我国 3D 打印产业发展的政策建议

建议采取财税金融政策上积极支持，积极引导建立行业协会，鼓励研发，加强教育培训等措施，进一步促进 3D 打印社会化推广。

（1）制定数字化制造规划，促进 3D 产业优先发展：建议将 3D 打印技术定位为生产性服务业、文化创意、工业设计、先进制造、电子商务及制造业信息化工程的关键技术和共性技术，将该产业纳入优先发展产业及产品目录。在财税金融政策上，鼓励企业投资、研发、生产和应用 3D 打印，支持 3D 打印设备的进出口。

（2）加强基础理论和核心技术研发：首先，各高校内部、高校与研究院之间应建立技术信息交流平台，吸引不同领域、不同学科的专业人才参与 3D 打印技术理论的交流与探讨，以加强基础理论研究，例如对打印材料的稳定性、抗压性、耐热性等性能演变规律进行进一步分析，对零部件变形与抑制原理进行深入探讨等。其次，加大核心技术的研发。对激光器、工业喷头、精密光学器件等需要进口的关键零部件采取免税政策，鼓励企业通过进口学习国外的先进技术，并在借鉴的基础上不断创新，致力于突破影响产业发展的技术瓶颈。最后，加快研制新型打印材料，通过质量测试不断扩大材料的可适用范围，在保证金属材料、非金属材料市场需求的同时，不断加大对环保材料的研制。

（3）加强产业联盟、行业协会建设，推动 3D 产业协同发展：积极引导工业设计企业、3D 数字化技术提供商、3D 打印机及材料研发企业和机构、3D 打印服务应用提供商组建产业联盟，利用有关学会、协会的平台加强研讨和交流，共同推动 3D 打印技术研发和行业标准制定。促进 3D 打印技术发展的市场平台建设，包括 3D 打印电子商务平台、3D 打印数据安全和产权保护机制、3D 打印及周边项目投融资机制等，促进产业可持续发展。

（4）加大科技扶持力度，提升 3D 打印技术水平：设立专项基金，重点推进数字化技术、软件控制、打印装置、材料技术等关键技术的研发。在研发扶持中，要注意建立公平、公正的研发绩效评估体系，鼓励各研发主体探索不同的技术路径。加强对 3D 打印产学研合作的支持，特别对实施产业化的企业在市场销售、社会推广上给予政策支持。

（5）加强教育培训，促进 3D 打印社会化推广：将 3D 打印技术纳入相关学科建设体系，培养 3D 打印技术人才。依靠行业协会、博览会、论坛等组织形式进行 3D 打印技术和周边应用的培训。在科技馆、文化艺术中心、青少年活动中心等公共机构进行 3D 打印技术的展示、宣传和推广。发展 3D 打印服务中心，推广 3D 打印技术应用，为发展 3D 打印产业积累应用经验。

参考文献

［1］刘鑫，余翔，张奔．中美 3D 打印技术专利比较与产业发展对策研究．情报杂志，2015（5）：41-46.

［2］牛一帆．3D 打印“内幕”．印刷工业，2015（4）：47-48.

［3］李星云，李众立，李理．熔融沉积成型工艺的精度分析与研究．制造技术与机床，2014（9）：152-156.

［4］邵中魁，姜耀林．光固化 3D 打印关键技术研究．机电工程，2015，32（2）：180-184.

［5］杨英惠．选择性激光烧结．现代材料动态，2004（9）：14-14.

［6］刘会霞，王霄，蔡兰．分层实体制造激光头切割路径的建模与优化．中国激光，2004，31（9）：1137-1142.

［7］杨永强，刘洋，宋长辉．金属零件 3D 打印技术现状及研究进展．机电工程技术，2013，42（4）：1-7.

［8］石然，徐铭恩，周青青．给予细胞 3D 打印技术的体外肿瘤模型构建研究．中国生物医学工程学报，2015（5）：618-622.

［9］王贤勇，王斌修．3D 打印行业新情况及待解决问题．机械研究与应用，2015（4）：239-240.

［10］Wang HM，Chen GX，Zhang WB. 3D printing of topographic map based on UV ink-jet printer. Applied Mechanics and Materials, 2014（469）：309-312.

[11] 王焕美，陈广学. 基于UV油墨的3D地形图呈现. 包装学报，2014（1）：48–52.
[12] He L，Chen G，Wang H. Effects of paper on 3D printing quality in UV ink–jet printing. Applied Mechanics and Materials，2015（731）：312–315.
[13] 陈晨. 油画的三维数字化及3D打印复制研究. 华南理工大学，2016.
[14] 韩浩月. 书香中国·北京阅读季启动. 教育，2015（23）：19.
[15] 何留喜，俞朝晖，陈广学. 基于纸基3D打印的NSDTF–DEM地形数据建模方法 // 2015中国印刷与包装学术会议，2015.
[16] 何留喜，陈广学. 水性胶对纸基3D打印中纸张表面颜色的影响研究. 包装工程. 2016，37（3）：153–156.
[17] 俞朝晖. 面向馆藏文物的三维数据获取及可视化研究. 华南理工大学，2016.
[18] 邓丹，王莹. 专利分析的中国3D打印产业发展现状研究. 科技和产业，2015，15（12）：24–25.
[19] 于鸣宇. 我国3D打印产业的发展现状及对策建议. 经济视角，2014：53–54，60.

撰稿人：陈广学

3D立体影像技术研究进展

本文介绍了3D立体影像的起源、分类及3D立体影像技术最新进展；并介绍了我国3D立体影像的相关学会团体、产业概述。分析了国内外3D立体影像相关专利分布情况和技术标准制定进展，分析了3D立体影像产业的未来发展趋势，对我国3D立体影像产业发展提出对策与建议。

1 3D立体影像产业概述

1.1 3D立体影像的起源

3D立体影像是以19世纪上半叶在心理生理学、光学和银盐感光技术成果基础上发展起来的。从1838年科学家惠斯登（C. Wheatstone）发明立体镜揭示视差机理到1839年法国的达盖尔（J. M. Daguerre）发明银盐照相技术，到1841年英国物理学家塔尔伯特（F. Talbot）利用两台单镜头相机合并设计的立体相机问世以来，3D立体影像技术几乎伴随平面摄影和立体摄影同步发展。

历史上，3D立体影像曾经经历了几次发展的高峰阶段：首先，19世纪中后期伴随立体镜的出现和普及产生了规模空前的立体照片热，形成世界上3D立体影像史上第一次大繁荣。第二次世界大战后至20世纪50年代，依托先进的机械、光学和银盐技术进展，大批新型立体相机、立体电影机陆续问世，掀起第二次3D立体影像热潮；此时立体观赏以银盐技术和印刷技术的图对立体为主，立体电影逐步繁荣；直至20世纪八九十年代，伴随彩色胶片和冲扩技术的普及，多镜头立体相机和柱镜光栅应用，国际上又掀起第三次3D立体影像热潮；光栅法立体照片技术奠定了现代裸眼3D立体影像技术的基础，不需佩戴辅助立体眼镜的裸眼立体摄影、立体婚纱照片出现，立体印刷、立体广告灯箱等进入商业领域。进入21世纪，数码技术飞速发展，特别是数码相机、液晶平板显示技术及数字图像处理技术的快速发展，3D 立体影像进入新时代。

1.2 3D 立体影像技术的主要分类

3D 立体影像源于英文 three dimensional image，指的是能呈现三维空间的图像技术，简称 3D image 或 3D。早期的立体影像技术偏重于基于双目视差原理的立体呈现，常用英文 stereoscopic image，如立体镜、立体电影等。该技术较为成熟，但大多需要借助辅助装置如佩戴 3D 眼镜作为观看手段，现已广泛应用在立体电影、头盔立体显示及国内已开播的立体电视。

随着影像技术的不断发展，3D 立体影像技术突破了传统双视点必须佩戴专用眼镜等辅助工具的束缚，不需要佩戴任何眼镜或头盔便可观赏 3D 效果的裸眼 3D 立体影像技术成为主流，裸眼 3D 立体影像极大提高了观众的观看体验和视觉冲击力，可广泛应用于婚纱摄影、广告、传媒、教育、展览展示以及广播影视等各个不同领域，成为产品推广、公众宣传及影像播放的最佳显示产品。

1.2.1 滤色法 3D 立体影像显示技术

在 20 世纪 30 年代出现的以红蓝双色的形式记录左右视差立体图像和佩戴左右红蓝滤色眼镜通过滤色法使左右眼看到各自视差画面而产生立体感（图 1）。

1.2.2 偏光法 3D 立体影像显示技术

通过两个偏振方向正交的视差图像，佩戴偏振方向同样是互相正交的左右眼镜的偏振片，使进入左右每只眼睛只能看到对应的原左右视差图像，经大脑融合形成立体影像（图 2）。

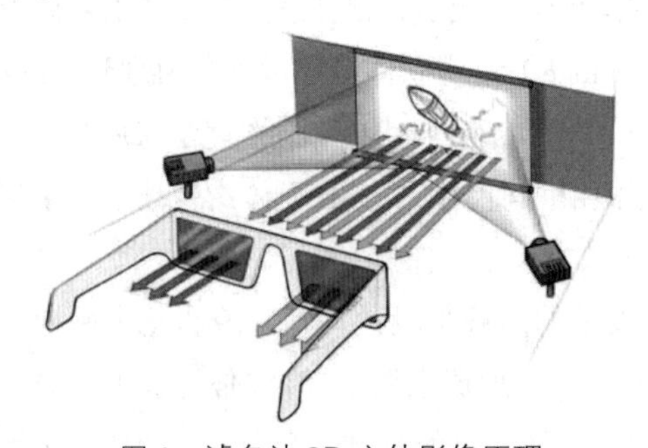

图 1 滤色法 3D 立体影像原理

图 2 偏光法 3D 立体影像原理

1.2.3 裸眼 3D 立体影像显示技术

1.2.3.1 视差屏障技术

视差屏障技术大多是通过在显示屏幕表面设置条纹屏障（也称狭缝光栅）的方式交替产生每只眼睛的视景。该技术的优点是工艺结构简单成本低，缺点是图像分辨率降低，视点越多图像分辨率降低越严重；同时，由于被遮挡部分的光未能利用，显示屏幕的亮度损失严重，需要加大背照明弥补亮度损失，背光功耗加大（图 3）。

1.2.3.2 柱状透镜技术

柱状透镜又称柱镜光栅，是在显示屏幕表面安装一排垂直或倾斜一定角度的柱面透镜，利用每个柱面透镜对出射光的折射作用，把两幅不同的视差图像分别投射到对应于双眼的视域产生立体视觉。

该技术的优点是大幅度减少了光线的损失，显示屏幕的亮度几乎不受影响，缺点是柱状透镜加工工艺和精度要求极高，也存在图像分辨率随视点增加降低的弊端，如图4所示。

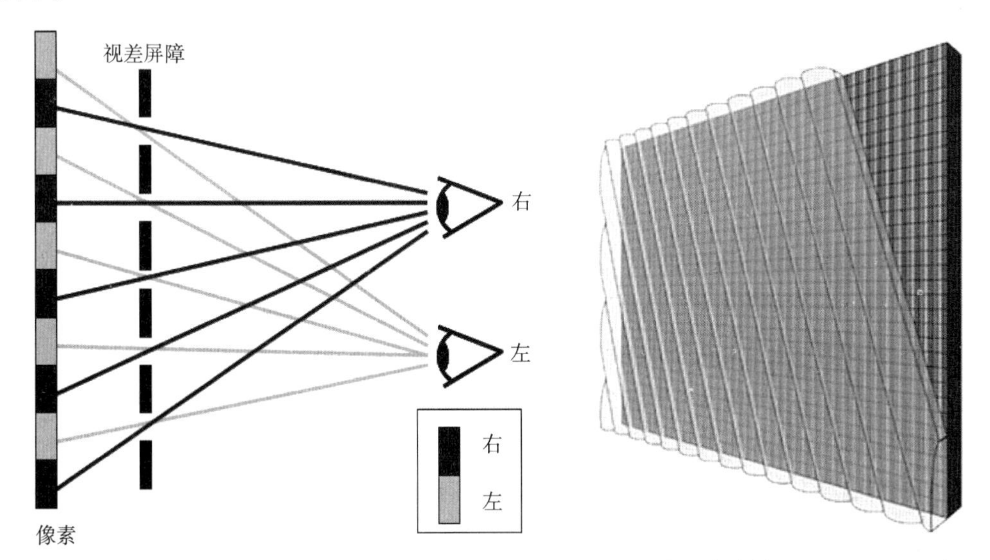

图3 视差屏障技术裸眼3D显示示意图　　图4 柱状透镜技术裸眼3D显示示意图

1.3 国内外3D立体影像技术最新进展

由于3D立体影像技术中的裸眼3D显示不需要借助任何辅助设备（如3D眼镜）即可观看具有空间深度的3D立体影像，从而深受业界青睐，成为国内外3D立体影像技术研究的热点，也是信息显示领域研究的前沿方向。

2016年12月19日，国务院正式发布了“十三五”国家战略性新兴产业发展规划，裸眼3D影像技术被列入规划的第六章节，提出加强内容和技术装备协同创新，在内容生产技术领域紧跟世界潮流，在消费服务装备领域建立国际领先优势，提升创作生产技术装备水平，加快裸眼3D影像技术等核心技术创新发展；这是3D技术产业发展史上的一次重大标志性事件。裸眼3D影像技术被纳入国家战略性新兴产业发展规划，将对裸眼3D影像技术领域的发展产生重要促进作用。

图像信息显示领域对影像质量的追求越来越高，以液晶显示为例，高分辨率的4K液晶电视已经普及，其图像解析度率已达到3840×2160的高像素水平，是现有全高清电视的4倍；超高分辨率的8K显示装置也已出现，对提升裸眼3D立体影像的分辨率十分有利。

1.3.1 国外集成成像与 3D 立体影像研究进展

集成成像是 3D 立体影像技术的一种，源于 100 多年前法国物理学家 G. Lippmann 提出的集成摄影术（integral photography），它使用微透镜阵列（lens array）来记录和再现 3D 空间场景，具有水平和垂直方向的连续视差；早期的记录过程是通过微透镜单元或针孔成像在背部的银盐胶片经感光获取 3D 场景信息，感光胶片经显影定影得到 2D 图像阵列；再现过程仍采用同样参数的微透镜阵列并将 2D 图像阵列胶片放置于微透镜阵列的焦平面上，根据光路可逆原理，微透镜阵列将 2D 图像元透射出来的光线再聚集还原，从而在微透镜阵列的正面重建出 3D 影像场景的立体图像（图 5）。

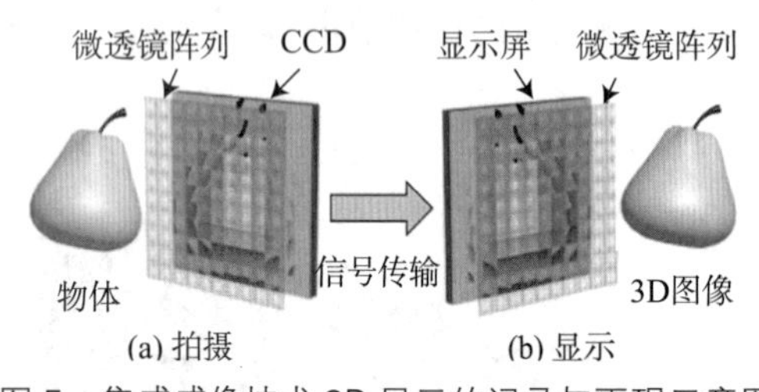

图 5 集成成像技术 3D 显示的记录与再现示意图

集成成像系统研究领域很广：包括分辨率分析与提高、微透镜阵列与影像面板匹配、景深加强工艺等。主要利用波动光学或几何光学原理来分析微透镜阵列的成像特性，显示器分辨率与三维集成图像横向分辨率、深度分辨率的函数关系。

在微透镜阵列与影像面板匹配特性研究方面，国外主要是寻找最佳叠合角度，降低莫尔条纹的影响。在提高景深方面，研究利用不同焦距和孔径尺寸的透镜相组合形成成像透镜阵列来提高景深；有提出采用多层显示器与微透镜阵列形成显示系统，有采用电路控制多层薄膜的显示状态来产生不同深度的像平面，提高景深范围。

在提高分辨率方面，有研究利用微凸面镜阵列构建投影式集成成像系统或由准直透镜、附加微透镜阵列、重构微透镜阵列和空间光调制器构成集成成像显示系统，提高 3D 图像的分辨率。

1.3.2 国内集成成像与 3D 立体影像研究进展

集成成像及裸眼 3D 立体影像技术在国内起步虽较晚，但发展十分迅猛，也取得显著成效，与国际水平的差距缩小。进入 21 世纪以来，开展 3D 研究的高校和企业迅速递增。

目前，国内进行 3D 立体影像技术研究的知名高校和企业有清华大学、四川大学、中国科技大学、浙江大学、中山大学、北京理工大学、北京科技大学、天津大学、南开大学、广东轻工职业技术学院和上海艺影数码科技有限公司、江苏华新立体影像有限公司等。

在应用层面，主要集中在研发生产立体影像激光冲印设备和立体涂布光栅感光材料和裸眼 3D 显示系列及 3D 医疗设备的研发、新型 3D 影院播放系统、集成成像 3D 采集装备学。

集成成像技术的裸眼 3D 显示屏幕可采用微透镜阵列，具有水平和垂直方向同时具有连续运动视差，对于大多数应用场合如 3D 电视，仅需保留其水平连续运动视差，垂直连续运动视差可作为冗余剔除，这样就可采用现已成熟的柱镜光栅器件设计 3D 影像装置。

立体影像冲印是3D影像产业的一个全新应用领域。也是传统二维图像展示和动态图像展示两种展示效果中间无可取代的一种展示效果，立体影像激光冲印设备和立体涂布光栅感光材料不同于立体印刷和立体打印的现有设备和材料及技术，目前国外市场还是空白，国内市场刚起步。立体冲印产业未来会在国内呈现出一片欣欣向荣的发展景象，各个领域都可窥见立体冲印产品的踪迹。常见的有婚纱、儿童影像行业和宾馆、酒店、商场及机场、地铁、影院等装饰广告领域，可以说“只要有传统平面影像的地方就有3D立体影像发展的地方”，目前在我国的上海、江苏、广东、福建等地已形成一批重要的3D立体影像产业基地。立体涂布光栅感光材料就是在溶点300℃的PC光栅的背面直接涂布卤化银感光材料，通过立体影像激光冲印设备冲印的立体照片光泽度好，色彩艳丽，保存期长，未来将会发展成为3D立体影像产业的又一亮点。

1.4 我国3D立体影像技术相关学会团体发展情况

自20世纪90年代起，国内从事立体影像技术研究的专家、高校、机构逐步增多，特别是进入21世纪，开展3D研究的高校和研究机构迅速递增，相关生产企业爆发式增长，基本形成了3D立体影像完整的产业生态链。

国家极为重视3D立体影像产业的发展，3D技术连续两次被纳入国家“十二五”“十三五”战略性新兴产业发展规划。3D立体影像也是国家“重点支持文化产业大发展、大繁荣”所涉及的重点领域。国内涉及3D立体影像领域研发的科研院所、企业，主要有：中国科学院理化技术研究所、北京电影学院数字媒体技术研究所、北京大学计算机科学技术研究所、中国乐凯集团有限公司、上海艺影、江苏华新、创维、康得新、长虹、TCL、超多维等。

伴随3D立体影像产业发展，相关学术机构、产业协会出现。目前，国内立体影像领域的学术机构有中国感光学会立体影像技术专业委员会，中国图象图形学学会三维成像与显示专业委员会。产业联盟有中国3D产业联盟。还有众多地方性的3D产业协会，如广州开发区3D产业协会等。

2 3D立体影像产业发展趋势

2.1 3D视觉体验决定了3D立体影像技术的巨大市场价值

无需借助辅助设备即可观看3D效果的裸眼3D是立体影像技术的发展方向，裸眼3D立体影像的观看已经摆脱了外在装备的束缚，更加适应人性化的个体需求，也更加符合人类视觉生理原理。3D立体影像实现途径之一是可通过新兴的拍摄技术和立体影像激光冲印设备便捷实现。直接展现在我们面前的是几可乱真的新奇的“造梦”空间，蕴含着巨大的市场空间。

随着当前VR、AR等交互技术的发展，交互体验的3D观影方式也成为3D立体影像竞相追逐的目标。其中虚拟现实技术是其中发展最为迅速的前沿科技。随着消费级产品不断推出，基于3D立体影像的虚拟现实成为广受关注的发展热点，虚拟现实为3D立体影像行业发展注入新的动力。虚拟现实将3D立体影像技术融入智能控制、计算机技术与网络，为军事、制造、娱乐、医疗、文化艺术、旅游等行业领域带来新的活力，将在未来的几年里撬动上万亿元的产值效益。并对人类认识世界、改造世界的方式方法带来颠覆式变革。

2015年中国虚拟现实行业市场规模约15.4亿元人民币。根据Digi-Capital公司报告分析，预计到2020年全球虚拟现实规模达300亿美元。SuperData Research机构预测，2018年虚拟现实的市场规模将达到132亿美元，2020年国内市场规模预计将超过550亿元人民币，2020年中国VR设备出货量预计将达到820万台，用户数量将超过2500万人。

随着技术的提升以及行业标准的成熟，3D立体影像行业将会形成硬件、软件和内容协同发展的局面。在政府支持引导下，通过政产学研用结合，将形成一批具有国际先进水平的人才团队，构建从基础研究、技术开发、产品设计、内容制作、渠道建设、质量检验到售后服务一条龙的产业体系和3D立体影像生态圈。

裸眼3D立体影像作为显示技术发展的必然趋势，其关键技术的研究将决定今后3D立体影像产业的发展。积极开展3D立体影像关键技术的研究，并制定相应的技术标准，是确保我国在即将到来的新一轮的3D立体影像标准大战中处于有利地位，对于保护国内市场和拓展国际市场都具有重要的现实意义和紧迫性。

2.2 国内3D立体影像产业的发展展望

3D立体影像产业市场空间巨大，加上二维（2D）转三维（3D）也是影像领域未来发展的必然趋势，随着3D立体影像技术的普及，加上国家对3D立体影像产业的大力倡导和政策扶持，国内的3D立体影像技术得到飞速发展，众多企业投入研发3D立体影像产品行列。

目前我国所掌握的最优化立体图像的视觉效果可以同时呈现产品152个不同角度的视点，且在不同角度的视点下，图像的视觉效果不尽相同，甚至能通过连续的视点变化勾连出物体的运动图像。这种技术在多视点的3D立体影像广告杂志的宣传或使用立体灯箱灯片承载3D立体影像展示广告产品极具优势。

3D立体影像在婚纱影楼市场具有非常大的应用前景。据统计全国约有45万家婚纱影楼、图片社及摄影工作室，相关从业的人员达600万，婚纱摄影市场竞争异常激烈也充满商机。2015年国内有2360万对新人结婚，带来婚纱摄影行业收益944亿元。国家“二孩”政策放开之后，这个群体会更加庞大。新时代青年对摄影艺术的创新与品质提出更高的要求，高质量立体拍摄技术和3D立体影像激光冲印设备的普及解决了立体摄影的高精度输出，将为婚纱影楼和广告市场开辟新的天地。

在政策上，继国务院印发“十三五”国家战略性新兴产业发展规划之后，广电总局也将在广播电视“十三五”规划项目中加大对3D立体影像和相关产业的支持扶持力度。

据数据预测，3D立体影像在广告展览展示、婚纱儿童影像、教育医疗、宾馆酒店、家庭装饰、影院、影吧等行业取得快速增长，3D立体影像产业的toB市场空间大约在千亿元的规模。

3D影像在广告传媒行业将从每年数千万元的市场发展到数亿的市场，并极有可能在2018年成为新增广告传媒项目的主要形式。3D影像产业toC市场空间超万亿元，如裸眼3D电视、裸眼3D手机、裸眼3D平板电脑、裸眼3D显示器等。

2.3 国内外立体影像相关专利分布情况

近年中国3D立体影像行业进入快速发展时期。为了拓宽3D立体影像行业的应用范围，迈向高端市场，参与国际竞争，国内企业的3D影像专利申请量大幅增加。

从中国各省市立体显示专利技术年度分布上看（图6），上海、北京在立体显示技术上起步较早，在20世纪80年代中期开始有零星的专利申请。江苏、浙江、广东、台湾也相继加入研发阵营。在2000年之前，上述各地区的专利申请数量较少，实力悬殊并不明显，国内的立体显示技术发展处于萌芽阶段。

进入21世纪以来，立体显示中国专利申请量开始稳步增长。北京、上海、台湾、江苏、浙江等地的技术研发工作有序推进。广东自2006年以后出现了高速发展，尤其在2010年申请量创历史之最，在各省市中表现最为突出（图7）。

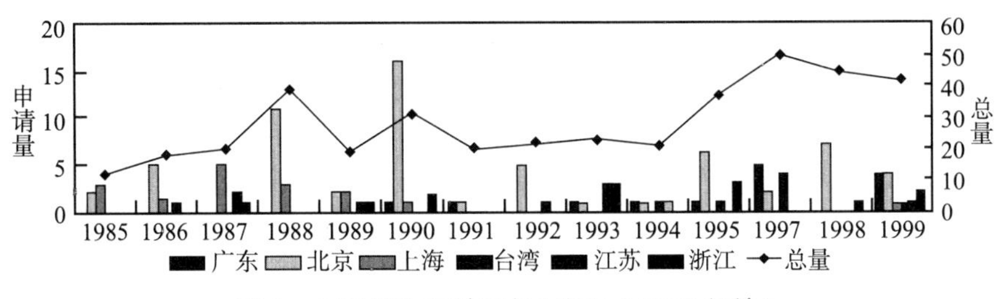

图6 主要省市专利年度分布图（1999年前）

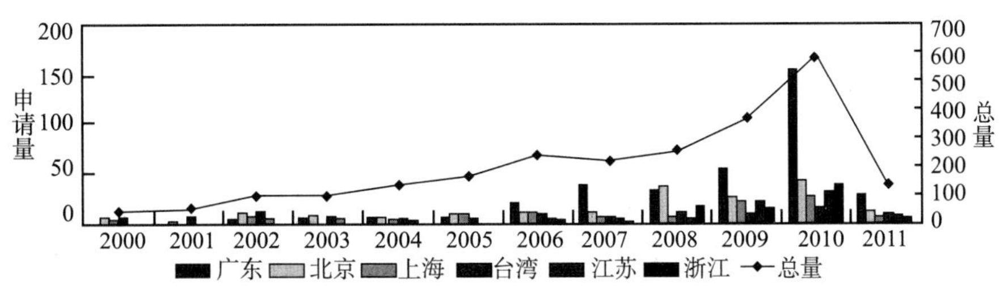

图7 主要省市专利年度分布图（2000年至2011）

表1为2014年已公开的中国主要省市在立体影像领域的专利申请量，3D立体影像领专利分布明显倾向经济发达的地区，如上海、广东、北京、浙江的发明专利均在40件以上。

表1 中国主要省市在立体影像领域的专利申请概况（2014）

省份	发明（件）	实用新型（件）	申请总量（件）	发明占比（%）
上海	167	82	249	67.07
江苏	98	38	136	72.06
北京	159	102	261	60.92
广东	121	65	186	65.05
浙江	112	30	142	78.87
四川	55	21	76	72.37
天津	60	35	95	63.16

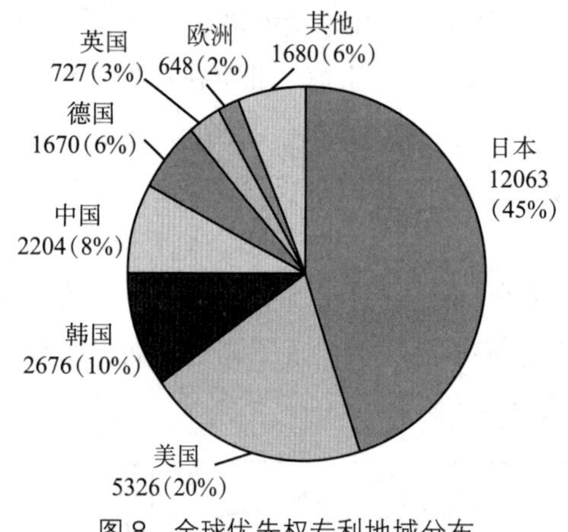

图8 全球优先权专利地域分布

从全球范围来看，立体显示专利主要分布在日韩、欧美以及中国等地区。国际专利分布格局见图8。由图8全球立体显示优先权专利的地域分布情况可见，立体显示专利主要分布在日本、美国、韩国、中国和德国等五个国家，上述五国的专利申请量占全球立体显示专利申请总量的近9成。其中，日本以45%的份额在专利申请上具有显著优势，美国位居第二，韩国以10%位居全球第三，中国、德国则分别以8%、6%的份额紧随其后，位列全球第四、第五位。

优先权专利申请的地域分布反映出国家的技术实力。中国3D显示行业的专利申请还需要加大研发力度，通过大力培养3D创新人才和创作团队来壮大研发队伍和知识产权队伍。提升中国在全球3D立体影像技术领域的竞争力。

2.4 对策与建议

目前，我国3D立体影像市场正随着3D产业整体发展而呈现良好的发展机遇。由于3D立体影像产业是一项集光学、机械、电子、化工、计算机软件等的跨界的综合的系统，需要多方面技术及工程制造业的互相配合，涉及广泛的资源及组织，要成功地发展中国的3D立体影像事业，中国的影视及感光工业等应相互协同，采用国际国内通用标准，包括产品规格、质量的指导及监管，重视人才的培养，才能保证系统的完整匹配及长期的稳定发展。中国的摄影工业应利用这个发展机遇，使我国快速发展成为世界3D立体影像技术领域的创新主导国家。

建议：

（1）在政策层面引导和支持3D立体影像产业发展，尤其是在市场导入方面，市场需要引导和培育，政府出台相应扶持政策和优先发展战略，树立良好的产业示范效应。

（2）积极引进人才，作为新兴产业，发展中人才是第一位，如果没有足够的人才支撑，产业发展将会非常缓慢。可通过高校、学术界引进人才，为国家培养大量3D影像技术急需的各层次人才。

（3）引导产业聚集推进产学研合作，引进科研院所和高校资源，注重引导产业整合和开展产学研合作，促进3D影像产业转型升级。

（4）地方政府要重点支持有竞争力的核心企业发展成为生态型核心企业，提供足够的资源和资金支撑。

（5）重视3D文化创意产业的发展，借助国家文化产业大发展政策，大力支持3D立体影像内容制作、3D科普制作、3D游戏开发及3D博物馆、3D展览馆建设等相关文化项目建设，通过文化产业发展带动3D立体影像产业发展。

参考文献

[1] Lippmann G. La Photograhie Integrale. Comptes rendus Acad Sci, 1908（146）：446-451.

[2] Park JH, Hong K, Lee B. Recent progress in three-dimensional information processing based on integral imaging. Appl. Opt., 2009, 48（34）：H77-H94.

[3] 谢俊国．立体摄影与立体相机的历史及展望．照相机，2012（2）．

[4] 谢俊国，周永明．基于微透镜阵列实现全真立体显示技术的研究．中国体视学与图像分析，2008（13）．

[5] Xie JG. An experimental study on high-resolution 3D of integral imaging from camera array//Fuzzy Systems, Knowledge Discovery and Natural Computation Symposium. DEStech Publications, Inc., 2013.

[6] Kim Y, Hong K, Lee B. Recent research based on integral imaging display method. 3D Research, 2009, 1（1）：1-13.

[7] Stern A, Javidi B. Three-dimensional image sensing,visualization,and processing using integral imaging//Proceedings of the IEEE, 2006, 94（3）：591-607.

[8] Cho M, Daneshpanah M, Javidi B. Three-dimensional optical sensing and visualization using integral imaging//Proc. IEEE, 2011, 99（4）：556-575.

[9] 王琼华．3D显示技术与器件．北京：科学出版社，2011：219-224.

[10] Park JH, Jung S, Choi H, et al. Integral imaging with multiple image planes using a uniaxial crystal plate. Opt. Express. 2003, 1（16）：1862-1875.

[11] 日本特许厅．特许出版技术动向调查报告书：立体电视（要约版）．（2009）[2010-10-25]．

[12] Advances in display technologies．Frost&Sullivan, 2010-06-30.

撰稿人：顾金昌　谢俊国

ABSTRACTS

Comprehensive Report

Advances in Photoimaging

Photoimaging is an old but at the same time new area crossed by photosensitive and imaging.

By saying old we mean that its beginning can be traced back to 1727 when J. H. Schulze, a German anatomist found that silver nitrate ($AgNO_3$) is sensitive to light of certain wavelengths. This discovery was followed by great efforts in research and development by scientists from different parts of the world and of different races, which had never stopped over the one hundred years and more until 1839 when Louis Daguerre, a French, successfully produced a permanent black silver image of positive tone on a polished silver plate by using silver bromide as the photosensitive material , exposure though a camera and development with mercury vapour. It was a real silver halide photographic picture. This led him to the crown of the inventor of silver-halide photography or Daguerreotype photography which was named after his name. Over another one hundred years of development and refining after Daguerre's invention, silver-halide photography had created a huge and successful global business without any real rivals. But, the business and related industries started to face the deadly impact and challenges brought about by digital camera at the very beginning of this century and began to decline rapidly. Silver-halide photography used to the core of photoimaging, which forms the backbone and mainstream of traditional imaging science and technology.

By saying new we mean that the current era of digital and network technology is revitalizing photoimaging and opening new opportunities and spaces for its development. Digital imaging is quietly taking its shape and will gradually reshape the world of imaging. Network integrated digital image resources or more generally digital content resources, which are also referred to as digital assets, form the core of digital imaging and photoimaging plays the role as the entrance and exit of the resources. Digital image resources are technically open and can be connected with and accessed by different equipment and systems. This will spin off new business opportunities and generate new value chains.

This report defines photoimaging and compares the traditional imaging and digital imaging in terms of system architecture, technology core, openness and etc., and finally overviews the future trend of digital imaging and its important orientations and areas for research and development. This report and its contents are further extended and strengthened by 11 topics reports, which focus on and deal with specific branches or topics of photoimaging in a more systematical, professional manner and in more detail. This will allow the reader to have a comprehensive understanding of photoimaging about its history, current status of development, disciplinary attribute as well as the related industries which are created and supported by photoimaging.

Written by Pu Jialing

Reports on Special Topics

Advances in Image Capture and Digital Image Processing

Since the invention of the CCD, the way of obtaining image using film was gradually replaced by various digital cameras. And new methods of image acquisition and processing were invented and was instrumental in their fields. This topic is not concerned with the traditional chemical photographic image acquisition and processing technology, and just focus on novel digital image acquisition technology and processing methods in recent years. This topic introduces the common digital image processing, and novel imaging technology and its processing methods. Three novel imaging technologies involved in this topic: (1) light-field three-dimensional (3D) imaging system; (2) optical polarimetric imaging technique; (3) digital holography imaging technology and its core phase unwrapping algorithms. This topic not only introduces the technology but involves their application and trends of future development. Many domestic research institutions have make their contributions in their specialization, include Tsinghua University, Peking University, Beijing Institute of Technology, Zhejiang University, Harbin Institute of Technology, Northwestern Polytechnical University, Nanjing University, Sichuan University, Beijing University of Technology, Hebei University of Engineering, Chinese Academy of Sciences, University of Science and Technology of China, University of Electronic Science and Technology of China, the Chinese University of Hong Kong, Xi'an Jiaotong University and so on. The investment of domestic research institutions in the imaging science will promote the new image acquisition technology and processing methods.

Written by Cheng Haobo, Chen Wei, Dong Zhao, Feng Yunpeng, Gao Kun, Ke Zibo, Li Yanfei, Wang Huaying, Wang Lulu, Wen Yongfu, Wu Taixia, Yang Bin, Yan Lei, Zhang Lei, Zhao Baoqun, Zhao Hongying, Zhu Qiaofen

Advances in Cross-Media Color Reproduction and Management Technology

Cross-media color reproduction is the core issue of color science. With the development of information cross-media and color, various subjects make full use of the space spectrum of each object itself to identify and classify objects more accurately and quickly, in order to gain a more comprehensive understanding, control and application of the space object. This special report presents the research progress and trend in this field from the following aspects: first, the technical principle and process overview, then discusses the current technology situation, development trend and related industries, finally gives the strategy and suggestions of the development in the technology field. The project fully elaborates a variety of digital color description methods for cross-media applications, researches on the innovative theory and practice of the color management technology. This report outlines the future research direction of cross-media color reproduction technology, and its result will be a solid theoretical support and key technical guarantee of the innovative process, production mode and application in cross-media color reproduction.

Written by Wang Jian, Li Haifeng, Chen Guangxue, Wang Ying

Advances in Hardcopy Technology

Since the breakthrough in improving papermaking technology by Cai Lun in the East Han Dynasty, the paper production and application gradually spread all over the world. As the major media for people to record things, paper plays an immeasurable role to spread human civilization. This article introduces the hardcopy technology utilizing paper as major record media, and the applications in digital print and photo processing. Digital print includes electrostatic print and inkjet print. The theories, developments, applications and future trends of these two technologies are introduced in details. Furthermore, the processes and equipment of digital photo processing, and photographs types are also described. It provides recent development information about the technology of hard copy, for the references of investors and government officials.

Written by Liu Zhihong, Pu Jialing, Ma Liqian, Liu Jing, Zhang Chunxiu

Advances in Remote Sensing Image Technology

After decades of rapid development, remote sensing has become an interdisciplinary integrated earth observation technology. Remote sensing is widely used in many fields, such as agriculture, forestry, land, mapping, meteorology, marine, environment, archaeology, city planning, national security. This report introduces the latest research progress of remote sensing technology, including the following aspects: (1) aerial and space remote sensing as the representative of the visible spectral remote sensing; (2) synthetic aperture radar system and its data processing technology; (3) infrared and hyperspectral remote sensing technology; (4) the applications of remote sensing technology. Additionally, this paper compares the domestic and international developments in remote sensing equipment, academic research and industrial applications. At last the future development trend of remote sensing technology is introduced.

Written by Miao Jian, Geng Xun, Gao Dejun, Zou Xiaoliang, Zhang Haibo, Xu Junyi, Zhao Chenchen, Wu Bingbing

Advances in Lithographic Technology

With the onset of photolithography and other micro-nano lithographic technologies, the processing scales have been realized in sub-micron region. And the integrated circuit (IC) chips, high-definition digital cameras and ultra high-definition display products have been created. Meanwhile, the development of modern science and technology also poses higher requirements for micro-nano lithographic technologies. This report, from the perspective of IC lithography, reviews the development of the critical light source and photoresist materials in lithography technology, and analyzes the current situation and future trends in China and abroad. In addition to IC photolithography, micro-nano lithographic technologies are getting more and more impetus in the smart phone, flexible displays, wearable devices and other emerging industries, this report also gives an overview of a variety of novel nano-lithographic technologies and their applications. IC lithography and nano lithography represent the highest level of processing accuracy that humans can achieve till now. Seizing the future development trend of micro nano lithography and layout in advance are of great significance for speeding up the leap forward development of China's optoelectronic industry.

Written by Zou Yingquan, Fang Xiaodong, Meng Gang, Shao Jingzhen

Advances in OLED and New Display Technology

Since the first discovery in 1987 by Dr. CW Tang, organic light-emitting diodes (OLEDs) have been a hot research topic in both academia and industry, achieving unprecedented progress in displays and lightings. The main domestic research institutions of OLEDs include Tsinghua University, Peking University, South China University of Technology, Suzhou University, Nanjing University of Technology, Nanjing University of Posts and Telecommunications, Jilin University, Shanghai University, Institute of Chemistry and Institute of Physics and Chemistry of Chinese Academy of Sciences and so on. Here, we introduce the latest developments in OLEDs from the following aspects: (1) new anion/anode materials and new hole/electron-injection and -transport materials; (2) new fluorescent materials breaking spin statistics limit, represented by thermally activated delayed fluorescent (TADF) materials; (3) novel phosphorescent materials consisting of anonic/ionic metal complexes; (4) new and efficient white OLEDs – full-fluorescence, full-phosphorescence, hybrid and tandem devices; (5) enhanced light extraction efficiency by modulating the molecular orientation of fluorophors and phosphores; (6) flexible OLEDs and printed OLEDs. Finally, we analyze the current status of OLED industry and forecast the future of OLED technologies. In addition to OLEDs, this article also makes a brief introduction to new display technologies, such as quantum dot LEDs, perovskite LEDs and electronic paper, which have also attracted widespread attention recently.

Written by Duan Lian, Qiu Yong

Advances in Computer to Plate and Green Printing Technology

Computer to plate (CTP) technology has been indispensable in printing industry. Comparing with conventional printing technology, CTP needs not photo sensitive film, realizes digital preprint and transfers information with high speed, high quality and low dispense. The CTP technology developed from silver salt CTP to thermal sensitive CTP and others. The changing of CTP type needs different equipments, plates and lasers. CTP technology has contributed to the evolution of the printing. Printing industry plays an important role in the economic and cultural development all over the world. More attention has been paid to survival and sustainable environment how to achieve green printing has been a global topic. The valid methods include ascertain the critical point of green printing, the key technologies, programme and implement the corresponding policy to ensure the popularization of green printing. In the future, the green printing technology will focus on the manufacture of environmental harmless materials, energy conservation, emission reduction and synergy, which will be the trend in development of printing industry.

Written by Zhou Haihua, Song Yanlin

Advances in Photocatalytical Technology

Photocatalyst is the substance which can modify the rate of chemical reaction using light irradiation. The process of promoting the synthesis or degradation of compounds is called photocatalytic reaction. Organic compounds and part of the inorganic pollutants attached to the surface can be decomposed by photocatalyst, so the photocatalyst technology especially suitable for the removal of pollutants and microorganisms of air and water. Therefore, the photocatalytic technology is widely used in transportation, building and environmental protection fields to produce antibacterial, deodorizing, self-cleaning and super hydrophilic properties of various kinds of products. China has been in the forefront of the world in the field of photocatalytic basic research. Due to its advantages such as green and solar energy utilization, photocatalytic purification technology has been applied in some areas and regions, and its scope of application is still expanding. The present review will introduce the recent progress of photocatalytic technology in the following aspects: (1) brief introduction of photocatalytic technology; (2) photocatalytic purification technology for air pollution; (3) progress in photocatalytic self-cleaning properties; (4) prospect of photocatalytic technology in future.

Written by Zhu Yongfa, Zhi Jinfang

Advances in UV/EB Curing Technology

Radiation curing, also named as UV/EB curing including UV curing and EB curing, is a technology in which ultraviolet light (UV) or electron beam (EB) is employed as energy source to irradiate polymer and/or oligomer and make them chemically crosslink quickly. UV-curing as industrial technology is originated from German in 1960's. The EB curing process is established in USA and Europe in 1950's and then developed to low energy EB curing technology suitable for fast crosslinking of organic thin film. Radiation curing technology has been widely applied in many fields so as to form great industries due to its crosslinking quickly, energy saving, environment-friendly and high performance of cured products. Radiation curing products are showed as UV/EB-curable coating, ink, adhesive and radiation curable fiber reinforced polymer, radiation crosslinking polymer film a well. A lot of researchers from Chinese institutes, such as Tsinghua University, University of Science & Technology of China, Beijing Normal University,

Beijing University of Chemical Technology, Sun Yat-sen University, Sichuan University, Jiangnan University, Tongji University, Guangdong University of Technology and Wuhan University, have engaged in the field for many years. In 2016, the UV/EB curing industries market value of China has reached 14.9 billion RMB and the global market value, increasing with around 10% CARG, has exceeded 24 billion USD (huge EB curing market included here). UV/EB curing has been turning to be the popular processing technology for coating, ink, adhesive and polymer film.

Written by Yang Jianwen, Liang Hongbo, Bao Fenfen

Advances in 3D Printing Technology

Recently, 3D printing technology has deeply changed the manufacturing industry and also affected people's production way and lifestyle. Herein, this paper comprehensive demonstrated the principle, core technology and the process of industrialization of 3D printing. Specially, the development process of 3D printing, core technology (including materials, equipment, and the research progress of application technology), market scale, the distribution of patent applications and the representative 3D printing companies were concluded in this report. The research found that the 3D printing in China started relatively late but with a quick and active development. Also, the strategic significances, problems and advices on the development of 3D printing in China were summarized in this paper.

Written by Chen Guangxue

Advances in 3D Imaging Technology

This report introduces the origin and classification of 3D images and the latest progress of 3D imaging technology. Progress in the distribution and technical standards of patents related to 3D images at home and abroad. The future development trend of 3D image industry is analyzed, and countermeasures and suggestions for the development of 3D image industry in China are put forward.

Written by Gu Jinchang, Xie Junguo

索　引